J. C. POGGENDORFF

BIOGRAPHISCH-LITERARISCHES HANDWÖRTERBUCH DER EXAKTEN NATURWISSENSCHAFTEN

Herausgegeben von der

Sächsischen Akademie der Wissenschaften zu Leipzig

Band VII b • Teil 6

1. Lieferung

Leitung der Redaktion

DR. LEBRECHT WEICHSEL

AKADEMIE-VERLAG · BERLIN
1977

Redaktionsschluß: 30. 6. 1975
Erschienen im Akademie-Verlag, 108 Berlin, Leipziger Straße 3—4

Lizenznummer: 202 · 100/421/76
Gesamtherstellung: VEB Druckerei „Thomas Müntzer“, 582 Bad Langensalza
Bestellnummer: 762 210 6 (3050/VI/1) · LSV 1007
Printed in GDR
DDR 24,— M

N

VI **NABOKOV,** Michail Evgen'evič. Astron. – 1921–34 Doz., '23–34 wiss. Oberassist. (Beobachter) an d. Univ.-Sternwarte, I. Staatsuniv. Moskva; Wiss. Mitarbeiter, '34– Prof. an pädagog. Instituten, Moskva, Ul'janovsk u. Rjazan'; '43–49 Prof., Belorussk. Univ. Minsk; Wiss. Berater d. Planetariums, Moskva. (⊠)
*1887, Apr. 25 (13), Moskva;
†1960, März 14.

Zum 70. Geb.tag P. I. Popov, Fizika v Škole **17** ('57) Nr. 4, S. 92 (m. Bildn.).

Nekr. Ju. G. Perel', Astronomičeskij Cirk. Nr. **210** ('60) 34. – Ju. G. Perel' u. a., Bjul. vses. astronomo-geod. Obšč. Nr. **28** ('60)60–62 (m. Bildn.); [derselbe Nekrolog:] V. V. Bazykin u. a., Fizika v Škole **20** ('60) Nr. 3, 110f. (m. Bildn.). – Astronomičeskij Kalendar' **64**.1961 ('60) 314–17 (m. Bildn.).

S. Trudy 2-go Soveščanija po voprosam kosmogonii [Arbeiten der 2. Konferenz über Fragen der Kosmogonie] 1952 (Moskva '53) 408–14: Vortrag [ohne Titel] [russ.]. – Nestacionarnye zvezdy. Trudy 4-go Soveščanija po voprosam kosmogonii [Veränderliche Sterne. Arbeiten der 4. Konferenz ~] (Moskva '55) 408–17: Ergebnisse der Beobachtungen von unregelmäßigen und halbregelmäßigen Veränderlichen in der UdSSR [russ.].

W. Astronomija. Učebnik dlja 10 klassa srednej školy [Astronomie. Lehrbuch für die 10. Klasse der Oberschule] (m. B. A. Voroncov-Vel'jaminov) [1:] Čast' obščaja [Allgemeiner Teil] (Moskva '35) 128 S., [2:] Čast' astrofizičeskaja [Astrophysikalischer Teil] ('35) 78 S.; spätere Auflagen und Übersetzungen in 1 Band: ²('38) 200 S., ³('39), ⁴('40), ⁵('43) 180 S.; ukrain.: (Char'kov '35) 210 S.; aserbaidschan.: (Baku '41, '42) 214 S.; litauisch: (Kaunas '47) 224 S.; kasach.: (Alma-Ata '47) 218 S.; auch armen. – Metodika prepodavanija astronomii v srednej škole [Die Methodik des Astronomieunterrichts an Oberschulen] (Moskva '47) 192 S.; ²('55) 215 S. – Astronomičeskie nabljudenija s binoklem [Astronomische Beobachtungen mit dem Fernglas] (Moskva-Leningrad '48) 183 S. – Škol'nyj astronomičeskij kalendar' na 1953 god [Astronomischer Schulkalender für 1953] (m. P. I. Popov, V. A. Šišakov) (Moskva '53) 63 S.

Astronomičeskij Cirk. Beobachtung des Kometen 1942 g Whipple-Fedtke-Tevsadse (=1943 I): **17** ('43) 2f. [russ.]. – Beobachtung leuchtender Nachtwolken, 22./23. Juni 1943: **20** ('43) 5 [~]. – Über die Beziehungen zwischen den Perioden doppelt-periodischer Veränderlicher: **21** ('43) 9f. [~]. – Der evolutionäre Zusammenhang der unregelmäßigen und halbregelmäßigen Veränderlichen und der Mira-Sterne: **140** ('53) 12f. [~].

Astronomičeskij Ž. Nomogramm zur Berechnung der Entfernung unter Berücksichtigung der Absorption: **17** ('40) Nr. 5, 79f. [russ.]. – Der veränderliche Stern SU Geminorum im Verlauf von 10 Jahren: **21** ('44) 164–69 [~]. – Über die [erste russische] Sternkarte „Poverstanie krugov nebesnych" [I. F. Kopievskij 1699]: **31** ('54) 197 [~].

Bjul. Stancij opt. Nabljudenija iskusstvennych Sputnikov Zemli Ein Verfahren zur schnellen Berechnung der Sichtbarkeit künstlicher Erdsatelliten: Nr. **1** ('58) 7f. [russ.].

Bjul. vses. astronomo-geod. Obšč. Graphischer astronomischer Kalender für das Jahr 1947: Nr. **1** ('48) 38–41 [russ.]; ~ 1948: Nr. **4** ('48) 30–34 [~]; ~ 1949: Nr. **5** ('49) 42–46 [~]. – Astronomisch klare Nächte in Moskau: Nr. **6** ('49) 42–45 [~]. – Ein Instrument zur Messung der Sonnenhelligkeit während einer Finsternis: Nr. **23** ('58) 18–20 [~].

Bull. Assoc. Professeurs Math. Enseignement publ. Les méthodes de l'enseignement de l'astronomie au lycée, 2: Les observations astronomiques scolaires: **37** ('58) 148–58.

Contribution Labor. Astron. Lille Les méthodes de l'enseignement de l'astronomie au lycée, 1: Nr. **8** ('58) 20 S.

Fizika v Škole Sergej Pavlovič Glazenap: **1** ('37) Nr. 3, 5–7. – Graphischer astronomischer Kalender: **2** ('38) Nr. 2, 59–62. – Der Beginn der russischen Schulastronomie (250 Jahre astronomischer Schulunterricht): **11** ('51) Nr. 4, 95f. – Graphischer astronomischer Kalender für das Jahr 1954: **14** ('54) Nr. 1, 87–89; ~ 1955: **15** ('55) Nr. 1, 96; ~ 1956: Nr. 6, 89–91; ~ 1957: **16** ('56) Nr. 6, 89–91; ~ 1958: **18** ('58) Nr. 1, 92–94; ~ 1959: **19** ('59) Nr. 1, 125–27; ~ 1960: **20** ('60) Nr. 1, 110f. – Das Astronomische Hauptobservatorium in Pulkovo: **14** ('54) Nr. 5, 19–27. – Einführung zum Lehrplan für Astronomie: **15** ('55) Nr. 4, 43f. – Sergej Nikolaevič Blažko † [1]): **16** ('56) Nr. 3, 95f. – Warum bewegen sich die Planeten nicht im Kreis?: **17** ('57) Nr. 6, S. 90. – Gespräche mit Schülern über künstliche Erdsatelliten: **18** ('58) Nr. 1, 41–43. – Über die Lage des Zenits auf einer verstellbaren Himmelskarte: **19** ('59) Nr. 5, S. 57. – Erörterung von Lehrplanvorschlägen in Physik und Astronomie (8-klassige Schulen und Oberschulen mit Produktionsunterricht): Nr. 6, 55f. – – Alle Arbeiten russ.

Geografija v Škole Die Sonne in der Arktis: 18 ('55) Nr. 6, 56–59 [russ.].

Istoriko-astron. Issled. Abriß der Geschichte des Astronomieunterrichts in der Oberschule in Rußland und in der UdSSR: Nr. 1 ('55) 213–54 [russ.]. – Die „Kosmographie" von A. G. Obodovskij: Nr. 5 ('59) 249–55 [~].

Mirovedenie Die Astronomie in den Werken Puškins: **26** ('37) 73–81 [russ.]. – Die Astronomie als Lehrfach in der Oberschule: 391–400 [~].

Priroda [SSSR] G. Retik, ein Verkünder der kopernikanischen Lehre: **1940**, Nr. 3, 86–89 [russ.].

Russkij astron. Kalendar' L. P. Ceraskaja †: **36**.1933 ('32) 198–208 [russ.].

Astronomičeskij Kalendar' Astronomie in der 10. Klasse der Oberschule: **37**.1934 ('33) 219–26. – Das Sonnenquadrat: **40**.1937 ('36) 165–69. – Graphische astronomische Kalender: **43**.1940 ('39) 165–69. – Georg Retik und seine „Narratio prima": **44**.1941 ('40) 130–38. – Sergej Nikolaevič Blažko † [1]): **60**.1957 ('56) 175f. – – Alle Arbeiten russ.

Mit: [1]) P. I. Popov.

IV–VI **NACCARI,** Giuseppe. Astron. (naut.), Navigat. – 1881–1923 Prof. tit. e Dir. dell'Osservat., R. Ist. naut. Venezia.

*1856, Dez. 20, Venezia;
†1937, Febr. 4, Venezia.

W. Atlante astronomico. 3. Aufl. bearb. von A. Colacevich [3](Milano '35) 16+136 S.

VI **NADAI,** Árpád Ludwig. Mechanik. – 1929–49 Consulting Mech. Engr., Westinghouse Electr. Co., Pittsburgh, Pa.; '42–48 Consultant, David Taylor Model Basin. – '47 Worcester Reed Warner Gold Medal, '58 Stephen Timoshenko Medal (Amer. Soc. Mech. Engrs.); '52 Eugene Bingham Medal (Amer. Soc. Rheol.); '60 Elliott Cresson Gold Medal (Franklin Inst., Philadelphia, Pa.). (☒)

*1883, Apr. 3, Budapest;
†1963, Juli 18, Pittsburgh, Pa.

Zum 70. Geb.tag W. Lode, Z. angew. Math. u. Mech. **33** ('53) 220. – E. Melan, Österreichisches Ing.-Arch. **7** ('53) 1–4 (m. Bildn., Faks., Schr.verz. 53 Nrn.).

Nekr. Acta techn. Acad. Sci. hungar. **45** ('64) 11–14 (m. Bildn., Schr.verz.-Auszug 19 Nrn.). – Materialprüfung **5** ('63) 395. – Mechanical Engng. **85** ('63) 104.

S. International Association for Testing Materials, London congress **1937** (London '37) A4–A6: Creep of metals. – Contributions to the mechanics of solids, dedicated to Stephen Timoshenko by his friends on the occasion of his sixtieth birthday anniversary (New York '38) 155–70: The influence of time upon creep; the hyperbolic sine creep law. – Proc. 5th International congress for applied mechanics, Cambridge, Mass., 1938 (J. P. Den Hartog, H. Peters) (NewYork–London '39) 245–48: Relaxation of steels at elevated temperatures. A new automatic relaxation machine[1]). – Theodor von Kármán anniversary volume (Pasadena, Calif. '41) 237–57: The creep of metals under various stress conditions. – Reissner anniversary volume. Contributions to applied mechanics (Ann Arbor, Mich. '49) 430–48: Theory of the plastic distortion of thick-walled cylinders. – Alfons-Leon-Gedenkschrift (Wien '52): Über den Spannungszustand und die von ihm hervorgerufenen Verformungen der äußeren Kugelschale der Erde.

W. Die elastischen Platten. Die Grundlagen und Verfahren zur Berechnung ihrer Formänderungen und Spannungen, sowie die Anwendungen der Theorie der ebenen zweidimensionalen elastischen Systeme auf praktische Aufgaben [Nachdruck der Originalausgabe von 1925] (Berlin–NewYork '68) 8+326 S. – Der bildsame Zustand der Werkstoffe (Berlin '27) 171 S.; russ.: Plastičnost'. Mechanika plastičeskogo sostojanija veščestva (Moskva–Leningrad '36) 280 S.; Neubearbeitung in zwei Bänden u. d. T.: Theory of flow and fracture of solids **1** (New York '50) 22 + 572 S., **2** ('63) 705 S.; russ.: Plastičnost' i razrušenie tverdych tel **1** (Moskva '54) 647 S., **2** ('69) 863 S.

Annual Meetings, Proc. amer. Petroleum Inst. Theoretical and experimental approach to the problem of collapse of deepwell casing[6]): **1939.**

Bull. geol. Soc. America Mechanism of plastic deformation and creep of solids: **50** ('39) 1926.

J. appl. Mech. The creep of metals [,1]: **1** ('33) 61–77; ~ 2[2]): **3** ('36) A7–A14. – Theories of strength: **1** ('33) 111–30. – A review of recent research work in plasticity: **3** ('36) 104–06. – The forces required for rolling steel strip under tension: **6** ('39) 54–62 [oder A54–A64 ?]. – High-speed tension tests at elevated temperatures, 2: **8** ('41) A77–A85; ~ 3: A85–A91.

J. appl. Physics [USA] Plastic behavior of metals in the strain-hardening range, 1: **8** ('37) 205–13. – On the creep of solids at elevated temperature: 418–32. – Wave equation for finite elastic strains: **16** ('45) 313. – Forces that move a glacier: **27** ('56) 1386f.

J. Colloid. Sci. Eugene Cook Bingham †: **2** ('47) 1–5.

Proc. amer. Soc. Testing Mater. Concerning the effect of notches and laws of similitude in material testing[3]): **34** II ('34) 216–28. – High-speed tension tests at elevated temperatures[5]): **40** ('40) 822–39. – Hyperbolic sine chart for estimating working stresses of alloys at elevated temperatures[4]): **43** ('43) 735–48.

Proc. Instn. mech. Engr. The flow of metals under various stress conditions (James Clayton Lecture): **157** ('47) 121–60.

Rheology Bull. Trip to Moscow and Leningrad to attend 220th anniversary of Russian Academy of Sciences in 1945: **17** ('46) Nr. 3, 9f.

Scientific American Plastic flow and creep: **168** ('43) 70–72.

Trans. amer. geophysic. Union Formation of slip in mild steel, in metals and in natural rocks: **25** ('44) 659. – Some mechanical questions about the deformation of rocks: **32** ('51) 504f. – Stress and strain in the outer solid shell of the earth: **33** ('52) 247–76.

Trans. amer. Soc. mech. Engr. Constant strain-rate tests on 0.35 C steel K20 at 850 °F[2]): **59** ('37) 447–50. – Strain-hardening and softening with time in reference to creep and relaxation in metals: **74** ('52) 403–13.

Mit: [1]) J. Boyd; [2]) E. A. Davis; [3]) C. W. MacGregor; [4]) P. G. McVetty; [5]) M. J. Manjoine; [6]) J. L. Holmquist.

VI **NÆSS,** Almar. Math. – 1908–19 Lehrer an verschiedenen Schulen; '19–30 Doz., Schule d. Kriegsmarine; '30–45 Rektor, Pädagog. Staatsakad. Levanger, Norwegen; '31–40 Präs. d. Vorstands d. Landesgymnasiums Levanger; '38–45 Vorsitzender d. Rektorenkollegiums d. Lehrerseminare; '50 Begründer u. '50–65 Rektor einer technischen Akad. in Oslo.

*1888, Dez. 22, Bolsøy;
†1965, Mai 9, Oslo.

Zur Biogr. E. Kristvik, Rektor Dr. Almar Næss und die Lehrerbildung: Skolebladet **35** ('32) 303f. [norweg.].

W. Regnestaven. En kort innføring til selvstudium (Trondheim '34) 59 S. (Bruns teknisk-videnskabelige bibliotek, 10); 2. u. 3. Aufl. u. d. T.: Regnestaven. Med et kapitel om bruk av regnestav for forretningsfolk [2]('42) 72 S., [3]('51) 104 S. (Bruns praktiske håndbøker, 8). – Geometri, trigonometri, navigasjonsformler for sjømannsskoler (Oslo '41) 10+225 S.; 2. Aufl. u. d. T.: Navigasjonsformler med sfærisk trigonometri [2]('52) 9+154 S. – Plan geometri og trigonometri (for sjømannsskoler) (Oslo '43) 111 S.; [2]('47); [3]('52), [4]('56); [5]('62) 9+124 S. – Tall- og bokstavregning. Regning med logaritmer (For sjømannsskoler) (Oslo '42) 7+116 S., [2]('51), [3]('58), [4]('62), [5]('65) 7+130 S.; [dazu:] Oppgavesamling (m. S. Almar-Næss) (Oslo '42) 48 S., . . ., [4]('67) 57 S., Fasit til oppgavesamling (m. S. Almar-Næss) ('42) 20 S. – Skole og undervisning. Artikler (Oslo '45) 198 S. – Hvor lå Vinland? En studie over solobservasjoner i de norrøne sagaer (Stavanger '54) 246 S. [m. engl. Zusammenfassg.]. – Teknisk håndbok og oppslagsbok (Oslo '56) 287 S. – Lærebok i høyere matematikk. Til selvstudium, **1**: Differensial- og integralregning, Funksjoner av en variabel (Oslo '58) 455 S.

Høiere Skole Ein Verein der Realschullehrer: **38** ('36) 25f. [norweg.].

Norges Håndverk Die Bedeutung des Laboratoriumsunterrichts für das Arbeitsleben: **15** ('33) 53 [norweg.].

Norsk pedagog. Årb. Der naturwissenschaftliche Unterricht im Lehrerseminar: **7.** 1934/35 ('35) 81–86 [norweg.]. – Das Lehrerseminar. Eine Übersicht: **8.** 1936/37 ('37) 78–82 [~].

Norsk Skoletid. Neuordnung der zweijährigen studentischen Lehrerausbildung: **64** ('32) 116–18. – Über den Zugang von Kandidaten zur 3. und 4. Klasse des vierjährigen Lehrerseminars: 186–88. – Dr. Lee Travis' Untersuchungen über die Ursache des Stotterns: 240–42. – Die historischen Voraussetzungen für die Einheitsschule: 259–61. – Die Lehrerausbildung: 288–91, 296–98, 311f., 343f., 357. – Die naturwissenschaftliche Heranbildung in der Grundschule: **65** ('33) 351–53. – – Alle Arbeiten norwegisch, die meisten auch in der Zeitschrift „Vor Skole".

Norsk Skulebl. Sexualunterricht: **1** ('34) 339–41. – Einiges über die Planung von Schülerübungen in Chemie in der Volksschule: **2** ('35) 4–7. – Einiges über das Lehrerseminar in Levanger: 544f. – Englischlehrer in der Volksschule: 955–57. – Der Sexualunterricht in der Kinderschule: **3** ('36) 291–97. – Die Lehrerhochschule: **4** ('37) 19–22. – Eine Methode zur Vergleichung von Examina: 965–67. – Zu O. Jansen: Charakterbildung im Lehrerseminar: **5** ('38) 118. – Die Lehrerausbildung: **6** ('39) zwischen S. 730 und 740. – Die Prüfungsordnung im Lehrerseminar: 924–28. – – Alle Arbeiten norwegisch.

Norsk Tidsskr. Sjøvesen Nomographische Lösung von Gleichungen 2. und 3. Grades: **51** ('33) 251–69. – Nomographische Lösung der Höhenformel: **54** ('36) 153–69. – Höhenbeobachtungen nahe beim Meridian. Eine elementare Herleitung der Reduktion auf den Meridian: **57** ('39) 250–70. – Die Reduktion auf den Meridian: **58** ('40) 254–65. – – Alle Arbeiten norwegisch.

Norske Skole Rationalisierung der Lehrerausbildung: **1** ('42) 4–8 [norweg.].

Skolebladet Neuordnung der zweijährigen studentischen Lehrerausbildung: **35** ('32) 118–20. – Über den Zugang von Kandidaten zur 3. und 4. Klasse des vierjährigen Lehrerseminars: 186–88. – Dr. Lee Travis' Untersuchungen über die Ursache des Stotterns: 221–23. – Die historischen Voraussetzungen für die Einheitsschule: 249–51. – Die Lehrerausbildung: 277–82. – Zu O. Jansen: Der naturwissenschaftliche Unterricht am Lehrerseminar: 331. – Die naturwissenschaftlichen Fächer in der Schule: 657f. – Die naturwissenschaftliche Heranbildung in der Grundschule: **36** ('33) 326f. – – Alle Arbeiten norwegisch.

Wissenschaftliche Z. Hochsch. Maschinenbau Karl-Marx-Stadt Anwendung der Theorie der zweifach skalaren Vektoren auf die Integration der Differentialgleichung Pdx+Qdy+Rdz = 0: **2** ('60) 147–61.

VI **NAGAI,** Shoichiro. Angew. anorg. Chem. (Keramik, Düngemittel). – 1920–33 Assist., '33–55 Prof. Engng., Tokyo Univ.; '39–70 Prof., Nihon Univ., Tokyo; '50–60 Prof., Yokohama National Univ.; '53– Adviser, Resources Research Soc.; '50–51 Chairman, Inst. of Gypsum and Lime Research, Tokyo; '52–53 Chairman, Ceramic Soc. of Japan; '54–55 Chairman, Japan Salt Sci. Soc.; '60–61 Chairman, Chemical Soc. of Japan; '60–61 Councilor, Electr. Chem. Assoc. and Mechan. Assoc. – '45 2nd Class Order of the Sacred Treasure, '61 Medal of Honour with Blue Ribbon, '66 2nd Class Order of the Rising Sun (Japan Government).

*1894, Juli 16, Hyogo Prefecture; †1970, Sept. 3.

Cement and Cement Manufacture Hydrothermal synthesis of calcium hydroaluminates: **5** ('32) 205–10. – Synthesis of calcium silicates[79]: **7** ('34) 18–21. – Italian pozzuolana and pozzuolanic portland cement[138]: 254–57. – The effect of fluorides upon the thermal synthesis of calcium aluminates and calcium silicates[139]: **8** ('35) 114–18. – Studies on ore cement and iron cement, 1 [138][67]: 146–49. – Effects of fluorides upon the thermal synthesis of calcium silicates[60]: 227–29. – Mixed portland cements[67][87]: **9** ('36) 33–35. – Ore cement or iron cement[87]: 88f. – The effect of calcium fluoride on the thermal synthesis of calcium ferrites[139]: 108–10. – Effects of fluorides on thermal combination in portland-cement mixtures[111]: 188–90.

Cement and Lime Manufacture Studies on mixed portland cements[141]: **10** ('37) 184–86, 256–58. – Hydraulic refractory cements: **11** ('38) 21f. – High alumina cement in Japan: 118.

Chemistry and chem. Industry [Japan] Chemical utilization of serpentine[5]: **16** ('63) 23–32 [oder 59–68 ?] [japan.]. – Topics on fertilizer research in America: **19** ('66) 184–90 [~].

Gypsum [Tokyo] Effects of amino acids on the crystallization of gypsum[103][29]: **1** ('52/53) 292–300 [japan. m. engl. Zusammenfassg.]. – Improvement of gypsum crystals by-produced in the ammonia-soda process by adding organic substances[71][74]: 359–73 [~].

Gypsum and Lime [Tokyo] Refining effect on the reclaiming of waste mold gypsum[103]: **1** ('53/57) 493–98. – Preparation of special cements with the residue from lime slaking[15]: 509–13. – Special gypsum–dolomite plasters, 1 [15][99]: 538–41; ~ 2 [15]: 628–32; ~ 3 [15]: 691–95; ~ 4 [15][99]: 751–56. – Special magnesia dolomite plaster as fireproof wall plaster [,1][15]: 747–51; ~ 2 [15][99]: 801–05. – Anhydrous gypsum plaster, 3 [103]: 759–65. – Utilization of gypsum obtained as by-product [,1][131][27][55]: 845–54; Utilization of gypsum obtained as by-product from titanium dioxide manufacturing, 2: Properties of recrystallized gypsum from aluminium sulfate solutions[27][55]: 1121–26; ~ 3: Re-examination of neutralization[27][130]: 1211–15; ~ 4: Mechanism of recrystallization of gypsum from an aluminium sulfate solution[27][55][115]: 1269–71; ~5: Mechanism of recrystallization of gypsum in aluminium sulfate and sodium chloride solutions[27][55][115]: 1413–16. – Utilization of asbestos-tailing from Hokkaido, 1: Testing of fireproof wall plasters mainly from dolomite[15]: 1116–21; ~ 2: Utilization for several mixing materials[15][92]: 1219–23; Utilization of asbestos-tailing for several mixing materials, 3: Trial manufacture of light wall-plastering materials[15][107]: 1223–27. – Special dolomite magnesia plaster[107][15]: 1165–69. – Gypsum produced as a by-product by the phosphoric acid process, 2: Crystalline size and filterability[130][100]: 1269–75; ~ 3: Analysis of gypsum with an automatic differential thermal analyzer[130][17][42][27]: 1529–34; ~ 4: Crystal growth in the two-step decomposition method of phosphate[130][42][1]: **2** ('58/59) 337–42; ~ 5: Relation between the decomposition condition and the crystal form of gypsum[130][56][41]: 465–69; ~ 6: Distribution of phosphoric acid in the gypsum crystal[130][50]: **1961**, 164–68; ~ 7: Dehydration and hydration in mineral acids[130][75]: **1966**, 198–202; ~ 8: Crystal growth during decomposition of the phosphates by HCl or by HNO_3 and H_2SO_4[130][143]:

1963, 223–29; ~ 9: Statistical study of impurities in phosphate rocks[130)97)]: **1967**, 64–72. — Phosphoric acid preparation by the wet-fluidization process. Crystallization of gypsum [130)78)42)]: **1** ('53/57) 1315–18. — Masonry cement by using the residue from quicklime and calcined dolomite slaking[15)]: 1416–20. — Effects of several substances on the recrystallization of gypsum in aluminium sulfate solution[91)25)103)132)]: 1425–29. — Calcined magnesium–calcium silicate fertilizer, 1: Increase of availability for fertilizing of dolomitic limestone and serpentine by sintering[5)26)]: 1461–68; ~ 2: Availability of synthetic minerals of lime–silica, magnesia–silica, and lime–magnesia–silica systems for fertilizers[5)63)]: **2** ('58/59) 7–15; ~ 3: Correlation between mineralogical compositions and acid-soluble components, and examination of practical firing condition[5)]: 239–46. — Chemical gypsum in the phosphoric acid manufacture by the anhydrite process[5)]: **1** ('53/57) 1509–16. — Setting of gypsum from salterns[27)55)115)]: 1517–21. — Lime slag cement for use in masonry, 1 [148)36)]: **2** ('58/59) Nr. 35, 6 S.; ~2 [36)]: Nr. 37, 5 S.; ~ 3 [36)]: 332–36; ~ 4 [36)]: 393–98; ~5 [123)133)]: **1960**, 85–89; ~6 [123)133)24)]: 131–36. — Rapid determination of CO_2 in lime[5)]: **2** ('58/59) Nr. 35, 10 S. — Reaction between calcium superphosphate and dolomite[5)]: Nr. 36, 11 S. — By-product gypsum from chemical industries[13)123)]: 292–300. — Reaction between lime and sulfur dioxide, 1: Absorption mechanism of sulfur dioxide with quicklime[5)115)]: **1960**, 5–11. — Mineralogical constitution of impurities in limestone and dolomite and their behaviour during calcination[5)]: **1961**, 9–21. — Decomposition of serpentine with lime at high temperature[5)]: **1962**, 169–77. — Contraction of portland blast-furnace slag and slag-lime cements[109)44)27)]: **1963**, 61–72. — Modification of the crystal habit of gypsum with ferric ion[130)105)]: 104–07. — Synthesis of olivine and acid solubilities of the products[5)]: 245–52. — Contraction of lime slag cement[109)44)23)27)]: **1964**, 100–07. — Modification of crystal forms of gypsum by aluminium and chromium(III) ions[130)2)]: **1965**, 440–45. — Effect of calcined dolomite as conditioning material for granulated fertilizers[5)]: **1967**, 5–14. — Studies on the strength development by autoclaved treatment of slaked lime. Siliceous materials. Blast furnace slag mixtures[109)147)11)12)]: 88 ('67) 110–23. — — Alle Arbeiten japan. mit engl. Zusammenfassg.

J. ceram. Assoc., Japan Studies on mixed portland cements, 10 [138)]: **42** ('34) 273–75; ~ 11 [67)]: 628–32; ~ 13 [67)]: **43** ('35) 215–27; ~ 14 [67)87)]: 572–75; ~15 [67)87)]: **44** ('36) 22–34; ~ 16 [141)]: 617–37; ~ 17 [141)]: **45** ('37) 8–20; ~ 18: 807–19. — Chemical compositions and water solubilities of glasses, 1 [69)]: **42** ('34) 399; ~2 [48)]: **43** ('35) 719–30; ~ 3 [112)]: **44** ('36) 143–54; ~ 4 [112)]: 307–16; ~ 5 [80)]: **45** ('37) 299–312; ~ 6 [80)]: 523–34; ~7 [80)]: 693–706; ~8 [66)]: **46** ('38) 530f.; ~9 [34)]: **59** ('51) 61–65; ~ 10 [34)]: 202–06; ~ 11 [49)]: 585–90. — Magnesium silicates, steatite, 2 [14)]: **42** ('34) 471–79; ~3 [14)]: **43** ('35) 55–63; ~4 [33)]: 133–41; ~5 [33)]: 263–72; ~6 [33)]: 343–52; ~ 7 [33)]: 412–24; ~8 [85)]: **47** ('39) 238–43. — Mixing bentonite with portland cement, 1[81)]: **44** ('36) 385–93. — Refractory cements and mortars, 1[47)]: 441–53; ~ 2 [47)]: **45** ('37) 219f.; ~ 3 [47)]: 447–58; ~4 [47)]: **46** ('38) 20–26. — Hydrothermal reactions of alkali solutions with kaolin, 1: **44** ('36) 531–41; ~ 2: **45** ('37) 605f.; ~ 3 [130)]: **46** ('38) 77–83. — High alumina minerals[47)]: **45** ('37) 66–77. — High alumina cement first produced in Japan: **46** ('38) 123–29. — Studies on autoclave tests of various cements, 1: 397–403; ~ 2: **48** ('40) 66f. — Extraction of ferric oxide from high alumina refractory materials in northern China[152)]: 202. — Studies on special fine-ceramic masses (metal ceramics) from oxides and metal powders, 1 [151)]: 208. — Studies on special glasses from nepheline and talc as raw materials[128)]: 359f. — Tests on the manufacture of silica–magnesia refractory materials, 1: **49** ('41) 336–40; ~ 2: **52** ('44) 220–24. — Synthesis of mica, 1 [79)]: **49** ('41) 419–21. — Utilization of brucite found in Korea for magnesia cement: **50** ('42) 25–29. — Hydraulic refractory cement, 3: 399–404. — Leaching of boric acid from Korean kotoite: **51** ('43) 198–202. — Studies on high-alumina minerals, 1: Thermal analyses[6)30)]: 381–84; ~ 2 [31)]: 617–22; ~ 3 [30)]: **52** ('44) 267–69. — Leaching of boric acid from various boron minerals, 1: Tourmaline: 87–90. — Application of by-products of salt production to the ceramic industry: **55** ('47) 30–35. — Studies on the preparation of cordierite porcelain with peridotite and kaolin[126)132)]: **56** ('48) 34–37. — Preparation of gypsum plaster by the special hydrothermal method, 1 [103)]: 43–47; ~ 2 [103)]: **57** ('49) 6–10; ~ 3 [103)28)]: **59** ('51) 331–34; ~ 4 [103)28)]: 373–76; ~ 5 [103)]: **60** ('52) 305–08; ~ 6 [103)45)]: 529–34. — Preparation of calcined gypsum by using three kinds of gypsum, natural, synthetic and waste-mold, 1 [103)]: **56** ('48) 103–07; ~ 2 [103)]: 129–33. — Synthesis of gypsum, 1: Preparation of gypsum from slaked lime and sulfuric acid[103)]: **57** ('49) 62–65; ~ 2 [103)]: 100f.; ~ 3 [19)]: 158–60; ~ 4 [61)]: **58** ('50) 78–81; ~ 5: Experiments on acid calcium sulfate[103)61)]: 119–24. — Reclaiming of waste gypsum molds from the pottery industry, 1 [103)]: **57** ('49) 133–37; ~ 2 [103)]: **58** ('50) 337–40; ~ 3 [103)]: **59** ('51) 141–45. — Waterproofing of glass fibers by special surface treatment[20)]: **58** ('50) 16–20; ~ 2 [149)]: **62** ('54) 469–73. — Non-slaking dolomite refractories, 1: Dolomite–peridotite–iron sand system[120)]: **58** ('50) 162–65; ~ 2: Dolomite–chromite–peridotite system [150)]: 379–82. — Physical properties of calcined gypsum, 1 [103)58)]: 190–94. — Special alumina cements, 1: Special sintering method for preparing alumina cement from a mixture of alumina residue and lime[22]): 300–04; ~ 2 [35]): **59** ('51) 18–21; ~ 3 [22]): 533–37; ~ 4 [22]): **60** ('52) 386–89; ~ 5 [22]): **61** ('53) 379–82; ~ 6 [22]): 435–40; ~ 7 [22])[77]): **62** ('54) 28–33; ~ 8 [22]): 618–22; ~9 [22]); **63** ('55) 189–92. – Studies on molding products from calcined gypsum and artificial resin, 1 [103]): **59** ('51) 146–50; ~ 2 [103])[57]): 275–79. – Conversion of anhydrous gypsum to crystal gypsum, 1 [103])[127]): 244–47. – Manufacturing process and properties (chemical composition) of sea-water magnesia, 1 [15])[121]): 456–61; ~ 2 [114])[104]): **60** ('52) 540–44; ~ 3 [140])[83]): **62** ('54) 249–52; ~ 4 [140])[59]): 325–30. – Escape of fluorine during smelting of porcelain-enamel frit[32])[136]): **59** ('51) 485–88. – Anhydrous gypsum plasters, 1 [103])[134]): 525–29; ~ 2 [103])[129]): **61** ('53) 9–12. – Chromite–magnesia refractories which use sea water magnesia, 1 [93])[118]): **60** ('52) 60–65; ~ 2 [93])[118])[88]): 422–25; ~ 3 [93])[118])[89]): **61** ('53) 152–54; ~ 4 [140])[59])[83]): **62** ('54) 651–55. – Mikawa quartzite, 1 [93])[118])[117]): **60** ('52) 476–80; ~ 2: Mikawa quartzite for silica refractories[93])[118])[5]): **61** ('53) 207–10; ~ 3: On the use of Mikawa quartzite mixed with other quartzite and admixtures for silica refractories[93])[125]): **63** ('55) 148–53. – Effects of fluoride component on the properties of titania-opacified enamel frit[32])[132]): **61** ('53) 15–19. – Refractories for fused phosphates, 1[4]): 64–68; Refractories for fused phosphatic fertilizers, 2 [4])[142]): **63** ('55) 429–32. – Evaluation method of portland cement admixtures, 1 [65]): **61** ('53) 115–17. – Magnesia cement which uses sea water magnesia, 1 [15]): 266–69. – Gypsum-dolomite plasters, 1 [15]): 481–84. – Initial settling of cement pastes, 1: Influence of the duration of the mixing process[65]): **62** ('54) 204–07. – Pozzolanic materials as portland cement admixtures, 1 [94])[39]): 403–06; ~ 2 [94]): **63** ('55) 523–27; Cement admixtures, 3: Properties of fly ash as portland-cement admixture[94])[38]): 573–79. – Effect of repeated heating and cooling on hardened portland cement, 1 [119])[6]): **62** ('54) 785–89; ~ 2: Hardening of the mixtures of portland cement and „Scherben" [6])[119]): **64** ('56) 90–94. – Special refractories having the composition of calcium silicate[22]): **63** ('55) 325–28. – Behaviour of lime on chrome-magnesite brick[109])[93]) : **64** ('56) 247–54. – Corrosion of high alumina brick by portland cement[109])[93]): **65** ('57) 147–53. – – Alle Arbeiten japan. m. engl. Zusammenfassg.

J. electrochem. Assoc. Japan Action of acids on leucite, nephelite etc.[80]): **10** ('42) 443–45. – Utilization of "Al residual ash", 4 [82]): **14** ('46) 12–15; ~ 5 [82]): 168–71. – Electric evaporation in salt-making, 1: Purification of the brine[128]): **15** ('47) 38f.; ~ 2: Compositions of common salts and bittern and their treatment (a)[51])[145]): **16** ('48) 5–8; ~ 3: By-product gypsum and its crystallization: 54–57. – Moisture adsorption by urea nitrate[62])[132]): **15** ('47) 69–72. – Removal of ash impurity of natural graphite[108]): **17** ('49) 39–43. – Fused phosphatic fertilizers, 1 [51])[84]): **18** ('50) 155–58; ~ 2 [51])[84]): 192–95; ~ 3 [51])[84]): 261–65; ~ 4 [51])[8]): **19** ('51) 26–30; ~ 5: Preparation of fused phosphatic fertilizer by using high-grade rock phosphate, 1 [43])[22])[113]): 97–100; ~6: Aluminium phosphate ore[4]): 124–26; ~ 7: Preparation of fused phosphatic fertilizer by using high-grade rock phosphate, 2 [43])[22]): **20** ('52) 81–84; ~ 8 [51])[8]): 117–20; ~ 9: Depression of citric acid solubility of phosphoric acid by corrosion of refractories[4]): 150–54; ~ 10: Effect of reheating temperature on the solubility in citric acid[9]): 199–203; ~ 11: Notojima phosphate ore[4]): 274–78. – Granulation of fused phosphatic fertilizer and lime nitrogen, 1: Preliminary experiments for the preparation of granular mixed fertilizer[43]): 318–22; ~ 2: Hydraulic property of fused phosphate slag[130])[43]): 365–68; ~ 3: Hardening properties of the moulded masses of lime nitrogen, and fused phosphate – lime nitrogen mixture[130])[43]): 445–48; ~ 4: Voluminal expansion of the moulded pieces of lime nitrogen and fused phosphate – lime nitrogen mixture [130])[43]): **21** ('53) 69–73; ~ 5: Comparative strength test of granulated mixed fertilizer[130])[43]): 116–19; ~ 6: Anti-weathering properties of granulated mixed fertilizer[130])[43]): 174–77; ~ 7: Hygroscopicities or weight increase of granulated mixed fertilizers[130])[43]): 231–33; ~ 8: Amount of free water in granulated mixed fertilizers[130])[43]): 279–81; ~ 9: Ammonia loss in granulated mixed fertilizers[100])[43]): 384–88; ~ 10: Dicyandiamide formation in granulated mixed fertilizers[130])[43]): 429–32; ~ 11: General considerations on granulating conditions of granulated mixed fertilizers and their properties[130])[43]): **22** ('54) 167–71. – Some considerations on electro-fusing ceramic industry in Europe: **21** ('53) 153–57. – Studies on granulated mixed fertilizers consisting of lime nitrogen, fused phosphate and potassium salts[13])[53]): **26** ('58) E70–E73. – Synthesis of calcium cyanamide from calcium carbonate and ammonia, 4 [13])[123]): E84–E86. – – Alle Arbeiten japan. m. engl. Zusammenfassg.

J. Soc. chem. Industry, Japan; Suppl. Binding Studies on synthesis of calcium silicates, 2 [3]): **35** ('32) 8B–10B; ~ 3 [3]): 65B–67B; ~ 4 [3]): 118B–122B; ~ 5 [79]): **36** ('33) 264B–268B; ~ 6 [79]): 326B–330B; ~ 7 [79]): 458B–460B; ~ 8 [102]): **37** ('34) 380B–382B. – Studies on hydrothermal synthesis of calcium silicates under ordinary pressure, 3: **35** ('32) 153B–156B; ~ 4: 320B–326B; ~ 5: 380B–384B; ~ 6: 439B–443B. – Studies on hydrothermal synthesis of calcium aluminates and silicates between lime and alumina or kaolin, 1: 182B–184B; ~ 2: 256B–260B; ~ 3: 394B–398B. – Studies on hydrothermal synthesis of calcium hydroaluminates, 1: 495B–500B. – Studies on hydrothermal synthesis of calcium silicates under pressure, 3: **36** ('33) 403B–407B. — Studies on the celite part ($4CaO \cdot Al_2O_3 \cdot Fe_2O_3$) of portland cement[102]): **37** ('34) 264B–267B. — Studies on the effects of fluorides on thermal synthesis of calcium silicates [,1][73]): 303B–306B; ~ 2 [73]): 419B–421B; ~ 3 [73]): 549B–552B; ~ 6 [60]): **38** ('35) 229B–231B; ~ 7 [60]): 294B–298B. — Studies on the effects of fluorides on thermal synthesis of calcium aluminates, 1 [139]): **37** ('34) 693B–695B; ~ 2[139]): **38** ('35) 157B–160B. — Ore cement or iron cement, 1 [138])[67]): 47B–49B; ~ 2 [67])[138]): 96Bf.; ~ 3 [67]): 298B–302B; ~ 4 [87]): 666B–670B; ~ 5 [87]): 737B–739B; ~ 6 [87])[141]): **39** ('36) 215B–217B. — The expansion and corrosion of hardened mortar of various cements, 1 [67]): **38** ('35) 171B–175B; ~ 2 [67])[87]): 500B–503B; ~ 3 [87]): **39** ('36) 159B–161B. — The products of the hydrothermal reaction of claycy substances, 1 [110]): **38** ('35) 371B–373B; ~ 2: 732B–737B; ~ 3 [110]): **39** ('36) 7B f.; ~ 4 [110]): 45Bf.; ~ 5: 96B–98B; ~ 6: 252B–254B. — The effect of calcium fluoride on the thermal synthesis of calcium ferrites[139]): **38** ('35) 374B–376B. — The effects of various fluorides on the thermal synthesis of calcium silicates, 1[111]): **39** ('36) 130B–132B. — The effects of various fluorides on the thermal combination of portland cement raw mixtures[111]): 183Bf. Hydraulic refractory cements, 1: **40** ('37) 197Bf.; ~ 2: 470Bf. — Extraction of alumina from high-aluminous raw materials [,1][47]): 302Bf.; ~ 2 [47]): **41** ('38) 106B; ~3 [47]): 253Bf.; ~ 4 [47]): 310Bf. — Utilization of by-product gypsum as plaster, 1: 7Bf.; ~ 2: 30B. — Water-softening materials of the zeolite type, 1: 105Bf.; ~2: 167Bf.; ~3 [79]): **44** ('41) ⟨709–13⟩. — Gypsum-urea or urea – calcium sulfate complex, 1 [21]): **42** ('39) 210B; ~ 2 [72]): **43** ('40) 209B. — Nepheline-syenite in Korea, 1 [85])[76])[128]): 155B; ~ 2 [85])[76]): 362B; ~ 3: **45** ('42) ⟨486–92⟩. — Synthesis of calcium cyanamide from calcium carbonate and ammonia, 1 [132]): **43** ('40) 219B; ~ 2 [132]): 361Bf.; ~ 3 [132]): **44** ('41) 286Bf. — Studies on some complex salts of urea[31]): **45** ('42) ⟨517–21⟩. — Potassium salt from feldspathic rocks, 1: **46** ('43) ⟨907–09⟩. — Preparation of phosphatic and potassic fertilizers[68]): ⟨1152–55⟩; [2 weitere Mitteilungen bis 1947]. — Extraction of potassium from feldspar minerals by heating in water, 1: Test on glauconite and potassium feldspar: **47** ('44) ⟨92–94⟩; ~ 2: Comparative test by using nepheline syenite[90]): **49** ('46) ⟨153 f.⟩; [7 weitere Mitteilungen bis 1948]. — — *Die Seitenzahlen in ⟨. . .⟩ beziehen sich nicht auf das „Supplemental Binding", sondern auf das Original in japanischer Sprache im Hauptteil der Zeitschrift.*

J. chem. Soc. Japan, Industr. Chem. Sect. Pyrogenous preparation of phosphatic and potassium fertilizers, 4: Experiments with various rock phosphates[51])[135]): **51** ('48) 8f.; ~ 5: Experiments with jarosite[51])[135]): 9f.; ~ 6 [101]): 73–75; ~ 7 [90]): 86–88; ~ 8 – 9 [51])[104]): 124–29; ~ 10 [51]): **52** ('49) 127–30; ~11: Lowering of calcination temperature by adding bittern[90])[101]): 179–81; ~ 12 [51]): 287–89; ~ 13 [51]): **53** ('50) 50–52. — Solution of potassium salts from feldspathic ores, 10: Experiments by mixing jarosite ore[90]): **51** ('48) 84–86. — Potassium ore jarosite, 1: Properties of jarosite and leaching test of potassium portion[135]): **52** ('49) 83–86; ~ 2 [90]): 133–35; ~ 3 [70]): **53** ('50) 7–9. — Studies on alunite, 1: Feasible methods of analysis of alunite and variation in composition on pulverization[33]): **52** ('49) 176–78; ~2: Calcination of alunite and conditions of preparing potassium fertilizer[33]): 229–31; ~ 3: Calcination experiment on a mixture of alunite and nepheline ores[33]): 231–33; ~ 4: Manufacture of potassium fertilizer by calcining a mixture of alunite and limestone[33]): 273–75; ~ 5: Calcination of a mixture of alunite and nephelite[33]): 275–77; ~ 6: Preparation of potassium-ammonia mixed fertilizer and alumina cement[22]): **56** ('53) 573–76. — Double salts of urea as fertilizers, 1: Preparation of special calcium superphosphate containing double salt of gypsum urea[64]): **53** ('50) 60–63; ~ 2: Preparation and comparison of double salts of oxalic acid – urea and nitric acid – urea[124]): 112f.; ~ 3: Guanylurea salts[144]): 194–96; ~ 4: Guanidine salts[144]): 233f.; ~ 5: Properties of gypsum urea prepared by various methods[43]): **54** ('51) 36–38. — Moisture prevention of hygroscopic fertilizers, 1: Mixed crystal method and double salt method[43]): **53** ('50) 381–83; ~ 2: Methods of mixing and of coating[43]): **54** ('51) 11–14. — Synthetic fertilizers of the system phosphate ore – urea – nitric acid, 1 [43]): 39–41; ~ 2 [43])[95]): 210–13; ~ 3: Addition of potassium salt[43])[98]): 611–13; ~ 4: Volatility of nitric acid anhydride[43])[98]): 613–15. — Studies on special fertilizers of calcium cyanamide derivatives, 1: Salts of guanylurea and guanidine as chemical fertilizers[43]): 163–67. — Mineral composition and the citric acid solubility of fused phosphatic fertilizers, 1 [4]): 495–97; ~ 2 [4]): **55** ('52) 8–10; ~ 3 [4]): 433–36. — Influence of potassic ores on the nitrogenation of calcium carbide, 1: Nitrogenation of a mixture of calcium carbide and potassic feldspar, 1 [43])[37]): **54** ('51) 615–17; ~ 2: ≈ 2 [43])[37]): 617–19; ~ 3: Citric acid solubility of the potassium component[43])[37]): **55** ('52) 201–03; ~ 4: Volatility of potash[43])[37]): 203f.; ~ 5: Decomposition of calcium carbide by potassic feldspar as estimated from the amount of free carbon[43])[37]): 431–33; ~ 6: Experiments with potassium liparite[43])[37]): **56** ('53) 241f.; ~ 7: Effects of fluoride and phosphate[43])[37]): 242f.; ~ 8: Nitrogenation of a mixture of carbide, potassium ore, and calcium chloride[43])[37]): 321–23. — Mixed fertilizers consisting of calcium nitride and fused phosphate, 1: Hygroscopicity of the mixed fertilizers[43]): **55** ('52) 411–13; ~ 2: Mechanism of the hygroscopicity of the mixed fertilizers[43]): 413–15; ~ 3: Determination of effective components and their change during storage[43]): 516–18; ~ 4: The method of determination of citric acid solubility[43])[40]): 555–57. – Calcined phosphatic fertilizers, 1 [4])[46]): 644–46; ~ 2 [4]): 700–03; ~ 3 [4])[96]): **56** ('53) 12–14; ~ 4 [4])[96]): 62–64; ~ 5 [4]): 138–40; ~ 6 [4])[96])[137]): 741–43; ~ 7 [4])[96]): 922–24; ~ 8 [4]): **57** ('54) 707–09. – Fluorine in fused phosphate fertilizers[4]): **56** ('53) 583–85. – Flaked lime nitrogen and flaked mixed fertilizers, 1: Effects of granulating agents and storing conditions[130])[43]): 836–38. – Recovery of fluorine from stack gases, 1 [4])[99]): **57** ('54) 352–54. – Preparation of fritted fertilizers containing some trace elements[43])[146]): **60** ('57) 968–72. – Granulated lime nitrogen – fused phosphate fertilizers by using phosphate solution binder decomposed by hydrochloric acid[43]): 972–76. – Magnesium superphosphate[5]): 977–80. – Magnesian superphosphate by mixing serpentine, peridotite, dolomite, or sea water magnesia with superphosphate[10])[36]): **61** ('58) 940–42. – Granulated mixed fertilizers from calcium cyanamide, thermophosphate, and potassium salts [54])[13])[123])[106]): 1128–31. – Granulated mixed fertilizers from calcium cyanamide, acid thermophosphate, and potassium salts[54])[13])[123]): 1131–33. – Chemical fertilizers, especially phosphate fertilizers: **62** ('59) 1–10. – Granulated compound fertilizers from lime, nitrogen, magnesium phosphate, and potassium salts[13])[120]): 681–83. – Hydrothermal extraction of potassium from potassium liparite by calcium hydroxide derived from carbide[54])[122]): 798–801. – Synthesis of merwinite and acid solubilities of the products[5]): 1348–52. – Ammonium magnesium phosphate and potassium magnesium phosphate fertilizers[13])[123])[55]): 1353–57. – Decomposition of calcined serpentine with phosphoric acid[5]): **64** ('61) 1897–903. – Highly compounded fertilizer, NH_3-MgO-P_2O_5, from serpentine, 2: Ammoniation of phosphoric acid extracts of calcined serpentine[5]): **65** ('62) 1945–52. – Fertilizers with condensed phosphates, 1: Formation and stability of ammonium pyrophosphates[5]): **69** ('66) 2077–82; ~ 2: Behaviour of ammonium pyrophosphates in the soil[5]): 2082–87; ~ 3: Thermal decomposition of calcium phosphate[5]): **70** ('67) 1299–305; ~ 4: Hydrolysis of calcium hydrogen pyrophosphate[5]): **71** ('68) 801–06. – – Alle Arbeiten japan. m. engl. Zusammenfassg.

J. Soc. Glass Technol. Chemical compositions and water solubilities of glasses, 1 [69]): **18** ('34) 427A f.

J. Soc. Mater. Sci., Japan Some ceramic products as new constructing materials: **14** ('65) 10–23 [japan.].

National Bur. Standards Monogr. Special masonry cement having a high slag content: **43** ('60) 1043–55.

Rep., Japan. Assoc. Advancement Sci. Smelting alumina from Korean andalusite and cyanite: **17** ('42) 75–82 [ ].

Special Rep., Iron and Steel Inst. Basic sea-water magnesia – dolomite refractories for LD (Linz-Donawitz) converters[27]): Nr. **74** ('62) 60–63.

Z. anorg. u. allg. Chem. Hydrothermale Synthesen von Calciumsilicaten [,1]: **206** ('32) 177–95; ~ 2: **207** ('32) 321–39. – Untersuchungen über die Hydrothermalsynthese von Calciumhydroaluminaten: 313–18.

Zement [Berlin] Untersuchungen über feuerfeste Zemente und Mörtel, 1 [47]): **26** ('37) 91; ~ 2 [47]): 778; ~ 3 [47]): **27** ('38) 176. – Untersuchungen über Mischportlandzemente, 16 [141]): **26** ('37) 92. – Untersuchungen über die hydrothermale Reaktion alkalischer Lösungen mit Kaolin, 1: 188; ~ 2: **27** ('38) 427. – Untersuchungen über die Zumischung von Bentonit zu Portlandzement, 1 [81]): **26** ('37) 224.

Ferner Herausgeber, Mitherausgeber, Autor oder Mitautor zahlreicher Handbücher und Monographien auf dem Gebiet der technischen anorganischen Chemie, insbesondere der nichtmetallischen Werkstoffe, in japanischer Sprache. – 3 Artikel über Zement in einem Zement-Sonderheft der „Japan Times Mail" in japanischer Sprache (1938).

Mit: [1]) S. Abo; [2]) M. Akitsu; [3]) K. Akiyama; [4]) J. Ando; [5]) Y. Arai; [6]) S. Asahara; [7]) T. Asahara; [8]) K. Ebihara; [9]) K. Endo; [10]) J. Fujita; [11]) M. Fujitani; [12]) A. Fujiwara; [13]) J. Fujiye; [14]) K. Fukai; [15]) Y. Fukumori; [16]) –; [17]) K. Goto; [18]) –; [19]) F. Hamamoto; [20]) T. Hanawa; [21]) Z. Hara; [22]) T. Harada; [23]) R. Hasegawa; [24]) T. Hashimoto; [25]) I. Hiraki; [26]) K. Hirose; [27]) S. Hiyama; [28]) K. Ikeda; [29]) T. Ikeda; [30]) M. Imai; [31]) M. Imaoka; [32]) F. Imoto; [33]) G. Inoue; [34]) T. Inoue; [35]) Y. Inoue; [36]) Y. Irokawa; [37]) H. Ishida; [38]) A. Ishii; [39]) S. Ishii; [40]) Y. Ishii; [41]) M. Ito; [42]) T. Iwata; [43]) T. Kanazawa; [44]) K. Kaneko; [45]) H. Kashiwagi; [46]) M. Kataoka; [47]) J. Katayama; [48]) Y. Kato; [49]) J. Kawamura; [50]) T. Kawase; [51]) Y. Kawazumi; [52]) –; [53]) T. Kikawa; [54]) S. Kino; [55]) T. Kobayashi; [56]) N. Koike; [57]) S. Koizumi; [58]) T. Koizumi; [59]) S. Komatsu; [60]) Y. Kosaki; [61]) M. Kubota; [62]) H. Kuno; [63]) S. Kurata; [64]) T. Kuroi; [65]) T. Manabe; [66]) M. Masuda; [67]) K. Matsuoka; [68]) T. Miharu; [69]) Y. Mikami; [70]) T. Miyabe; [71]) H. Miyagawa; [72]) R. Miyake; [73]) M. Miyasaka; [74]) T. Mizoue; [75]) C. Mizutani; [76]) I. Morimoto; [77]) Y. Moriya; [78]) I. Muchi; [79]) K. Murakami; [80]) S. Nagaeda; [81]) T. Nakagawa; [82]) Y. Nakamura; [83]) M. Nakayama; [84]) T. Nakazawa; [85]) A. Naruse; [86]) –; [87]) K. Nomi; [88]) N. Nozaki; [89]) H. Ogino; [90]) Y. Okada; [91]) Y. Okamoto; [92]) S. Oki; [93]) Z. Ota; [94]) A. Otsuka; [95]) K. Saito; [96]) M. Sakamaki; [97]) S. Sakimoto; [98]) K. Sakurada; [99]) M. Sase; [100]) K. Sato; [101]) T. Sato; [102]) G. Sawayama; [103]) M. Sekiya; [104]) K. Shimamura; [105]) T. Shimosato; [106]) T. Shirosaki; [107]) S. Sugiyama; [108]) K. Suzue; [109]) K. Suzuki; [110]) T. Suzuki; [111]) M. Takahara; [112]) K. Takahashi; [113]) T. Takahashi; [114]) K. Takamori; [115]) M. Takatsu; [116]) H. Takenouchi; [117]) S. Tanaka; [118]) F. Tanemura; [119]) N. Tanno; [120]) H. Teramoto; [121]) Y. Togasaki; [122]) N. Tokura; [123]) H. Tokutake; [124]) T. Toshima; [125]) M. Tsukino; [126]) K. Tsukioka; [127]) T. Umehara; [128]) T. Yamabe; [129]) M. Yamada; [130]) T. Yamada; [131]) Y. Yamada; [132]) G. Yamaguchi; [133]) H. Yamakawa; [134]) K. Yamakawa; [135]) N. Yamanouchi; [136]) S. Yamazoe; [137]) H. Yasui; [138]) I. Yoshida; [139]) T. Yoshiura;

[140]) K. Yoshizaki; [141]) K. Inoue; [142]) K. Kodama; [143]) M. Miyama; [144]) T. Sekiya; [145]) H. Suzuki; [146]) G. Kato; [147]) T. Kido; [148]) S. Ueda; [149]) M. Yamaguchi; [150]) T. Sawamoto; [151]) J. Nagai; [152]) K. Nakajima.

IV–VI **NAGAOKA,** Hantaro. Physik. — 1896–1926 Prof. theoret. Physics, '16–26 Dir. of Inst. of Physics, Univ. of Tokyo; '17–46 Research Scientist, Inst. of Physical and Chemical Research (now Scientific Research Inst.) Tokyo; '20–39 Chairman, Divis. of Physics, Nation. Research Council of Japan, Tokyo; '31–34 Pres., Osaka Univ.; '39–48 Pres. of the Imperial Acad. → Japan. Acad. — '25 Hon. Ph. D. (Univ. of Cambridge, Engl.). — '32 1st Class Order of Sacred Treasure, '37 Order of Cultural Merit, '50 Grand Cordon of the Rising Sun (Japan Government).

*1865, Aug. 18, Omura b. Nagasaki; †1950, Dez. 11, Tokyo.

Nekr. T. Shirai, Kagaku [Tokyo] **21** ('51) 146f. — T. Takamine, ibid. 145f. (m. Bildn.); J. physic. Soc. Japan **6** ('51) 1 S. vor S. 131 (m. Bildn.). — Z. Yamauti, Procès-verbaux Séances, Comité int. Poids et Mesures (2) **23**. 1952 ('53) 200–02. — H. Yukawa, Nature [London] **168** ('51) 409. — J. sci. Res. Inst. [Tokyo] **47** ('53) 1311. — Proc. physic. Soc., Sect. A **64** ('51) 1146f.; ~ Sect. B 1095f.

Zur Biogr. K. Itakura u. a., Nagaoka Hantaro den [Biographie Hantaro Nagaoka] (Tokyo '73) 719 S. (m. Bildn. u. Schr.verz.).

S. Verhandelingen, op 25 Mei 1935 aangeboden aan P. Zeeman ('s Gravenhage '35) 236–40: A rapid examination of the Zeeman effect by means of an interferential collimator[11]).

Nature [London] Variations of latitude and great earthquakes: **130** ('32) 541.

Proc. imp. Acad., Tokyo Excitation of some nebular lines by disruptive discharge[2]): **8** ('32) 78. — Can neon lines be used as secondary standards of wavelength?: 231f. — Some applications of magnetostriction: 233–35. — The worldshaking earthquakes and the variation of latitude [,1]: 284–87; ~ 2: 475–77. — Fluctuations in secular variation of the rotation of the earth and volcanic eruptions: **9** ('33) 35–38. — Volcanic eruptions and pole-shift, 1: 87–90; Volcanic eruptions, earthquakes and pole-shift, 2: 170–73. — Laboratory excitation of nebular lines N_1 and N_2 [2]): 146–48. — Variation in the effective rigidity of the earth: 166–69. — Ellipsoidal geoid and the distribution of seismic centres and volcanoes [,1]: 207–10; Formation of ellipsoidal geoid, 2: 239–42. — Formation of Tibetan plateau considered from the wandering of the pole[14]): 243–46. — Three belts of great earthquakes and volcanoes of the world[14]): 247–50. — Change of level in Northern Eurasia considered from the wandering of the pole[14]): 297–300. — Fissures in the bed of the Pacific Ocean with relation to three belts of great earthquakes[14]): 301–04. — Lines of fissure through Central Japan and Sea of Japan physically considered[14]): 382–85. — Formation of Fossa Magna and Japanese Alps on the fissure line of Central Japan[14]): 386–89. — Colouration of fluorides of different elements by cathode rays[16])[11]): 486–89. — Continental margins as slip lines of earth's crust, 1 [14]): 490–93; Continental margins as slip lines, 2: Formation of Japanese arcs and deep seated earthquakes[14]): 584–87; ~ 3: Coasts and mountain formations in Shikok as an example[14]): **10** ('34) 13–16; ~ 4: Contour of Japanese Islands[14]): 73–75; ~ 5: Boundary line common to some Japanese volcanoes[14]): 151–54. — Excitation of Balmer series by electrodeless discharge[16])[11]): 450f. — Excitation of the nebular line 4267 (C) in oxygen[2]): 554–56. — A method in microspectrometry and its accuracy[10]): 629–31. — Connexion between the warping of the geoid with seismic and volcanic activities[14]): **11** ('35) 19–22. — Characteristics of Pb I, Pb II, Pb III, and Pb IV lines revealed in the instantaneous spectrograms [,1][2]): 43–46; Characteristics of the Pb-spectrum revealed by the instantaneous spectrograms, 2 [2]): 171–73. — The excitation of hydrogen lines H_α, H_β, H_γ, by ultra-short electric waves[11]): **12** ('36) 1–3. — Spectrograph with strong illumination: 218–20. — Magnetograph for examining sudden changes of magnetic field[4]): **13** ('37) 30–33. — Sudden magnetic variation during the volcanic activity of Asamayama[4]): 34–37. — Sudden magnetic variations observed on the volcano Asamayama[4]): 62–64. — Paschen series of hydrogen and deuterium[11]): 95–97. — Magnetic variation during an explosion of Asamayama and its mechanism[4]): 251–56. — High terms of Paschen series in hydrogen and deuterium [11]): **14** ('38) 53–56. — Some chemical actions of hydrogen excited by electrodeless discharge[11]): 128–33. — Comparison of induction magnetograph with induction loop at Kakioka Magnetic Observatory[4])[5]): **15** ('39) 217–19. — Luminescence and ionization of meteors: 345–48. — Six month period of terrestrial magnetic activity and its relation to F_2-layer of the ionosphere: **16** ('40) 26–32. — Magnetic disturbance during sudden fade-outs of radio transmission: 201–07. — Magnetic storms and lunar phase during sunspot maximum from standpoint of ionospheric disturbance: 290–93. — Ultrashort electromagnetic waves generated in a vacuum tube by ordinary electric discharge: **17** ('41) 244–49. — Sudden commencement of magnetic storms and its probable cause: 250–55. — Diurnal variation in the production of ions in the atmosphere: **18** ('42) 144–50. – The formation of F_1- and F_2-layers of the ionosphere: 382–89. – Sudden fade-out of high frequency electric waves caused by α-particles formed in the uppermost atmosphere: 635–43. – Minute fluctuations in the period of rotation of the triaxial earth: **19** ('43) 12–18.

Proc. physico-math. Soc. Japan On the angular correlation of successive quanta emitted from ^{24}Na and ^{38}Cl[1,3,6,7,9,8,12,13,15,17,18,19,20,21,22]: **23** ('41) 568f. – Separation of isotopes by thermal diffusion, 1: Preliminary test of the separation column[1,3,6,7,9,8,12,13,15,17,23,18,19,20,21,22]: 590–98; ~ 2: Separation of chlorine isotopes[1,3,7,9,8,12,13,15,17,23,18,19,20,21,22]: 599–604. – The scattering of neutrons by protons[1,24,3,6,7,9,8,12,13,15,17,18,19,20,21,22]: 855–60.

Rep. Radio Res. and Works Japan Effect of meteors on radio transmission: **2** ('32) 49–53.

Scientific Papers Inst. physic. and chem. Res. [Tokyo] The change of wavelength and intensity in iron, nickel and titanium lines by disruptive discharge[2,10]: **19** ('32) 169–84. – Explosion spectrum of mercury compared with arc spectra under ordinary pressure and in vacuum[2]: **25** ('34) 111–26. – Isotope effect in the spectrum of neon, 2 [11]: 223–31. – Reversal of neon lines[11]: **26** ('35) 136–55. – Excitation of Balmer series of hydrogen to high order of terms by electrodeless discharge[16,11]: 156–63. – Coloration of compounds of different elements by cathode rays[11]: **28** ('35/36) 77–94. – Excitation of Balmer and Paschen series of hydrogen and deuterium by electrodeless discharge[11]: **34** ('38) 931–56. – Induction magnetograph for recording sudden changes of terrestrial magnetic field[4]: **36** ('39) 183–97.

Terrestrial Magnetism and atmospher. Electr. Japanese ursigram: **37** ('32) 487f.; ~, September to December, 1932: **38** ('33) 65f.; ~ January to May, 1933: **38** ('33) 261.

Mit: 1) H. Akabori; 2) T. Futagami; 3) K. Husimi; 4) T. Ikebe; 5) S. Imamiti; 6) I. Itoh; 7) S. Kikuchi; 8) Y. Ko; 9) M. Kobayashi; 10) I. Machida; 11) T. Mishima; 12) T. Momota; 13) M. Okazaki; 14) T. Shirai; 15) I. Suehiro; 16) Y. Sugiura; 17) E. Takeda; 18) T. Utiyama; 19) T. Wakatuki; 20) Y. Watase; 21) S. Yamaguchi; 22) I. Yukawa; 23) M. Taketani; 24) K. Goto.

VI **NAGELL,** Trygve. Math. – 1931–62 Prof., Univ. Uppsala. – '56 Fil.dr h. c. (Univ. Uppsala). – '39 Ritter und '52 Kommandeur des Nordstern-Ordens (Schweden); '51 Kommandeur des Sankt-Olav-Ordens (Norwegen).

*1895, Juli 13, Oslo.

Zur Biogr. Uppsala Univ. Matrikel 1937–1950 ('53) 399–402 (m. Schr.verz.). – Universitetet i Oslo 1911–1961 **1** (Oslo '62) 488.

Zum 50. Geb.tag W. Ljunggren Norsk mat. Tidsskr. **27** ('45) 33–36.

MHZ. Acta arithmet. [Warszawa] 1945ff. – Acta math. **86** ('51)ff. – Norsk mat. Tidsskr. **1** ('19) – **3** ('21).

S. Verhandlungen des internationalen Mathematiker-Kongresses, Zürich 1932, **2** (Zürich–Leipzig '33) 5: Über die Lösbarkeit der Gleichung $x^2 - Dy^2 = -1$. – 8. Skandinaviska matematikerkongressen, Stockholm 1934 (Lund '35) 273–75: Sur la réductibilité des trinômes. – C.R.Congrès international des mathématiciens, Oslo 1936, **2** (Oslo '37) 7–9: Sur la grandeur des diviseurs premiers d'une classe de polynômes cubiques. – Den 11te skandinaviske matematikerkongress, Trondheim 1949 (Oslo '52) 71–76: Problems in the theory of exceptional points on plane cubics of genus one. – Proc. International congress of mathematicians, Amsterdam 1954, **2** (Amsterdam '54) 44: Sur les représentations d'un nombre entier par la forme $x^2 + y^2$ dans un corps algébrique.

W. L'analyse indéterminée de degré supérieur (Mémorial des sciences mathématiques, 39) (Paris '29) 62 S.; ²(Paris '46). – Lärobok i algebra (Stockholm–Uppsala '49) 303 S.; ²(Stockholm '57) 303 S.; ³('62) 311 S. – Elementär talteori (Stockholm–Uppsala '50) 271 S.; engl.: Introduction to number theory (Stockholm–New York '51) 6 + 309 S., ²(New York '64) 309 S.; bulgar.: (Sofija '71) 268 S.

Acta arithmet. [Warszawa] Les points exceptionnels rationnels sur certaines cubiques du premier genre: **5** ('59) 333–57. – Sur quelques catégories d'équations diophantiennes résolubles par des identités: **9** ('64) 227–35. – Sur les diviseurs premiers des polynômes: **15** ('68/69) 235–44. – Sur la solubilité en nombres entiers des équations du second degré à deux indéterminées: **18** ('71) 105–14. – Sur la résolubilité de l'équation $x^2+y^2+z^2 = 0$ dans un corps quadratique: **21** ('72) 35–43. – Sur la représentation de zéro par une somme de carrés dans un corps algébrique: **24** ('73) 379–83.

Acta math. Anders Wiman in memoriam: **103** ('60) I–VI. – Thoralf Skolem in memoriam (1887–1963): **110** ('63) I–XI, 303.

Acta Sci. math. [Szeged] Les points exceptionnels sur les cubiques $ax^3+by^3+cz^3 = 0$: **21** ('60) 173–80.

Archiv Math. Über die Darstellung ganzer Zahlen durch eine indefinite binäre quadratische Form: **2** ('49/50) 161–65. – Bemerkung über die diophantische Gleichung $u^2 - Dv^2 = C$: **3** ('52) 8f. – Verallgemeinerung eines Fermatschen Satzes. Herrn Alexander Ostrowski z. 60. Geburtstag gewidmet: **5** ('54) 153–59. – Über die Lösbarkeit gewisser diophantischer Gleichungen zweiten Grades: **21** ('70) 487–89. – Über die Darstellung der Zahlen ± 1 als die Summe von zwei Quadraten in algebraischen Zahlkörpern: **23** ('72) 25–29.

Arkiv Mat. Sur les restes et les non-restes quadratiques suivant un module premier: **1** ('49/52) 185–93. — Sur un théorème d'Axel Thue: 489–96. — Sur le plus petit non-reste quadratique impair: 573–78. — Sur les restes et les non-restes cubiques: 579–86. — Un théorème arithmétique sur les coniques: **2** ('52/54) 247–50. — Remarques sur les corps résolvants des coniques, cubiques et quartiques: 379–84. — On a special class of Diophantine equations of the second degree: **3** ('54/58) 51–65. — On the Diophantine equation $x^2 + 8D = y^n$: 103–12. — Sur quelques problèmes dans la théorie des restes quadratiques et cubiques: 211–22. — On linear recurrences with constant coefficients: 395–401. — Sur l'équation $x^5 + y^5 = z^5$: 511–14. — Sur une classe d'équations exponentielles: 569–82. — The Diophantine equation $x^2 + 7 = 2^n$: **4** ('60/63) 185–87. — On the sum of two integral squares in certain quadratic fields: 267–86. — Sur quelques questions dans la théorie des corps biquadratiques: 347–76. — On the number of representations of an A-number in an algebraic field: 467–78. — On the A-numbers in the quadratic fields $K(\sqrt{\pm 37})$: 511–21. — Remarques sur les groupes abéliens infinis admettant une base finie: 523–26. — Sur les sous-corps des corps métacycliques du sixième degré: **5** ('63/65) 43–54. — Contributions à la théorie des corps et des polynômes cyclotomiques: 153–92. — Sur une propriété des unités d'un corps algébrique: 343–56. — Sur les représentations de l'unité par les formes binaires biquadratiques du premier rang: 477–521. — Contributions à la théorie des modules et des anneaux algébriques: **6** ('65/67) 161–78. — Quelques résultats sur les diviseurs fixes de l'index des nombres entiers d'un corps algébrique: 269–89. — Sur quelques propriétés arithmétiques des formes binaires à coefficients entiers: **7** ('67/69) 241–48. — Sur les discriminants des nombres algébriques: 265–82. — Remarques sur les formes à plusieurs variables décomposables en facteurs linéaires: 313–29. — Sur les unités dans les corps biquadratiques primitifs du premier rang: 359–94. — Quelques propriétés des nombres algébriques du quatrième degré: 517–25. — Remarques sur une catégorie d'équations diophantiennes à deux indéterminées: **8** ('69/71) 49–62. — Quelques problèmes relatifs aux unités algébriques: 115–27. — Sur une type particulier d'unités algébriques: 163–84. — Remarques sur une classe d'équations indéterminées: 199–215.

Arkiv Mat., Astron. och Fysik Über die Lösbarkeit der Gleichung $x^2 - Dy^2 = -1$: **23B** ('32/33) Nr. 6, 5 S. — Über quadratische Kongruenzen mit zwei Unbekannten: **24A** ('33/34) Nr. 3, 7 S. — Bemerkungen über die diophantische Gleichung $x^3 + y^3 = Az^3$: **25B** ('35/37) Nr. 5, 6 S.

Avh. norske Vid.-Akad. Oslo, I Bemerkungen über zusammengesetzte Zahlkörper: **1937**, Nr. 4, 26 S.

Colloques int. Centre nation. Rech. sci. Algèbre et théorie des nombres: Sur quelques questions dans la théorie arithmétique des cubiques planes du premier genre: **24**. 1949 ('50) 59–64.

Commentarii math. helvet. Über die Lösbarkeit gewisser diophantischer Gleichungen dritten Grades: **9** ('36) 31–39, 135.

J. reine u. angew. Math. Bemerkungen über numerisches Rechnen mit algebraischen Zahlen: **167** ('32) 70–72.

Jahresber. dtsch. Mathematiker-Vereinig. Lösung der Aufgabe 147: **44** ('34) 26–28. — Aufgabe 184: **45** ('35) 21. — Aufgabe 239: **46** ('36) 79. — Aufgabe 269: **48** ('38) 45.

Kongel. norske Vid. Selsk. Forh. Über einige Irreduzibilitätskriterien: **5** ('32) 122–25. — Sur une équation diophantienne à deux indéterminées: **7** ('34) 136–39. — Zur Theorie der rationalen Punkte auf ebenen Kurven dritten Grades: 140–42. — Zur arithmetischen Theorie der ebenen Kurven dritten Grades: **8** ('35) 1–4. — Bemerkung über die Äquivalenz gewisser ebener Kurven dritten Grades: **9** ('36) 24–27. — Bemerkung über die Klassenzahl reell-quadratischer Zahlkörper: **11** ('38) 7–10. — Über die gleichzeitige Lösbarkeit gewisser diophantischer Gleichungen dritten Grades [,1]: 113–16; ∼ 2: 161–64. — On the solvability of some congruences: **27** ('54) 9–13.

Kongel. norske Vid. Selsk. Skr. Sur la résolubilité d'une équation cubique à deux indéterminées: **1970**, Nr. 8, 8 S. — Sur une catégorie d'équations diophantiennes insolubles dans un corps réel: **1971**, Nr. 4, 5 S. — Zur Etymologie der gotischen Stammesnamen Tervingi und Visi: Nr. 10, 4 S. — Sur quelques équations diophantiennes de degré supérieur à plusieurs variables: **1972**, Nr. 5, 6 S. — Sur la représentabilité de zéro par certaines formes quadratiques: Nr. 6, 7 S.

Kungl. Vet.-Soc. Årsb., Uppsala Anders Wiman: **1959**, 17–19 [schwed.].

Matematisk Tidsskr., B Zusätze zu Aufgabe 10 (gestellt **1924**, S. 68): **1933**, 68f., **1934**, 23 [norweg.]. — Aufgaben 21–24: 23f. [∼]. — Aufgaben 27 und 28: 112 [∼]. — Aufgabe 29: **1935**, 47 [∼].

Mathematische Ann. Über den größten Primteiler gewisser Polynome dritten Grades: **114** ('37) 284–92.

Mathematische Z. Sätze über algebraische Ringe: **34** ('31/32) 179–82. — Zur algebraischen Zahlentheorie: 183–93. — Über die Anzahl der Lösungen gewisser diophantischer Gleichungen dritten Grades: **52** ('49/50) 750–57.

Monatsh. Math. u. Physik Bestimmung des Grades gewisser relativ-algebraischer Zahlen: **48** ('39) 61–74.

Norsk mat. Foren. Skr. Die Bestimmung der Ringe mit gegebener Diskriminante in einem algebraischen Zahlkörper: (2) Nr. **9** ('33) 69–72.

Norsk mat. Tidsskr. Über das arithmetische und das geometrische Mittel: **14** ('32) 54f. [deutsch]. – Über diophantische Gleichungen mit zwei Unbekannten: **15** ('33) 1–14. – Aufgaben 4 und 5 (1932): **14** ('32) 33; ~ 11 und 12 (1932): 105; ~ 2–7 (1933) **15** ('33) 22f.; ~ 8–10 (1933): 67; ~ 20 und 21 (1933): 138; ~ 1 und 2 (1934): **16** ('34) 29; ~ 5 (1934): 64; ~ 8–11 (1934): 101f.; ~ 14–16 (1934): 133f.; ~ 3 und 4 (1935): **17** ('35) 23; ~ 9 und 10 (1935): 91; ~ 12 und 13 (1935): 124; ~ 1–4 (1936): **18** ('36) 25f.; ~ 6 (1936): 62; ~ 2 und 3 (1937): **19** ('37) 39, 147; ~ 4 (1937): 84f.; ~ 17 und 18 (1937): 146, **22** ('40) 28; ~ 3 und 4 (1938): **20** ('38) 83f., **21** ('39) 80; ~ 5 (1938): **20** ('38) 115, **22** ('40) 28; ~ 9 (1939): **21** ('39) 80; ~ 3 (1940): **22** ('40) 28. – Lösung zur Aufgabe 5 (1935): **18** ('36) 97–99, **19** ('37) 148. – Erik Holmgren †: **26** ('44) 1f. – Eine elementare Methode zur Bestimmung von Gitterpunkten auf einer Hyperbel: 60–65. – Der kleinste positive n-te Nicht-Potenzrest modulo p: **34** ('52) 13. – – Ferner einige Aufgaben für Gymnasiasten. – – Alle Beiträge (außer **14** ('32) 54f.) norwegisch.

Nova Acta regiae Soc. Sci. upsaliensis Sur la classification des cubiques planes du premier genre par des transformations birationnelles dans un domaine de rationalité quelconque: (4) **12** ('41) Nr. 8, 34 S. – Sur la résolubilité des équations diophantiennes cubiques à deux inconnues dans un domaine relativement algébrique: **13** ('42) Nr. 3, 34 S. – Les points exceptionnels sur les cubiques planes du premier genre, 1: **14** ('46/47) Nr. 1, 34 S.; ~ 2: Nr. 3, 40 S. – Recherches sur l'arithmétique des cubiques planes du premier genre dans un domaine de rationalité quelconque: **15** ('52/53) Nr. 6, 66 S. – Sur la division des périodes de la fonction $\wp(u)$ et les points exceptionnels des cubiques: Nr. 8, 28 S. – On the representations of integers as the sum of two integral squares in algebraic, mainly quadratic fields: Nr. 11, 73 S. – Contributions to the theory of a category of Diophantine equations of the second degree with two unknowns: **16** ('54) Nr. 2, 38 S.

S.-Ber. berliner math. Ges. Darstellung ganzer Zahlen durch binäre biquadratische Formen ersten Ranges: **1969**, 10f.

Skr. norske Vid.-Akad. Oslo Solution de quelques problèmes dans la théorie arithmétique des cubiques planes du premier genre: **1935**, Nr. 1, 25 S.

VI **NAGEOTTE**, Jean Nicolas Denis Eugène. Chem. (physiol.), Biol., Histol. – 1912–37 Prof. Histol. comparée, '37 Prof. hon., Collège de France, Paris.
*1866, Febr. 8, Dijon;
†1948, Juli 22.

W. Morphologie des gels lipoïdes. Myéline, cristaux liquides, vacuoles **1**: Généralités (Paris '36) 44 S. (Actualités scientifiques et industrielles, 431); **2**: Structures à surfaces hydrophiles, figures myéliniques artificielles, gaine de myéline des fibres nerveuses ('36) 127 S. (~ 432); **3**: Structures à surfaces hydrophobes, structures vacuolaires ('36) 179 S. (~ 433); [**4**:] Planches ('36) (~ 434).

Anatomischer Anz. Considérations sur la théorie du neurone, à propos de travaux récents: **87** ('38) 49–53.

Archives Biol. Trame et cellules dans le tendon: **47** ('36) 605–29.

C. R. Assoc. Anatomistes Les propriétés physico-chimiques du collagène et leurs conséquences morphologiques[1]): **29** ('34) 408–33. – Contribution à l'étude du tendon; nouvelle méthode de coupes sans inclusion, résultats: **30** ('35) 384–93. – Considérations sur l'emploi des acides dans l'étude de la trame conjonctive: 394–99. – Sur l'anatomie générale du nerf périphérique à propos des nerfs de l'iris et de quelques travaux récents: **32** ('37) 318–31.

C. R. hebd. Séances Acad. Sci., Paris A propos de la réparation chirurgicale des pertes de substances traumatiques des nerfs périphériques: **204** ('37) 825–27. – Sur les balanciers des diptères considérés comme organes de sens de l'espace: **215** ('42) 509f.

C. R. hebd. Séances et Mém. Soc. Biol. Métamorphisme: **112** ('33) 1279–82. – Fibrilles collagènes anatomiques et fibrilles collagènes artificielles: **113** ('33) 841–44. – Variations du collagène dissous[1]): 1398–401. – Fibres élastiques, acides et sels neutres[1]): 1401–05.

J. Psychol. norm. et pathol. Sur des troubles visuels insolites et de nature différente observés successivement chez le même sujet: **29** ('32) 466–68.

Paris méd. Santiago Ramón y Cajal (1852–1934): **2** ('34) 8. Dez., Anhang, I–IV.

Presse méd. Sur l'emploi des greffes de tissu conjonctif mort dans la chirurgie réparatrice (tendon et nerf): **47** ('39) 1365f. – Peut-on améliorer le traitement des blessures de nerfs périphériques ?: **48** ('40) 761–63.

Z. Zellforsch. u. mikroskop. Anatomie Sur la contraction extrême des muscles squelettiques chez les vertébrés: **26** ('37) 603–24. – Relations des leucocytes avec les cellules fixes et formation des cellules en épieu dans la cornée: **28** ('38) 103–13.

Mit: [1]) L. Guyon.

VI **NAGORNOV,** Nikolaj Nikolaevič. Chem. (physikal., analyt.). – 1902–30 Wiss. Mitarbeiter, Polytechn. Inst. Petersburg→Leningrad; '30–34 Doz., Metallurg. Inst. Leningrad; '34–38 Doz., '38–39 Prof., Industrie-Inst. Leningrad; '19– Wiss. Mitarbeiter, Inst. f. Physikal.-Chem. Analyse, Akad. Wiss. UdSSR. (⊠)
*1872, Okt. 12 (1), Reval;
†1939, Juni 11.

Nekr. S. A. Pogodin, Izvest. Sekt. fiziko-chim. Analiza **13** ('40) 67–70 (m. Schr.verz.); Ž. prikl. Chim. **13** ('40) 301–03 (m. Schr.verz.).

Metallurg Der Einfluß von Beimischungen auf die Oxydation des Kupfers bei hohen Temperaturen [,1][1]): **11** ('36) Nr. 6, 78–82 [russ.]; ∼ 2: Die Oxydation des Kupfers mit Zusatz von Zinn und Antimon[1]): **13** ('38) Nr. 1, 91–95 [∼].

Trudy leningr. industr. Inst. Das Schmelzen von Cyclohexanol: **1937**, Nr. 7, 42–53 [russ. m. engl. Zusammenfassg.].

Z. physik. Chem., Abt. A Die Zustandsflächen des Cyclohexans[2]): **169** ('34) 20–30.

Mit: [1]) S. P. Gvozdov; [2]) L. A. Rotinjanc.

VI **NAGUMO,** Mitio. Math. – Bis 1928 Stud., '28–31 Assist., Univ. Tokyo; '31 Doz., Kyushu-Univ., Fukuoka; '31–32 Doz., Univ. Hiroshima; '32–34 Forschungsstud., Univ. Göttingen; '34 Doz., '34–36 außerplanmäß. Prof., '36– Prof., Univ. Osaka; '37 Dr.sc., Univ. Tokyo; '60–61 Gastprof., Univ. do Rio Grande do Sul, Pôrto Alegre, Brasilien; außerdem Prof., Sophia-Univ., Tokyo.
*1905, Mai 7, Tokyo.

Zum 60. Geb.tag Festband: Funkcialaj Ekvacioj, Ser. int. **9** ('66); darin S. VI: Biogr. [in Esperanto] (m. Bildn. u. Faks.); S. VIIf.: Biogr. von K. Yosida [engl.]; S. XVIII–XXII: Schr.verz. 62 Nrn.

MHZ. (Mitbegründer u. Mitredakt.) Funkcialaj Ekvacioj, Ser. int. **1** ('58) –.

W. Variationsrechnung [japan.] (Tokyo '35). – Abbildungsgrade und Existenzsätze [∼] (Tokyo '48). – Variationsrechnung [∼] (Tokyo '51). – Differentialgleichungen [∼] **1** (– '55). – Moderne Theorie der partiellen Differentialgleichungen [∼] (– '57). – Partielle Differentialgleichungen [∼] (Tokyo '58). – Introduction to the theory of Banach space **1** (Pôrto Alegre '61) 154 S.; **2** ('65) 150 S. – Lekcii po sovremennoj teorii uravnenij v častnych proizvodnych [Vorlesungen zur modernen Theorie der partiellen Differentialgleichungen] (Moskva '67) 132 S.

American J. Math. A theory of degree of mapping based on infinitesimal analysis: **73** ('51) 485–96. – Degree of mapping in convex linear topological spaces: 497–511.

Anais Acad. brasil. Ci. A note on closed linear operators[2]): **33** ('61) 277–79. – A note on the solubility of an abstract functional equation[2]): **34** ('62) 11f.

Collected Papers Fac. Sci., Osaka imp. Univ., Ser. A Über die Ungleichung $\frac{\partial u}{\partial y} > f\left(x, y, u, \frac{\partial u}{\partial x}\right)$: **6** ('39) Nr. 5, 6 S. – Über das Verhalten der Integrale von $\lambda y'' + f(x, y, y', \lambda) = 0$ für $\lambda \to 0$: **7** ('40) Nr. 12, 6 S.

J. Osaka Inst. Sci. and Technol., Part 1 Hinreichende Bedingungen dafür, daß eine lokal-topologische Abbildung schlicht ist: **1** ('49) 33–35 [in Esperanto]. – Notiz über die Differenzierbarkeit der Exponentialfunktion: 121 [∼]. – Anwendung der Variationsrechnung auf eine partielle Differentialgleichung erster Ordnung: **2** ('50) 55–88 [∼]. – Über die Unabhängigkeit stetiger Funktionen: 89f. [∼].

J. Sci. Gakugei Fac., Tokushima Univ. Characterization of the linear continuum: **1** ('50) 7–9 [in Esperanto].

Japanese J. Math. Über den Mittelwert, der durch die kleinste Abweichung definiert wird: **10** ('33) 53–56. – Charakterisierung der allgemeinen euklidischen Räume durch ein Postulat für Schwerpunkte: **12** ('36) 123–28. – Einige analytische Untersuchungen in linearen metrischen Ringen: **13** ('36) 61–80. – Über die Ungleichung $\frac{\partial u}{\partial y} > f\left(x, y, u, \frac{\partial u}{\partial x}\right)$: **15** ('38) 51–56. – Über das Anfangswertproblem partieller Differentialgleichungen: **18** ('42) 41–47.

Mathematics Student On the solution of partial differential equations of first order: **27** ('60) 43–46.

Nachr. Ges. Wiss. Göttingen Über eine kombinatorische Eigenschaft der linearen Verbindung von Vektoren auf der Ebene: Nr. **32** ('32) 560–68. – Über eine kennzeichnende Eigenschaft der Linearkombinationen von Vektoren und ihre Anwendung: Nr. **35** ('33) 36–40.

Osaka math. J. Degree of mapping of manifolds based on that of Euclidean open sets: **2** ('50) 105–18. – A note on the theory of degree of mapping in Euclidean spaces: **4** ('52) 1–9. – On principally linear elliptic differential equations of the second order: **6** ('54) 207–29. – On Perron's method for the semi-linear hyperbolic system of partial differential equations in two independent variables[1]): **7** ('55) 179–84. – On the normal forms of differential equations in the neighborhood of an equilibrium point[3]): **9** ('57) 221–34. – Perturbation and degeneration of evolutional equations in Banach spaces: **15** ('63) 1–10.

Proc. Japan. Acad. Sur la solution bornée de l'équation aux dérivées partielles du type elliptique[5]): **27** ('51) 334–39. – Note sur l'inégalité différentielle concernant les équations du type parabolique[5]): 536–39. – On linear hyperbolic system of partial differential equations in the whole space: **32** ('56) 703–06. – On singular perturbation of linear partial differential equations with constant coefficients, 1: **35** ('59) 449–54. – Re-topologization of functional space in order that a set of operators will be continuous: **37** ('61) 550–52. – A note on elliptic differential operators of the second order: **41** ('65) 521–25.

Proc. physico-math. Soc. Japan Über die Ordnung einer Permutation[4]): (3) **15** ('33) 1–3. – Über die Differentialgleichung $y'' = f(x, y, y')$: **19** ('37) 861–66. – Über das Verhalten der Integrale von $\lambda y'' + f(x, y, y', \lambda) = 0$ für $\lambda \to 0$: **21** ('39) 529–34. – Über die Lage der Integralkurven gewöhnlicher Differentialgleichungen: **24** ('42) 551–59. – Über das Randwertproblem der nicht-linearen gewöhnlichen Differentialgleichungen zweiter Ordnung: 845–51. – Eine Art der Randwertaufgabe von Systemen gewöhnlicher Differentialgleichungen, 1: **25** ('43) 221–26; ~ 2: 384–90; ~ 3: 615f.

Sûgaku Uniqueness of solutions for the initial-value problem (Exposition of the theory of Calderón): **10** ('59) 247–55 [japan.]. – Retopologization for continuity of a set of operators: **14** ('62/63) 164–66 [~].

Mit: [1]) Y. Anasako; [2]) E. B. Cossi; [3]) K. Isé; [4]) M. Moriya; [5]) S. Simoda.

V, VI **NAGY,** Gyula (Julius), **Sz.** (auch: **Szőkefalvi-Nagy, Sz.-Nagy**). Math. – 1929–39 Ord. Prof., Staatl. Hochsch. f. d. Ausbildung der Bürgerschullehrer, Szeged; '31–39 Prof. tit., '39–40, '45–53 Prof. ord., Univ. Szeged; '40–45 Prof., Univ. Kolozsvár. – '26 Gyula-König-Medaille u. -Preis (Math.-Physikal. Ges. „L. Eötvös", Budapest).

*1887, Apr. 11, Erzsébetváros, Siebenbürgen;
†1953, Okt. 14, Szeged.

Nekr. L. Fejes Tóth, Akadémiai Értesítő **60** ('53) 384f. (m. Bildn.). – Acta Sci. math. [Szeged] **15** ('54) 97f. (m. Bildn.). – Matematikai Lapok **4** ('53) 81–83.

Zur Bibliogr. R. Obláth, Das mathematische Werk von G. Sz.-Nagy: Matematikai Lapok **5** ('54) 189–243 [ungar. m. russ. u. französ. Zusammenfassg.] (m. Schr.verz. 150 Nrn.).

MHZ. Acta sci. math. [Szeged] 1949–1953.

W. A geometriai szerkesztések elmélete (Kolozsvár '43) 8+87 S.; [2](Budapest '68) 157 S.

Acta Litt. ac Sci. [Szeged], Sect. Sci. math. Zur Topologie der geschlossenen Kurven auf der Sphäre: **5** ('30/32) 1–12. – Einige Sätze über ebene Elementarkurven: 83–89. – Über die Lage der Nullstellen gewisser Minimal- und Extremalpolynome: **6** ('32/34) 49–58. – Über die Ovaloidschalen der Flächen vom Maximalindex: **7** ('34/35) 244–48. – Über die reellen Nullstellen des Derivierten eines Polynoms mit reellen Koeffizienten: **8** ('36/37) 42–52. – Über eine Zerlegung der ebenen Kurven vom Maximalindex: 136–46. – Über die Zirkulation der ebenen Kurven vom Maximalindex: 147f.

Acta Sci. math. [Szeged] Über die reellen Nullstellen gewisser Polynome mit Parametern: **10** ('41/43) 36–41. – Über konvexe Kurven und einschließende Kreisringe: 174–84. – Die Lage der A-Stellen eines Polynoms bezüglich seiner Nullstellen: **11** ('46/48) 147–51. – Über die allgemeinen Lemniskaten: 207–24. – Über die Lage der Doppelgeraden von gewissen Flächen gegebener geometrischer Ordnung: 234–38. – Totalreelle rationale Funktionen: **12A** ('50) 1–10. – Merkwürdige Punktgruppen bei allgemeinen Lemniskaten: **13** ('49/50) 1–13. – Verallgemeinerung der Derivierten in der Geometrie der Polynome: 169–78. – Über die Lage der kritischen Punkte rationaler Funktionen: **14** ('51/52) 179–85.

Acta math. Acad. Sci. hungar. Tschirnhaussche Eiflächen und Eikurven: **1** ('50) 36–45. – Tschirnhaussche Flächen und Kurven: 167–81. – Über Polynome mit lauter reellen Nullstellen: 225–28. – Winkelabweichung und Betragsabweichung bei Polynomen: **2** ('51) 11–18. – Realitätsgrad und Realitätsstellen von komplexen Polynomen: 99–103. – Über Polynome, deren Nullstellen auf einem Kreis liegen: 157–64. – Wertverteilung bei Polynomen mit lauter reellen Nullstellen und Koeffizienten: **3** ('52) 269–74. – Über die nichtreellen Werte einer totalreellen rationalen Funktion: **4** ('53) 89–94. – Konvexes Polyeder als geometrischer Ort: **5** ('54) 165–67. – – Alle Arbeiten m. russ. Zusammenfassg.

Annales Soc. polon. Math. Sur un théorème de M. Biernacki: **23** ('50) 224–29.

Annali Scuola norm. sup., Pisa Über die Lemniskatenflächen: (3) **2** ('50) 39–53.

Bull. amer. math. Soc. Generalization of certain theorems of G. Szegő on the location of zeros of polynomials: **53** ('47) 1164–69. – Über die Lage der Nullstellen eines Abstandspolynoms und seiner Derivierten: **55** ('49) 329–42.

Commentarii math. helvet. Über Wertverteilung gebrochener rationaler Funktionen: **23** ('49) 288–93.

Duke math. J. Zur Nullstellenverteilung von Extremalpolynomen: **16** ('49) 575–77.

Elemente Math. Ein Beweis des Satzes von H. J. S. Smith und H. Kortum: **3** ('48) 95–97. – Ein topologischer Satz über endliche geschlossene Kurven in der Ebene: **4** ('49) 85f. – Zwei nichtkonstruierbare Aufgaben des Dreiecks: **6** ('51) 81–83.

Hungarica Acta math. Über den Wertvorrat gebrochener rationaler Funktionen in Kreisbereichen: **1** ('48/49) Nr. 3, 1–13. – Darstellung algebraischer Flächen von Gestalt einer Kurve: Nr. 4, 10f. – Über rationale Funktionen, deren Nullstellen und Pole an entgegengesetzten Seiten einer Geraden liegen: 12–16.

J. reine u. angew. Math. Über einen Satz von Laguerre: **169** ('33) 186–92. – Über die Lage der nichtreellen Nullstellen von reellen Polynomen und von gewissen reellen ganzen Funktionen: **170** ('34) 133–47. – Über die nichtreellen Nullstellen von reellen ganzen Funktionen: 148–53. – Zur Theorie der algebraischen und gewisser transzendenten Gleichungen: **172** ('34) 25–36. – Über Raumkurven vom Maximalindex: **177** ('37) 197–214. – Über die Kurven n-ter Ordnung im projektiven q-dimensionalen Raum für $n < 2q$: **183** ('41) 1–8. – Zur Theorie der Flächen vom Maximalindex: 129–47. – Kurven vom Maximalindex in mehrdimensionalen projektiven Räumen: **186** ('44) 30–39. – Algebraische Kurven vom Maximalindex im mehrdimensionalen Raum: 40–48.

Jahresber. dtsch. Mathematiker-Vereinig. Über die aus Regelflächen zweiter Ordnung bestehenden Flächen vom Maximalindex: **47** ('37) 145–48. – Ein Beweis des Vierscheitelsatzes: **52** ('42) 198–200. – Geometrie endlicher Ordnung: **53** ('43) 103–36.

Középiskolai mat. Lapok Gelenkvierecke: **1** ('50) 166–71 [ungar.]. – Eine symmetrische Ableitung der Gleichungen der Ellipse und der Hyperbel: **2** ('51) 252–55 [~].

Matematikai és fizik. Lapok Geometrie endlicher Ordnung: **48** ('41) 207–42 [ungar. m. deutscher Zusammenfassg.].

Matematikai Lapok Dreiteilung des Winkels nach Johann Bolyai: **4** ('53) 84–86 [ungar. m. russ. u. deutscher Zusammenfassg.].

Matematikai és term. Értesítő Über die Zentralen der konvexen Flächen: **48** ('32) 832–48. – Über die Lage der Nullstellen gewisser Minimumpolynome: **49** ('33) 1–15. – Untersuchungen über die Lage der nichtreellen Nullstellen von reellen Polynomen und von gewissen reellen ganzen Funktionen: **50** ('34) 167–94. – Über algebraische und transzendente Gleichungen: **52** ('35) 36–53. – Untersuchungen über die Flächen vom Maximalindex: **53** ('35) 420–74. – Über die reellen Nullstellen des Derivierten eines Polynoms mit reellen Koeffizienten: 781–92. – Über die ebenen Kurven ohne Tangentensingularität und vom Index Null: **54** ('36) 358–74. – Über die Raumkurven vom Maximalindex: 685–711. – Mehrzügige Kurven im mehrdimensionalen Raume: **55** ('36/37) 540–49. – Über Kurven vom Maximalindex in mehrdimensionalen Räumen: 550–73. – Über die nichtreellen Nullstellen der reellen ganzen Funktionen von endlichem Geschlecht: **56** ('37) 353–75. – Über Flächen vom Maximalindex mit mindestens einer Regelflächenschale zweiter Ordnung: 783–95. – Über ebene Vielecke, insbesondere über ebene einfache Vielecke: **57** ('38) 51–78. – Über das Geschlecht der einschaligen Flächen vom Maximalindex: **58** ('39) 298–312. – Über Polynome mit lauter reellen Nullstellen: **59** ('40) 72–94. – Reduzible algebraische Kurven vom Maximalindex in den mehrdimensionalen Räumen: **60** ('41) 33–48. – Irreduzible algebraische Kurven vom Maximalindex in den mehrdimensionalen Räumen: 49–63. – Über einen Satz von J. Dieudonné: 700–16. – Sätze über die Lage von Nullstellen: **61** ('42) 1–13. – Konjugierte Polygone in der projektiven Ebene: 441–59. – Ein elementargeometrischer Satz und seine Anwendung in der Geometrie der Polynome: 776–85. – Die Nullstellen des Büschels von Polynomen: 786–808. – Der Wertvorrat von Polynomen in gewissen Bereichen: **62** ('43) 1–12. – – Alle Arbeiten ungar. m. deutscher Zusammenfassg.

Mathematische Z. Über die Ordnung der ebenen Kurven vom Maximalklassenindex: **35** ('32) 80–92. – Über die Ungleichungen für die Ordnung der ebenen Kurven vom Maximalklassenindex: **37** ('33) 493–513. – Über die Buschenveloppen von H. Brunn: **41** ('36) 479–92. – Über die Eigenschaften der beschränkten ebenen Kurven ohne Tangentensingularität: **46** ('40) 605–26.

Monatsh. Math. u. Physik Verallgemeinerung eines Satzes von Jentzsch: **51** ('43) 59–62.

Múzeumi Füzetek Kolozsvár [*Zeitschriftentitel nach Schriftenverzeichnis zitiert*] Zusammenhänge zwischen den Nullstellen und A-Stellen der Polynome und ihre Anwendung zur Untersuchung der Wurzel algebraischer Gleichungen: **1** ('43) 132–52 [ungar.].

Portugaliae Math. Die Polarkreise eines Punktes in bezug auf ein Polynom: **7** ('48) 51–57. – Schwerpunkt von konvexen Kurven und von konvexen Flächen: **8** ('49) 17–22.

Publicationes math. [Debrecen] Gleichseitige Hyperbel und Parallelogramme: **1** ('49/50) 24–28. – Zentralsymmetrisierung konvexer Körper: 29–32. – Ein anschaulicher Beweis der ersten Plückerschen Formel: 71f. – Appollonische Kurven: 73–88. – Kurzer Beweis eines Satzes über die obere Schranke der absoluten Beträge von mehreren Nullstellen eines

Polynoms: 251–53. – Mittelkante, Mittelebene, Mittelpunkt von Kanten einer Ecke: **2** ('51/52) 161–65. – Ableitung einer algebraischen Kurve vierter Ordnung vom Index 2 aus Kegelschnitten: 166–68.

Revista, Univ. nacion. Tucumán, Ser. A Über ganze Funktionen mit lauter reellen Nullstellen: **1** ('40) 303–11.

Tôhoku math. J. Über die Lage der Nullstellen der Derivierten eines Polynoms: **35** ('32) 126–35. – Zur Theorie der geometrischen Konstruktionen: **40** ('35) 76–78. – Über die Nullstellen gewisser rationaler Funktionen: **41** ('36) 415–22. – Zur Theorie der geometrischen Konstruktionen: 423.

VI **NAIK,** Kuverji Gosai. Chem. — 1906 B. A., '08 B. Sc., '09 M. A., Wilson College, Bombay; '21 D.Sc., Univ. of London; ca. '19– Prof., State College, Baroda; ca. '50– Prof. and Principal, Jethabhai Jhaverbhai College of Sci. and C. B. Patel Arts Inst., Nadiad, Bombay; later on Principal, Science College of the Gujarat Univ., Bulsar. — — Genauere Daten nicht bekannt. (☒)

Bull. Soc. chim. France Absorption et réactivité chimique de certaines classes d'amides[9)][12)]: (5) **1** ('34) 525–38.

J. chem. Soc., London The influence of substituents on the mercuration of coumarins[6)]: **1934,** 1040–47.

J. indian chem. Soc. A study of the interaction between thionyl chloride and substances containing the reactive methylene ($-CH_2-$) group, 3 [11)]: **9** ('32) 127–32; ~ 4 [11)]: 471–77; ~ 5 [13)]: **13** ('36) 28–30. – Mercuration of compounds containing the reactive methylene ($-CH_2-$) group by means of mercuric acetate [,1] [7)]: **9** ('32) 185–92; ~ 2 [7)]: 533–37. – Mercury acetamide as a mercurating agent, 2: Mercuration of phenols[3)]: **12** ('35) 783–87. – Interaction of sulphur dichloride with substances containing the reactive methylene group, 2[13)]: **13** ('36) 25–27. – Relations between chemical activity and absorption in the ultraviolet of certain organic molecules, 1: Study of the absorption spectra of the chloro derivatives of the substituted amides of malonic acid [9)][4)]: **15** ('38) 421–25; ~ 2: Velocity of saponification of the chloro derivatives of the substituted amides of malonic acid[12)][4)]: 426–32; ~ 3: Velocity of replacement of the chlorine atoms in the chloro derivatives of the substituted amides of malonic acid[12)][4)]: **20** ('43) 365–68; ~ 4: Interaction of phenylhydrazine with the chloro derivatives of substituted amides of malonic acid[12)][4)]: 369–71; ~ 5: Interaction of atoxyl with the halogen derivatives of substituted amides of malonic acid[12)][4)]: 372f.; ~ 6: Interaction of nitrosyl chloride on substituted amides of acetoacetic acid[12)][2)]: 384–88; ~ 7: Absorption spectra of the amides of acetoacetic acid: 389–91; ~ 8: Absorption spectra of monochloro derivatives of the amides of acetoacetic acid[12)][2)]: 407f.; ~ 9: Absorption spectra of the isonitro derivatives of the amides of acetoacetic acid[12)][2)]: 414. – Chemical activity of halogen derivatives of substituted amides of malonic acid, 1: Action of Grignard's reagent on the chloro derivatives of substituted amides of malonic acid[12)][4)]: 345–48; ~ 2: Velocity of replacement of chlorine atom of the group $-CHCl-$ in monochloro derivatives of substituted amides of malonic acid: 355–57. – Investigations on hyponitrates, 1: Sodium and potassium hyponitrates [10)][8)]: **23** ('46) 284–87; ~ 2: Metallic salts[10)][8)]: 341–43.

J. sci. and industr. Res., Sect. B Sulfation and sulfonation of Indian vegetable oils[1)]: **7** ('48) 193–95, 195–97.

J. Univ. Bombay Ascorbic acid content of some common fruits and vegetables available in Gujarat, 1: Vitamin C content and its stability[10)][5)]: (N. S.) **19** ('51) Nr. 5, Sect. A, 51–58; ~ 2: Effect of fertilizers on vitamin C formation[10)][5)]: Nr. 29, Sect. A, 59–64.

Mit: [1)] C. M. Desai; [2)] B. N. Mankad; [3)] B. V. Mehta; [4)] C. M. Mehta; [5)] H. G. Pandya; [6)] A. Patel; [7)] R. P. Patel; [8)] S. Z. Patel; [9)] P. Ramart; [10)] C. C. Shah; [11)] V. B. Thosar; [12)] R. K. Trivedi; [13)] S. A. Vaishnav.

V, VI **NAKAGAWA,** Senkichi. Math. (Geometrie). — Stud. 1895–98 Science College, Tokyo Imp. Univ., '01–05 in Germany; '04–14 Assist. Prof., '14–37 Prof., '37 Prof. Emer., Tokyo Imp. Univ.

*1876, Juli 18, Kanzawa;

†1942, Sept. 3, Tokyo.

VI **NAKAMURA,** Gisaburo. Physik (Spektrogr.). — Until 1920 Stud., '24– Assist. Prof., '27 D.Sc., Kyoto Imp. Univ.; '26– Lecturer, Polytechnic Univ. of Port Arthur (Ryojun); '28–30 postgraduate studies in Germany; '30–34 Prof., Hokkaido Imp. Univ., Sapporo.

*1893, Juli 19, Marioka, Iwate Prefecture;

†1934, März 19, Sapporo.

Nekr. Hokkaido University Shimbun **1934,** 20. März. – Hokkai Times **1934,** 20. März.

Japanese J. Physics The $^1\Pi \rightarrow {}^1\Delta$ system of NH molecules[1)]: **10** ('34/35) 5–10. – The band spectra of elements of the fifth group[1)]: 11–25.

Mit: [1)] T. Shidei.

VI **NAKAMURA,** Saemontaro (Saemon Tarô). Geophysik, Seismol. — Ca. 1926– Prof., Tôhoku (Imp.) Univ., Sendai; '51– Prof., Kumamoto Univ.(⊠)

*1891, Jan. 29, Tokyo.

W. Tôa kishôgaku [Meteorologie Ostasiens] (Tokyo '40) 254 S.; [2]('49) 263 S.

Annual Rep. Work, Saito Gratitude Foundat. Magnetic disturbance in the seismic region of the earthquake of November 26th 1930 [1]): 8. 1931 ('32) 29. — Researches on the terrestrial magnetism and the earth's electric potential specially referred to the occurrence of earthquake and volcanic activity[1]): **10.**1933 ('34) 50–71; **12.**1935 ('36) 59–61; **13.**1936 ('38) 39.

Disin Anomalous changes of the magnetic dip during the last six months in Kinki district: **7** ('35) 521–27 [japan.].

Geophysics A method of deduction of pressure distribution of an internal plane surface from the observed topographical change, 1 [3]): (5) **3** ('51) 99–101.

J. meteorol. Soc. Japan On the meteorological tidal waves in the Osaka Bay: **13** ('35) 222–24 [japan.]. — A model experiment of the tunami in the Osaka Bay caused by the earthquake[2]): **16** ('38) 69–80 + 7 S. [japan. m. engl. Zusammenfassg.].

Japanese J. Astron. and Geophysics Report of the geophysical party of the solar eclipse expedition of the Tôhoku Imperial University on observations in Karahuto and Hokkaidô: **14** ('37) 149–56.

Nippon Gakujutsu Kyôkai Hôkoku Some problems on the age and the thermal conditions of the earth: **8** ('33) 190–95 [ ].

Proc. imp. Acad., Tokyo An approximate solution of the true motion of the ground from a record of a pendulum seismometer subject to friction at its recording point: **8** ('32) 155–58. — Anomalous secular variation of magnetic dip in the epicentral area of the destructive earthquake of November 26, 1930 [1]): **10** ('34) 456–58. — Changes in land-level and magnetic dip on Mt. Koma (Komagatake) and vicinity: **11** ('35) 102–05. — On the variation of magnetic dip in central Japan [,1][1]): 365–67; ~ 2 [1]): **12** ('36) 64–66; ~ 3 [1]): **14** ('38) 125–27. — The direction of the streets in manorial towns in Japan: **11** ('35) 410–12.

Science Rep. Tôhoku imp. Univ., Ser. I Magnetic disturbance in the seismic area of the earthquake of November 26th, 1930 [1]): **21** ('32) 96–113. — On the variation of magnetic dip in central Japan[1]): Honda Anniversary Volume ('36) 181–92. — On the period and damping of seismometers: **29** ('41) 542–61. — Magnetic observation at Sendai in the second Polar Year from August 1932 to August 1933: 562–601.

Ferner eine Arbeit: The geophysical observations of the tunami (tidal waves) on March 3, 1933 ('34).

Mit: [1]) Y. Katô; [2]) S. Ogiwara; [3]) H. Sima.

V, VI **NAKAMURA,** Seiji. Physik, Geophysik, Kristallogr. — 1889–92 Stud., Science College, 1900–11 Assist. Prof., '07 D.Sc., '11–30 Prof., '25–29 Dean of the Fac. of Sci., '30 Prof. Emer., Imperial Univ. Tokyo. — '60 2nd Class Order of the Rising Sun (Japan Government).

*1869, Sept. 24, Fukui Prefecture;
†1960, Juli 18, Tokyo.

Nekr. J. physic. Soc. Japan **16** ('61) vor S. 133.

W. Taiken no butsuri [Lehrbuch der Experimentalphysik] (Tokyo '51) 3 Bände.

Proc. imp. Acad., Tokyo On Mori's paper concerning magnetostriction: **8** ('32) 278–80. — On an acoustical phenomenon "Naki-Ryu" [3])[2]): **11** ('35) 313–15. — Effect of light on pigments and dyestuffs[1]): **13** ('37) 204–07.

Mit: [1]) H. Kanazawa; [2]) K. Kurihara; [3]) J. Obata.

VI **NAKATSUCHI,** Akira. Chem. — 1922–25 Stud., '34 D.Sc., Tôhoku Imp. Univ., Sendai; Chemist, Municipal Inst. of Techn. Research, Osaka; '45–54 Chemist, '54–61 Pres., Nitto Physical and Chem. Research Inst., Urawa, Saitama Prefecture.

*1894, Okt. 9, Toyama;
†1970, Aug. 22.

J. Soc. chem. Industry, Japan; Suppl. Binding Sulfur compounds of terpenes, 2: On the constitution of sulfur compound which pared from the reaction of sulfur on dipentene: **35** ('32) 376f.; ~ 3: Action of sulfur on cyclic terpene alcohols: 377f.; ~ 4: Action of sulfur on linalyl acetate and linalool: 378f.; ~ 5: Actions of sulfur on various types of monoterpene hydrocarbons: **36** ('33) 254f.; ~ 6: Action of gold chloride on $C_{10}H_{18}S$ (≡C–S–C≡ type): **38** ('35) 511f.; ~ 7: Action of gold chloride on $C_{10}H_{18}S$ (≡C–S–C≡ type) at higher temperature: 512f.; ~ 8: Actions of gold chloride on thioborneol and thiocamphor: 617; ~ 9: Action of gold chloride on various terpene sulfur compounds: 617f. — On the non-metal constituents in the bright gold, 1: **36** ('33) 171; ~ 2: 524f.

J. chem. Soc. Japan, Industr. Chem. Sect. Reaction of organic sulfur compounds with gold chloride[2]): **60** ('57) 694–96. — A rapid activity test of phenolic germicides by pen-recording polarograph[2])[1]): **61** ('58) 168–72.

Mit: [1]) M. Ôhashi; [2]) H. Yamaguchi.

VI **NAKAYA,** Ukitirô (Ukichirô). Physik (exper.). — 1930–32 Assist. Prof., '32–62 Prof., Founder and Chief of the Inst. of Low Temperature Sci., Hokkaidô Univ., Sapporo; '52–54 Contract Scientist, Snow, Ice and Permafrost Research Establishm., U.S. Army, Wilmette, Ill.; '57– Vice-Pres., Int. Commiss. of Snow and Ice. — '41 Imperial Acad. Prize.

*1900, Juli 4, Katayamazu, Ishikawa Prefecture;

†1962, Apr. 11, Tokyo.

Nekr. J. A. Bender, Arctic **15** ('62) 242f. — A. Higashi, J. Glaciology **4** ('62) 378–80 (m. Bildn.). — Geophysical Bull. Hokkaido Univ. Nr. **10** ('63) 1–11 (m. Schr.verz.). — J. japan. Soc. Snow and Ice **24** ('62) 37–46 (m. Schr.verz.).

Teilsammlung Nakaya Ukichirô zuihitsu senshû. 3 Bände (Tokyo '66/67) (m. Bildnissen).

S. Compendium of meteorology (T. F. Malone) (Boston, Mass. '51) 207–20: The formation of ice crystals. — Proc. 7th Pacific science congress of the Pacific Science Association, Auckland and Christchurch 1949, **3** (Wellington '52): Investigation on fogs. — Artificial stimulation of rain. Proc. 1st Conference on the physics of cloud and precipitation particles, Woods Hole, Mass., 1955 (New York '57) 36–42: Electron-microscope studies on the nuclei of sea fog and snow crystals; 327–31: Physical investigations of snow flakes; 386–89: Surface nature of ice crystals. — Physics of the movement of the ice. Symposium of Chamonix 1958 (Gentbrugge '58) (Publications of the International Association of Scientific Hydrology, 47) 229–40: The deformation of single crystals of ice. — Physics of precipitation. Proc. 2nd Cloud physics conference, Woods Hole, Mass., 1959 (H. Weickmann) (Washington, D. C. '60) (National Research Council, Publ. Nr. 746): Horizontal distribution of snow crystals during the snowfall[19]).

W. Yuki [Schnee] (Tokyo '38); Neuaufl. ('47) 2+161 S. — Fuyu no hana [Blüten des Winters = Schneekristalle und Eisblumen] [1] (Tokyo '38); **2** ('40) 412 S.; Neuausgabe ('49) 433 S. — Kaminari [Gewitter] (Tokyo '39). — Shônen shôjo kagaku [Wissenschaft für die Jugend (— '40). — Nihon no kagaku [Wissenschaft in Japan] (Tokyo '40) 245 S. — Kaminari no hanashi [Vortrag über das Gewitter] (Tokyo '41) 231 S. — Shûsôki [Herbstliches Fenster] (Tokyo '49) 314 S. — Shunsô zakki (Tokyo '49) 400 S. — Hanamizuki (Tokyo '50) 341 S. — Kiri taiji [Die Bezwingung des Nebels] (Tokyo '50) 297 S. — Nihon no kokoro [Japanisches Fühlen und Denken] (Tokyo '51) 363 S. — Iguanodon no uta [Ballade vom Iguanodon] (Tokyo '52) 342 S. — Minzoku no jiritsu [Die Unabhängigkeit des Volkes] (Tokyo '53) 119 S. — Snow crystals, natural and artificial (Cambridge, Mass.–New York–London '54) 12+510 S. — Hyakunichi monogatari [Erzählung von den hundert Tagen] (Tokyo '56) 237 S. — Kagaku to jinsei [Wissenschaft und Leben] (Tokyo '56) 195 S. — Kagaku no hôhô [Die Methode der Wissenschaft] (Tokyo '58) 212 S. — Hokkyoku no kôri [Polareis] (Tokyo '58) 172 S. — Sekininsha no bunka [Die Verantwortlichkeit für die Zivilisation] (Tokyo '59) 279 S. — Hokkaidô (Kobe '60) 225 S. — Physical properties of the ice of Fletcher's Ice Island (T-3) (m. J. Muguruma) (Montreal '62) 34 S. (Arctic Institute of North America, Research paper Nr. 20). — Glaciological studies on Fletcher's Ice Island T-3 (m. J. Mugumura, K. Higuchi) (Montreal '62) (~ 21). — Kyokuhoku no kori no shita no machi [Eine Straße unter dem Polareis] (Tokyo '66) 222 S. — — Zahlreiche weitere Bücher in japanischer Sprache.

J. Colloid and Interface Sci. Simple experiment showing the existence of "liquid water" film on the ice surface[6]): **9** ('54) 41–49.

J. Fac. Sci. Hokkaido (imp.) Univ., Ser. 2 Investigations on snow, 1: Physical investigations on snow, 1: Snow crystals observed in 1933 at Sapporo and some relations with meteorological conditions[4]): (2) **1** ('34) 149–62; ~ 2: ≈ 2: Classification and explanation of snow crystals observed in the winter of 1933–34 at Mt. Tokati and Sapporo[3]): 163–80; ~ 3: On the electrical nature of snow particles[15]): 181–90; ~ 4: Simultaneous observations of the mass, falling velocity and form of individual snow crystals[15]): 191–200; ~ 5: On the correspondence of snow and rime crystals: 201–05; ~ 6: On the artificial production of frost crystals, with reference to the mechanism of formation of snow crystals[8]): 206–14; ~ 7: Notes on irregular snow crystals and snow pellets[9])[12]): 215–26; ~ 8: General classification of snow crystals and their frequency of occurrence[9]): 243–64; ~ 9: The physics of skiing, the preliminary and general survey[12])[9])[13]): 265–87; ~ 10: Preliminary experiments on the artificial production of snow crystals[8])[9]): **2** ('38) 1–11; ~ 11: Further experiments on the artificial production of snow crystals[16])[5]): 13–57; ~ 12: Experimental researches on window hoar crystals, a general survey[2])[1]): **3** ('39) 1–13. — Snow crystals and aerosols: **4** ('55) 341–54. — Report of the Mauna Loa expedition in the winter of 1956–57[11])[10]): **5** ('57) 1–36. — Physical investigation on the growth of snow crystals[2])[7]): **5** ('58) 87–118. — Visco-elastic properties of snow and ice in Greenland ice cap: 119–63.

J. Glaciology Snow crystal growth: **1** ('51) 550–. — An electron-microscope study of snow crystal nuclei: **2** ('53) 176–80.

J. japan. Soc. Snow and Ice [Veröffentlichungen in japanischer Sprache:] **1** ('39) 49–51; **3** ('41) 335–79, 406–11, 437–44, 478–82, 512–14; **5** ('43) 16–21; **12** ('50) 20–22; 22–28; **17** ('55) 3–5.

J. meteorol. Soc. Japan [Veröffentlichungen in japanischer Sprache:] (2) **18** ('40) 313–22; **19** ('41) 125–34; **20** ('42) 146–62; **22** ('44) 21, 29. — Electron-microscope study of center nuclei of snow crystals[18]: 75th Anniversary volume ('57) 49–55.

Kagaku [Tokyo] [Veröffentlichungen in japanischer Sprache:] **3** ('33) 200–03; 381–85; **4** ('34) 3f.; 120; 497f.; **5** ('35) 419–24; 471–75; 459–61; **6** ('36) 2 (?); 350–52; **8** ('38) 588–92; **9** ('39) 46–48; 346–49; **11** ('41) 30–34; **18** ('48) 142–47; 209–14; 253–57; **26** ('56) 272–79; 346–52; 401–07; **28** ('58) 7–13.

Low Temperature Sci. [Sapporo] [Veröffentlichungen in japanischer Sprache:] **1** ('44) 1–10; 27–36; 37–52; 67–78; 89–94; **2** ('49) 7–15; 17–21; 39–46; 47–63; 85–96; 119–28.

Metal Physics [Tokyo] The deformation of single crystals of ice: **4** ('58) Nr. 3, 89–96, 133–39 [japan.].

Nature [London] Spark investigation by the Wilson chamber[17]: **134** ('34) 496f.

Nippon Gakujutsu Kyôkai Hôkoku [Veröffentlichungen in japanischer Sprache:] **11** ('36) 144–46; **15** ('40) 11–13; **16** ('41) 345–47.

Philosophical Mag. On the electrification of dust particles blown by an air blast[15]: (7) **19** ('35) 115–23.

Proc. imp. Acad., Tokyo Application of Wilson chamber to the study of spark discharge[17]: **10** ('34) 403–06.

Proc. roy. Soc. London, Ser. A Application of the Wilson chamber to the study of spark discharge[17]: **148** ('35) 446–53. — Investigations on the preliminary stages of spark formation in various gases by the use of the Wilson chamber[17]: **153** ('36) 542–54.

Quarterly J. roy. meteorol. Soc. Artificial snow: **64** ('38) 619–24.

Res. Papers; Snow, Ice and Permafrost Res. Establishment Evidence of the existence of liquid-like film on ice surface[6]: Nr. **4** ('53). — A method of analyzing geothermal data in permafrost: Nr. **5** ('53) 7 S. — Formation of snow crystals: Nr. ? (Jan. '54) 12 S. — Properties of single crystals of ice, revealed by internal melting: Nr. **13** ('56) 4+80 S.

Res. Rep.; Snow, Ice and Permafrost Res. Establishment Mechanical properties of single crystals of ice, 1: Geometry of deformation: Nr. **28** ('58) 46 S. — Visco-elastic properties of snow and ice in Greenland ice cap: Nr. **46** ('59) 29 S. m. Anhang. — Visco-elastic properties of processed snow: **58** ('59) 22 S.

Res. Rep. U.S. Army cold Regions Res. and Engng. Labor. Elastic properties of processed snow with reference to its internal structure: **82** ('61) 25 S.

Scientific Papers Inst. physic. and chem. Res. [Tokyo] On the electrical nature of iron sparks emitted from a grinding wheel: **23** ('33/34) 185–201.

Weitere Veröffentlichungen in japanischer Sprache.

Mit: [1]) K. Dezuno; [2]) M. Hanazima (Hanajima); [3]) K. Hasikura; [4]) T. Iizima; [5]) S. Maruyama; [6]) A. Matsumoto; [7]) J. Muguruma; [8]) I. Satô; [9]) Y. Sekido; [10]) M. Shoda; [11]) J. Sugaya; [12]) M. Tada; [13]) T. Takano; [14]) —; [15]) T. Terada jr.; [16]) Y. Toda; [17]) F. Yamasaki; [18]) M. Kumai; [19]) K. Higuchi.

V, VI **NALLI,** Pia Maria. Math. — 1927–56 Prof., Univ. di Catania.

*1886, Febr. 10, Palermo;

†1964, Sept., Catania.

Nekr. G. Fichera, Boll. Unione mat. ital. (3) **20** ('65) 544–49.

W. Lezioni di calcolo infinitesimale (Catania '46) 494 S. — Lezioni di calcolo differenziale assoluto (Catania '52) 189 S.

Annali Mat. pura ed appl. Risoluzione di due problemi classici per mezzo di una equazione di Volterra: (4) **17** ('38) 193–202. — Sopra un problema relativo ai trasporti rigidi di vettori negli spazi quadridimensionali: **26** ('47) 67–72. — Trasporti rigidi di vettori negli spazi quadridimensionali: **28** ('49) 291–97.

Annali R. Scuola norm. sup., Pisa Spazi di Riemann di seconda classe: (2) **1** ('32) 139–54.

Boll. Unione mat. ital. Sui funzionali analitici: (2) **11** ('32) 30f. — L'equazione differenziale $y'' + y = f(x) \sqrt{1-y^2-y'^2}$: (3) **2** ('47) 195–204. — Equazioni indipendenti dalla scelta delle variabili e caratterizzazione di varietà metriche: **10** ('55) 135–46. — Calcolo tensoriale ed operazioni funzionali [,1]: **11** ('56) 117–22; ∼ 2: **12** ('57) 131–44.

Esercitazioni mat. Un problema di geometria differenziale e di uno di cinematica: (2) **13** ('41) 163–69. — Sul rapporto anarmonico di quattro punti di una curva: **14** ('42) Nr. 7/10.

Rend. Circolo mat. Palermo Trasporti rigidi di vettori nelle varietà metriche: **61** ('37) 314–38.

V, VI van **NAME,** Ralph Gibbs. Chem. (physikal.) — 1904–09 Instructor, '09–24 Assist. Prof., '24–36 Assoc. Prof., '36–44 Research Assoc., '44 Emer. Research Assoc., Yale Univ., New Haven, Conn.

*1877, Okt. 22, New Haven, Conn.;

†1961, Jan. 4.

Todesanzeige Science [USA] **133** ('61) 268.

Biographical Mem., Nation. Acad. Sci. USA Frank Austin Gooch, 1852–1929: **15** ('34) 105–35.

VI **NAMETKIN,** Sergej Semenovič. Chem. (org.). — 1918–30 Prof. u. Leiter d. Lehrstuhls f. org. Chem., '19–24 Rektor, II. Staatsuniv. Moskva; → '30–38 Prof. u. Leiter d. Lehrstuhls f. org. Chem., Inst. f. feinchem. Technol., Moskva; '22–29 Doz. u. wiss. Mitarbeiter d. Forschungsinst. f. Chem., '30–38 außeretatsmäßiger Prof., '38–44 Prof. u. Leiter d. Lehrstuhls f. org. Chem., '44– Leiter d. Lehrstuhls f. spezielle org. Analyse u. Synthese, Staatsuniv. Moskva; '26–34 stellv. wiss. Dir. u. Leiter d. Abteilg. f. Chem. d. Erdöls, Staatl. Wiss. Erdöl-Forschungsinst.; '27–30 wiss. Mitarbeiter b. Lehrstuhl f. org. Chem. u. Chem. d. Erdöls, Bergakad. Moskva; → '30– ord. Prof., Erdölinst. „I. M. Gubkin", Moskva; '34–38 Leiter d. Labor. f. Chem. d. Erdöls, '39–48 Dir., Inst. f. Fossile Brennstoffe, Akad. Wiss. UdSSR; '35 Dr. d. chem. Wiss.; '48–50 Dir., Erdöl-Inst. d. Akad. Wiss. UdSSR. — '40, '44, '45 Rotbanner-Orden, '43 Staatspreis I. Kl., '46 Leninorden, '49 Staatspreis III. Kl. (UdSSR). (⊠)

*1876, Juli 3 (Juni 21), Kazan';
†1950, Aug. 5.

Zur Biogr. B. M. Berkengejm, Usp. Chim. **14** ('45) Nr. 2, 107f. — V. N. Demišev, Akademiemitglied S. S. Nametkin und seine Arbeiten auf dem Gebiet der Erdölchemie: Naučno-techn. Konf., Naučn. studenčesk. Obšč., Mosk. neftjanoj Inst. **6**.1951 ('52) 162–69 [russ.]. — I. Fajnbojm, Chimija i Oborona **1940**, Nr. 7, S. 15 (m. Bildn.). — B. A. Krencel', Soobšč. naučn. Rabot Členov vses. chim. Obšč. im. Mendeleeva **1951**, Nr. 1, 31–33. — A. V. Topčiev, Die Arbeiten S. S. Nametkins auf dem Gebiet der Erdölchemie: Trudy Inst. Istorii Estestvoznanija i Techn. **30** ('60) 184–94 [russ.]. — A. V. Topčiev, S. R. Sergienko, P. I. Sanin, Trudy Istorii Techn. Nr. **3** ('53) 3–29 (m. Bildn.). — Izvest. Akad. Nauk SSSR, Ser. chim. **1940**, 587 (m. Bildn.). — Izvest. azerbajdžansk. Filiala Akad. Nauk SSSR **1940**, Nr. 4, S. 103. — Ljudi russkoj nauki [Russische Wissenschaftler] **1** (Moskva '61) 588–95. — Vestn. Akad. Nauk SSSR **1939**, Nr. 2/3, S. 198 (m. Bildn.).

Zum 70. Geb.tag A. K. Ruženceva, Izvest. Akad. Nauk SSSR, Otdel. chim. Nauk **1947**, Nr. 4, 321–27.

Nekr. V. M. Rodionov, A. K. Ruženceva, A. S. Nekrasov, N. N. Mel'nikov, Ž. obščej Chim. **21** ('51) 2101–46 (m. Bildn. u. Schr.verz. 299 Nrn.). — S. R. Sergienko, Izvest. Akad. Nauk SSSR, Otdel. chim. Nauk **1950**, 451–56 (m. Bildn.). — A. V. Topčiev, S. R. Sergienko, P. I. Sanin, Izvest. Akad. Nauk SSSR, Otdel. techn. Nauk **1951**, 3–21. — A. S. Zabrodina, D. N. Kursanov, N. N. Mel'nikov, A. K. Ruženceva, Usp. Chim. **19** ('50) 657–72 (m. Bildn.). — Izvest. Akad. Nauk SSSR, Otdel. techn. Nauk **1950**, 1265f. (m. Bildn.). — Vestn. Akad. Nauk SSSR **1950**, Nr. 9, 55f.

Zum 1. Todestag G. D. Vovčenko, A. F. Platė, Vestn. mosk. Univ. **1951**, Nr. 10, 89–94 (m. Bildn.).

Zum 5. Todestag Nauka i Žizn' **22** ('55) Nr. 8, 58f. (m. Bildn.).

Zum 80. Geb.tag R. Ja. Levina, Ju. K. Jur'ev, Vestn. mosk. Univ., Ser. Mat., Mech., Astron., Fiziki, Chim. **1956**, Nr. 2, 121–33. — P. I. Sanin, Chimičeskaja Nauka i Promyšl. **1** ('56) 713–15 (m. Bildn.). — S. R. Sergienko, Trudy Inst. Nefti, Akad. Nauk SSSR **10** ('57) 5–15.

Zum 90. Geb.tag R. G. Ismajlov, Azerbajdžanskij chim. Ž. **1967**, Nr. 2, 3–6. — P. I. Sanin, Sergej Semenovič Nametkin – der hervorragende Wissenschaftler auf dem Gebiet der organischen Chemie und der Erdölchemie: Neftechimija **6** ('66) 649–58 [russ.] (m. Bildn.). — Vestn. Akad. Nauk SSSR **37** ('67) Nr. 9, 112f.

Zur Biobibliogr. A. S. Nekrasov, N. F. Karetnikova, Sergej Semenovič Nametkin (Moskva–Leningrad '46) 49 S. (Akad. Nauk SSSR, Materialy dlja biobibliografii učenych SSSR, Serija chimičeskich nauk, 2) (m. Bildn., Faks. u. Schr.verz.).

Teilsammlung Izbrannye trudy [Ausgewählte Arbeiten] (Moskva–Leningrad '49) 814 S. (m. Bildnissen); darin S. 7–36: A. S. Nekrasov, A. K. Ruženceva, Leben und Werk S. S. Nametkins [russ.]; N. F. Karetnikova, A. S. Nekrasov, Bibliographie der Arbeiten S. S. Nametkins [~].

Gesammelte Werke Sobranie trudov (A. V. Topčiev) **1** (Moskva '54) 823 S. (m. Bildnissen); darin S. 5–40: V. M. Rodionov, A. K. Ruženceva, A. S. Nekrasov, N. N. Mel'nikov, Leben und Werk S. S. Nametkins [russ.]; 41–58: Schr.verz. und Verzeichnis der Literatur über S. S. Nametkin; **2** ('55) 648 S. (m. Bildnissen); **3** ('55) (m. Bildn.).

H. (Redakt.) Neft' kak chimičeskoe syr'e dlja promyšlennosti plastičeskich mass. Sbornik statej [Erdöl als chemischer Rohstoff für die Industrie plastischer Massen. Sammlung von Aufsätzen] (Leningrad–Moskva '33); darin eig. Beitr. S. 3f.: Vorwort [russ.]. — (Redakt.) E. A. Robinzon, E. S. Pokrovskaja, Opredelenie gruppovogo sostava benzinov [Die Bestimmung der Gruppenzusammensetzung von Benzinen] (Moskva–Leningrad '36); darin eig. Beitr. S. 3: Vorwort [russ.]. – (Redakt.) N. M. Kižner, Issledovanija v oblasti organičeskoj chimii [Forschungen auf dem Gebiet der organischen Chemie] (Moskva–Leningrad '37); darin eigene Beiträge: S. 3: Vorwort [russ.]; 5–22: N. M. Kižner, Leben und Werk [~]. – (Redakt.) Očerednye problemy proischoždenija i chimičeskoj prirody bituminoznych obrazovanij. Issledovanija kabineta geochimičeskoj bituminologii. Sbornik statej [Die wichtigsten Fragen nach der Entstehung und der chemischen Natur bituminöser Gebilde. Forschungen des Kabinetts für geochemische Bituminologie. Sammlung von Aufsätzen] (Moskva–Leningrad '39) [m. engl. Zusammenfassungen]. – (Redakt.) A. V. Lozovoj, M. K. D'jakova, Gidrogenizacija topliva v SSSR [Die Hydrierung des Brennstoffs in der UdSSR] (Moskva–Leningrad '40); darin eig. Beitr. S. 3: Vorwort [russ.]. – (Hauptredakt.) N. D. Zelinskij, Izbrannye trudy [Ausgewählte Arbeiten] **1.2** (Moskva–Leningrad '41); darin eig. Beitr. **1**, 3–66: Nikolaj Dmitrievič Zelinskij, Biographie und Übersicht über seine Arbeiten [russ.].

MH. (Mitredakt.) Trudy. Vsesojuznaja konferencija po analitičeskoj chimii [Arbeiten der Unionskonferenz über analytische Chemie], Moskva 1939, **3** (Moskva–Leningrad '44). – (Mitredakt.) Reakcii i metody issledovanija organičeskich soedinenij [Reaktionen und Methoden der Untersuchung organischer Verbindungen] **1** (Moskva–Leningrad '51); **2** ('52).

HZ. (Redakt.) Trudy Inst. gorjučich Iskopaemych Akad. Nauk SSSR **2** ('48).

S. Trudy Jubilejnogo mendeleevskogo s-ezda [Arbeiten der Mendeleev-Jubiläumssitzung], Leningrad 1934, **1** (Moskva–Leningrad '36) 639–62: Die Werke D. I. Mendeleevs auf dem Gebiet der Erdölforschung und der Erdölindustrie [russ. u. deutsch]. – Matematika i estestvoznanie v SSSR. Očerki razvitija matematičeskich i estestvennych nauk za dvadcat' let [Mathematik und Naturwissenschaften in der UdSSR. Studien zur Entwicklung der Mathematik und Naturwissenschaften seit 20 Jahren] 1917–1937 (Moskva–Leningrad '38) 474–503: Die Fortschritte der Erdölchemie in der UdSSR seit 20 Jahren [russ.]. – Trudy sessii Akademii Nauk SSSR po organičeskoj chimii [Arbeiten der Tagung der Akademie der Wissenschaften der UdSSR über organische Chemie] (Moskva–Leningrad '39) 133–48: Polymerisierung und Hydropolymerisierung als Grundlage für die neuesten Wege der industriellen Verarbeitung ungesättigter Kohlenwasserstoffe [russ.]. – Sintezy dušistych veščestv. Sbornik statej [Synthesen von Duftstoffen. Sammlung von Aufsätzen] 1927–1939 (Moskva–Leningrad '39) 13–21: Vanillal aus Safrol[22])[14]); 44–55: Cyclamen[14]); 55–57: Darstellung des Laurinaldehyds ohne Phosphorhalogenverbindungen[8]); 102–97: Darstellung des Acetylchlorids[7])[16]); 199–204: Darstellung des Ketens und dessen Verwendung zur Acetylierung einiger Alkohole[16]); 228–36: Darstellung des Jonons und des Methyljonons[22])[19])[8]); 257–61: Isomerisierung des Linalools zu Geraniol[16]); 261–71: Darstellung des Önanthaldehyds und der Undecenosäure durch pyrolytische Spaltung von Ricinolsäureester[45]); 271–74: Darstellung des α-Amylzimtaldehyds[45]): 274–81; Darstellung des Nonylaldehyds und des Nonylalkohols[45]); 281–91: Heptincarbonsäuremethylester[22])[14]); 293–95: Darstellung von γ-Undecanolacton[37])[28]); 297–303: Darstellung von Hydroxycitronellal[8]); 307f.: Darstellung von Citral aus dem ätherischen Öl von Dracocephalum[22])[59]). [Alle Beiträge russ.]. – Pamjati akademika I. M. Gubkina [Akademiemitglied I. M. Gubkin zum Gedenken] (S. F. Fedorov) (Moskva '51) 5–7: Ivan Michajlovič Gubkin, der Begründer der sowjetischen Erdölgeologie [russ.]. – N. D. Zelinskij, Sobranie trudov [Gesammelte Werke] **1** (Moskva '54) 7–66: Biographische Skizze [russ.].

W. Chimija nefti [Chemie des Erdöls] **1**: Sostav i svojstva nefti [Zusammensetzung und Eigenschaften des Erdöls] (Moskva–Leningrad '32) 253 S.; **2**: Pererabotka i proizchoždenie nefti [Verarbeitung und Entstehung des Erdöls] ('35) 330 S.; ab 2. Aufl. in 1 Band: ²('39) 784 S.; ³(Moskva '55) 800 S. – Issledovanie gorjučich estestvennych gazov nekotorych mestoroždenij SSSR [Untersuchung der brennbaren Erdgase aus einigen Lagerstätten der UdSSR] (m. A. S. Zabrodina, A. S. Karkanas u. a.) (Leningrad '33) 25 S. (Prirodnye gazy SSSR. Sbornik statej, Heft 30). – Prezident Moskovskogo obščestva ispytatelej prirody, akademik Nikolaj Dmitrievič Zelinskij. K 80-letiju so dnja roždenija [Der Präsident der Moskauer Gesellschaft der Naturforscher, Akademiemitglied Nikolaj Dmitrievič Zelinskij. Zum 80. Geburtstag] (Moskva '41) 79 S. – Nikolaj Dmitrievič Zelinskij (m. O. V. Isakova) (Moskva–Leningrad '46) 83 S. (Akademija Nauk SSSR, Materialy k biobibliografii učnych SSSR, Serija chimičeskich nauk, 1).

Ber. dtsch. chem. Ges. Über einen neuen Reaktionstypus ungesättigter Kohlenwasserstoffe mit Schwefelsäure, 1: Cyclohexen und Schwefelsäure[1]): **66** ('33) 358–60. – Der tertiäre Propylbornylalkohol und seine Umwandlungen[48]): 511–14. – Über das sekundäre 4-Methyl-α-nitrocamphen und das 4-Methyl-α-camphenon[63]): **69** ('36) 1789–91. – Über das Benzyliden-camphan, ein Dehydratationsprodukt des tertiären Benzylbornylalkohols[54]): 2272–77.

Bjul. vses. chim. Obšč. im. Mendeleeva Nikolaj Dmitrievič Zelinskij zum 80. Geburtstag: **1941**, Nr. 2, 5f. [russ.].

Chimija tverdogo Topliva Destruktive Hydrierung von Kašpir-Teer[46][42]: **4** ('33) 332–54. – Zur Frage der destruktiven Hydrierung von Kašpir-Teer[47][42]: 598–605. – Entschwefelung von Ölschiefer-Benzinen durch Hydrierung in Gegenwart von Katalysatoren[47][30][10]: **5** ('34) 333–57. – Methodik der volumetrischen Analyse der ungesättigten und der aromatischen Kohlenwasserstoffe in Crackbenzin[39][31]: **9** ('38) 76–85. – – Alle Arbeiten russ.

C. R. (Dokl.) Acad. Sci. URSS Beitrag zur Chemie der organischen Verbindungen des Thalliums[32]: **1935** I, 228–34 [russ. u. deutsch]. – Synthetic production of growth substances[13]: **32** ('41) 330–32. – Synthesis of γ. (indolyl-3)-butyric acid according to a new procedure[13][44]: 333–35. – Synthesis of tricyclenone[63]: **36** ('42) 142–44. – On certain new derivatives of 4-phenyl-camphor[52]: **38** ('43) 131–34. – On phenyl-fenchocyclene and some of its transformations[35]: **49** ('45) 191–93.

Dokl. Akad. Nauk SSSR Synthese und Derivate von cyclopentyl- und cyclohexyl-substituierten aromatischen Kohlenwasserstoffen[36]: **61** ('48) 1043f. – Mercaptane aus dem Erdöl von Išimbaj[53]: **62** ('48) 775–78. – Sulfide aus dem Erdöl von Išimbaj[53]: **63** ('48) 391–94. – Kohlenwasserstoffe der Naphthalinreihe des Erdöls von Surachan[36][55]: **67** ('49) 847–50. – Die Synthese einiger Alkoxyphenoxyalkylcarbonsäuren[32][6]: **68** ('49) 77–80. – Über die Einwirkung von Salpetersäure auf Octadecan und Hexatriakontan[34][58]: **70** ('50) 241–44. – Über die Umwandlung sekundärer Nitroverbindungen in die Oxime der entsprechenden Ketone[65][27]: **72** ('50) 711f. – Über die Kohlenwasserstoffe der Naphthalinreihe von Majkop-Erdöl[36][55]: **73** ('50) 715–17. – Zur Charakteristik der aromatischen Kohlenwasserstoffe der Émba-Erdöle[36][55]: **74** ('50) 69–71. – Über die neutralen Produkte der Umsetzung von Isooctan mit verdünnter Salpetersäure[64]: **75** ('50) 395–98. – Über die sauren Produkte der Umsetzung von Isooctan mit verdünnter Salpetersäure[64]: 543–45. – – Über die wechselseitigen Beziehungen zwischen den Reaktionen der Nitrierung und Oxydation von gesättigten Kohlenwasserstoffen durch Salpetersäure[64]: 701f. – Synthese einiger Äther von Halogenhydrochinonen und Halogenbrenzcatechinen[6][32]: **77** ('51) 293–96. – Synthese einiger Alkoxyhalogenphenoxyessigsäuren und ihrer Derivate[6][32]: 419–22. – Einige Umwandlungen von 2,2,4-Trimethyl-4-nitropentan[64]: **81** ('51) 55–57. – Über die Umsetzung von Camphen mit verdünnter Salpetersäure[15]: **87** ('52) 979–82. – – Alle Arbeiten russ.

Gorjučie Slancy Katalytische Entschwefelung von Kašpir-Benzin in einer Wasserstoff-Atmosphäre[47][30][10]: **3** ('33) Nr. 1, 32–40. – Destruktive Hydrierung von Kašpir-Teer, 1 [46][42]: Nr. 3, 29–44; ~ 2[46][42]: Nr. 6, 47–51. – Entschwefelung von Ölschieferbenzinen durch Druckhydrierung in Gegenwart von Katalysatoren[47][30][10]: **4** ('34) Nr. 1, 44–50. – Entschwefelung von Ölschieferbenzinen durch katalytische Hydrierung bei Atmosphärendruck [47][10]: Nr. 2, 40–44. – – Alle Arbeiten russ.

Izvest. Akad. Nauk SSSR, Otdel. techn. Nauk Öle aus dem Erdöl von Išimbaj[60]: **1942**, Nr. 9, 54–59. – Materialien zur Frage des Chemismus des oxydierenden Crackens von Kohlenwasserstoffen in der Dampfphase, 1 [41]: Nr. 10, 11–25; ~ 2 [41]: **1943**, Nr. 11/12, 3–14; ~ 3 [41]: **1944**, 709–15. – Analyse der sulfidischen Verbindungen in niedrig-siedenden Erdöldestillaten (Kritik an den existierenden Methoden)[38][49]: **1943**, Nr. 1/2, 10–22. – Einige Ergebnisse der Tätigkeit des Instituts für Fossile Brennstoffe der Akademie der Wissenschaften der UdSSR aus den Jahren 1934–1944[26]: **1944**, 663–71. – Chlorierung von Erdöl-Pentan und Darstellung von Amylalkohol und Amylacetat[51]: 695–707. – Katalytische Aromatisierung der cycloaliphatischen und höheren Paraffinkohlenwasserstoffe[9][41]: **1947**, 795–802. – – Alle Arbeiten russ.

Izvest. Akad. Nauk SSSR, Ser. chim. Vergleichende Untersuchung der Paraffin- und Zeresin-Kohlenwasserstoffe[34]: **1936**, 3–31 [m. deutscher Zusammenfassg.]. – Volumetrische Bestimmung ungesättigter und aromatischer Kohlenwasserstoffe in Crackbenzin[39]: **1937**, 921–38 [m. engl. Zusammenfassg.]. – Über eine neue Reihe von Camphenderivaten[63]: 1015–33 [m. deutscher Zusammenfassg.]. – Akademiemitglied Nikolaj Dmitrievič Zelinskij: **1941**, 5–7. – Über die Einwirkung von Salpetersäure auf Hydrindan[43][21]: 61–66 [m. engl. Zusammenfassg.]. – – Alle Arbeiten russ.

J. prakt. Chem. Über einige Derivate des 4-Methylcamphers im Zusammenhang mit seiner Struktur[7]: **135** ('32) 155–63. – Untersuchungen auf dem Gebiet des Phenylcamphers und seiner Derivate, 2: 4-p-Nitrophenylcampher und 4-p-Aminophenylcampher[25]: **136** ('33) 137–42.

Liebigs Ann. Chem. Eine neue Reihe von Homologen der Camphergruppe, der Propylcampher und seine Derivate[48]: **516** ('35) 199–217.

Maslobojno-žirovoe Delo Gewinnung von synthetischen Riechstoffen aus Ricinusöl. Gewinnung von Heptincarbonsäure und ihrer Ester[22][14]: **11** ('35) 31f., 87–89, 164–66 [russ.].

National Petroleum News Neutral products of oxidation of petroleum hydrocarbons by oxygen of the air[66]: **36** ('44) Nr. 40, R 702f.

Nauka i Žizn' Aleksandr Nikolaevič Reformatskij: **1935**, Nr. 9, 50–52 [russ.].

Neftjanoe Chozjajstvo Bestimmung der ungesättigten und aromatischen Kohlenwasserstoffe im Spaltbenzin[39]): **24** ('33) 184–86, 230–33, 292–95 [russ.].

Oil and Gas J. Ethylene hydrocarbons subjected to hydro- and dehydropolymerization[1]) [43]): **37** ('39) Nr. **43**, S. 52. – Aluminium chloride reactions on unsaturated hydrocarbons[43]): 52–57.

Petroleum [London] Determination of sulphur compounds in petroleum products: **7** ('44) Nr. 10, S. 182.

Priroda [SSSR] N. M. Kižner: **1936**, Nr. 5, 140–42 [russ.].

Za promyšl. Kadry Die Mendeleev-Jubiläumssitzung vom 10.–23. September 1934 in Leningrad: **1934**, Nr. 19/20, 13–16 [russ.].

Trudy Inst. gorjučich Iskopaemych Akad. Nauk SSSR 10 Jahre Institut für Fossile Brennstoffe der Akademie der Wissenschaften der UdSSR (1934–1944)[29]): **2** ('48) 9–30 [russ.]. – Zur Frage der Klassifizierung der Zusatzstoffe, die die Eigenschaft von Schmierölen verbessern[47]): **2** ('48) [~]. – Isomerisation von n-Butylenen als Methode zur Vergrößerung der Isobutylen-Resourcen[33])[5])[24])u.a.): ibid. [~].

Trudy Inst. Nefti, Akad. Nauk SSSR Struktur der Zeresin-Kohlenwasserstoffe[2])[34]): **1** ('49/50) Nr. 1, 130–44 [russ.]. – Schwefelverbindungen im Išimbaj-Erdöl[53]): Nr. 2, 172–81 [~]. – Die Wirkung von Salpetersäure auf langkettige Kohlenwasserstoffe[34])[58]): **2** ('52) 3–9 [~]. – Kohlenwasserstoffe der Naphthalinreihe in Erdölen von Majkop, Tyrimazen und Dossor[36])[55]): 10–16 [~].

Uč. Zap. mosk. gos. Univ. Nikolaj Dmitrievič Zelinskij (Biographische Skizze): Nr. **3** ('34) 7–20. – Die Forschungen N. D. Zelinskijs auf dem Gebiet der organischen Synthese und der Erdölchemie, 1884–1934: 21–61. – Bibliographisches Verzeichnis der wissenschaftlichen Arbeiten N. D. Zelinskijs[57]): 145–61. – Laboratorium der organischen Chemie: Arbeiten N. D. Zelinskijs und seiner Schule: Jubil. Ser., Nr. **53** ('40) 71–112. – Nikolaj Dmitrievič Zelinskij zum 80. Geburtstag: Nr. **71** ('41) 7–9. – Untersuchung auf dem Gebiet des Dihydropinens[11]): 11–14. – – Alle Arbeiten russ.

Usp. Chim. Akademiemitglied N. D. Zelinskij und die Fortschritte der Petrolchemie: **3** ('34) Nr. 1, 1–33 [russ.]. – Die Chemie an der Moskauer Universität seit 185 Jahren: **9** ('40) 703–26 [~].

Vestn. Akad. Nauk SSSR Einige Perspektiven der erdölaufbereitenden Industrie: **1939**, Nr. 2/3, 86–88. – P. P. Šorygin[3])[40]): Nr. 7, 83f. – Grundlegende Probleme der Erdölchemie für das neue Stadium der Entwicklung der erdölaufbereitenden Industrie: Nr. 11/12, 196–205. – Grundlegende Probleme im Hinblick auf Motorkraftstoff und Öle: **1940**, Nr. 3, 45–54. – Akademiemitglied Nikolaj Dmitrievič Zelinskij zum 80. Geburtstag: **1941**, Nr. 2/3, 120–22. – Vjačeslav Evgen'evič Tiščenko †: Nr. 5/6, 89–98 [oder 89–93 ?]. – Die Problemstellung für das Institut für Fossile Brennstoffe[29]): **1945**, Nr. 12, 33–42. – – Alle Arbeiten russ.

Z. analyt. Chem. Über die Bestimmung von Thallium in organischen Verbindungen[32]): **98** ('34) 414–16.

Ž. analit. Chim. Identifizierung von Phenolen[32])[4])[6]): **5** ('50) 7–13 [russ.].

Ž. obščej Chim. Über die Einwirkung konzentrierter Schwefelsäure auf Cyclohexen[1]): **2** ('32) 608–13. – Untersuchungen auf dem Gebiet der Homologen der Camphergruppe, 8: Tertiärpropylbornylalkohol und seine Umwandlungen[48]): **3** ('33) 35–42; ~ 9: 4-Propylcampher und seine Derivate[48]): **5** ('35) 239–53; ~ 10: Über Benzylidencamphan, ein Dehydratisierungsprodukt des tertiären Benzylbornylalkohols[54]): **6** ('36) 862–67; ~ 11: 4,3-Methyloxymethylencampher und seine tautomeren Modifikationen[56]): 1659–65; ~ 12: Über das sekundäre 4-Methyl-α-nitrocamphen und 4-Methyl-α-camphenon[63]): 1666–68; ~ 13: Partielle Synthese des 4-Methylcamphers[56]): **9** ('39) 2081–84; ~ 14: Über einige neue Derivate des α-Isocamphenilons und seiner beiden nächsten Homologen[23]): **16** ('46) 885–90. – Untersuchungen auf dem Gebiet des Phenylcamphers und seiner Derivate, 2: 4-p-Nitrophenylcampher und 4-p-Aminophenylcampher[25]): **3** ('33) 43–47; ~ 3: Über 1-Phenylapocampher und einige seiner Derivate[50]): **15** ('45) 195–99 [m. engl. Zusammenfassg.]; ~ 4: Über einige Derivate des 4-Phenylcamphers[52]): **17** ('47) 335–42. – Über Racemisierung bei der Camphenumlagerung[48]): **4** ('34) 847–55. – Über die neutralen Produkte der Oxydation von Erdölkohlenwasserstoffen durch Luftsauerstoff[66]): 906–14. – Untersuchungen auf dem Gebiet der organischen Verbindungen des Thalliums, 1: Bestimmung des Thalliums in organischen Verbindungen[32]): **5** ('35) 371f.; ~2: Umsetzungen des Thalliumchlorids mit Diazoverbindungen[32]): 373–77; ~ 3: Die Synthese organischer Verbindungen des Thalliums mit einfachsten Substituenten im aromatischen Radikal[32])[20]): 1455–59. – Hydropolymerisation – ein neuer Typ der Polymerisation von Äthylenkohlenwasserstoffen unter dem Einfluß von Schwefelsäure[1]): **6** ('36) 1166–76. – N. M. Kižner, 1867–1935: 1379–92. – Zur Frage der optischen Drehung bei der Camphenumlagerung (Erwiderung an J. Houben u. E. Pfankuch) [48]): **7** ('37) 3–5. – Über die Hydro- und Dehydropolymerisation von Äthylenkohlenwasserstoffen[1])[43]): 759–62.

– Über die Umwandlungen der ungesättigten Kohlenwasserstoffe unter dem Einfluß von Aluminiumchlorid[43]): 763–75. – Über die Kondensationsprodukte von Benzol und Cyclohexen in Gegenwart von Aluminiumchlorid [36]): 962–72. – Über die Kondensationsprodukte von Benzol und Cyclohexen in Gegenwart von Aluminiumchlorid[36]): **8** ('38) 699–713 [m. französ. Zusammenfassg.]. – Über neutrale Produkte der Oxydation von Paraffin durch Luftsauerstoff[60]): **12** ('42) 229–39 [m. engl. Zusammenfassg.]. – Untersuchungen auf dem Gebiet der Isomerisation, 5: Über einige Umlagerungen des Dimethylcyclopentylcarbinols[17]): **13** ('43) 560–68 [~]; ~ 6: Über einige Umlagerungen des Dimethylcyclohexylcarbinols[61]): **17** ('47) 325–34; ~ 7: Über die Dehydratisierung des Diphenylcyclopentylcarbinols und des Diphenylcyclohexylcarbinols[61]): **18** ('48) 2033–36; ~ 8: Umlagerungen von Dimethylcyclopentylcarbinol[61]): **21** ('51) 331–39. – Hydropolymerisation von Isopropyläthylen unter der Einwirkung von Monohydrat[1]): **15** ('45) 358–62 [m. engl. Zusammenfassg.]. – Über Halogennaphthoxyessig- und Halogennaphthoxybuttersäuren[32]) [4]): **18** ('48) 2019–22. – Über einige Derivate des Oxydiphenyls[32])[4]): **19** ('49) 1151–57. – 4-Alkoxyphenoxyessigsäuren und ihre einfachsten Derivate[32])[6]): **21** ('51) 327–30. – Synthese einiger Alkyl- und Aralkylphenoxyessigsäuren und ihrer Derivate[4])[32]): 2146–50. – Synthese eines neuen Campherhomologen – des 3,4-Dimethylcamphers und einiger seiner Derivate[12]): 2151–56. – – Alle Arbeiten russ.

Ž. prikl. Chim. Zur Struktur der Kohlenwasserstoffe des Erdölparaffins[34]): **6** ('33) 248–56 [m. deutscher Zusammenfassg.]. – Entschwefelung der Ölschieferbenzine durch Hydrierung in Gegenwart von Sulfidkatalysatoren[47])[30])[10]): 494–507 [~]. – Über die Natur der Sulfidverbindungen des Ural-Erdöls und über dessen Entschwefelung[53]): **7** ('34) 123–26 [~]. – Zur Frage der Konstitution der Kohlenwasserstoffe im Braunkohlenparaffin[34]): **9** ('36) 462–67 [m. französ. Zusammenfassg.]. – Eine volumetrische Bestimmungsmethode für die ungesättigten Anteile im Spaltbenzin[62]): 555–57 [m. engl. Zusammenfassg.]. – Zur Frage der Konstitution der Ceresinkohlenwasserstoffe[34]): 834–40 [m. deutscher Zusammenfassg.]. – Über die Chlorierung des Erdölpentans[51]): 1428–31 [~]. – Die Fortschritte der Erdölchemie in der UdSSR im Laufe der letzten 20 Jahre: **11** ('38) 176–89. – Über den Einfluß hoher Drucke auf den Crackprozeß[18]): 413–19 [m. französ. Zusammenfassg.]. – Einwirkung von konzentrierter Schwefelsäure auf hochmolekulare aromatische Kohlenwasserstoffe[39]): **12** ('39) 1378–86. – Darstellung von Acetylchlorid ohne Halogenverbindungen des Phosphors[7])[16]): 1698–701. – Über die Produkte der Reaktion von Äthylenoxid mit Alkohol[11])[32]): **20** ('47) 486–93. – Die Darstellung von Heteroauxin[32])[6]): **29** ('56) 459–63. – – Alle Arbeiten russ.

Ferner Lehrpläne für organische Chemie für chemisch-technische Hochschulen.

Mit: [1]) L. N. Abakumovskaja; [2]) N. G. Amirchanova; [3]) A. N. Bach; [4]) Ju. A. Baskakov; [5]) B. I. Blonskaja; [6]) K. S. Bokarev; [7]) L. Ja. Brjusova; [8]) O. M. Chol'mer; [9]) M. I. Chotimskaja; [10]) A. N. Cyba; [11]) N. N. Dolgopolov; [12]) I. É. Dzbanovskaja; [13]) N. A. Dzbanovskij; [14]) V. N. Eliseeva; [15]) E. L. Fantalova; [16]) A. I. Fedoseeva; [17]) D. M. Gabriadze; [18]) M. M. Gerasimov; [19]) E. V. Glagoleva; [20]) G. P. Gračeva; [21]) V. N. Gromova; [22]) V. I. Isaguljanc; [23]) S. S. Kagan; [24]) M. A. Kazarnovskaja; [25]) A. S. Kičkina; [26]) B. K. Klimov; [27]) B. A. Krencel'; [28]) M. P. Kuznecova; [29]) A. V. Lozovoj; [30]) S. V. Makover; [31]) V. P. Martynova; [32]) N. N. Mel'nikov; [33]) A. S. Nekrasov; [34]) S. S. Nifontova; [35]) S. I. Obtemperanskaja; [36]) E. S. Pokrovskaja; [37]) K. S. Poljakova; [38]) V. G. Pucillo; [39]) E. A. Robinzon; [40]) Z. A. Rogovin; [41]) L. M. Rozenberg; [42]) E. F. Rudakova; [43]) M. G. Rudenko; [44]) A. G. Rudnev; [45]) R. Ju. Šagalova; [46]) F. I. Sanin; [47]) P. I. Sanin; [48]) A. I. Šavrygin; [49]) E. P. Ščeglova; [50]) G. A. Serebrennikov; [51]) A. G. Serebrennikova; [52]) T. V. Šeremeteva; [53]) A. S. Sosnina; [54]) M. K. Strugackij; [55]) T. G. Stepanceva; [56]) A. P. Stukov; [57]) N. I. Šujkin; [58]) R. Ja. Suščik; [59]) O. V. Švarc; [60]) R. S. Teneva; [61]) M. A. Volodina; [62]) V. Zaborovskaja; [63]) A. S. Zabrodina; [64]) K. S. Zabrodina; [65]) G. I. Zjabreva; [66]) V. K. Zvorykina.

VI **NARASINGA RAO,** Amur. Math. – 1929– Prof., Head of the Departm. of Math., Annamalai Univ., Annamalainagar, Madras, India. – – Weitere Daten nicht bekannt. (⊠)

*1893, Dez. 8, Kumbakonam, Südindien; †.

Nekr. J. N. Kapur, Tributes to the memory of late Professor A. Narasinga Rao: Mathematics Student **35**.1967 ('69) 1–10.

HZ. Mathematics Student **1** ('33) ff.

S. Atti Congresso internazionale dei matematici, Bologna 1928, **6** (Bologna '32) 545–48: Complex curves on a quadric surface.

J. Annamalai Univ. On the group of the Miquel-Clifford configuration: **1** ('32) 43–47. – On a metrical invariant connected with four coplanar points[2]): 168–75. – Quadratics of revolution through a pair of skew-lines[3]): **2** ('33) 71–77. – The Miquel-Clifford configuration in the geometries of Möbius and Laguerre: **7** ('37/38) 6–12. – The infinitesimal flow on the projective plane[4]): 194–98.

J. indian math. Soc. The dimensionality of constants in formulae in analytic geometry: **19** ('32) 201 f. – Studies in turbine geometry, 1: The concepts of turbine geometry: (N. S.) **3** ('38) 96–108.

Mathematical Gaz. On homogeneous coordinates: **21** ('37) 371–75. – On the converse of a theorem in elementary geometry: 408 f.

Mathematics Student On isogonal point-pairs whose pedal circle cuts the nine points circle at a constant angle: **1** ('33) 63–67. — On a certain problem in determining the extrema of a function of several variables: **2** ('34) 136–40. — Observations on the preceding paper [C. Racine: On the motion of a particle of varying mass]: **4** ('36) 65–67. — On the contact of varieties in n-space: 71–77. — On quadratic equations: **4** ('36) 10 S. — On the representation of spherical figures on a plane by parallel or by conical projection: **5**.1937 ('38) 91–95. — Remarks on the previous paper [V. Rangachariar: On the nature of the conics of a four-line system which pass through a given point]: 162f. — The twisted straight line: **6** ('38) 74. — Studies in circle geometry: **8** ('40) 53–72. — On the metric geometry of a cyclic n-point, 1: **12** ('45) 91–97. — On the Clifford and Grace chains[5]): 98–101. — Geometry as the study of space structure: **15** ('49) 89–92. — On the homogeneous cubic equation - geometrical approach: **16** ('49) 25–27. — The role of mathematics in engineering: **20** ('52) 29–34. — R. Vaidyanathaswamy (1894–1960)[1]): **29** ('61) 1–14. — On a technique for obtaining numbers with a multiplicity of generators: **34** ('66) 79–84.

Mathematische Z. On a principle of duality in circle sphere and line geometries: **44** ('38) 185–94.

Proc. Cambridge philos. Soc. On certain Cremona transformations in circle-space connected with the Miquel-Clifford configuration: **33** ('37) 21–25.

Proc. indian Acad. Sci., Sect. A On the Miquel-Clifford configuration: **7** ('38) 68–74. — Through a railway window: 156–61. — Studies in turbine geometry, 2: On the sub-geometries of Lie which belong to the Möbius-Laguerre pencil: **8** ('38) 179–86; ~ 3: The non-oriented line element in two-dimensional Möbius geometry: **9** ('39) 159–73; ~ 4: The topology of oriented and non-oriented line elements in the inversive plane: **11** ('40) 491–96.

Mit: [1]) V. Ganapatky Iyer; [2]) B. Ramamurti; [3]) M. S. Srinivasachari; [4]) B. R. Venkataraman; [5]) M. Venkataraman.

VI **NÁRAY-SZABÓ,** István (Stefan). Chem. — 1930–38 Privatdoz., '31–38 Dir., Eötvös-Kollegium, Univ. Szeged; '38–39 außerord. Prof., '39–47 ord. Prof. Physikal. Chem., Techn. Hochsch. Budapest; anschl. wiss. Mitarbeiter, Inst. f. Bauwiss., Budapest; später wiss. Mitarbeiter, Zentrales Forschungsinst. f. Chem., Ungar. Akad. Wiss., Budapest; '57 Dr.sc., Ungar. Akad. Wiss.

*1899, Juli 20, Szombathely;
†1972, Sept. 16, Budapest.

Zur Biogr. Hundred years of the Faculty of Chemical Engineering, Technical University Budapest, 1871–1971 (Budapest '72) 164f. (m. Bildn.); in der ungarischen Ausgabe S. 162.

Ue. H. Reichenbach, Atom és világegyetem. A jelenkor fizikai világképe [Atom und Kosmos. Das physikalische Weltbild der Gegenwart] (Budapest '36); [2]('39, '42) 226 S.

S. G. Gróh, T. Erdey-Grúz, A kémia és vivmányai, **1** (Budapest '40) 157–72: Die Röntgenstrahlen im Dienste der Chemie [ungar.]. — G. Gróh, T. Erdey-Grúz, G. Schay, Fizikai kémia (Budapest '40) **1**, 48f., 133–53, **2**, 309–70: Kristallstruktur [ungar.]. — C. R. Symposium sur la résistance mécanique du verre et les moyens de l'améliorer, Florence 1961 (Charleroi '62) 327–36: Die Theorien der Glasstruktur und die Festigkeit des Glases [ ]. — Proc. 6th Conference on the silicate industry, Budapest 1961 (B. Beke, F. Tamás) (Budapest '63) 329–35: The lattice of $K_2Pb_2Si_2O_7$ and the structure of lead glass[8]). — Proc. 7th Conference on the silicate industry, Budapest 1963 (F. Tamás) (Budapest '64) 25–47: Structure and physical properties of glass. — Stekloobraznoe sostojanie. Trudy Četvertogo Vsesojuznogo soveščanija [Der Glaszustand. Arbeiten des 4. Unionskongresses], Leningrad 1964 (Moskva–Leningrad '65) 74–79: Die Struktur des Glases [russ.]. — Üvegipari napok, Budapest 1966 (Budapest '68): Die Definition des Glases [ungar.]. — Collected papers from the Department of Solid State Physics [Magyar Tudományos Akadémia, Központi Fizikai Kutató Intézet, Szilárdtestfizikai Laboratórium] (N. Menyhárd) **2** (Budapest '70): The structure of the Ag(I, III)-oxide phases[2])[21]). — International geological congress. Bull. of the 9th Congress of the Carpatho-Balkan Geological Association, Budapest 1969, **4** (E. Szádeczky-Kardoss, É. Pécsi-Donáth) (Budapest '73) 285–96: Die mineralische Zusammensetzung und geologische, chemische und technologische Charakterisierung der Ziegeltone[1])[15]); 369–73: Die mineralische Zusammensetzung ungarischer Böden[10]); 393–96: Die mineralische Zusammensetzung von ungarischen Tonen aus dem Tokajer Gebirge[15]).

W. Atomok, molekulák, kristályok (Budapest '42) 76 S. (Mérnöki Továbbképző Intézet kiadványai, 11, 1). — Szerves anyagok röntgen vizsgálata (Budapest '43) 27 S. (~ 28, 31). — Röntgenanalízis (Budapest '65) 64 S. (~ Vve, 22). — Kristálykémia (Budapest '44) 272 S. — Szervetlen kémia, **1**: Általános rész: Nemfémes elemek és vegyületeik (Budapest '47) 427 S. — A beton optimális vízcement-tényezőjenek meghatározása elektromos úton (m. G. Szuk) (Budapest '55) 27 S. (Építéstudományi Intézet, Tudományos közlemények, 5). — Szervetlen kémia **1** (Budapest '56) 630 S., **2** ('57) 715 S., **3** ('58) 588 S.; deutsch: Anorganische Chemie 1 (Budapest–Berlin '59) 664 S., 2 ('62) 813 S., 3 ('63) 670 S. – Rövid szervetlen kémia (Budapest '60) 352 S. – A szilikátüvegek fizikai tulajdonságai (Budapest '62) 110 S. (Szilikátkémiai monográfiák, 3). – Kristálykémia (Budapest '65) 514 S. (Szerkezeti szervetlen kémia, 1); engl.: Inorganic crystal chemistry (Budapest '69) 479 S.; russ.: (Budapest '69) 503 S. – Kémia (Budapest '67) 1031 S.; [2]('69) 911 S.; [3]('73) 967 S.

Acta chim. Acad. Sci. hungar. Über Regelmäßigkeiten einiger physikalischer Eigenschaften der Elemente im periodischen System: **17** ('58) 81–91 [m. engl. u. russ. Zusammenfassg.]. – Schmelz- und Siedepunkte von Verbindungen: **28** ('61) 311–18 [~]. – Über die Oxide des Silbers[14]: **30** ('62) 1–9 [~]. – Über die Hydrate des Berylliumsulfats[8]: **34** ('62) 203–12 [~]. – Über die Struktur des Natriumselenats, Na_2SeO_4 [2]): **39** ('63) 85–92 [~]. – Die Kristallstruktur des Krokoits, $PbCrO_4$ [2]): **40** ('64) 283–88. – Neubestimmung der Kristallstruktur des Silbersubfluorids, Ag_2F [2]): **49** ('66) 329–37 [m. engl. u. russ. Zusammenfassg.]. – Untersuchung der chemischen Vorgänge bei der Kalkbehandlung des Rotschlammes[12])[9])[4]): **57** ('68) 377–83. – Über die Hydrate des Aluminiumsulfats: **60** ('69) 27–36.

Acta crystallogr. On the structure of staurolite, $HFe_2Al_9Si_4O_{24}$ [19]): **11** ('58) 862–65. – On the structure and polymorphism of potassium iodate, KJO_3 [8]): **14** ('61) 791f. – The structure of the Ag(I, III)-oxide phases[2])[21]): **19** ('65) 180–84. – The Manchester school of W. L. Bragg: **A26** ('70) 179f.

Acta geol. Acad. Sci. hungar. The determination of the optimal water–cement ratio of concrete by electrical means[25]): **3** ('55) 105–14. – Die quantitative Phasenanalyse in der Tonmineralforschung[15]): **11** ('67) 347–56. – Nachweis von Nordstrandit und Bayerit in ungarischen Ziegeltonen[15]): 375–77.

Acta mineral.-petrogr. [Szeged] The mineral composition of Hungarian soils, 2: Soils of the Balaton region[30])[31])[15]): **20** ('71) 41–56.

Acta physica Acad. Sci. hungar. Zusammenhang zwischen der Struktur und den physikalischen Eigenschaften des Glases, 1: Die Dichte des Glases: **8** ('57) 37–64 [m. russ. Zusammenfassg.]; ~ 2: Das Sauerstoffionenvolumen in Silikatgläsern mit vier und mehr Komponenten: **9** ('58/59) 151–61 [~]; ~ 3: Die Wärmeausdehnung des Glases: 403–21 [~]; ~ 4: Die Festigkeit des Glases[11]): **12** ('60) 131–38 [~]; ~ 5: Zusammenhang zwischen Dichte und Lichtbrechung: **20** ('66) 299–303.

Acta techn. Acad. Sci. hungar. Setting and hardening of hydraulic materials, 1: The setting and hardening of Paris plaster[25]): **22** ('58) 67–82 [m. engl., französ. u. russ. Zusammenfassg.]; ~ 2: Conductometric analysis of setting of cement pastes under isothermic conditions[25]): 83–100 [~].

Chimia [Zürich] Einfaches Verfahren zur quantitativen diffraktometrischen Bestimmung von kristallinen Phasen[15]): **18** ('64) 275–77.

Építőanyag Bindung und Festigung des Portlandzements: 8 ('56) 290–95. – Neuere Ergebnisse der Glasforschung: **11** ('59) 132–36. – Sauerstoffionenvolumen und Viskosität von Glasschmelzen: 350–54. – Untersuchung der Zusammensetzung der Tone der Ziegel- und Kachelindustrie[1]): **17** ('65) 113–25. – Quantitative Untersuchung der Phasenzusammensetzung von keramischen Rohstoffen, Rohmassen und Brandstücken[5])[15]): **18** ('66) 405–13. – Zur Definition des Glases[15]): **19** ('67) 243f. – – Alle Arbeiten ungar.

Földtani Közlöny Quantitative Bestimmung von Mineralgemischteilen der Tone und Böden durch Diffraktometer[15]): **94** ('64) 444–51 [ungar.].

Glastechnische Ber. Sauerstoffionenvolumen, Wärmeausdehnung und Struktur des Glases: **32** ('59) 185–89.

Hungarica Acta chim. A contribution to the theory of mixed crystals[6]): **1** ('47/49) Nr. 3, 34–40.

J. amer. chem. Soc. Crystal structure of sodium iodate[13]): **69** ('47) 1280–83. – x-Ray powder diagrams of boron-coated molybdenum and tungsten filaments[27]): **71** ('49) 1882f.

J. thermal Analysis Kristalldaten und thermische Zersetzung der Modifikationen des Kaliumhydrogenjodats, $KH(IO_3)_2$ [2])[15]): **1** ('69) 413–22.

Kémiai Közlemények Die Rolle der Kristallstrukturforschung in der anorganischen Chemie (Zum 80. Geburtstag von Sir Lawrence Bragg): **34** ('70) 143–54 [ungar.].

Kémikusok Lapja Kristallchemie der Silicate: **1** ('40) Nr. 3, 1–4 [ ].

Kolloid-Z. Wirkung der Natriumcarbonat-Behandlung von Bentonit auf das Auftreten der Basisflächen-Linie des Montmorillonits[23])[3]): **190** ('63) 123–26.

Korrosion u. Metallschutz Die Entstehung der Wasserstoffüberspannung: **16** ('40) 22–27.

Magyar chem. Folyóirat Wiedergewinnung von Jod aus Rückständen[22]): **38** ('32) 95–98. – Über das sogenannte „kristallisierte Bor": **42**('36) 24–30. – Über neuere Fortschritte in der Forschung über die Reaktionsgeschwindigkeit: 30–37. – Metalle und Legierungen: **43** ('37) 8–13. – Kristallchemie: **44** ('38) 114–25. – Kristallform und Raumgruppe des Aurichlorwasserstoff-Tetrahydrats $HAuCl_4 \cdot 4H_2O$ [19]): 157–59. – Berechnung von Reaktionsgleichgewichten aus thermischen Größen: **46** ('40) 32–50. – Isomorphie und die Ähnlichkeit von Strukturen: **50** ('44) 63–66. — — Alle Arbeiten ungar.

Magyar Épitőipar Die Bestimmung des optimalen Wasser–Zement Faktors durch eine elektrische Methode[25]: **5** ('56) 201–05. — Präparierung des Betons gegen Säuren durch Gasbehandlung[32][33]: **6** ('57) 139–43. — — Beide Arbeiten ungar.

Magyar Mérnök- és Építész-Egylet Közlönye Die industrielle Autarkie Ungarns: **75** ('41) 113–15 [ungar.].

Magyar Szemle Atome im Weltall: **23** ('35) 274–82 [ungar.].

Magyar tudományos Akad. központi kém. Kutatóintézetének Közleményei Zusammenhang zwischen der Struktur und den physikalischen Eigenschaften des Glases, 1: Die Dichte des Glases: **1** ('58) 35–58; ~ 2: Das Sauerstoffionenvolumen in Silikatgläsern mit vier und mehr Komponenten: **2** ('59) 27–42. — Über die Struktur von Staurolit $HFe_2Al_9Si_4O_{24}$: 43–49. — Über die Oxide des Silbers[14]: **5** ('62) 149–. — — Alle Arbeiten ungar.

Matematikai és term. Értesítő Die Struktur des Apophyllit $Ca_4(Si_4O_{10})_2KF \cdot 8H_2O$ [26]: **49** ('33) 364–78. — Das Potential des Ammoniumamalgams[24]: **53** ('35) 155–67. — Die Überspannung des Wasserstoffs an Quecksilber: **55** ('36/37) 672–90 [m. deutscher Zusammenfassg.]. — Die Struktur des Zirkoniumsilicids $ZrSi_2$: **56** ('37) 886–92 [~]. — Beitrag zum Mechanismus der Wasserstoffüberspannung: **57** ('38) 145–54 [~]. — Die Struktur des Pollucits $CsAlSi_2O_6 . xH_2O$: 653–63 [~]. — Die Struktur des Kryoliths Na_3AlF_6[19]: 664–71 [~]. — Über die sogenannten A- und B-Modifikationen des Rohrzuckers [19]: **58** ('39) 716–21 [~]. — Die Struktur des Leucits $KAlSi_2O_6$: **60** ('41) 352–63 [~]. — Die Schmelzpunktkurve des Systems Kryolith–Kaliumkryolith[20]: 364–72. — Die Struktur des Perowskits: **61** ('42) 913–24. — — Alle Arbeiten ungar.

Műegyetemi Közlemények The perovskite-structure family: **1** ('47) 30–41.

Nature [London] Structure and density of glass: **181** ('58) 40f. — Structure of glass: **183** ('59) 886f. — Strength of silica glass[11]: **188** ('60) 226f.

Naturwissenschaften Über das „kristallisierte Bor“: **24** ('36) 77. — Die Überspannung des Wasserstoffs an Quecksilber: **25** ('37) 12f. — Der Strukturtyp des Perowskits ($CaTiO_3$): **31** ('43) 202f. — Die Strukturen von Verbindungen ABO_3. „Schwesterstrukturen“: 466.

Österreichische Chemiker-Ztg. Röntgenographische Untersuchung der sogenannten A- und B-Modifikationen des Rohrzuckers[19]: **43** ('40) 36f.

Schweizerische mineral. u. petrogr. Mitt. Parajamesonit, ein neues Mineral von Kisbánya[28]: **27** ('47) 183–89.

Silikat-Technik Struktur des $K_2Pb_2Si_2O_7$ und der Bleigläser[8]: **12** ('61) 316–18. — Quantitative Phasenbestimmung mit dem Röntgen-Diffraktometer: **23** ('72) 192–94.

Technika [Budapest] Die Möglichkeiten der Entwicklung unserer chemischen Industrie im größer gewordenen Ungarn: **23** ('42) Nr. 6. — Dr. Béla Pogány †: **25** ('44) Nr. 1. — Die Röntgenstrahlen in der chemischen Forschung: Nr. 3. — Röntgenuntersuchung des ungarischen Bauxits[13]: 259–63. — Was ist ein Atom?: **1946**, 25–27. — — Alle Arbeiten ungar.

Tschermaks mineral. u. petrogr. Mitt. Eine Röntgenkartei zur quantitativen Bestimmung von kristallinen Phasen mit dem Diffraktometer[15]: **(3) 10** ('65) 120–24 [m. engl. Zusammenfassg.].

Z. anorg. u. allg. Chem. Die Darstellung und die Eigenschaften der Silber(III)-oxidphase[18]: **322** ('63) 286–96.

Z. Kristallogr., Mineral. u. Petrogr., Abt. A Röntgenographische Untersuchung des Aluminium-12-borids AlB_{12}: **94** ('36) 367–74. — Zur Struktur des Baddeleyits ZrO_2: 414–16. — Die Struktur des Zirkoniumsilicids $ZrSi_2$: **97** ('37) 223–28. — Die Raumgruppe des Bariumchlorid-Dihydrats $BaCl_2 \cdot 2H_2O$ [19]: 235–37. — Die Struktur des Kryoliths Na_3AlF_6[19]: **99** ('38) 27–31. — Die Struktur des Pollucits $CsAlSi_2O_6 \cdot xH_2O$: 277–82. — Note on the structure of analcite: 291. — Die Struktur des Silberchlorats $AgClO_3$ [17]: **104** ('42) 28–38. — Die Struktur des Leucits $KAlSi_2O_6$: 39–44.

Z. physik. Chem., Abt. A Untersuchungen zur Elektrochemie der komplexen Cuprohalogenanionen[22]: **166** ('33) 228–40. — Das elektrochemische Verhalten des Ammoniumamalgams unter Druck[24]: **173** ('35) 89–102. — Zur Bestimmung von Ionenaktivitäten[22]: 103–05. — Adsorption und Überspannung: **178** ('37) 355–60. — Beiträge zum Mechanismus der Wasserstoffüberspannung: **181** ('38) 367–74.

Ferner Mitautor einer Einführung in die Röntgenstrukturanalyse ('65).

Mit: [1]) J. Albert; [2]) Gy. Argay; [3]) M. Farkas-Gilde; [4]) I. Fehér; [5]) J. Grofcsik; [6]) J. I. Horváth; [7]) —; [8]) A. Kálmán; [9]) T. Kotsis; [10]) K. Kriza; [11]) J. Ladik; [12]) I. Magyarosy; [13]) J. Neugebauer; [14]) T. Palágyi; [15]) É. Péter; [16]) —; [17]) J. Pócza; [18]) K. Popp; [19]) K. Sasvári; [20]) G. Sigmond; [21]) P. Szabó; [22]) Z. Szabó; [23]) F. Szantó; [24]) L. Szlatinay; [25]) G. Szuk; [26]) W. H. Taylor; [27]) C. W. Tobias; [28]) V. Zsivny; [29]) L. Zsoldos; [30]) G. Bidló; [31]) G. Csajághy; [32]) J. Kovács; [33]) A. Novák.

VI **NARAYANAMURTI,** Duraiswami. Chem., Physik (Holztechnol.). — 1935 Dr.-Ing., Techn. Hochsch. Danzig; '31–39 Upper Grade Assist. and Assist. Seasoning

Officer, '39–47 Officer and '47–60 Chief Research Officer, Composite Wood Branch, '47–60 Head of Divis. of Mechan. Techn., '56–60, '61–62 Assist. Pres., '60–61 Pres., '62 retired, '66 title Prof. Emer., Forest Research Inst., Dehra Dun; '62–69 Dir. of Research Labor., Indian Plywood Industries Research Assoc., Bangalore; '70–71 Scientist, Nation. Aeronaut. Labor., Bangalore; '71–75 Principal Investigator of an U.S. research project, Aeronaut. Engng. Departm., Indian Inst. of Sci., Bangalore. — '39 Prize (Industrial Research Bureau, Governm. of India); '55 Prize (Aeronaut. Soc. of India).

*1904, Sept. 11, Kumbakonam, Madras.

Bildn. Holz Roh- u. Werkstoff **32** ('74) 283.

HZ. Composite Wood [Dehra Dun] 1 ('53/54) – 8 ('61).

S. Proc. 3rd Congress of theoretical and applied mechanics, 1957 (Indian Society of Theoretical and Applied Mechanics) (Kharagpur '58 [?]) 111–: Some aspects of the rheology of adhesives. – Proc. 4th Congress of theoretical and applied mechanics, 1958 (~) (Kharagpur '59 [?]) 53–64: Some aspects of rheology of wood. – Termites in the humid tropics; Proc. of the NewDelhi symposium 1960 (Paris '62) (UNESCO, Humid Tropics Research) 185–97: Termites and composite wood products. – Proc. 5th World forestry congress, Seattle, Wash., 1960 (Seattle, Wash. '62): Rheology of wood. – Proc. 5th International congress on rheology, Kyoto 1968, 2 (Tokyo '70 [?]) 625–45: Some investigations on the rheology of wood.

Adhäsion Kieselsäure als Füllstoff für Harnstoffharzleime[21]): **5** ('61) 462–64. – Ausbreitungsverhalten von Klebstoffen[14]): **6** ('62) 441–43. – Cashewnußschalenöl–Ammoniak-Resole[23])[34]): **9** ('65) 172f. – Sol-Gel-Umwandlungen in Protein-Alkali-Systemen[15])[13])[21]): 258–62. – Cashewnußschalenöl–Tannin–Formaldehyd-Klebstoffmischungen[10]): 398–400. – Sperrholzklebstoffe auf Basis von Akazienrindentannin[34])[37]): **13** ('69) 182–84, 186, 188. – Die Rolle von Extraktstoffen bei der Verleimung einiger indischer Harthölzer[50]): 303f.

Adhesives and Resins Utilization of tea waste[u.a.]): **6** ('58) 52.

Applied sci. Res., Sect. A The influence of psychrometric conditions on some physical properties of wood and composite wood[27]): **5** ('56) 81–107. – Rheology of wood, 2: The swelling and shrinkage of wood under mechanical restraint [26]): 389–410; ~ 5 [14]): **10** ('61) 158–64. – Influence of loading on the rigidity modulus and plastic flow of wood[14])[68]): **7** ('58) 145–48. – Influence of wood extractives on the rheological properties of casein–NaOH–water system[14])[50]): **12** ('64) 340–48.

Arecanut J. Note on tannin–formaldehyde adhesives based on "Chogaru"[14]): **14** ('63) Nr. 1, 6–9.

Board Recent development of board and allied products: **4** ('61) Nr. [?], 12f. – Board from jute sticks[21]): 122f. – Notes on building boards from Wira [?] wood[46]): **5** ('62) Febr.-Nr., 24f. – Plastic boards from jute sticks[45]): Nov.-Nr., S. 199. • – Boards from hoop pine bark[14]): 200. – Building boards from Indian ligno-cellulosic materials. Research and developments during the past twenty-five years: **6** ('63) Nr. 3, S. 68. – – Zwei weitere Arbeiten in dieser Zeitschrift: „Hardboard from sisal fibre"[45]) u. „Note on urea-phosphate fire-retardant treatment for plywoods"[11]).

Bombay Market Wood based building components and the safety of buildings in fire: 26th Anniversary Number ('62 [?]) 133–38. – – Eine weitere Arbeit in dieser Zeitschrift: „Composite wood. Recent developments and possibilities", sowie 2 Arbeiten im Supplement.

Bull. nation. Inst. Sci. India Non-traditional building materials with particular reference to bamboo boards and boards produced from various forest and agricultural wastes: Nr. **6** ('55) 149–56. – Glues in building construction: 157–67. – Plywood and improved woods from Indian timbers; their properties and uses: 168–82. – Sound and heat insulating materials of indigenous origin: 183–201. – Building materials. A brief survey: 226–.

Bull. Res. Council Israel, Sect. C Reflection and transmission of infrared rays by Indian timbers[43]): **6** ('58) 109–12.

Cashew Bull. Work on cashewnut shell liquid based adhesives: **6** ('69) 1–4.

Coir [India] Drying of cocopith. Infrared and fluidized bed drying[24])[67])[37]): **1969**, Juli-Nr., 1–7.

Composite Wood [Dehra Dun] A small infra-red dryer[32]): **1** ('53/54) 6f. – Prolamine film adhesive[30]): 7–9. – Studies on building boards, 5: Utilization of tapioca stems and hoop pine bark[45]): 10–17; ~ 6: Preparation of plastics, boards, etc., from wood waste, barks, etc., by the thermal treatment in presence of water and by other methods[45]): 89–93; ~ 7: Building boards from tannin-containing lignocellulosic materials[44]): 121–24; ~ 8: Production of building boards from various woods and barks by defibration[44]): **2** ('55) 6–15; ~ 9: Utilization of wood waste, tree barks and other lignocellulosic materials as a source of plastics and building boards[44]): 53–62. – Moulding powders and boards from coconut shells[45]): **1** ('53/54) 38–40. – Studies on adhesives, 18: Adhesives from coconut shells[45]):

41f.; ~ 24: Adhesives from the proteins of Sterculia urens seed[21]): 5 ('58) 1–8. – Studies on the biochemistry of wood-rotting fungi, 5: Enzymatically liberated lignin and its applications[11]): 1 ('53/54) 51–55. – A preliminary note on the use of vibrational methods for following changes (improvement or degrade) in wood caused by treatments, decay, etc.[16]): 70. – Composite wood timber: Bombax malabaricum: 94–103; ~: Taxus baccata: 144–46; ~: Cryptomeria japonica: 2 ('55) 15–18; ~: Cedrela toona: 2 ('55) [oder 3 ('56) ?] 39–46; ~: Picea morinda spruce: 3 ('56) 51–58; ~: Pterocarpus dalbergioides, Padauk: 71–78. – Veneer drying[43]): 1 ('53/54) 111–17. – Rheology of adhesives, 3: Properties of adhesive films[14]): 133–38. – Studies on improved wood, 8: Heat stabilized laminated wood from Indian timbers and factors affecting improvement in properties[20]): 2 ('55) 33–38; ~ 9: Heat stabilized compressed wood from Indian timber species and factors affecting improvement in properties[20]): 5 ('58) 71–76. – The use of indigenous agricultural lignocellulosic wastes and acid-hydrolyzed materials as fillers for phenolic plastics[44]): 2 ('55) 87–91. – Acid hydrolysis of coconut shells and arecanut husk for furfural and derived plastics[44]): 112–17. – A preliminary note on the thermal efficiency of plywood hot presses[70]): 136–38. – Building boards from bamboos: 3 ('56) 1–13. – Laminated skis: 33–36. – Adhesives: Further experiments with prolamin and cashew shell oil[28]): 4 ('57) 97–103. – Surface smoothness measurements on wood[32])[46]): 6 ('59) 21–24. – Chemical modification of proteins and adhesion[15]): 46–53. – Rheology of wood, 3 [14]): 7 ('60) 23f.; ~ 4 [14]): 24f.; ~ 5[?]: 51–57. – Caoutchouc in teak[45]): 39–41. – Rheology of adhesives: Creep and relaxation behaviour of cashew shell liquid adhesives[10])[14]): 58–60. – Thermosetting animal glue formulae for plywood[14]): 7 ('60). – A brief note on experiments carried out on the use of bamboo for reinforcement of concrete[25]): 8 ('61) 1f. – A short note on the use of jointing and splicing as a means of reducing waste in plywood factories[74]): 3. – Splicing with some indigenous glues[57]): 4. – Note on densified laminated wood from Indian timbers: 15f. – Plywood glue adhesion tests[49]): 27–31. – Permeability of wood to zinc chloride[25]): 35–37. – Sunn hemp seed powder as an extender and filler for U. F. adhesives[43]): 37–40. – Note on densified laminated wood from Indian timbers: 68f.

Current Sci. A simple air-conditioning chamber for laboratory experiments[19]): 2 ('34) 483f. – The electrical resistance of wood and its variation with moisture content: 5 ('36) 79f. – Recent work on wood preservation and improvement at the Forest Research Institute, Dehra Dun: 13 ('44) 6–8. – A note on the pyrolysis and ignition of wood[11]): 27 ('58) 22f. – A note on the specific heat of wood[16]): 97. – Note on the proteins from the seeds of Sesbania grandiflora[21]): 266. – Hardboards from Quercus species[46]): 31 ('62) 97f. – Decayed wood flour as extender for phenylformaldehyde resin adhesive[11])[9]): 379f. – Note on enzymatic softening of wood[11])[31]): 32 ('63) 73.

Drevársky Výskum Cashew shell oil - phenol - formaldehyde resin adhesives for plywood[24])[34]): **1967**, 49–59 [m. russ., deutscher u. tschech. Zusammenfassg.]. – Note on predicting probable maximum plywood glue adhesion strength based on plywood shear tests[24])[34]): 215–20 [~]. – The swelling and shrinkage of wood under mechanical restraint: Some further experiments[56]): **1968**, 77–86 [~]; ~: Influence of temperature[82])[37]): **1970**, 43–50 [~]; ~: Influence of pretreatment of the wood with some organic chemicals[81]): **1972**, 189–96 [~].

Empire Forestry J. A study of some common methods of determining moisture in wood with particular reference to woods containing volatile constituents[19]): 14 ('35) 343–53.

Engineering Industries Annu. Creep in composite products: **1964**, 106f.

Forest Products J. Letter to the editor [Hygroscopicity of tree barks]: 17 ('67) Nr. 9, 51.

Forest Res. India, Part 1 Wood and composite wood and their applications in engineering: **1956**, Nov.-Nr., 31 S.

Holz Roh- u. Werkstoff Quantitative Studien über den Festigkeitsverlust von Holz bei Fäulnis und Entwicklung eines Prüfverfahrens auf natürliche Dauerhaftigkeit und Giftwirkung[16])[50]): 9 ('51) 334–37. – Bewegung von Flüssigkeiten durch Holz[36])[40]): 422–26. – Infrarottrocknung von Furnieren[32]): 10 ('52) 92–94. – Studien zur Biochemie holzzerstörender Pilze, 1: Säureproduktion der Pilze[11])[50]): 227–29; ~ 2: Pilzamylase[11])[50]): 428–32; ~ 3: Cellulase und Invertase von Polystictus sanguineus und über die mögliche Wirkungsmechanik von Holzschutzmitteln[50]): 11 ('53) 7–9; ~ 4: Zersetzung von Holz und anderen Stoffen[50]): 226f. – Die Abhängigkeit der chemischen Zusammensetzung des Holzes einiger indischer Holzarten von seiner Lage innerhalb des Stammes[9]): 13 ('55) 52–56. – Verhalten einiger indischer Holzarten im feuchten Zustand im hochfrequenten Wechselfeld[22]): 91–94. – Über die Beständigkeit wasserlöslicher Holzschutzmittel vom „U-Typus" gegen Auslaugung[50]): 14 ('56) 332–38. – Die Bedeutung der Holzextraktstoffe: 15 ('57) 370–80. – [Untersuchungen an alten Hölzern, 1:] Untersuchungen an einer alten Holzprobe[12])[32])[11]): 16 ('58) 245–47; [~ 2:] Untersuchungen an altem Holz aus dem Flußbett des Ganga bei Mokameh, Bihar[12])[32])[50]): 18 ('60) 55–58; ~ 3: Ein altes Pterocarpus-Holz aus Tirupathi[32][50]: **19** ('61) 47–50. – Untersuchung einiger indischer Holzarten durch Röntgenbeugungsdiagramme[32]: **17** ('59) 223–26. – Orientierende Untersuchungen mit einem Kugelfallversuch an Vollholz, Holzwerkstoffen und Kunststoffen[31]: **18** ('60) 447–51. – Quellungsdruck-Messungen an Holzwerkstoffplatten[14][45]: **20** ('62) 89f. – Chemische Prüfung eines unbekannten Pterocarpus-Holzes[39]: 182–85. – Weitere Untersuchungen an einem alten Pterocarpus-Holz[14]: 209. – Art und Verteilung von Inhaltsstoffen in indischen Hölzern[50]: **21** ('63) 177–80. – Heat stabilized compressed wood from Indian hardwoods and factors affecting improvement in properties[20]: **24** ('66) 556–59. – Der Entflammungsschutz von Sperrholz[73]: **27** ('69) 45–49.

Holzforschung u. Holzverwert. Structural changes in wood caused by swelling and shrinkage under mechanical restraint[12][50]: **13** ('61) 31–34. – Fungi and composite wood products, 1: Preliminary experiments on plywood[11][31]: 61f. – Der Quellungsdruck von verdichtetem Holz[14]: **14** ('62) 28–32. – Durch Druckbeanspruchung hervorgerufene strukturelle Veränderungen im Holz[12][16][51]: 47–56. – Influence of extractives on the setting of adhesives[14][50]: 85–88. – Der Einfluß der Abmessungen von Holzproben auf deren Resistenz gegen die Zersetzung durch Pilze[50]: **15** ('63) 30–33. – Holzextraktionsstoffe in ihrer Auswirkung auf die natürliche Dauerhaftigkeit des Holzes[50]: **16** ('64) 1–13. – Die Bedeutung der Holzextraktstoffe für die rheologischen Eigenschaften von Holz[50]: 51–55. – Impact tests on particle boards[72]: **19** ('67) 80–84 [ ]. – The influence of loading on the rigidity modulus and plastic flow in wood; influence of impregnants[59]: **21** ('69) 1–5 [ ]. – Note on resistance of dethiaminized wood to decay[52]: 34f. – Preliminary note on the jet drying of veneers[24][69]: 63f. – Swelling and shrinkage of wood under mechanical restraint: Influence of various factors on Tectona grandis[50]: **24** ('72) 83–93. – Effect of various defects in various sizes on the mechanical properties of plywood[61][77]: **25** ('73) 151–57.

Holzindustrie Versuche zur wirtschaftlichen Nutzung von Brennstoffen im Haushalt[11]: **26** ('73) 300f.

Holztechnologie Abhängigkeit des Elastizitätsmoduls und der Biegefestigkeit vom Faserwinkel bei Holz und Furnierplatten[16][31]: **4** ('63) 133–36. – Einfluß von Holzextraktstoffen auf die Enzyme holzzerstörender Pilze[50]: **5** ('64) 33–40. – Quellen und Wasseraufnahme heißbehandelten Preßholzes aus indischen Holzarten[20]: **6** ('65) 173–76. – Einige Kugelfallversuche an Sperrholz- und Verbundplatten[72]: **9** ('68) 35–38. – Furniertrocknung im Wirbelschichtverfahren[78][69][59]: **10** ('69) 233–35. – Über das Kriechverhalten von Werkstoffen aus Teakholz[53]: **11** ('70) 116–19. – Einfluß verschiedener Chemikalien auf das Kriechen und andere Eigenschaften des Holzes[78][81]: 161–67. – Vergütung von Holz durch Tränken mit Monomeren und thermokatalytische Aushärtung: **13** ('72) 118–21. – Die Festigkeitseigenschaften von Sperrholz aus in Indien vorkommenden Holzarten: **14** ('73) 234–39.

I.C.A.R. Res. Ser. Utilization of some agricultural wastes: Nr. **10** ('57). – Adhesives from proteins of Crotalaria juncea: Nr. **20** ('58) 29 S.

India and Technol. Influence of core thickness on some properties of plywood[31]: **1964**, März/Apr.-Nr., 1–5.

Indian Buyer An industrial use for banana stems[16][11]: [Erscheinungsjahr unbekannt]. – Studies in modified wood: Preliminary note on a biological method of softening wood[11]: [~].

Indian Forest Bull. Studies on coal-tar creosote as a wood preservative, 1: Creosote extracted from timbers in service[36]: **104** ('41) 18 S.; ~ 2: First interim report on creosotes of Indian origin[36][47][6][3]: **144** ('48) 43 S. – The variation of the electrical resistance of Indian timber with moisture content: **105** ('41) 7 S. – A short note on wood preservation for users in India: **110** ('41[?]) 35 S. – Cheap and simple types of tanks for the treatment of timber by dipping, steeping or open tank process: **111** ('41) 3 S. – A note on the treatment of green hollong (Dipterocarpus macrocarpus) sleepers: **114** ('42) 12 S. – Studies on adhesives, 3: Casein glues[u.a.]: **116** ('43[?]) 21 S. – Studies in fire resistance, 1[62]: **118** ('43[?]) 17 S. – Wood in mechanical and chemical engineering: **119** ('43 [?]) 13 S. – Studies in permeability, 1: Preliminary note on the permeability of wood and other materials to air[33]: **120** ('43[?]) 16 S. – Preservative treatment of bamboos, 1: Treatment of green bamboos with inorganic preservatives[33][29]: **137** ('47) 14 S. – Durability trials on glues and plywood[29]: **139** ('48) 13 S. – Note on treated wooden transmission poles in India: **140** ('48) 43 S. – Diffusion in wood, 1: Diffusion of ions through some Indian timbers[36][40]: **151** ('51). – Wood waste utilization: **207** ('57) 25 S.

Indian Forest Leaflet Note on some experiments on cork substitute[u.a.]: Nr. **6** ('41). – A preliminary note on the use of prolamins as adhesives[36]: Nr. **10** ('42). – Studies on adhesives, 1: Groundnut protein adhesives for plywood[36]: Nr. **15** ('43 [?]) 4 S.; ~ 2: Groundnut protein – formaldehyde dispersions as plywood adhesives[46]: Nr. **16** ('43)[?] 8 S.; ~ 4: Further note on prolamine adhesives[36]: Nr. **40** ('43) 14 S.; ~ 5: A preliminary note on cold-setting urea-formaldehyde resin adhesives[36]): Nr. **41** ('43); ~ 6: A preliminary note on the use of sunn hemp seed proteins as plywood adhesives[u.a.]): Nr. **52** ('43); ~ 7: Rape seed protein-formaldehyde dispersions as plywood adhesives[u.a.]): Nr. **58** ('43) 7 S.; ~8: Adhesives from oil-seed cakes and whole-sead meals[42]): Nr. **59** ('43[?]) 5 S.; ~ 9: Tar acid-formaldehyde resin adhesives [46]): Nr. **63** ('44); ~ 10: Adhesives from castor seed cake and its proteins[8]): Nr. **100** ('47) 8 S.; ~ 11: A preliminary note on adhesives from cashewnut-shell oil[16]): Nr. **111** ('47[?]) 8 S.; ~ 12: A preliminary note on cresol-formaldehyde and cresol-casein-formaldehyde adhesives for playwood[36])[1]): Nr. **97** ('47) 8 S.; ~ 13: Whole bolled [?] meal adhesive[u.a.]): Nr. **108** ('48) 15 S.; ~ 14: The use of the proteins of Lathyrus sativus for wood adhesives[7]): Nr. **119** ('49) 21 S.; [~ 16:] Plywood adhesives from cashewnut-shell liquid[10]): Nr. **128** ('52) 4 S.; ~ 17: Adhesives from the proteins of the seeds of Albizzia lucida[17]): Nr. **137** ('54[?]) 5 S. – Preliminary studies on improved wood, 1: Impregnation with resins[46]): Nr. **42** ('43) 15 S.; ~ 2: Laminated wood[46]): Nr. **45** ('43) 7 S.; ~ 3: Compregnated wood[46]): Nr. **77** ('45) 11 S.; ~ 4: Impregnation of wood with urea-formaldehyde resins[11]): Nr. **98** ('48) 11 S.; ~ 5: Improved woods (laminated) made with Formvar resin[29]): Nr. **113** ('48) 5 S. – Interim note on inner coatings for plywood containers: Nr. **49** ('43) 10 S. – Some groundnut protein glue formulae and their application: Nr. **67** ('44) 5 S. – Note on sap stain and its prevention[29]): Nr. **68** ('44) 7 S. – Laminated skis[36]): Nr. **79** ('45). – Studies on storage life of adhesives, 1: Tego-glue film[29]): Nr. **99** ('48) 2 S.; ~ 2: Aerolite 306 [29]): Nr. **105** ('49). – Resistance of wood to corrosion by hot chemicals[36]): Nr. **101** ('47) 3 S. – A simple method of curing resin adhesives[36]): Nr. **104** ('48). – A preliminary note on the suitability of Indian timbers for lap joint tests[8]): Nr. **107** ('48) 3 S. – Studies on building boards, 1: Utilization of arecanut husk waste[36])[11]): Nr. **112** ('47) 9 S.; ~ 2: Preliminary studies on building boards from bamboos[5]): Nr. **103** ('48) 3 S.; ~3: Boards from wood shavings and sawdust[36])[5]): Nr. **110** ('48) 7 S.; ~ 4: Utilization of tree barks[9]): Nr. **118** ('49) 5 S. – The influence of psychrometric conditions on the setting time of adhesives[9]): Nr. **114** ('48) 4 S. – The strip heating (low voltage) method of accelerating the setting of adhesives[32]): Nr. **115** ('48) 7 S.

Indian Forest Rec., Chem. (Utilization ?) The thermal conductivity and other properties of some indigenous materials: **3** ('43) Nr. 2, 13 S.

Indian Forest Rec., Composite Wood and Wood Preservation Weathering trials on aircraft components[u.a.]): **1** ('52) Nr. 1.

Indian Forest Rec., Composite Wood Building boards from bamboos[5]): **1** ('63) Nr. 2, 54 S.

Indian Forest Rec., Wood Preservat. Ascu-wood preservative[33]): **1** ('56) Nr. 1, 92 S.

Indian Forester Hygroscopicity of tree barks[19]): **60** ('34) 702–07. – Methods of rapid determination of moisture content of wood[19]): **61** ('35) 435–46. – Cheap and efficient electric moisture meter for wood designed at the Forest Research Institute, Dehra Dun[19]): **62** ('36) Sept.-Nr., 4 S. – The Boucherie or sap-displacement process of wood preservation: **64** ('38) 555f. – Improved wood: **69** ('43) Nr. 8, 9 S. – Studies on adhesives [,15]: A preliminary note on adhesives from the proteins of the seeds of Terminalia belerica[45]): **76** ('50) Jan.-Nr.; ~ 16: Plywood adhesives from cashewnut shell liquid[10]): **78** ('52) 301–04. – Proteins from the seeds of some Indian forest trees[45]): **77** ('51) 758–62. – A preliminary note on adhesives, building boards and moulding powders from tree barks[9]): Nov.-Nr. – Weathering trials on aircraft components[u.a.]): **78**('52) Mai-Nr. – Short note on Indian balsa[16]): **80** ('54) 338–41. – Fibre boards from Indian timbers: **86** ('60) 5–15. – Letter to the editor: **91** ('65) Nr. 4.

Indian Industries Annu. Some aspects of wood improvement: **1967**.

Indian Pulp and Paper Fibreboard: **16** ('61/62) 29, 32, 34, 36f., 39, 41, 43, 45–50. – Hardboards from the bark of Kanju[45]): 288–. – Hardboards from mustard stalks[21]): 379–. – Hardboards from Quercus semicarpifolia[46]): 543. – Hardboards from hardwoods: Further experiments[21]): **17** ('62/63) 29, 31, 35. – Note on hardboards from linseed fibre[45]): 1 S. – Boards from Ailanthus altissima[46]): Nr. 2. – Note on hardboards from Kans grass (Saccharum spontaneum)[46]): Nr. 5. – Boards from Phragmites Karka[45]): Nr. 7. – Utilization of dust from seeds of Ochlandra travancorica[46]): ca. zwischen S. 480 und 490. – Some properties of fibre boards: **20** ('65/66) Nr. 1. – Some experiments on impact of spheres, etc. on hardboards[72]): **22** ('67/68) 79–83. – Note on creep in hardboards[53]): **24** ('69) 25f. – Plastic materials from lignocellulosic wastes. Utilization of coconut coir pith: Juli-Nr., 4 S.

IPIRA Leaflet Durability of Erythrina suberosa bark[80]): Nr. **3** ('69). – Note on the gluing of gurjan (Dipterocarpus sp.)[34]): Nr. **4** ('69). – Note on toxicity of Garcinia morella seed extracts to wood destroying fungi[76]): Nr. **6** ('69) 2 S. – Drying of coconut coir pith, 1: Solvent drying and drying by distillation with a volatile liquid[24])[67]): Nr. **7** ('69) 4 S. – Preliminary note on termite attractants[52]): Nr. **9** ('69) 6 S. – Utilization of coconut coir pith waste[67]): Nr. **11** ('69). – Natural durability tests against termites[52])[76]): Nr. **12** ('69) 3 S. –

Weathering trials on plywood[82]): Nr. **13** ('69) 10 S. – Sorbitol treatment of wood[73]): Nr. **14** ('69). – Adhesives based on Neyveli-catechol[37]): Nr. **18** ('69) 7 S.

I.S.I. Bull. Composite wood products. Methods of test for evaluating properties: **5** ('53) [oder **9** ('57) ?] 193–99, 230–33. – Testing of flush doors: **10** ('58). – Comparative study of different types of boards[16])[49]): **14** ('62) 70–73.

J. aeronaut. Soc. India The damping capacity of some Indian timbers[32]): **1** ('49) 30–34 [oder 30–37 ?]. – Composite wood and adhesives in aircraft. A brief survey of work done at the Forest Research Institute: **2** ('50) 17–43. – The damping capacity of Indian timbers: Damping in flexure[16]): **3** ('51) 79–87. – Some indigenous composite wood materials: **7** ('55) 57–75.

J. Colloid Sci. Influence of the nature of the adherend surface on the rheological properties of cashewnut shell liquid - formaldehyde resins[14]): **18** ('63) 98–102.

J. indian Acad. Wood Sci. Note on resistance to decay of radiation processed wood-plastic materials[52]): **1** ('70) 19–22. –Swelling and shrinkage of wood under mechanical restraint: Influence of various factors, 1 [50]): 67–69; ∼ 2 [50]): **2** ('71) 1–22.

J. Polymer Sci. Diffusion of organic molecules through wood[25]): **10** ('53) 515–24.

J. sci. and industr. Res. Lignin plastics: **4** ('45/46) 730f. – Synthetic resin plywood adhesives: 751f.

J. sci. and industr. Res., Sect. B Tannin-formaldehyde resin adhesives from tamarind-seed testa[38])[35]): **16** ('57) 377f.

J. sci. and industr. Res., Sect. C Amino acid composition of Sterculia urens seed globulin[39])[4])[21]): **17** ('58) 105.

J. sci. and industr. Res., Sect. D Diffusion of sodium chloride through wood as influenced by cashewnut shell liquid adhesive films[10])[14]): **21** ('62) 343f.

Kolloid-Z. Rheology of adhesives, 1 [15]): **135** ('54) 140–50 [m. deutscher Zusammenfassg.]; ∼ 2 [48]): **138** ('54) 68–75 [∼]; ∼ 4: Rigidity of adhesive gels[14]): **158** ('58) 47–49 [∼]; ∼ 5: The rigidity modulus of gelatin gels[14]): 49–53 [∼]. – Some aspects of the rheology of adhesives and wood: **145** ('56) 80–88 [∼]. – Skin effect in adhesive solutions[14]): **185** ('62) 38–40.

Kunststoffe Tannin–Formaldehyd-Kleber[9]): **48** ('58) 459–62. – Ein neues Streckmittel für Klebstoffe aus Reisschalen[21]): **49** ('59) 269f. – Rheologische Eigenschaften von Reisschalenmehl als Streckmittel für Klebstoffe[14]): **50** ('60) 540. – Mit Epoxyharz gebundene Holz–Glasfaser-Verbundstoffe für Sandwich-Konstruktionen[11]): **52** ('62) 24f. – Holzleime auf der Basis ligninhaltiger Phenol-Formaldehyd-Harze[11])[18]): 341–43. – Natives Lignin enthaltende Phenol–Formaldehyd-Holzleime[14]): **54** ('64) 166f.

Materialprüfung Interrelationships between some physical properties of plywood[31]): **5** ('63) 240–43. – Testing the water resistance of glue bonds: **7** ('65) 342f. – Influence of core thickness on some properties of plywood[31]): **11** ('69) 318–. – Testing of the form stability of composite wood products, 1: Plywood[53]): **12** ('70) 93–95; ∼ 2: Fibre boards[53]): 135f.

Miscellaneous Bull., Council agric. Res., India Thermal conductivity and sound absorption coefficients of bagasse boards: Nr. [?] ('41) 10–13.

Myforest Note on the use of Erythrina indica bark powder as a partial substitute for phenol in phenol–formaldehyde resins[82]): **1969**, 29–33. – Adhesives based on Calophyllum tomentosa tannin[82]): **1970**, 27–30. – – Eine weitere Arbeit in dieser Vierteljahrsschrift: „Particle boards from Mysore timbers[82])".

Norsk Skogindustri Note on the drying of saw dust[43]): **13** ('59) 361f. – Protection of chipboards from fungi and termites[32])[11]): **15** ('61) 375f. – Swelling pressure of wood, 2 [14]): **16** ('62) 388–90. – Movement of moisture in wood caused by a temperature gradient: 577–79. – Effect of boring holes on the modulus of elasticity of wood[16])[31]): **17** ('63) 155f. – Temperature changes in wood working tools[32])[46]): 357f. – Note on quality evaluation of dried veneers by numerical and subjective methods[66]): **26** ('72) 357–61.

Paintindia Accelerated curing of phenol-formaldehyde resin adhesives for plywood, 1: Use of inorganic accelerators[11])[2]): **11** ('61) Nr. 1, 145f. – "Hydrolyzed" white cedar wood flour as an extender for phenol–formaldehyde resin adhesive[11])[63]): Nr. 9, 19f. – Further note on the electrical resistance of Indian timbers: **12** ('62) Nr. 1 [oder Nr. 3 ?], 15–18. – Sanding qualities of Indian timbers. Preliminary investigation[46]): Nr. 2, 23f. – Weathering trials on cashewnut shell liquid resin bonded plywood[10]): Nr. 4, 13–15. – Toxicity of chlorinated cashewnut shell liquid[10])[31]): Nr. 8, 28–31. – Lignin-rich materials as extenders and/or fillers for phenol–formaldehyde resin adhesives[14]): Nr. 9, 15–18. – Note on Melaleuca bark and its utilization[45]): 19. – Further note on the toxicity of cashewnut shell liquid[10])[31]): Nr. 10, 35f. – Note on sugar-based cashewnut liquid - formaldehyde resins[10]): Nr. 12, S. 17–. – Note on the method of curing phenol–formaldehyde resins[28]): **12** ('62) [oder **13** ('63) ?] Nr. [?], 26f. – Extractives from conifer needles[50]): **13** ('63) Nr. 6, 21f. – Tannin–formaldehyde resins[11])[14])[41]): **13** ('63) [oder **14** ('64) ?] Nr. [?], 16–19. – Note on wood adhesives based on cashew kernel testa tannin[23])[34]): **14** ('64) Nr. 3, 43f. – Note on plywood adhesives based on tamarind seed testa tannins[23][34]): Nr. 4, 28a–28d. – Exterior grade wood adhesives based on Neyveli multivalent phenol[67]): **18** ('68) Sept.-Nr., 4 S. – Use of coconut coir pith waste in phenolic resin adhesives[67]): Okt.-Nr., 33–40. – Further experiments with cashew kernel testa tannin[37]): **19** ('69) Jan.-Nr., 20f. – Note on the use of Erythrina suberosa bark powder as a partial substitute for phenol in phenol–formaldehyde resins[82]): Apr.-Nr., 25f.

Papier [Darmstadt] Einführende Studien über Holzveredlung, 6: Acetyliertes Holz[15]): **7** ('53) 87–92; ~ 7: Harn-Holzstoff-Phosphat [13]): 426–29.

Plywood [Calcutta] Composite wood. Research and development during the past 50 years: **1958.** – Notes on cashew wood[16]): **1962,** 79–. – Sun drying of veneers[32]): 132–39. – Water-dispersible phenol–formaldehyde resin adhesives for plywood manufacture[11][71][55][60][54]): Nr. 10, 6 S. – An infra-red drying oven for moisture determination in veneers[31]): **1963,** 37–45. – Working qualities of Indian timbers. Preliminary experiments on planning[79][46]): 176–78. – – Eine weitere Arbeit in dieser Zeitschrift: „Biometric data on Indian woods" (11 S.).

Popular Plastics [Bombay] Hydrolyzed cedar wood flour for phenol–formaldehyde resin adhesives[11][63]): **6** ('61) 25–28. – Extenders for urea–formaldehyde resin plywood adhesives[11][43][9][49]): **7** ('62) Nr. 1, 45–48. – Coconut shell and walnut shell flours as fillers and extenders for phenol–formaldehyde resin adhesives[11][9]): Nr. 3, 7–9. – The Indian Plywood Manufacturers Research Association – the latest in the chain of cooperative research associations sponsored by the Council for Scientific and Industrial Research: **9** ('64) Nr. 4. – Utilization of groundnut shells[23][65][34]): Nr. 7, 28–.

Proc. indian Acad. Sci., Sect. A The thermal conductivity of Indian timbers, 1 [36]): **13** ('41) 16 S. – Diffusion of ions through some Indian timbers[40]): **33** ('51) 349–59.

Research and Industry [New Delhi] Boards and moulded products from sawdust and agricultural wastes[11]): **2** ('57) 213–16. – Preparation of pentachlorophenol[3]): 315f. – Adhesives from Acacia cutch[38][35]): **3** ('58) 6–9. – Application of composite wood in the textile industry: 322–24. – Hardboards from hardwood[11]): **4** ('59) 9–. – Paper adhesive from exhausted myrobalan pulp[38]): **5** ('60) 237f. – Paper adhesive from tamarind kernel powder[38]): **6** ('61) 127. – Plywood adhesives from low-temperature carbonization tar acids: 252f. – Plastic materials from lignocellulosic wastes, 1: Chemical treatments[45]): 272–75; ~ 2: The Thermodyn process[45]): 314–16. – Compressed wood from Indian timbers[16][58]): 439–41. – Utilization of Rajasthan teak[16][46]): **7** ('62) 88–90. – Guar seed meal as adhesive for plywood[21]): 141f. – Utilization of areca palm stems[14][41]): 340–43. – Shellac as activator for production of building boards from sawdust[45]): 374f. – Chip boards from Indian timbers[16]): **8** ('63) 4–6. – Fungus resistance of Rajasthan teak[16][11][31]): 97f. – Shellac as extender for phenol–formaldehyde resin adhesive in plywood making: **10** ('65) 99f. – The International Academy of Wood Science: **11** ('66) Nr. 3. – Note on the preparation of a cold-setting resin adhesive based on Neyveli multivalent phenol[67]): **13** ('68) 132f. – Cold-setting wood adhesives based on cashewnut shell liquid – phenol – formaldehyde[67][37]): **134–36.** – Exterior-grade of plywood adhesives based on a mixture of cashewnut shell liquid and Neyvelf multivalent phenol[82]): **14** ('69) 66–70 [oder 68–70 ?].

Rheologica Acta [Darmstadt] Rheology of adhesives, 6: Cold-setting cashewnut shell liquid adhesives[14]): **1** ('61) 514–16; ~ 7: Cashewnut shell oil – formaldehyde resins[10][14]): 516–19. – Some rheological properties of cashewnut shell liquid – formaldehyde gels[14]): **2** ('62) 215–17.

Silvae Genet. [Frankfurt/M.] Extractives in teak[11][31][45]): **11** ('62) 57–63. – Growth stresses in trees[16][14][31]): **12** ('63) 89–99. – Note on caoutchouc in teak (Tectona grandis)[45]): **13** ('64) 140f.

Svensk Papperstidn. The preservative treatment of hardboards[11]): **64** ('61) 667–69.

Tropical Woods Adhesives from tannins in the bark of Bruguiera species[38][35]): **109** ('58) 54–60.

Werkstoffe u. Korrosion Vibrationsverfahren zum Nachweis von Veränderungen in Hölzern[68]): **9** ('58) 262–65. – Wirkung von Hitze auf Holz[30]): **10** ('59) 613–16. – Einfluß von trockener Hitze sowie von kaltem und heißem Wasser auf Holzlaminate, 1 [31]): **13** ('62) 209–11; Der Einfluß von trockener und feuchter Wärme auf Holz, 2: Der Einfluß von abwechselndem Erwärmen und Wässern in kaltem Wasser[31]): 287–90. – Schwächung des Holzes von Kühltürmen, mögliche Ursachen[14][45]): 541–43.

Wood Sci. and Technol. Note on radiation processed wood-plastic material[64][77][u.a.]): **4** ('70) 226–30.

Z. VDI, Beih. Verfahrenstechn. Versuche über die Feuchtigkeitsbewegung in Holz und anderen Körpern beim Trocknen und über das Wärmeleitvermögen feuchten Holzes: **1936,** Nr. 2, 13–23.

Weitere Veröffentlichungen.

Mit: [1]) O. P. Agarwal; [2]) A. S. Anand; [3]) A. Banerjee; [4]) R. M. Beri; [5]) B. S. Bist; [6]) T. R. Chandrasekhar; [7]) A. S. Chimma; [8]) G. D. Dagg; [9]) N. R. Das; [10]) C. P. Dhamaney; [11]) J. George; [12]) S. S. Ghosh; [13]) P. N. Grover; [14]) R. C. Gupta; [15]) B. K. Handa; [16]) N. C. Jain; [17]) R. K. Jetley; [18]) H. C.

Joshi; 19) S. N. Kapur; 20) R. K. Kaul; 21) R. C. Kohli; 22) F. Kollmann: 23) G. S. Krishnamurthy; 24) R. N. Kumar; 25) V. B. Kumar; 26) P. C. Mahajan; 27) R. P. Mathur; 28) H. C. Pande; 29) J. N. Pande; 30) H. C. Pandey; 31) H. C. Pant; 32) B. N. Prasad; 33) A. Purushotham; 34) D. M. Raghunatha Rao; 35) R. Ram; 36) V. Ranganathan; 37) T. S. Rangaraju; 38) P. R. Rao; 39) P. S. Rao; 40) R. S. Ratra; 41) Y. S. Ratra; 42) D. C. Roy; 43) U. Sanjiva; 44) H. Singh; 45) J. Singh; 46) K. Singh; 47) R. Singh; 48) J. S. Sodhi; 49) A. S. Sood; 50) G. M. Verma; 51) B. S. Wegi; 52) S. Ananthanarayanan; 53) B. S. Aswathnarayana; 54) R. S. Bassi; 55) A. K. Basu; 56) K. L. Bhargavarama; 57) K. G. Bhatia; 58) R. C. Bhatnagar; 59) K. R. Birje; 60) P. K. Chauthoy; 61) V. S. Devarajan; 62) R. Gopalachari; 63) R. K. Jain; 64) T. M. Jayaraman; 65) M. S. Mukunda; 66) S. Nagaraju; 67) T. R. Narayana Prasad; 68) V. Narayanamurti; 69) P. Narayanan; 70) B. K. Nath; 71) T. K. Rajagopalan; 72) M. S. Rukmini; 73) Mrs. Rukmini Ramprasad; 74) K. D. Sahni; 75) A. V. Saradambal; 76) J. Suresh Babu; 77) R. Thacker; 78) J. V. Vepagunta; 79) K. L. Wadha; 80) S. A. Wajid; 81) S. F. Xavier; 82) S. S. Zoolagud.

VI **NASINI,** Antonio Giuseppe. Chem. (allg., anorg.). – 1917–21 Stud., Univ. di Pisa; '21–23 Assist., Ist. super. di Chim. industr. di Bologna; '23–25 Stud., '25 Ph.D., Univ. of Cambridge; '26–27 Assist., Univ. di Firenze; '27–40 Assist., Politecn. di Milano; '40–42 Prof., Univ. di Parma; '42–63 Prof. e Dir. dell'Ist. di Chim. gen., Univ. di Torino; '58–60 Vice-Pres., Int. Union of Pure and Appl. Chem.

*1898, Febr. 8, Padova;
†1969, Jan. 21, Torino.

Bildn. Chemistry and Industry **1958,** 1164.

Nekr. M. Milone, Annuario R. Univ. Studi Torino **1962/63,** 555–59 (m. Bildn.); Atti Accad. Sci. Torino **99** ('65) 577–90 (m. Schr.-verz.); Chimica e Industria **45** ('63) 739f.; Proc. chem. Soc., London **1963,** 321–23.

S. Atti IV Congresso nazionale di chimica pura ed applicata, Roma 1932 (Roma '33) 524–36: Tensioni interfacciali di miscele di liquidi organici[26]). – Atti V Congresso ~, Sardegna 1935, **1** (Roma '36) 410–22: Tensioni interfacciali di miscele di liquidi organici in presenza di emulsivi[26])[27]); **2** ('36) 809–18: Sulla stabilità di emulsioni in presenza di metalli[26])[3]). – Trabajos IX Congreso internacional de química pura y aplicada, Madrid 1934, **2** (Madrid '34[?]) 383–98: Sulla rottura di emulsioni a contatto con solidi[26]); **3** ('36[?]) 280–93: Sull'azoturo di silicio[8]). – Atti X Congresso internazionale di chimica, Roma 1938, **2** (Roma '38) 365–79: Mobilità elettroforetica ed azione protettiva di emulsivi[3]); **3** ('38) 441–50: Un metodo estremamente sensibile per il dosaggio di tracce di ossigeno nei gas[18]); **4** ('39) 236–49: Reazioni di ossidazione di oli essiccativi su strati monomolecolari[14]); 771–80: Sull'effetto antipiega nei tessuti[13]). – 1er Congrès technique international de l'industrie des peintures et des industries associées, Paris 1947 (Paris '48) 299–306: Permeabilità ionica selettiva di membrane e la sua applicazione di film di vernici[23])[24]); 309–13: Adesività di film di vernici su superfici di vetro e di metalli[24]). – Atti del I Congresso internazionale delle materie plastiche, Torino 1949 (Mostra internazionale scambi occidente) (Torino '49) XXVII–: Relazione introduttiva sulla unificazione delle materie plastiche. – Atti del II Congresso ~, Torino 1950 (Torino '50) 86–: Film monomolecolari di sostanze ad alto peso molecolare[32]). – Atti XII Congresso ~, Torino 1960 (Torino '60) 134–36: Some relations between the structure and the physical and technical properties of high polymers. – Handbuch der Katalyse (G. M. Schwab) **5**: Heterogene Katalyse, 2 (Wien '57) 1–140: Adsorption und Allgemeines über mono- und mehrmolekulare Schichten[28])[5]). – Proc. 2nd International congress of surface activity, London 1957, **3** (New York–London '57) 550–58: Protective after-effect of cutting emulsions and their lubricating properties[12])[21])[31]). – Réalisations récentes et tendances nouvelles dans l'industrie des peintures et vernis. C. R. des conférences et communications du 5e congrès, Fédération d'associations de techniciens des industries des peintures, vernis, émaux et encres d'imprimerie de l'Europe continentale, Milan 1959 (Milano '60) 39–: Membrane potentials and varnishes[21]). – Meždunarodnyj simpozium po makromolekuljarnoj chimii. Doklady i avtoreferaty [Proc. of the International symposium on macromolecular chemistry], Moskva 1960 (Moskva '60) 38–46: Polyethylidene from diazoethane with metal catalysts: chromatographic analysis of evolved gases and mechanism of the reaction[28])[30])[6]). – Atti del XII Congresso internazionale delle materie plastiche e conferenza IUPAC, Torino 1960. La disciplina dello sviluppo tecnico delle resine sintetiche e le norme della produzione industriale (Milano '60) 134–36: Alcune relazioni tra struttura e proprietà fisiche e tecnologiche degli alti polimeri. – Actes du 2e Congrès international de catalyse, Paris 1960, **1** (Paris '61) 241–58: Adsorption des gaz sur les surfaces propres des métaux; cinétique d'adsorption et hétérogénéité fine des surfaces[28])[25]); **2** ('61) 1873–79: Catalytic action of the metals on the decomposition of diazoalkanes: amorphous and crystalline polyethylidene[28])[30])[6]). – Trans. 8th National vacuum symposium (American Vacuum Society) combined with the 2nd International congress on vacuum science and technology, Washington, D. C., 1961, **1** (Oxford–London '62) 160–66: Modern vacuum technology and surface interactions[25]). – Trattato di chimica industriale (M. Giua) **6,** 2 (Torino '62): Chimica macromolecolare[30]).

Annali Chim. appl. Grado di dispersione di emulsioni bituminose[26]): **27** ('37) 582–94. –

Sulla sedimentazione di emulsioni concentrate di bitume[26]): **28** ('38) 3–15. – Sulla viscosità di emulsioni concentrate[26]): **30** ('40) 325–36. – Ossidazione e polimerizzazione dell'olio di lino, 1: Viscosità specifiche in vari solventi[14]): 337–45; ~ 2: Viscosità specifiche a varie temperature e misure crioscopiche[14]): 346–51.

Annals New York Acad. Sci. Dynamic measurements of adsorption of gases on clean tungsten surfaces[25]): **101** ('63) 791–802.

Atti Accad. Sci. Torino Polimeri amorfi e cristallini ottenuti da diazoidrocarburi alifatici[28]): **90**,1 ('56) 586–90. – Sull'adsorbimento di azoto su tungsteno[28])[25]): **92**,1 ('57/58) 538–50. – Adsorbimento di ossido di carbonio su tungsteno a pressioni molto basse[25])[28]): **93**,1 ('59) 557–62. – Arturo Miolati. Cenni commemorativi: **94**,1 ('60) 121–26.

Atti Soc. ital. Progr. Sci. Gas rari e radioattività nelle emanazioni idrocarburiche italiane[15]): **20**.1931,II ('32) 262–64. – Solubilità dell'argo, dell'azoto e dell'idrogeno in olio di paraffina[10]): 264–66.

Relazioni, Soc. ital. Progr. Sci. Sintesi catalitica delle ammine alifatiche[20])[17]): **28**.1939,III ('41) 377–83.

Boll. sci. Fac. Chim. industr. Bologna Le reazioni sui film monomolecolari come metodo di indagine strutturistica. Costituzione degli ozonuri[17]): **1941**, 37f.

Chimia [Zürich] On polyalkylidenes[30]): **16** ('62) 127–29.

Chimica e Industria Necrologia di G. Ponzio: **27** ('45) 178–. – Sul coefficiente di accomodamento e sui processi di adsorbimento di gas su metalli[28]): **33** ('51) 67–70. – Le vernici considerate come membrane[24])[21]): 624–28. – In memoria di Ignazio de Paolini: **35** ('53) 670–. – Antonio Angeletti †: **37** ('55) 74f. – Eterogeneità di film di alti polimeri e figure di attacco al microscopio elettronico[21]): **38** ('56) 839–43.

Gazz. chim. ital. Gas rari e radioattività nei gas naturali idrocarburati italiani, 1[15])[11]): **62** ('32) 799–821. – Viscosità dell'aria sino a 200 atm[22]): **63** ('33) 821–32. – Reazioni sui film monomolecolari, 1: Alogenazione dei doppi legami[17]): **70** ('40) 635–40; ~ 2: Ozonizzazione dei doppi legami[17]): **71** ('41) 302–11; ~ 3: Ozonizzazione dei doppi legami e formazione dei perozonuri: 422–28. – L'impiego delle misure di viscosità come metodo di indagine dei film monomolecolari[17]): **70** ('40) 640–48. – Coesione, adesione, trasformazioni del primo e secondo ordine nei monostrati liquidi. Influenza dei gruppi attivi e della direzionalità nell'attrito fra le molecole[17]): 697–707. – Passaggi di stato nei monostrati liquidi: Film oligomolecolari[17]): **71** ('41) 429–35. – Il maestro nell'insegnamento e nella vita: Mario Giacomo Levi: **86** ('56) 1–18. – Adsorbimento, chemisorzione e catalisi: **89** ('59) 421–42; engl.: Adsorption, chemisorption and catalysis: 443–64.

Industria Vernice Misure elettrochimiche su supporti metallici verniciati[21]): **5** ('51) 148–51.

J. appl. Polymer Sci. Elasticity of molten polymers from stress relaxation data[19])[29]): **5** ('61) 574–79 [m. französ. u. deutscher Zusammenfassg.].

J. Catalysis Successive adsorption of gases on tungsten, nitrogen and carbon monoxide at room temperature[25])[28]): **1** ('62) 458–67.

J. Chim. physique Formation de polymères sur des surfaces métalliques à partir des diazoalcanes: **59** ('62) 426f.

J. Colloid Sci. Polar ion-selective membranes and corrosion protection[21]): **11** ('56) 637–46.

J. Polymer Sci. Polyethylidene from diazoethane upon metal catalysts: Chromatographic analysis of evolved gases and mechanism of reaction[28])[30])[6]): **48** ('60) 435–42.

J. Polymer Sci., C Some recent progresses in the mechanism of the formation of polyethylidene from diazoethane[30]): **1963**, Nr. 4, 167–71.

Kolloid-Z. Reaktionen in monomolekularen Filmen und ihre Beziehungen zur Molekülstruktur[17]): **101** ('42) 113–16.

Makromolekulare Chem. Über einige Fraktionierungen von Hochdruckpolyäthylenen[19]): **22** ('57) 59–80 [m. engl. Zusammenfassg.]. – Reactions of diazoalkanes upon metallic surfaces: Polymer formation and stereoregulating action of gold[30])[28]): **44/46** ('61) 550–69 [m. deutscher Zusammenfassg.]. – On the mechanism of formation of stereoregular polyethylidene from diazoethane[30]): **61** ('63) 40–45.

Materie plast. Progressi negli studi della chimica degli alti polimeri: **17** ('51) 65–69. – Orientamenti nelle applicazioni della chimica degli alti polimeri allo studio delle materie plastiche: **17** ('51) Numero unico per la XXIX Fiera di Milano, 25–29. – Il laboratorio studi materie plastiche ed alti polimeri presso l'Istituto Chimico dell'Università di Torino: 18 ('52) 187–96.

Mémorial Serv. chim. Etat, Paris Etudes sur les films monomoléculaires des hautes polymères[1])[9]): **41**.1956/57 ('59) 315.

Politecnico [Milano] Viscosità dei gas fortemente compressi[22]): **80** ('32) 191–.

Pure and appl. Chem. Polymers obtained by catalytic decomposition of diazoalkanes in heterogeneous systems[28])[30]): **4** ('62) 255–70.

Revista Chim. pura e appl. Report on rare gases in mineral waters: **8**. 1933 ('35) 31–62 [ ].

Ricerca sci. L'impiego della microscopia elettronica per la valutazione del peso molecolare e della polidispersità del polimetacrilato di metile[21])[28])[16])[30]): **25**, Suppl A ('55) 432–46 [m. engl., deutscher u. französ. Zusammenfassg.]. – Peso molecolare di alti polimeri da fibra con la tecnica dei film monomolecolari[1])[30]): 625–31 [∼]. – Dicroismo infrarosso e cristallinità nel politene[4]): 686–94 [∼]. – Adsorbimento di azoto su tungsteno a pressioni molto basse[28])[25]): **29** ('59) 1523–33 [∼].

Rivista ital. Sostanze grasse Aspetti chimico-fisici nello studio dei grassi: Impiego della tecnica di film monomolecolari: **41** ('64) 410–.

Studi e Ric. Combustibili Gas rari e radioattività nei gas naturali idrocarburati italiani[15])[11]): **4** ('32/33) 41–63.

Vacuum Clean surfaces and sorption of gases[25])[28]): **10** ('60) 68–74.

Einige weitere Publikationen.

Mit: [1]) C. Ambrosino; [2]) –; [3]) A. Balian; [4]) E. Borello; [5]) P. Brovetto; [6]) E. Campi; [7]) –; [8]) A. Cavallini; [9]) G. Cetini; [10]) G. Corinaldi; [11]) P. De Cori; [12]) A. Ferro; [13]) A. Fumagalli; [14]) P. Ghersa; [15]) M. G. Levi; [16]) G. Maldifassi; [17]) G. Mattei; [18]) P. L. May; [19]) C. Mussa; [20]) G. Natta; [21]) G. Ostacoli; [22]) G. Pastonesi; [23]) G. Poli; [24]) V. Rava; [25]) F. Ricca; [26]) C. Rossi; [27]) P. Della Santa; [28]) G. Saini; [29]) V. Tablino; [30]) L. Trossarelli; [31]) G. Zazzaroni; [32]) G. Di Modica.

VI **NASLEDOV,** Dmitrij Nikolaevič. Physik. – Bis 1924 Stud., '27–30 Lehrbeauftragter, Univ, Kiev; '24–30 wiss. Mitarbeiter, Röntgeninst. Kiev; '30–37 Laborleiter, '47–57 Stellvertreter d. wiss. Dir. u. Leiter d. Labor. f. Elektronenhalbleiter, Physikal.-Techn. Inst. d. Akad. Wiss. UdSSR, Leningrad; '30–34 Lektor, '34–75 Prof., '37–75 Leiter d. Lehrstuhls f. Experimentalphysik, Polytechn. Inst. Leningrad; '40 Dr. d. physikal.-math. Wiss. – '64 Leninpreis (UdSSR); '64 Ehrentitel „Hervorragender Wissenschaftler u. Techniker d. RSFSR"; Leninorden (UdSSR); Rotbannerorden (UdSSR).

*1903, Aug. 12 (Juli 30), Kiev;
†1975, Jan. 8, Leningrad.

Zum 70. Geb.tag Fizika i Techn. Poluprovodnikov **7** ('73) 1666– (m. Bildn.).

Nekr. Ž. I. Alferov, V. M. Vul, B. T. Kolomiec, S. M. Ryvkin, Ju. I. Uchanov, Usp. fizič. Nauk **116** ('75) 751f. (m. Bildn.). – Fizika i Techn. Poluprovodnikov **9** ('75) Nr. 3 (m. Bildn.).

MH. (Mitredakt.) Issledovanija po poluprovodnikam; novye poluprovodnikovye materialy (Kišinev '64); engl.: Soviet research in new semiconductor materials (New York '65). – (Mitredakt.) Fizičeskie svojstva poluprovodnikov $A^{III}B^{V}$ i $A^{III}B^{VI}$; Materialy vsesojuznoj konferencii [Die physikalischen Eigenschaften von $A^{III}B^{V}$- und $A^{III}B^{VI}$-Halbleitern; Materialien einer Unionskonferenz], Baku 1965 (Baku '67); darin eigene Beiträge: 177–80: Einfluß von Eisenzusätzen auf die elektrischen Eigenschaften von Galliumarsenid[31])[76])[173]); 181–85: Einfluß des Phonon-„drags" auf die Thermo-EMK und den Nernst-Ettingshausen-Effekt in p-Galliumarsenid[31])[73])[153]); 186–92: Untersuchung der elektrischen Eigenschaften von kupferdotiertem Galliumarsenid[73]); 201–09: Negativer Magnetowiderstand in $A^{III}B^{IV}$-Kristallen bei Störbandleitung[31])[93]); 218–28: Nernst-Ettingshausen-Effekte in entarteten Indiumantimonid-Kristallen[72])[104])[181])[38]); 236–40: Elektrische Eigenschaften kompensierter Proben von p-Indiumantimonid[185])[134])[160]); 254–60: Elektrische Eigenschaften von Kristallen des Systems $(InSb)_x$–$(InTe)_{1-x}$[115])[139]); 284–92: Übertragungseffekte in hochdotierten p-Indiumantimonid-Kristallen[75]); 331–37: Elektrische Eigenschaften dotierter Galliumsulfid-Kristalle[118])[139])[159]). Alle Arbeiten russ. – Arsenid gallija; polučenie, svojstva i primenenie [Galliumarsenid; Darstellung, Eigenschaften und Verwendung] (Moskva '73).

S. Trudy 1-j Meževuzovskoj konferencii po sovremennoj technike dièlektrikov i poluprovodnikov [Arbeiten der 1. Gemeinsamen Konferenz Technischer Hochschulen über moderne technische Aspekte von Dielektrika und Halbleitern], Leningrad 1956 (Leningrad '57) 17–20: Halbleiter und ihre Anwendung in der Technik [russ.]. – Halbleiter und Phosphore. Vorträge des Internationalen Kolloquiums, Garmisch-Partenkirchen 1956 (M. Schön, H. Welker) (Berlin '58) 641–46: Elektrische Eigenschaften einiger binärer Halbleiterverbindungen. – Fizika tverdogo tela. Sbornik statej [Festkörperphysik. Sammlung von Aufsätzen] **1** (Moskva–Leningrad '59) 78–88: n-p-Junctions in gallium arsenide [russ.][17]); 122–29: Electric and galvanomagnetic properties of p-type indium antimonide [∼][187])[39]): **2** ('59) 96–98: Point-contact diodes based on gallium arsenide [∼][162])[17]). – Fotoèlektričeskie i optičeskie javlenija v poluprovodnikach. Trudy 1-go vsesojuznogo soveščanija [Photoelektrische und optische Erscheinungen in Halbleitern. Arbeiten der 1. Unionskonferenz], Kiev 1957 (Kiev '59) 335–38: Photozellen aus Galliumarsenid [russ.][17]). – Voprosy metallurgii i fiziki poluprovodnikov. Poluprovodnikovye soedinenija i tverdye splavy. Trudy 4-go soveščanija po poluprovodnikovym materialam [Fragen der Metallurgie und Physik der Halbleiter. Halbleiterverbindungen und feste Legierungen. Arbeiten der 4. Konferenz über Halbleitermaterialien], Moskva 1961 (N. Ch. Abrikosov) (Moskva '61) 55–69: Untersuchung der galvanomagnetischen Erscheinungen in Indiumantimonid von hohem Reinheitsgrad [russ.][187])[39]). – Rep. 5th International conference on the physics of semiconductors, Exeter 1962 (London '62) 163–66: Electrical properties of n-type gallium arsenide at low temperatures[31]. – Physique des semiconducteurs. C. R. VIIe Congrès international, Paris 1964 (Braunschweig '64) 853–57: Formation and properties of impurity band in GaAs, InAs and InP crystals. – Fizika. Doklady na XXII Naučnoj konferencii Leningradskogo inženerno-stroitel'nogo instituta [Physik. Vorträge auf der 22. Wissenschaftlichen Konferenz des Leningrader Instituts für Bauingenieurwesen], 1964 (Leningrad '64) 8–12: Photomagnetischer Effekt und photoelektrische Leitfähigkeit von p-InSb und die Lebensdauer [von Elektronen und Löchern] bei niedrigen Temperaturen [russ.][134]. – Fizika. Doklady k XXIII naučnoj konferencii LISI [Physik. Vorträge zur 23. Wissenschaftlichen Konferenz ~], 1965 (Leningrad '65) 21–26: Elektronenstreuung an Störatomen in Galliumarsenid [russ.][73]; 51f.: Übertragungseffekt in p-Zn-$GeAs_2$-Kristallen [~][72][144]. – Fizika p–n-perechodov [Die Physik der p–n-Übergänge] (Riga '66) 156–60: Erzeugung und Untersuchung von p–n-Übergängen auf der Grundlage von p-InSb[39][190]; 161–68: Legierungsübergangskapazität in InSb[39][146]; 169–78: Die p–n-Übergänge in Indiumarsenid[33][192]; 287–95: Elektrische Eigenschaften und Elektrolumineszenzeigenschaften von p–n-Übergängen in Galliumphosphid[49][56][59][70][74][82][97][110][179][17]. Alle Arbeiten russ. – Semiconductors and semimetals (R. K. Willardson, A. C. Beer) 4 (New York–London '68) 413–58: Phenomena in solid solutions[49][72]. – Issledovanija po poluprovodnikam [Untersuchungen an Halbleitern] (Kišinev '68) 13–16: Über die Stoßionisation von p-InAs [russ.][111][159][161]; 17–21: Elektrische Eigenschaften von n-InP [~][81][134][156]. – Arsenid gallija. Sbornik statej [Galliumarsenid. Sammlung von Aufsätzen] 2 (Tomsk '69) 200f.: Elektrische Eigenschaften von in einer Wasserstoffatmosphäre gezüchtetem n-GaAs [russ.][31][173][183]. – Fizika élektronno-dyročnych perechodov i poluprovodnikovych priborov [Physik der p–n-Übergänge und der Halbleitergeräte] (Leningrad '69) 82–88: Störphotoeffekt in GaAs-p–n-Übergängen[54][103][151]; 190–94: Photoelektrische Eigenschaften von InP-p–n-Übergängen[39][88][156]; 238–43: Energieschwellenwert der Ladungsträgerpaarbildung durch schnelle Elektronen in GaAs[54][103][151]; 257–60: Thermisch angeregte Ströme bei p–n-Übergängen in Galliumphosphid[76][107][112]. Alle Arbeiten russ. – Trudy IX Meždunarodnoj konferencii po fizike poluprovodnikov [Arbeiten der 9. Internationalen Konferenz über Halbleiterphysik], Moskva 1968, 1 (Leningrad '69) 504–09: Strahlungsrekombination in GaAs [russ.][17]. – Poluprovodnikovye soedinenija i ich tverdye rastvory [Halbleiterverbindungen und ihre festen Lösungen] (Kišinev '70) 72–81: Elektrische Eigenschaften von mit Eisen dotiertem Indiumantimonid [russ.][185][160][35].

W. Élektron i ee primenenie v sovremennoj technike [Das Elektron und seine Anwendung in der modernen Technik] (Moskva–Leningrad '32) 64 S. – Tverdye vyprjamiteli i fotoélementy [Feste Gleichrichter und Photoelemente] (m. L. M. Nemenov) (Leningrad–Moskva '33) 160 S. – Élektronnye javlenija [Elektronenerscheinungen] (m. I. V. Kurčatov, N. N. Semenov, Ju. B. Chariton) (Leningrad '35) 388 S. – Fizika ionnych i élektronnych processov [Die Physik der Ionen- und Elektronenprozesse] (Leningrad–Moskva '37) 314 S. – Zadačnik po fizike élektronnych i ionnych processov [Aufgabensammlung zur Physik der Elektronen- und Ionenprozesse] (Leningrad '47) 79 S. – Konspekt lekcij po fizike (Optika i stroenie atoma) [Konspekt zu Vorlesungen über Physik (Optik und Atombau)] (Leningrad '47) 180 S. – Poluprovodniki [Halbleiter] (Moskva '59) 45 S. (Vsesojuznoe obščestvo po rasprostraneniju politechničeskich i naučnych znanij, Ser. 4, Nauka i technika 30/31).

Dokl. Akad. Nauk SSSR Abhängigkeit der elektrischen Leitfähigkeit von polykristallinem Selen vom Druck bis zu 30000 at[84]: **110** ('56) 207f. [russ.].

Élektričestvo [Moskva] Gerät zur Messung von Gleichströmen bis 40 kA[192]: **1961**, Nr. 3, 70–73 [russ.].

Élektrotechnika [Moskva] Hall-Geräte aus Galliumarsenid[166]: **38** ('67) 35–37 [russ.].

Fizika Metallov i Metallovedenie Darstellung von ultrareinen InSb-Kristallen nach der Zonenschmelzmethode[185][39]: **16** ('63) 385–93 [russ.].

Fizika i Techn. Poluprovodnikov Lawinenartige Vervielfachung und Ionisationskoeffizient in InAs-p–n-Übergängen[111][159]: **1** ('67) 123–27. – Nernst-Ettingshausen-Effekt in dotierten n-Indiumantimonid-Kristallen[38]: 221–24. – Rekombinationsstrahlung von GaP-p–n-Übergängen[107][159]: 509–13. – Einfluß der Vorspannung in Sperrichtung auf die Lichtdurchlässigkeit und auf die Photoempfindlichkeit von GaAs-p–n-Übergängen[54][103][151]: 1001–06. – Elektrische Eigenschaften von mit Elementen der Lanthanidengruppe aktiviertem Galliumphosphid[137][139][159]: 1013–16. – Negative magnetische Widerstandsänderung in hochdotiertem n-GaAs[31][127]: 1094f. – Halbleiterverbindungen vom Typ $A^{III}B^{V}$: 1648–52. – Elektrische Eigenschaften von p-Indiumarsenid-Kristallen[72][93][123][133]: **2** ('68) 56–63. – Mechanismus der strahlenden Rekombination in Indiumarsenid-p–n-Übergängen[33][192]: 370–73. – Abhängigkeit der Kapazität von der Spannung an GaP-p–n-Übergängen[107][159]: 374–76. – Elektrische Eigenschaften von Diffusions-p–n-Übergängen in Indiumphosphid[39][109][156]: 519–25. – Kurzwellige Strahlung eines GaAs-Diodenlasers[46)17)]: 635–38. – Photolumineszenz von epitaktischem, aus p-GaAs erhaltenem n-GaAs [48)118)17)]: 659–65. – Photostörstellenleitung von Indiumantimonid bei tiefen Temperaturen[61)160)]: 901–03. – Erzeugung akustischer Wellen durch pulsierende elektrische Felder in Halbleitern[62)]: 1171–73. – Elektrische Eigenschaften dotierter CdSb-Kristalle bei niedrigen Temperaturen[6)9)31)]: 1248–52. – Photoleitfähigkeit von n-InSb bei Elektronenüberhitzung[51)134)]: 1285–89. – Abhängigkeit der effektiven Masse der Elektronen von deren Konzentration in Indiumphosphid-Kristallen [72)116)157)]: 1463–66. – Thermo-EMK in p-Indiumantimonid[14)43)38)]: 1701–05. – Elektrische Eigenschaften von p-InP bei tiefen Temperaturen[134)156)167)]: **3** ('69) 454–56. – Negative Photoleitfähigkeit in n-InSb[61)155)160)]: 550–53. – Doppelte Inversion des Hall-Koeffizienten bei mit Eisen und Nickel dotiertem p-InSb[185)160)35)]: 697–701. – Ein Dünnschichttransistor, der durch eine Al–CdS-Sperrschicht gesteuert wird[136)143)]: 1148–51. – Über die Struktur des Leitungsbandes von Indiumarsenid[72)104)123)133)157)181)]: 1182–87. – Strahlende Rekombination in gering- und hochdotiertem p-GaAs[118)17)]: 1207–14. – Magnetowiderstand und longitudinaler Nernst-Ettingshausen-Effekt in hochdotiertem p-GaAs[31)183)]: 1252–55. – Elektrolumineszenz von p–n-Übergängen in Indiumarsenid[33)192)]: 1370–73. – Negative Photoleitung in p-InSb bei niedrigen Temperaturen[61)155)160)]: 1386–88. – Magnetowiderstand in geringdotiertem n-GaAs bei niedrigen Temperaturen[31)183)]: 1612–15. – Störphotoleitfähigkeit in InAs[51)111)u.a.)]: 1732–34. – Über ein zusätzliches Leitungsband im Indiumarsenid[31)72)79)92)]: 1867–69. – Durch Diffusion von Schwefel erzeugte p–n-Übergänge in GaAs[54)151)]: **4** ('70) 23–28. – Eigenschaften von mit Eisen und Nickel dotiertem Galliumarsenid[76)173)]: 134–41. – Rekombination von Überschußladungsträgern in p-InSb bei Temperaturen unter 77 °K[51)131)134)]: 179–85. – Einfluß des elektrischen Feldes in der Raumladungsschicht auf die Photoempfindlichkeit eines Au–n-GaAs-Kontaktes in der Nähe der Grundgitter-Absorptionskante[54)28)]: 282–86. – Störphotoleitfähigkeit in Galliumarsenid-Kristallen[76)112)55)]: 358–60. – Lebensdauer der Ladungsträger in mit Eisen dotiertem Indiumantimonid[58)160)]: 593–96. – Die effektive Masse der Elektronen in hochdotierten Indiumantimonid-Kristallen[138)38)]: 621–23. – Strahlende und durch Stoß bewirkte Zwischenbandrekombination in InP[81)159)]: 780–83. – Störphoto-EMK in GaP-p–n-Übergängen[57)159)]: 1000–02. – Temperaturabhängigkeit der Thermo-EMK von p-InSb[14)38)]: 1073–78. – Einige Besonderheiten des photomagnetischen Effekts und der Photoleitfähigkeit in n-InSb bei Überhitzung der Elektronen durch Strahlung[51)134)158)]: 1689–96. – Photolumineszenz und Elektrolumineszenz fester Lösungen von $In_xGa_{1-x}As$[16)192)168)]: 1906–09. – Photolumineszenz von n-InAs[5)192)121)]: 1939–42. – Elektrische Eigenschaften von galliumreichen festen Lösungen von $Ga_xIn_{1-x}As$[16)31)19)]: 1982–87. – Über Oszillationen des photomagnetischen Effekts in p-InSb[51)134)158)]: 2211–13. – Thermo-EMK von stark kompensiertem n-Galliumarsenid[31)73)153)]: 2220f. – Unterdrückung eines Störstellenpeaks im Photolumineszenz-Spektrum von n-InAs durch Diffusion von Li[5)192)121)]: **5** ('71) 172–74. – Hall-Effekt und Magnetowiderstand reiner n-InP-Kristalle bei niedrigen Temperaturen[31)117)156)]: 334–36. – Einige Besonderheiten des Magnetowiderstands von p-GaAs-Kristallen bei niedrigen Temperaturen[41)31)93)]: 362–64. – Einfluß des starken elektrischen Feldes in einer Au–n-GaAs-Sperrschicht auf die Quantenausbeute der Photoleitung[54)28)114)]: 385–89. – Elektrische Eigenschaften und Elektrolumineszenz von p–n-Übergängen in mit Gold oder Silber dotiertem GaP[57)64)159)]: 462–67. – Einige Besonderheiten der negativen Störstellenphotoleitfähigkeit in n-InSb[61)85)155)160)]: 884–89. – Photokapazitätseffekt in GaAs-p–n-Übergängen mit tiefen Störstellenniveaus[54)69)22)149)]: 1144–49. – Über den Einfluß von Temperatur und Belichtung auf die Strom–Spannungs-Kennlinie von Dioden aus mit Gold oder Silber dotiertem GaP[57)159)]: 1189–92. – Optische Abkühlung von Elektronen[51)134)158)67)]: 1246–48. – Bei Zimmertemperatur arbeitende Leuchtdioden auf der Grundlage von Indiumarsenid[33)192)]: 1612f. – Rekombinationsprozesse in n-InSb im Temperaturbereich 4,2–77 °K[51)196)78)134)]: 1776–80. – Elektrische Eigenschaften epitaktischer n-GaAs-Filme[30)31)117)176)]: 1882–87. – Bestimmung der Störstellenkonzentration aus dem Hall-Effekt und aus der Beweglichkeit der Löcher in mit Zink dotierten Galliumarsenid-Kristallen[41)31)32)72)93)]: 1888–92. – Photoempfindlichkeitsspektren einer Au–n-GaAs-Oberflächensperrschichtdiode im Photonenenergiebereich 1–5 eV[54)28)128)]: 1927–32. – Impedanz von mit Silicium dotierten p–n-Übergängen in GaAs[27)17)]: 2101–10. – Absorptionskante von n-InAs bei 300 und 100 °K[192)121)]: 2111–15. – Der photomagnetische Effekt in p-InAs bei niedrigen Temperaturen[111)159)20)]: 2168–72. – Über den Mechanismus der strahlenden Rekombination in n-InAs bei niedrigen Temperaturen[5)192)]: 2343–46. – Die Besonderheit der negativen Photoleitung in Galliumarsenid-Kristallen[55)76)173)]: **6** ('72) 53–57. – Der rückläufige Zweig der Strom–Spannungs-Kennlinie und der elektrische Durchschlag in p–n-Strukturen bei unvollständiger Ionisation der Störzentren (am Beispiel von mit Si dotierten GaAs-p–n-Strukturen)[27)17)]: 345–52. – Einfluß der Temperatur im Intervall 77–200 °K auf die Photolumineszenz von n-InAs[5)192)]: 388–91. – Polarisationseffekte bei der Elektroabsorption in

GaAs-p-Si-n-Strukturen[54)34)]: 393–96. – Photoempfindlichkeit von Au–n-GaP-Oberflächensperrschichtdioden im Spektralgebiet 1,4–5,2 eV[54)28)]: 502–08. – Die Absorptionskante von kompensiertem n-InAs[192)121)131)]: 558–61. – Einige Untersuchungen über die Kinetik der Photo-EMK in InAs-p–n-Übergängen[7)159)]: 822–25. – Verwendung einer Schottky-Randschicht zur Bestimmung des optischen Absorptionskoeffizienten eines Halbleiters[54)28)]: 1394f. – Einige Besonderheiten des Verhaltens von Eisen in Indiumantimonid[185)65)58)160)175)]: 1845–. – Natur des negativen Magnetowiderstands von Galliumarsenid[41)31)93)]: 2010–. – Transporteigenschaften der Ladungsträger in p-GaAs-Kristallen mit tiefen Störstellenniveaus[41)31)173)]: 2053–. – Störstellenleitung in n-GaAs bei sehr niedrigen Temperaturen[31)124)177)]: 2283–. – Oberflächensperrschichtdioden auf der Basis von InSb[186)47)120)148)]: 2370–. – Magnetische Eigenschaften von mit Eisen dotiertem Galliumarsenid[60)76)108)173)]: 7 ('73) 414–. – Niederfrequente Stromoszillationen in hochohmigem Galliumphosphid[64)57)159)]: 612–. – Photoleitung von n-InSb unter den Bedingungen optischer und elektrischer Ladungsträgererhitzung[78)85)160)]: 641–. – Negativer Magnetowiderstand von kompensiertem n-Indiumarsenid[40)31)192)93)]: 700–. – Elektroabsorption in GaP im Bereich indirekter optischer Übergänge[54)34)]: 1280–. – Magnetowiderstand und Elektronenstreuung durch optisch polare Phononen in reinen GaAs- und InP-Kristallen[188)31)117)]: 1382–. – Einfluß eines Magnetfeldes auf die Ionisierungsenergie flacher Donatoren in GaAs und InP[53)31)117)177)]: 1785–. – Störstellenleitung in n-GaAs[31)93)117)177)]: 1919–. – Einige elektrische und photoelektrische Merkmale von n-ν- und p-ν-n-Strukturen aus GaP[134)194)159)]: 2021–. – Verhalten der durch Ionenimplantation in Indiumarsenid eingebrachten Elemente der Gruppe IV[52)192)80)]: 8 ('74) 59–. – Galvanomagnetische Eigenschaften von kompensiertem n-InAs[40)31)192)93)131)]: 335–. – Aktivierte Leitung und Hall-Effekt in n-InSb bei T = 30–4,2 °K[78)85)160)]: 403–. – Elektroabsorption in mit Nickel dotiertem Galliumarsenid[54)34)]: 463–67. – Besondere Merkmale des negativen Magnetowiderstands in stark mit Zinn dotiertem Galliumarsenid[31)93)23)]: 597f. – Rekombinationsprozesse in n-InSb im Bereich 50–200 °K[85)160)]: 611–13. – Über den Mechanismus der Defektelektronenstreuung in mit Übergangselementen der Eisengruppe dotiertem p-InSb[185)160)175)]: 814–17. – Untersuchung der Struktur der Kante des erlaubten Leitungsbandes in n-InAs mittels optischer Absorption[192)40)]: 921–27. – Einfluß der Orientierung des elektrischen Feldes auf die Polarisationsabhängigkeiten der Elektroabsorption in Silicium[54)34)]: 1204–08. – Photomagnetischer Effekt in n-GaAs unter den Bedingungen einer Elektronenaufheizung durch Licht[55)76)160)]: 1808–10. – Photoeffekt in Au–n-GaP-Gleichrichterkontakten[54)197)]: 1888–94. – Die langwellige Komponente der inneren Photoleitung in n-InSb[78)85)160)]: 1983f. – Verhalten des durch Ionenimplantation in Galliumarsenid eingeführten Zinns[52)192)80)]: 2034–37. – – Alle Arbeiten russ.

Fizika tverdogo Tela Darstellung reinster InSb-Einkristalle durch das Zonenschmelzverfahren[185)39)165)]: 1 ('59) 403–06. – Der photomagnetische Effekt in n-Indiumantimonid-Einkristallen[160)]: 556–58. – Elektrische Eigenschaften von Galliumarsenoseleniden[36)]: 565–67. – Elektrische Eigenschaften von p-InSb bei niedrigen Temperaturen[99)]: 570f. – Untersuchung der Ausbildung einer Halbleiterschicht vom n-Typ an der Berührungsfläche zwischen Cadmium und Selen[26)90)]: 734–39. – Elektrische Eigenschaften von n-AlSb[159)]: 748–54. – Elektrische und galvanomagnetische Eigenschaften von sehr reinem InSb[187)39)]: 755–60. – Nernst-Ettingshausen-Effekt in Galliumarsenid[31)]: 985–88. – Untersuchung von Selengleichrichtern im Impulsbetrieb[68)]: 1188–92. – Spektralcharakteristik von GaAs-Photozellen[17)]: 1467–70. – Hall-Generatoren aus Indiumarsenid zur Messung der magnetischen Feldstärke[192)]: 1690–94. – Thermomagnetische Nernst-Ettingshausen-Effekte in Indiumarsenid[31)192)]: 1868–71. – Einige optische Eigenschaften fester Lösungen von Indiumarsenoseleniden und Indiumarsenotelluriden[135)139)]: 2 ('60) 50f. – Streuung der Ladungsträger in Galliumarsenid bei starker Entartung[31)93)]: 192–97. – Photoempfindlichkeitsspektrum von p-Indiumantimonid[135)160)]: 239–41. – Einfluß des elektrischen Feldes auf die elektrische Leitfähigkeit, den Hall-Koeffizienten und den Magnetowiderstand von InSb bei niedrigen Temperaturen[99)]: 793–98. – Elektrische Leitfähigkeit von Galliumarsenoseleniden bei hohen Temperaturen[36)]: 823–25. – Einige elektrische Eigenschaften des Systems AlSb–InSb[2)]: 826–29. – Der Nernst-Ettingshausen-Effekt in p-Galliumarsenid[31)132)]: 2455–57. – Die Temperaturabhängigkeit der grundlegenden Parameter von GaAs-Punktkontaktdioden[162)17)]: 2762–69. – Untersuchung der thermomagnetischen Nernst-Ettingshausen-Effekte in festen Lösungen des Systems InSb–AlSb[2)31)]: 3 ('61) 194–97. – Störstellenband in p- und n-Galliumarsenid-Kristallen[31)93)]: 198–203. – Dotierte GaAs-Flächendioden[16)59)17)]: 991–94. – Abhängigkeit der effektiven Elektronenmasse in n-InSb von der Konzentration der Ladungsträger[31)72)]: 1161–63. – Elektrische und galvanomagnetische Eigenschaften von n-InSb bei niedrigen Temperaturen[99)]: 1185–89. – Elektrische und galvanomagnetische Eigenschaften von p-InSb bei niedrigen Temperaturen[99)]: 1458–64. – Rauschen von p-Indiumantimonid in einem Magnetfeld bei

Zimmertemperatur[191]): 2635–39. — Messung der Diffusionslänge von Nichtgleichgewichts-Ladungsträgern in InSb[39])[71]): 2973–80. — Photomagnetischer Effekt in p-InSb bei Zimmertemperatur[191]): 3306–13. — Statische Strom–Spannungs-Kennlinie von Gleichrichtern auf der Grundlage von halbleitendem Titandioxid[77]): 3400–04. — Elektrische Eigenschaften von x$CdSnAs_2$-y(2InAs)-Mischkristallen[106])[39]): 3405–13. — Temperaturabhängigkeit der Ladungsträgerlebensdauer in Indiumantimonid[160]): 4 ('62) 110–21. — Thermomagnetische Nernst-Ettingshausen-Effekte in entartetem Indiumantimonid[31])[72]): 546–48. — Galvanomagnetische und thermomagnetische Eigenschaften von p-Indiumarsenid[192]): 681–85. — Abhängigkeit der bipolaren Diffusionslänge und der Summe der Hall-Beweglichkeiten der Ladungsträger in p-InSb von der magnetischen Feldstärke bei Zimmertemperatur[191]): 977–82, 1981. — Rekombinationsstrahlung in Galliumarsenid[142])[145])[17]): 1062–65. — Photomagnetischer Effekt und Photoleitfähigkeit in InP[111])[159]): 1227–32. — Abhängigkeit der langwelligen Grenze des Photostroms in GaAs-p–n-Übergängen vom elektrischen Feld[54]): 1360–63. — Abhängigkeit der Ladungsträgerbeweglichkeit von der Störstellenkonzentration in InSb-Kristallen[185])[39]): 1673f. — Die photomagnetische EMK in p-InSb bei Zimmertemperatur im magnetischen Wechselfeld[191]:) 1952–56. — Photoelektrische Eigenschaften von p-n-Übergängen bei GaAs[54])[151])[17]): 2338–48. — Photogalvanomagnetische Erscheinungen in InSb bei Zimmertemperatur[191]): 2567–75. — Über die elektrischen Eigenschaften von GaP-Kristallen[159]): 2755–59. — Über die Photoleitfähigkeit bei GaP[159]): 3161–64. — Struktur des Spektrums der Eigenrekombinationsstrahlung von Galliumarsenid[142])[145])[21])[17]): 3346–48. — Untersuchung der Thermo-EMK und der thermomagnetischen Effekte in Legierungen des Systems $CdSnAs_2$-2InAs[106])[31]): 5 ('63) 147–50. — Nichtlinearer Photoeffekt in Galliumarsenid-p-n-Übergängen[54])[151]): 1138–42. — Elektrischer Durchschlag in Galliumarsenid-p-n-Übergängen[17]): 1181–83. — Zur Temperaturabhängigkeit der mittleren Ladungsträgerlebensdauer in InAs[111])[159]): 2317–23. — Photomagnetischer Effekt in InSb bei niedrigen Temperaturen[134]): 3031–33. — p-n-Übergänge auf der Grundlage von p-InSb[39])[190]): 3048–50. — Photoelektrische Eigenschaften von Galliumarsenid[189])[159]): 3259–63. — Negative magnetische Widerstandsänderung in n-Indiumarsenid bei niedrigen Temperaturen[192])[93]): 3329–31. — Langwellige Kante des Photoeffekts und Rekombinationsstrahlung in p-n-Übergängen von GaAs[54])[82])[151]): 3617–20. — Elektrische Eigenschaften von p-$ZnSnAs_2$-Kristallen[49])[72])[144]): 6 ('64) 113–15. — Der Nernst-Ettingshausen-Effekt in InP[72])[73])[104])[181]): 134–40. — Bestimmung der mittleren Ladungsträgerlebensdauer in der Raumladungsschicht von GaAs-p-n-Übergängen[63])[17]): 776–79. — Das Störstellenband in n-InP-Kristallen[72])[73])[93]): 958–60. — Photoelektrische Eigenschaften von n-InAs bei niedrigen Temperaturen[111])[134]): 1550–52. — Elektrische und photoelektrische Eigenschaften von n-GaP[70])[159]): 1781–85. — Abhängigkeit der Quantenausbeute von der Photonenenergie in InSb-p–n-Übergängen[62]): 2094–99. — Thermo-EMK und transversaler Nernst-Ettingshausen-Effekt an p-$ZnSnAs_2$-Kristallen[72])[144]): 2187–90. — Photomagnetischer Effekt und Photoleitfähigkeit an n-GaAs[189]): 2196f. — Elektrische Eigenschaften von p–n-Tunnelübergängen in Galliumarsenid[59])[110])[140])[17]): 2281–88. — Untersuchung des Elektronenstreumechanismus in reinen und dotierten InSb-Kristallen[39])[38]): 2683–88. — Lebensdauer von Nichtgleichgewichts-Ladungsträgern in dotierten n-InSb-Kristallen[13])[39]): 2850f. — Mechanismus der Ladungsträgerstreuung in p-InSb bei 8 °K [134])[160]): 3351–56. — Elektronenbeweglichkeit in InSb mit gemischtem Streuungsmechanismus[39])[38]): 3471–73. — Oszillationen der Eigenphotoleitfähigkeit und des photomagnetischen Effekts in n-InSb[134])[160]): 3728–30. — Spektralcharakteristiken von Galliumarsenid-Photozellen[54])[151]): 7 ('65) 81–87. — Rekombinationsstrahlung von p–n-Tunnelübergängen in GaAs[59])[82])[110])[140])[17]): 634–36. — Elektrolumineszenzspektren von stark entartetem Galliumarsenid[59])[82])[110])[140])[17]): 775–80. — Verschiebung der Spektralphotoempfindlichkeit der p n Übergänge in InSb im elektrischen Feld[111])[159]): 1272f. — Elektrische und photoelektrische Eigenschaften von $ZnSiP_2$[49])[72])[118])[144])[159]): 1312–14. — Bildung und Eigenschaften des Störstellenbands in n-GaAs [31])[93])[173]): 1315–23. — p-n-Übergang in einem stark entarteten Halbleiter bei ultrahohen Stromdichten[59])[82])[17]): 1480–85. — Kupfereinfluß auf die elektrischen Eigenschaften von Galliumarsenid[31])[73]): 1595–97. — Temperaturabhängigkeit der effektiven Elektronenmasse in Indiumantimonid[39])[38]): 1904–06. — Lebensdauer von Nichtgleichgewichts-Ladungsträgern und Rauschen in p-InSb[13])[186])[39]): 1908–10. — Elektrische Eigenschaften von mit Tellur dotiertem Galliumphosphid[118])[159]): 1912–15. — Über die Rolle der Einfangniveaus bei der Photoleitfähigkeit von GaAs[189]): 2542f. — Beimengungseinfluß auf die Rekombinationsstrahlungsspektren in GaAs[59])[74])[82])[110])[17]): 3115–18. — Oszillierende Photoleitung in GaP [118])[139])[159]): 3671–73. — Einfluß eines tiefen Akzeptor-Niveaus auf die elektrischen Eigenschaften von p-InSb[13])[39]): 3685–88. — Hall-Effekt in stark dotierten n-Indiumantimonid-Kristallen bei gemischtem Störstreuungsmechanismus[39])[38]): 8 ('66) 244–47. — Spektrale Photoempfindlichkeit von n-InSb[81])[156])[159]): 475–77. — Spektralcharakteristiken von GaAs-p–n-Übergängen im nahen Ultraviolett[54])[103])[151]): 712–16. — Temperaturabhängigkeit der Ladungsträgerlebensdauer in n-GaAs[76]: 1097–104. — Einfluß von Strukturdefekten auf die elektrischen Eigenschaften von p-InSb bei tiefen Temperaturen[134]: 1110–14. — Magneto-optische Untersuchung des Leitungsbandes von InSb[72,104,181,38]: 1176–81. — Photoempfindlichkeitsspektren von InAs-p-n-Übergängen im Photonen-Energiebereich 0,9–5 eV[54,103,111]: 2044–47. — Diffusion von Cadmium in Indiumarsenid[192,94]: 2074–76. — Kinetik der strahlenden Rekombination der Nichtgleichgewichts-Ladungsträger in GaAs-p-n-Übergängen[59,82,17]: 2098–103. — Abhängigkeit der Elektrolumineszenzparameter von GaAs-Lasern vom Winkel zwischen der Ebene des p-n-Übergangs und den Resonatorspiegeln[47,17]: 2251–53. — Einige elektrische und photoelektrische Eigenschaften von mit Kupfer dotiertem InP[81,73,159]: 2415–19. — Vergleichende Untersuchung der Rekombinationsstrahlung von GaAs-p-n-Übergängen mit und ohne Fabry-Perot-Resonator[24,74,110,17]: 2462–65. — Einige Eigenschaften von GaAs-Lasern mit epitaktischem p-n-Übergang bei Zimmertemperatur[74,97,122,169,17]: 2789–91. — Eigenphotoleitfähigkeit und photomagnetischer Effekt in p-InSb bei Elektronenerhitzung[134,160,67]: 2853–58. — Änderungen der Strom-Spannungs-Kennlinien von GaAs-Lasern beim Übergang vom Verstärkungs- zum Erzeugungsbereich[46,17]: 3282–87. — Photoelektrischer Sonnenenergieumwandler aus InP[39,88]: 3402f. — Negativer Magnetowiderstand in n-Galliumarsenid mit Kupferdotierung[31,73,93]: **9** ('67) 933f. — Untersuchung der Elektrolumineszenz der p-n-Übergänge in Indiumarsenid[33,192]: 1324–28. — Paramagnetische Eigenschaften von mit Eisen dotiertem Indiumantimonid[58,160,35]: **11** ('69) 3282–86. — Berechnung der kinetischen Koeffizienten für die Streuung von Ladungsträgern durch ionisierte Beimengungen[14,38]: **12** ('70) 789–92. — Der Mössbauer-Effekt in mit Eisen dotiertem Indiumantimonid[58,160,172,66]: 2730–32. — Magnetische Hyperfeinstruktur der Mössbauer-Spektren an ^{57}Fe-Kernen in InSb, GaSb und Ge[58,113,160,172,66]: **13** ('71) 1407–13. — Indikation tiefer Niveaus in Halbleitern[64,81,4,159]: **15** ('73) 284–86. — Einfluß von Co-Beimengungen auf die galvanomagnetischen Eigenschaften von InSb[185,160,175]: 295–97. — Elektronenerhitzung durch Licht in n-InAs[111,159,20]: 390–94. — Elektronenerhitzung in Galliumarsenid und Indiumphosphid bei niedrigen Temperaturen[31,117]: 1712–17. — Elektronenspinresonanz einiger Verbindungen von Elementen der Eisen-Übergangsgruppe mit Elementen der V_B-Gruppe[60,76,108,173]: 2569–74. — Mössbauer-Untersuchung von Strukturumwandlungen in einigen Eisenverbindungen mit Elementen der V_B-Gruppe[60,76,108,66]: 3086–88. — Effektive Elektronenmasse in mit verschiedenen Beimengungen dotierten InSb-Kristallen[91,130,138,38]: **16** ('74) 92–97. — Mössbauer-Untersuchung von magnetischen Umwandlungen in mit Fe dotiertem Galliumarsenid[60,76,108,173]: 589–91. — Magnetische Wechselwirkung von Eisenatomen im Galliumarsenidgitter[60,76,108,173]: 1044–50. — Mössbauer-Untersuchung der magnetischen Umwandlung in GaAs : Fe[60,108,66]: 2068–70. — Superparamagnetismus von mit Eisen dotiertem Galliumarsenid[60,108]: 3485–87. — — Alle Arbeiten russ.

Izvest. Akad. Nauk Azerbajdžansk. SSR, Ser. fiziko-techn. i mat. Nauk Über die Möglichkeit der Untersuchung von Streuprozessen heißer Elektronen mit Hilfe des oszillatorischen photomagnetischen Effekts[51,134,178]: **1969**, Nr. 6, 88–93 [russ.].

Izvest. Akad. Nauk Kazachsk. SSR, Ser. fiziko-mat. Einige Eigenschaften langer Dioden aus Indiumantimonid mit negativem Widerstandsbereich[39,190]: **1969**, Nr. 2, 18–21 [russ. m. kazach. Zusammenfassg.].

Izvest. Akad. Nauk Latvijsk. SSR, Ser. fizič. i techn. Nauk Galvanomagnetic and thermomagnetic properties of gallium arsenide after copper diffusion[31,73]: **1965**, Nr. 5, 47–56 [russ. m. engl. u. lett. Zusammenfassg.]. — Transport effect in p-type gallium arsenide[72,73,173]: **1966**, Nr. 4, 14–21 [~].

Izvest. Akad. Nauk Moldavsk. SSR, Ser. fiziko-techn. i mat. Nauk Magnetowiderstand epitaktischer n-GaAs-Filme[31,117,177]: **1972**, Nr. 1, 64–67 [russ.].

Izvest. Akad. Nauk SSSR, Ser. fizič. Electric conductivity of Se in the dark: **5** ('41) 470–74 [m. engl. Zusammenfassg.]. — Elektrische Eigenschaften einiger Verbindungen aus der dritten und fünften Gruppe des Periodensystems der Elemente[18]: **20** (56) 1494f. — Untersuchung der Übergangseffekte in Verbindungen des $A^{III}B^{V}$-Typs[16,31,192,72,73,93,153,173,150]: **28** ('64) 951–58. — Elektrische Eigenschaften von mit verschiedenen Beimengungen dotiertem Indiumantimonid[185,134,160]: 959–62. — Elektrische Eigenschaften dotierter n-InSb-Kristalle in einem breiten Temperatur- und Störstellenkonzentrationsbereich[39,38]: 963–68. — Untersuchung der physikalisch-chemischen und elektrischen Eigenschaften von Kristallen einiger ternärer Halbleiterverbindungen des Typs $A^{II}B^{IV}C_2^{V}$[184,44,49,72,126,144]: 1085–89. — Die Besonderheiten der Kristallisation von mit Eisen dotiertem Indiumantimonid[185,65,160,66]: **36** ('72) 537–40. — — Alle Arbeiten russ.

Izvest. Akad. Nauk Turkmensk. SSR Untersuchung einiger elektrischer Eigenschaften des Systems AlSb–InSb[2]: **1959**, Nr. 3, 3–9 [russ.].

Izvest. Akad. Nauk Turkmensk. SSR, Ser. fiziko-techn., chim. i geol. Nauk Einfluß von Kupferbeimengungen auf die elektrischen Eigenschaften von InSb[13,39]: **1965**, Nr. 4, 105–07 [russ.]. — Ladungsträgerbeweglichkeit in InAs[2])[16])[111])[159]): **1966**, Nr. 4, 11–15 [~]. – Lebensdauer der Nichtgleichgewichts-Ladungsträger in hochohmigen p-InSb-Kristallen[13])[39]): **1967**, Nr. 3, 25–34 [~].

Izvest. voennoj ėlektrotechn. Akad. RKKA Zur Theorie der Photoleitung: **19** ('39) 3–10 [russ.].

Izvest. vysšich učebn. Zavedenij, Tomsk, Fizika Die Gleichrichterwirkung des Systems Se–Dielektrikum–Au[164]): **1961**, Nr. 1, 104–09 [russ.]. – Verteilung des Potentials in Selengleichrichterelementen zwischen den Elektroden[10])[45])[26])[147])[164]): **1963**, Nr. 1, 78–84 [~].

J. appl. Physics Energy of spectrum and scattering of current carriers in gallium arsenide: **32** ('61) 2140–45.

J. Chim. physique et Physico-Chim. biol. Propriétés électriques de certains composés $A^{III}B^{V}$: **57** ('60) 479–85.

J. physic. Soc. Japan On the mechanism of recombination radiation of p–n junctions in GaAs[17]): **21** ('66) Suppl. 302–06.

J. sci. Instruments On a method of applying electric fields for short intervals of time[119])[141]): **10** ('33) 288–91.

Nature [London] Behaviour of electrons and "holes" in cuprous oxide[195])[119]): **132** ('33) 239f.

Naturwissenschaften Existenz eines inneren Photoeffekts im Kupferoxydul[119]): **21** ('33) 205.

Physica Status solidi [Berlin] Zur Beweglichkeit der Stromträger in Indiumantimonidkristallen[39])[38]): 8 ('65) 671–80 [m. russ. Zusammenfassg.]. – Dependence of the thermal E.M.F. on the hole concentration in gallium arsenide crystals[31])[72])[153])[173]): K155–K158. – Electrical properties of p-type $ZnSnAs_2$ crystals at low temperatures[72])[144]): K159–K162. – Zum Streumechanismus von Stromträgern in Tellur-dotiertem Galliumphosphid[118])[139])[159]): **10** ('65) 37–43 [m. engl. Zusammenfassg.]. – Spectral response of the photoeffects in InAs[111])[159]): **11** ('65) 529–34 [m. deutscher Zusammenfassg.]. – Phonon drag in p-GaAs[31])[73])[153]): **12** ('65) K89–K91. – Effective mass of electrons in n-GaAs[31])[153])[157])[173]): K93–K95. – Effective mass of holes in GaAs[72])[104])[181]): **13** ('66) K119–K121. – On the second conduction band in indium antimonide[38])[115])[153])[31]): **14** ('66) K195–K199. – Hall effect and magnetoresistance of n-InP crystals at low temperatures[3])[72])[93]): **17** ('66) 105–08 [m. russ. Zusammenfassg.]. – Effective mass of holes in InSb[38])[87])[181]): K113f. – Effective mass of electrons in $(InSb)_x(InTe)_{1-x}$ crystals[115])[139])[153]): 18 ('66) 677–82 [m. russ. Zusammenfassg.]. – The effect of a magnetic field upon illuminated InAs p–n junctions[111])[159]): **19** ('67) 429–34 [m. deutscher Zusammenfassg.]. – On the mixed mechanism of electron scattering in InSb crystals[38]): 435–39 [~]. – Semiconducting $A^{II}B^{IV}C_2^{V}$ compounds[15])[49])[72]): **21** ('67) 9–55. – Photoconductivity oscillations in InP[81])[159]): **23** ('67) 755–60 [m. deutscher Zusammenfassg.]. – Negative magnetoresistance in p-CdSb[6])[9])[31]): **27** ('68) 45–49 [m. deutscher Zusammenfassg.]. – Magnetic field influence on the low-frequency oscillations of Gunn diodes[47])[96]): **29** ('68) K103–K105. – On the spectra of impurity photoconductivity of n- and p-type indium antimonide at low temperatures[61])[160]): **31** ('69) 499–505 [m. russ. Zusammenfassg.]. – Conductivity effective mass of holes in InSb[14])[38])[138]): **32** ('69) K135–K137. – Hall effect in slightly doped n-type GaAs at low temperatures[31])[183]): K175–K177. – Magnetic field influence on the Gunn effect[96])[171]): **33** ('69) 897–903 [m. russ. Zusammenfassg.]. – Franz-Keldysh effect on indirect transitions in GaP[42])[159]): **35** ('69) 139–44 [~]. – Donor levels in n-InSb and their ionization in electric field[61])[160])[35]): **36** ('69) 747–54 [m. deutscher Zusammenfassg.].

Physica Status solidi [Berlin], B Optical effective mass of holes in p-type $A^{III}B^{V}$ compounds[38])[138]): **62** ('74) 351–59. – The effective mass of holes in p-type $A^{III}B^{V}$ compounds[38])[91])[130])[138]): **66** ('74) 417–25.

Physica Status solidi [Berlin], A Magnetic field influence on the Gunn effect, 2 [96])[102])[171]): **1** ('70) 177–87 [m. russ. Zusammenfassg.]. – On the distribution of Fe and Co in InSb and GaSb at zone melting[185])[76])[113])[160])[66]): **9** ('72) K113–K117. – Semiconducting $A^{II}B^{V}$ compounds[152]): **15** ('73) 9–38. – Heavily doped crystals of n-type indium antimonide[38]): **27** ('75) 11–26.

Physics Letters, A Double injection and oscillations of the current–voltage dependence of an alloyed GaP p–n junction[107])[159]): **24** ('67) 497f. – On Mössbauer effect in $A^{III}B^{V}$ crystals doped by ^{57}Co diffusion[160])[185])[66]): **40** ('72) 224–26.

Physikalische Z. Sowjetunion Untersuchung von festen Gleichrichtern im Hochspannungsgebiet[119]): **2** ('32) 128–45. – Der photoelektrische Effekt in der Sperrschicht bei ultravioletter Bestrahlung[119]): **3** ('33) 29–34. – Über die Photo- und Dunkelleitfähigkeit des Kupferoxyduls[119]): **7** ('35) 513–31.

Pribory i Techn. Ėksperimenta Ermittlung von p–n-Übergängen in Galliumarsenid mit Hilfe des Infrarotmikroskops MIK-1 [54])[82])[151])[173]): **9** ('64) 184–86. – Ohmsche Kontakte Galliumarsenid–Metall[97])[110])[151])[17]): **10** ('65) Nr. 4, 14–22. – Dünne Mehrschichtkontakte Galliumarsenid–Metall[47])[17]): **11** ('66) 180–84. – Der Ohmsche Kontakt Galliumarsenid–Indium[47])[17]): 189–93. – Wärmebeständige Hall-Generatoren[111])[166]): 214f. – Eine Methode der Herstellung von Oberflächen-Sperrschichtstrukturen durch chemische Fällung von Metallen auf die Oberfläche von Halbleitern[47)17)]: **16** ('71) 207–09. — — Alle Arbeiten russ.

Radiotechnika i Ėlektronika Elektrochemische Methode zur Verbesserung der Qualität des p–n-Übergangs in einer Selengleichrichterzelle[12)45)174)]: **1** ('56) 1121–26. — Elektrische Eigenschaften von Gleichrichtern auf der Basis von TiO_2 [77)]: **4** ('59) 1033–37. —Photoelektrischer Sonnenenergie-Umformer aus GaAs[54)151)17)]: **7** ('62) 2095f. —Die Strom–Spannungs-Kennlinien dotierter p–n-Übergänge in InSb[39)146)]: **8** ('63) 1187–92. — p–n-Übergänge in InAs [33)192)]: 1602–06. —Die induktiven Eigenschaften von Dioden auf der Grundlage von InSb [39)146)]: **9** ('64) 556f. — Die Strom–Spannungs-Kennlinien von p–n-Übergängen auf der Basis von p-InSb [39)190)]: 1416–19. — Die Untersuchung der p–n-Übergänge in Galliumarsenid bezüglich der Abhängigkeit der differentiellen Kapazität von der Spannung[16)110)17)]: **10** ('65) 468–75. — Dioden auf der Grundlage von p-InSb mit einem negativen Widerstandsbereich[39)190)]: 569f. — Elektrische Eigenschaften von Diffusions-p–n-Übergängen in Galliumarsenid: Die Strom–Spannungs-Kennlinie in Durchlaßrichtung[63)17)]: 703–14; ~: Die Strom–Spannungs-Kennlinie in Sperrrichtung[63)17)]: 715–19. — Die Strom–Spannungs-Kennlinien von legierten p–n-Übergängen in InAs[162)159)]: 1707–09. —Ein Elektronen–Photonen-Transistor aus Galliumarsenid[74)110)179)17)]: **11** ('66) 1645–50. — Die Strom–Spannungs-Kennlinie in Durchlaßrichtung bei p–n-Übergängen auf der Basis von p-Indiumantimonid[39)190)]: 2039–43. — Untersuchung der Abhängigkeit der Kapazität dotierter InAs-Dioden von der Sperrspannung[162)159)]: **12** ('67) 754–56. — Diffusions-p–n-Übergänge auf der Basis von p-Indiumarsenid[33)192)]: 1031–35. — — Alle Arbeiten russ.

Technical Physics USSR Influence of mechanical deformation on the properties of copper oxide rectifiers[29)]: **3** ('36) 268–78.

Uč. Zap., Kišinevsk. gos. Univ. Komplexe Untersuchung des Mechanismus der Gleichgewichtsleitfähigkeit in Galliumarsenid[31)]: **55** ('60) 3–10 [russ.].

Usp. fizič. Nauk Georgij Abramovič Grinberg – zum 70. Geburtstag[8)193)95)100)101)180)182)]: **101** ('70) 353f. [russ.].

Vestn. Akad. Nauk SSSR Kolloquium über Halbleiter und Phosphore, Garmisch-Partenkirchen 1956: **1956**, Nr. 12, 92f. — Arbeiten zur Physik und Technik von Halbleitern in der DDR: **1957**, Nr. 6, 73–75. — Halbleiter in Wissenschaft und Technik: **1961**, Nr. 11, 85–87. — Neue Halbleiterverbindungen: **1962**, Nr. 3, 87–89. — Untersuchungen von Halbleiterverbindungen (Konferenz in Kišinev): **1964**, Nr. 1, 100–02. — Symposium über Halbleiter in Warschau: **1965**, Nr. 2, 87f. — Halbleiterlichtquellen: **1968**, Nr. 4, 37–42. — Probleme der Halbleiterphysik (Konferenz in Moskau): Nr. 11, 105–07. — — Alle Arbeiten russ.

Z. Physik Über den inneren Photoeffekt im Kupferoxydul[119)]: **81** ('33) 584–604.

Ž. èksper. i teoret. Fiziki Impurity stationary photomagnetic effect[1)51)134)67)]: **57** ('69) 1118–23 [russ. m. engl. Zusammenfassg.].

Ž. èksper. i teoret. Fiziki, Pis'ma v Redakciju Kontinuierliche kohärente Strahlung epitaktischer GaAs-Dioden bei einer Temperatur von 77 °K [74)97)122)125)169)170)17)]: **4** ('66) 208–10 [russ.]. — Photomagnetischer Effekt in n-InSb im Falle der Erhitzung von Elektronen[98)134)67)]: **6** ('67) 845–49 [~]. — Über die Abhängigkeit der Quantenausbeute des Photoeffekts in InSb von der Energie der Photonen[62)]: **12** ('70) 345f. [~].

Ž. fizič. Chim. Die Darstellung eines Titandioxid-Halbleiters auf Titan bei kleinen Sauerstoffdrücken[26)174)]: **34** ('60) 809–14 [russ. m. engl. Zusammenfassg.].

Ž. techn. Fiziki Einfluß von Antimon- und Tellurbeimengungen auf die elektrischen Eigenschaften von Selen[83)]: **13** ('43) 627–36. — Verhalten von Selengleichrichtern bei niedrigen Spannungen[105)]: 637–40. — Photoleitfähigkeit des Selens bei Einwirkung von Röntgenstrahlen[37)]: 645–53. — Untersuchung der Diffusion von Quecksilber in Selen[105)]: **15** ('45) 42–56. — Thermische Verzögerung der elektrischen Leitfähigkeit von Halbleitern[89)]: 57–62. — Einfluß des Quecksilbers auf die elektrischen Eigenschaften des Selens[105)]: 193–99. — Spannungsabhängigkeit des Widerstands von Selengleichrichtern für den Strom in Sperrichtung: 200–05. — Temperaturabhängigkeit des Widerstands von Selengleichrichtern für den Strom in Sperrichtung: 206–11. — Elektrische Leitfähigkeit von amorphem Selen[105)]: **16** ('46) 1127–34. — Polarisationserscheinungen in amorphem Selen[105)]: 1135–40. —Kristallisation des Selens unter Druck[84)]: **24** ('54) 2124–35. — Röntgenographische Untersuchung von durch Aufdampfen im Vakuum erhaltenen Selenfilmen[26)25)]: **25** ('55) 29–38. — Elektrische Eigenschaften von InSb[18)]: **26** ('56) 6–14. — Elektrische Eigenschaften von InAs[18)]: 251–54. — Elektronographische Untersuchung der elektrodennahen Schicht von Selengleichrichtern mit Cadmiumelektrode[26)]: 284–92. — Untersuchung der gleichrichtenden Eigenschaften von p–n-Übergängen: Selen–Zinnsulfide oder -selenide[50)]: 707–15. — Über die Struktur der oberen elektrodennahen Schicht des Selenhalbleiters[26)]: **27** ('57) 90–94. — Die Darstellung von hochreinem Indiumantimonid durch das Zonenschmelzverfahren[185)39)]: 1976–84. — Über die Diffusion von Quecksilber in Selen[86)]: **28** ('58) 259–61. — Einfluß des Jods auf die elektrischen und photoelektrischen Eigenschaften des Selens[163)]:

704–14. – Untersuchung der elektrischen und thermoelektrischen Eigenschaften von AlSb[159]): 715–24. – Ätzmittel für Galliumarsenid[129]) [17]): 779–81. – Elektrische Eigenschaften von GaAs bei niedrigen Temperaturen[31]): 1177–87. – n-GaAs-Hall-Generatoren[192])[166]): **35** ('65) 1672–74. – – Alle Arbeiten russ.

Mit: 1) V. N. Abakumov; 2) Ja. Agaev; 3) S. A. Aliev; 4) V. I. Aljušina; 5) O. A. Allaberenov; 6) I. K. Andronik; 7) A. I. Andruško; 8) A. I. Ansel'm; 9) Ė. K. Arušanov; 10) A. V. Bakaev; 11) A. A. Belanova; 12) L. Ju. Belenkova; 13) A. D. Berkeliev; 14) L. P. Bol'šakov; 15) A. S. Borščevskij; 16) Ju. M. Burdukov; 17) B. V. Carenkov; 18) A. Ju. Chalilov; 19) Ch. A. Chalilov; 20) M. Chamrokulov; 21) V. E. Charziev; 22) B. A. Cholev; 23) Z. I. Čugueva; 24) T. N. Danilova; 25) I. M. Dikina; 26) V. A. Dorin; 27) A. G. Dmitriev; 28) M. V. Dmitriev; 29) Ju. A. Dunaev; 30) V. F. Dvorjankin; 31) O. V. Emel'janenko; 32) V. K. Ergakov; 33) N. P. Esina; 34) F. E. Faradžev; 35) V. R. Feliciant; 36) I. A. Feltin'š; 37) N. Feoktistov; 38) A. S. Filipčenko; 39) V. V. Galavanov; 40) G. Garjagdyev; 41) Š. M. Gasanli; 42) O. Gasakov; 43) V. V. Gavruško; 44) F. M. Gažimzade; 45) I. Ch. Geller; 46) B. I. Gladkij; 47) Ju. A. Gol'dberg; 48) A. T. Gorelenok; 49) N. A. Gorjunova; 50) V. R. Grimm; 51) Ė. K. Gusejnov; 52) M. I. Guseva; 53) V. M. Guslikov; 54) A. A. Gutkin; 55) V. Ju. Ibragimov; 56) R. S. Ignatkina; 57) M. N. Ikizli; 58) G. V. Il'menkov; 59) A. N. Imenkov; 60) V. V. Isaev-Ivanov; 61) I. M. Ismailov; 62) V. N. Ivachno; 63) E. A. Ivanova; 64) A. I. Ivaščenko; 65) V. S. Ivleva; 66) V. K. Jarmarkin; 67) I. N. Jassievič; 68) I. M. Jašukova; 69) M. B. Kagan; 70) G. A. Kalužnaja; 71) I. A. Kartuzova; 72) F. P. Kesamanly; 73) Ė. Ė. Klotyn'š; 74) L. M. Kogan; 75) V. A. Kokoškin; 76) N. M. Kolčanova; 77) T. I. Komolova; 78) V. G. Korotin; 79) B. P. Kotrybenko; 80) A. V. Koval'; 81) G. G. Kovalevskaja; 82) M. M. Kozlov; 83) I. L. Kozlovskij; 84) P. T. Kozyrev; 85) S. N. Krivonogov; 86) A. A. Kuliev; 87) G. G. Kulikov; 88) R. M. Kunduchov; 89) V. Kurašov; 90) B. I. Kuznecov; 91) I. G. Lang; 92) V. N. Lange; 93) T. S. Lagunova; 94) A. A. Lebedev; 95) N. N. Lebedev; 96) M. E. Levinštejn; 97) L. D. Libov; 98) R. I. Ljaguščenko; 99) Čži-Čao Ljan'; 100) L. G. Lojcjanskij; 101) A. I. Lur'e; 102) T. V. Lvova; 103) Ė. M. Magerramov; 104) Ju. V. Mal'cev; 105) E. K. Malyšev; 106) S. Mamaev; 107) R. F. Mamedova; 108) V. F. Masterov; 109) S. S. Metreveli; 110) S. S. Meskin; 111) M. P. Michajlova; 112) M. A. Mirdžalilova; 113) I. F. Mironov; 114) O. V. Mironova; 115) I. P. Molodjan; 116) A. Ja. Našel'skij; 117) D. D. Nedeoglo; 118) V. V. Negreskul; 119) L. M. Nemenov; 120) N. G. Neronova; 121) L. D. Neujmina; 122) T. F. Nikitina; 123) L. A. Nikolaeva; 124) E. I. Nikulin; 125) I. N. Oraevskij; 126) E. O. Osmanov; 127) Z. Š. Ovsjuk; 128) A. V. Paškovskij; 129) A. Ja. Patrakova; 130) S. T. Pavlov; 131) A. V. Pencov; 132) R. V. Petrov; 133) M. N. Pivovarov; 134) Ju. G. Popov; 135) M. P. Pronina; 136) Ju. V. Protasov; 137) S. L. Pyškin; 138) L. N. Radajkina; 139) S. I. Radaucan; 140) V. N. Ravič; 141) N. M. Rejnov; 142) A. A. Rogačev; 143) A. P. Rumjancev; 144) Ju. V. Rud'; 145) S. M. Ryvkin; 146) M. A. Rzaev; 147) P. M. Sacharov; 148) Z. A. Saimkulov; 149) T. A. Šapošnikova; 150) V. E. Ščerbatov; 151) V. E. Sedov; 152) V. Ja. Ševčenko; 153) V. G. Sidorov; 154) –; 155) M. A. Sipovskaja; 156) N. V. Siukaev; 157) V. A. Skripkin; 158) M. Šlajfštajn; 159) S. V. Slobodčikov; 160) Ju. S. Smetannikova; 161) V. A. Smirnov; 162) N. N. Smirnova; 163) B. V. Sokolov; 164) R. A. Solov'ev; 165) L. I. Solov'eva; 166) O. M. Sreseli; 167) S. P. Starosel'ceva; 168) Ė. E. Strachilevič; 169) G. M. Strachovskij; 170) O. A. Sungurova; 171) M. S. Šur; 172) V. A. Šustrov; 173) G. N. Talalakin; 174) F. M. Tartakovskaja; 175) T. K. Tašchodžaev; 176) A. A. Telegin; 177) I. N. Timčenko; 178) S. I. Truš; 179) V. E. Trušina; 180) V. M. Tučkevič; 181) Ju. I. Uchanov; 182) Ja. S. Ufljand; 183) N. A. Urmanov; 184) A. A. Vajpolin; 185) K. I. Vinogradova; 186) A. S. Volkov; 187) N. I. Volokobinskaja; 188) T. I. Voronina; 189) N. M. Voronkova; 190) U. Zijachanov; 191) V. F. Zolotarev; 192) N. V. Zotova; 193) S. N. Žurkov; 194) M. Ju. Putilovskaja; 195) A. F. Ioffe; 196) R. I. Ibragimov; 197) N. Mirzamachmudov.

VI **NASSAU,** Jason John. Astron. – 1921–24 Assist. Prof., '24–29 Assoc. Prof., '24–59 Dir. of Warner and Swasey Observat., '29–59 Prof., '30–59 Head of the Departm. of Astron., '36–40 Chairman of Graduate Divis., '42–45 Acting Head of the Departm. of Physics, '61 Prof. Emer., Case Inst. of Technol. (the former Case School of Appl. Sci.), Cleveland, O.; '22 Founder, '22–65(?) Pres., Cleveland Astron. Soc.; '44–46 Vice-Pres., Amer. Assoc. of Univ. Professors; '44–46 Vice-Pres., '46–54 Treasurer, Amer. Astron. Assoc.; '45 Vice-Pres., Amer. Assoc. for the Advancem. of Sci.; '48–56 Chairman, U. S. Nation. Committee of the Int. Astron. Union. – '40 Hon.D.Sc. (Syracuse Univ., Syracuse, N. Y.); '56 Hon.LL.D. (Lake Erie College, Painesville, O.). – '56 Distinguished Citizenship Award (Denison Univ., Granville, O.); '59 Achievement Award (Case Inst. of Technol., Cleveland, O.).

*1893, März 29, Smyrna;

†1965, Mai 11, Cleveland, O.

Ehrung Nassau Astronomical Station of the Case Institute of Technology (vgl. Case Alumnus **1957**, Sept.-Nr.).

Zum 70. Geb.tag C. Weiner, Arcs and Sparks **9** ('63) 17–21 (m. Bildn., Schr.verz.-Auszug 47 Nrn.).

Nekr. V. M. Blanco, Quarterly J. roy. astron. Soc. **7** ('56) 79–81. – D. A. MacRae, Sky and Telescope **30** ('65) 7f. – Physics today **18** ('65) Nr. 8, 82. – Populär astron. Tidskr. **46** ('65) 160. – Publ. astron. Soc. Pacific **77** ('65) 309–.

S. Vistas in astronomy (A. Beer) **2** (London–New York '56) (J. atmospher. and terrestr. Physics, Spec. Suppl. 4) 1361–68: Objective-prism spectra of relatively cool stars in the near infrared.

W. A textbook of practical astronomy; primarily for engineering students (New York–London '32) 10+226 S.; 2. Aufl. u.d.T.: Practical astronomy [2]('48) 12+311 S. – Elusive eclipses (The Worcester R. Warner memorial lecture) (Cleveland, O. '33) 15 S. – Luminous stars in the northern Milky Way **2** (m. J. Stock, C. B. Stephenson) (Hamburg-Bergedorf–Cleveland, O. '60) 30 S.; **2a**: Identification charts (m. C. B. Stephenson) ('62) 32 S.; **4** (m. C. B. Stephenson) ('63) 27 S.; **4a**: Identification charts (m. C. B. Stephenson) ('63) 62 S.

American math. Monthly A navigation computer[27]): **54** ('47) 453–58.

Astronomical J. Determination of the time of first contact of eclipse[9]): **43** ('33). – The zero point of the period–luminosity relation: **44** ('34) 33–35. – On the Ursa Major group: **45** ('35/36) 25–29. – Light elements and orbit of AR Aurigae: zwischen S. 137 u. 140. – Three variables in Auriga: **47** ('38) 117. – Light elements and orbit of BO Vulpeculae: **48** ('39) 89. – Cepheid variable GH Cygni[25]): **49** ('40/42) 146f. – SV Vulpeculae[25]): **50** ('42/44) 66f. – S Vulpeculae[25]): 97–99, 144. – X Vulpeculae[25]): 99f. – Spectra of BD stars within 5° of the North Pole[16]): **52** ('46) 47. – Infrared spectra of M-type stars in the Milky Way[1]): **53** ('48) 115. – A study of M-type stars in Cygnus[1]): **54** ('48/49) 46. – A study of the galactic structure in a clear region in Cygnus[14]): 134. – A survey for stars of high luminosity in the galaxy[15]): 192. – Current studies at Case Institute of Technology of the galactic structure: **55** ('50) 67f. – OB stars in the P Cygni region[8]): **57** ('52) 21. – Surface distribution of late M stars in the Milky Way[2])[15]): 21. – Objective-prism surveys of stars of high luminosity[19]): **64** ('59) 132f. – Some remarks relating to the classification of spectra from objective-prism plates which include the ultraviolet region[18]): **65** ('60) 55.

Astrophysical J. The Ursa Major group[9]): **80** ('34) 282–300. – A study of the globular cluster Messier 92: **87** ('38) 361–66. – Magnitudes and colors in the globular cluster Messier 12 and selected area 108 [10]): **96** ('42) 37–54. – Star counts in the Andromeda nebula[16]): **101** ('45) 179–86. – The Burrell telescope of the Warner and Swasey Observatory: 275–79. – Nebulous objects in the Andromeda nebula[16]): **102** ('45) 377–81. – Red magnitudes of the North Polar sequence stars[4]): **103** ('46) 25–34. – Spectra of BD stars within five degrees of the North Pole[16]): 117–33. – Luminosity characteristics of low-dispersion spectra of stars of types M0–M4 [11]): **104** ('46) 458f. – Luminosity criteria from objective-prism spectra for stars from F0 to K5 [1]): **106** ('47) 20–27. – A faint S-type star in the clear region in Cygnus[1]): **107** ('48) 418. – A new band in the infrared spectra of S-type stars[1]): 418f. – New bands in the photographic infrared spectra of long-period variables[1])[11]): **109** ('49) 333–36. – A study of M-type stars in Cygnus[1]): 391–413. – A study of the galactic structure in a clear region in Cygnus[14]): **110** ('49) 40–58. – Stellar spectra and colors in a clear region in Cygnus[14]): 478–97. – Note on the spectral classification of carbon stars in the infrared[7]): **111** ('50) 199–201. – A finding list of O and B stars of high luminosity[15]): **113** ('51) 141–49. – OB stars in the P Cygni region[8]): **115** ('52) 459–74. – A finding list of F stars of high luminosity[15]): 475–78. – Objective-prism spectra of long-period variables in the near infrared[5]): **119** ('54) 175–80. – Bright late M-type stars near the galactic equator[2]): **120** ('54) 118–28. – Carbon stars at the galactic equator in a zone 4° wide[2]): 129–38. – A study of the distribution of relatively cool stars in the Milky Way[2]): 464–77. – Reddened early M- and S-type stars near the galactic equator[2])[15]): 478–83. – Spectral and luminosity classification of the bright sequence stars in the C regions[14]): **121** ('55) 32–37. – M-type stars in NGC 7419 [2])[19])[23]): 637–42. – Classification of late M-type stars from low-dispersion spectra in the near infrared[5]): **122** ('55) 177–81. – Spectral classification of red variables along the galactic equator[5]): **124** ('56) 346–66. – The distribution of late M-type stars along the galactic equator[2])[5]): 522–29. – Carbon stars in two northern Milky Way zones[2]): **125** ('57) 195–208. – Reddened early M- and S-type stars in two galactic zones[2]): 408–13. – M-type stars and red variables in the galactic center[2]): **128** ('58) 46–56. – Peculiar and metallic-line A-type stars in a galactic zone[17]): **129** ('59) 88–92. – Classification of spectra from objective-prism plates which include the ultraviolet region[18]): **132** ('60) 130–35. – Spectral classifications for new or unclassified emission-line, carbon and S, long-period variable, and double stars[18]): **133** ('61) 920–23. – Classification of composite spectra[18]): **134** ('61) 222–25. – Objective-prism spectra in the near infrared[22]): **139** ('64) 190f. – Spectral classification for new or unclassified late-type variables, emission-line stars, S-stars, and planetary nebulae[18])[6]): 864–68.

Bull., Astron. Observat. Harvard College Observations of stars in field nine of the International Cepheid List[21]): **890** ('32) 9–12.

Case Alumnus Trip to New England to see total eclipse: **1932**. – Suns that shine with changing vigor: **1932**, Mai-Nr. – The eclipse we did not see: Okt.-Nr. – Stellar traffic: **1934**, Dez.-Nr. – A friend to Case, to science, to mankind. A tribute to Dr. Dayton C. Miller: **1936**, Mai/Juni-Nr., 41–48. – They looked upward: **1940**, Mai-Nr. – Copernicus, the astronomer: **1943**, Mai-Nr. – Opens new fields of research: Largest piece of optical glass to be manufactured in America is cast for Observatory's objective prism: **1944**, März-Nr. – Case and astronomical research: **1945**. – Astronomy at Case, past and present: **1957**, Nov.-Nr.

Colloques int. Centre nation. Rech. sci. Principes fondamentaux de classification stellaire: Spectres des étoiles relativement froides et distribution de ces étoiles dans la voie lactée: **55** ('55) 39–45.

Educational Focus Objective prism of the Warner and Swasey Observatory: **1945**, Herbst-Nr.

Griffith Observer Objective-prism spectra of the Warner and Swasey Observatory: **9** ('45) Nov.-Nr.

J. appl. Physics [USA] Ambrose Swasey, builder of machines, telescopes and men: **8** ('37) 595–601.

Mathematics News Letter The expanding universe: **8** ('33) Nr. 3.

Mitt. astron. Ges., Hamburg Spectral surveys with Schmidt-type telescopes: **1955** ('56) 66–76.

Monthly Notices roy. astron. Soc. On the distribution of stellar luminosities derived from trigonometric parallaxes[13]): **94** ('33/34) 564–83.

Popular Astron. The Leonids 1931[24])[13])[20]): **40** ('32) 51, 53, 54, 223. – The aurora of May 30, 1932: **40** ('32). – Eclipse report, August 31, 1932: zwischen S. 459 u. 488. – Lake Erie levels and sunspots[12]): **41** ('33) 198–202. – Ambrose Swasey, builder of machines, telescopes and men: **45** ('37) Nr. 8, 12 S. – Centennial of the Loomis Observatory, May 7 and 8, 1938: **46** ('38) 237f.; ~: Astronomical symposium: 359–61. – The addition to the Warner and Swasey Observatory: **49** ('41) 247–59. – Astronomy and the modern world: **55** ('47) 543–45.

Publ., Amer. astron. Soc. The 24-36-inch Schmidt-type telescope of the Case School of Applied Science: **10** ('42) 217f. – Magnitudes and colors in the globular cluster Messier 12 and selected area 108 [10]): 232.

Publ. astron. Soc. Pacific The Cleveland meeting of the American Astronomical Society: **54** ('42) 48f. – The Warner and Swasey Observatory of the Case School of Applied Science: **57** ('45) Dez.-Nr. – A star having extraordinarily intense Ca II emission[18]): **73** ('61) 224f. – Nova Scuti 1960 and Nova Serpentis 1960 [18]): 256–58.

Publ. Observat. Univ. Michigan Distribution of early type stars of high luminosity near the galactic equator[15]): **10** ('51) 43–50.

Ricerche astron. M-type stars and red variables in the direction of the galactic center: **5** ('58) 171–81. – Carbon and S-type stars: 183–94.

Science [USA] The Ursa Major group[9]): **80** ('34) 544. – The 24-inch objective prism of the Warner and Swasey Observatory: **99** ('44) 280. – Soviet astronomy[3]): **120** ('54) 442f. – International relations in science and problems of visas: **124** ('56) 127. – Cosmic distance scale[26]): 282.

Scientia Les étoiles géantes du type M dans notre système stellaire: **90** ('55) 250–. – A survey of stars of high luminosity in the northern Milky Way[18]): **97** ('62) 48–54.

Sky and Telescope The dedication of the new Poulkovo Observatory[3]): **14** ('54) 4–6.

Trans. int. astron. Union Objective-prism spectra: 7.1948 ('50).

Yearb., Amer. philos. Soc. The development and construction of a photo-electric device for counting star images on a photographic plate [13]): **1938** ('39) 208f.

Außerdem Jahresberichte aus dem Warner and Swasey Observatory, Cleveland, Ohio, veröffentlicht im Astronomical Journal **53** ('48) – **59** ('54) und als Publications of the American Astronomical Society **7**('32) – **10**('40/44).

Mit: [1]) G. B. van Albada; [2]) V. M. Blanco; [3]) D. Brouwer; [4]) V. Burger; [5]) D. M. Cameron; [6]) G. Caprioli; [7]) A. Colacevich; [8]) D. Harris III; [9]) L. G. Henyey; [10]) J. A. Hynek; [11]) P. C. Keenan; [12]) W. Koski; [13]) S. W. McCuskey; [14]) D. A. MacRae; [15]) W. W. Morgan; [16]) C. K. Seyfert; [17]) A. Slettebak; [18]) C. B. Stephenson; [19]) J. Stock; [20]) J. Theobald; [21]) S. K. Towson; [22]) A. G. Velghe; [23]) W. Wehlau; [24]) C. C. Wylie; [25]) J. Ashbrook; [26]) A. Blaauw; [27]) O. E. Brown.

VI **NASTJUKOV**, Aleksandr Michajlovič. Chem. (techn. org.). — 1931– Wiss. Leiter, Forschungsinst. f. Plastische Massen, Moskva; '33– wiss. Mitarbeiter, Chem.-Technol. Inst., Moskva. (☒)
*1868, Okt. 23 (11), Moskva;
†1941, Febr. 16.

Nekr. B. N. Rutovskij, Ž. chim. Promyšl. 18 ('41) Nr. 11, S. 36.

H. (Redakt.) Oblagoraživanie drevesiny [Holzveredelung] (Moskva '35) (Trudy Central'nogo naučno-issledovatel'skogo lesochimičeskogo instituta NARKOMLESa SSSR, 6).

S. Trudy VI Vsesojuznogo Mendeleevskogo s-ezda po teoretičeskoj i prikladnoj chimii [Arbeiten des 6. Medeleev-Unionskongresses für theoretische und angewandte Chemie], Char'kov 1932 **2**, 1 (Char'kov–Kiev '35) 812–16: „Neoformolit" – ein neues plastisches Material [russ.].

W. Vvedenie v kurs techničeskoj chimii plastičeskich mass [Einführung in die technische Chemie der plastischen Massen] (Moskva–Leningrad '34) 133 S.

VI **NASU**, Nobuji. Geophysik. — 1921–24 Stud., '26–53 Scientist and '53–60 Dir. of the Earthquake Research Inst., '35 D. Sc., '43–60 Prof., '60 Prof. Emer., Univ. of Tokyo; '60–70 Prof., Waseda Univ., Tokyo. — '69 2nd Class Order of the Sa-

cred Treasure (Japan Governm.).
*1899, Okt. 7, Osaka.

S. Proc. 3rd World conference on earthquake engineering, Auckland and Wellington, New Zealand, 1965 **1** (Tokyo '65) I.143–I.156: Ground investigations in city-areas in Japan.

Bull. Earthquake Res. Inst., Tokyo (imp.) Univ. A study of the Osaka landslide: **10** ('32) 674–93. – Supplementary study on the stereometrical distribution of the after-shocks of the great Tango earthquake of 1927: **13** ('35) 335–99. – Recent seismic activities in the Idu peninsula, 2: 400–16. – The great Indian earthquake of January 15, 1934: 417–32. – The Siduoka earthquake of July 11, 1935 [8]): 942–50. – The Kawati-Yamato earthquake of February 21, 1936 [1]): **14** ('36) 285–89. – Determination of the proper periods of the ground in Osaka[1]): 290–96. – Studies of earthquakes in the Kwantô district[1])[5]): 427–37. – Studies on the propagation of artificial earthquake waves through superficial soil or sand layers and the elasticity of soil and sand [,1][1])[5]): 560–81; ~ 2 [1])[5]): **15** ('37) 87–89; ~ 3: **18** ('40) 289–304. – Recent earthquakes of the Kwantô district[8]): **19** ('41) 476–91. – Seismic exploration of river deposits: **20** ('42) 225–28. – A note on seismic prospecting in coal fields: 229–36. – Propagation of seismic waves through an intervening bed of slow speed layer: 273–83. – Strong motion vibrograph: **25** ('47) 57–60. – Local phenomena of tsunami, 1[17]): 81–86; ~ 2: **26** ('48) 27–36. – Block movement along the seismic fault, 1: Fukui fault and others: **27** ('49) 27–33; ~ [2]: **29** ('51) 283–87. – Field determination of the elastic property of soil layers: **27** ('49) 101–06. – Vibration tests of defective buildings: **28** ('50) 349–54. – Vibration of a tank tower: **29** ('51) 413–21. – Levellings of the subsiding area in the southeastern part of Tokyo[4])[15]): **31** ('53) 335–. – Measurement of the micro-tremor, 4[2])[7])[6]): **35** ('57) 149–62. – Vibration of a reinforced-concrete building moved with vibration generators[2])[4])[3]): **36** ('58) 165–82. – – Alle Arbeiten japan. m. engl. Zusammenfassg.

Bull. Earthquake Res. Inst., Tokyo imp. Univ., Suppl. Vol. Heights of tsunamis and damage to structures: **1** ('34) 218–27. – The after-shocks of the Formosa earthquake of 1935: **3** ('36) 75–86.

Bull. Sci. and Engng. Res. Labor., Waseda Univ. Vibrational characteristics of actual buildings determined by vibration tests[14])[18])[12]): **16** ('61) 3–9. – Construction and vibrational characteristics of the Tokyo tower[14])[18])[12]): **19** ('62) 1–31. – Seismological aspects of the Niigata earthquake of June 16, 1964 [19])[11])[9]): **34** ('66) 5–41. – General report of the Tokati earthquake of 1968, 1[19])[16]): **42** [oder **43** ?] ('68) 12–21; ~ 2[19])[16]): 22–32. – Engineering geology near the site of the atomic power station at Tsuruga, 1: **43** ('69) 1–9; ~ 2: **45** ('69) 1–8. – Vibrational characteristics of building No. 1 of the Faculty of Science and Engineering, Waseda Univ.[10])[18])[11]): **44** ('69) 1–14. – – Alle Arbeiten japan. m. engl. Zusammenfassg.

Japanese J. Astron. and Geophysics Errors in the seismic triangulation: **12** ('34/35) 245–78.

Mit: [1]) T. Hagiwara; [2]) K. Kanai; [3]) H. Kawasumi; [4]) F. Kishinouye; [5]) S. Omote; [6]) K. Osada; [7]) T. Tanaka; [8]) C. Yasuda; [9]) S. Goto; [10]) S. Kazama; [11]) K. Kotota; [12]) G. Kubota; [13]) –; [14]) T. Naito; [15]) A. Okada; [16]) J. Sakurai; [17]) T. Shirai; [18]) M. Takeuchi; [19]) Y. Tanaka.

IV–VI **NATANSON,** Władysław. Physik (theoret.). – 1891–94 Privatdoz., 1894–1903 außerord. Prof., '03–34 ord. Prof., '07–08 Dekan d. philos. Fak., '22–23 Rektor, '35 Prof. emer., Univ. Kraków; '24 Vizepräs., Internat. Union f. Physik; '26–29, '32–34 Vorsitzender d. Sekt. III, Poln. Akad. Wiss. – '30 Dr. phil. h. c. (Univ. Kraków). – Gold. Verdienstkreuz, '29 Kommandeurskreuz d. Wiedergeburt Polens (Präs. d. Republ. Polen).
*1864, Juni 18, Warszawa;
†1937, Febr. 26, Kraków.

Nekr. L. Klecki, Prace mat.-fizyczne **46** ('39) 1–18 [französ.] (m. Bildn., Schr.verz. 79 Nrn.); Przegląd współczesny **64** ('38) 39–56; **65** ('38) 95–108; Wiadomości mat. **75** ('38) 77–95 (m. Bildn., Schr.verz. S. 16–19, 105 Nrn.). – J. W. Weyssenhoff, Acta physica polon. **6** ('37) 289–94 [engl.], 295–99 [poln.] (m. Bildn., Faks.; S. 300–07: Schr.verz. 142 Nrn.). – C. Michalski, ibid. 308–16 [französ.], 317–24 [poln.]. – J. W. Weyssenhoff, Postępy Fizyki **9** ('58) 120–24. – A. Piekara, ibid. 125–29. – L. Infeld, ibid. 130–36; Kosmos [Warszawa] Ser. B **4** ('58) 3–8.

Zum 100. Geb.tag J. Weyssenhoff, Postępy Fizyki **17** ('66) 95–100 [poln. m. engl. Zusammenfassg.]. – K. Gumiński, On the thermodynamic research of Władysław Natanson: ibid. 101–06 [~].

Autobiogr. Postępy Fizyki **9** ('58) 116–19.

W. Widnokrąg nauki [Der Gesichtskreis der Wissenschaft] (Lwów–Warszawa '34) 269 S. – Prądy umysłowe w dawnym Islamie [Die geistigen Strömungen im alten Islam] (Warszawa '37) 9+194 S.

Bull. int. Acad. polon. Sci. et Lettres, Sér. A On steady fields of radiation: **1933**, 298–304.

Philosophical Mag. and J. Sci. Fermat's principle: **16** ('33) 178–92.

Przegląd współczesny Maxwells Kinderjahre: **43** ('32) 13–23 [poln.]. – Hochschulen: 281–89 [~]. – W. Aleksandrji: **47** ('33) 153–77 [~].

VI **NATHANSON,** Jonas Bernard. Physik (Optik). – 1916–19 Instructor, '19–30 Assist. Prof., '30–39 Assoc. Prof., Carnegie Inst. of Technol., Pittsburgh, Pa.; '29 Pres., Physical Soc. of Pittsburgh.
*1889, Sept. 5, Wilna;
†1939, Nov. 25, Pittsburgh, Pa.

Nekr. W. Prine, Science [USA] **91** ('40) 36f. – J. opt. Soc. America **30** ('40) 318.

American Physics Teacher Characteristic curves of glow discharges in air: **5** ('37) 35f. – Automatic polariscope: 269f.

J. opt. Soc. America Interference of light in metallic films: **23** ('33) 388–93. – Note on the computation of optical constants: **27** ('37) 393f. – The experimental determination of the optical constants of metals. The methods and results: **28** ('38) 300–10. – Optical properties of semitransparent sputtered films determined by interference of light[1]): **29** ('39) 417–26.

Physical Rev. Newton's rings in transparent metallic films: **41** ('32) 373f.

Mit: [1]) C. L. Bartberger.

VI **NATTA,** Giulio. Chem. – 1923–27 Assist., '27–32 Prof. incar., '38– Prof. ord. Chim. industr. e Dir. dell'Ist. Chim. industr., Politecnico di Milano; '33–35 Prof. Chim. gen. ed inorg. e Dir. dell'Ist. Chim. gen., Univ. di Pavia; '35–36 Prof., Univ. di Roma; '36–38 Prof. Chim. fisica e Dir. dell'Ist. Chim. industr., Politecnico di Torino; Hon. Pres., [Amer.] Soc. Plastics Engrs., Italian Sect. –'62 Dr. h. c. (Univ. di Torino); '63 Dr. h. c. (Univ. Mainz); '64 Dr. h. c. (Univ. di Genova); '64 Hon. D. Sc. (Polytechn. Inst. of Brooklyn); '65 Dr. h. c. (Univ. Cathol. de Louvain); '71 Dr. h. c. (Ecole Supér. Physique et Chim. industr., Univ. de Paris). – '63 Nobelpreis f. Chem. – '43 Premio nazion. (Accad. Nazion. dei Lincei, Roma); '60 Medaglia aurea (Città di Milano); '61 Internation. Synthetic Rubber Gold Medal; '61 Medaglia aurea (Pres. Repubbl. Ital.); '62 Prix Jean Stas (Soc. chim. Belgique); '62 Medaglia aurea (Distr. di Milano); '63 John Scott Prize (Board of Directors of City Trusts, City of Philadelphia, Pa.); '63 Médaille Perrin (Soc. franç. de Chimie physique); '63 Médaille Lavoisier (Soc. chim. France); '63 Gold Medal ([Amer.] Soc. Plastics Engrs.); '63 Perkin Gold Medal (Engl. Soc. of Dyers and Colourists); '64 Gold Medal (Unione Chim. ital.); '69 Lomonosov-Goldmedaille (Akad. Wiss. UdSSR); '71 Médaille Leonardus Vincius Florentinus pour Docteurs-Ingénieurs (Fédération internation. des Docteurs-Ingénieurs et Ingénieurs Docteurs-ès-Sciences); '71 Carl-Dietrich-Harries-Plakette (Deutsche Kautschuk Ges., Frankfurt/M.). (⊠)
*1903, Febr. 26, Imperia.

Zur Biogr. Dechema-Monogr. **21** ('52) 258 (m. Bildn.). – Materialprüfung **4** ('62) 110.

Zum 60. Geb.tag Festschrift: Makromolekulare Chem. **61** ('63) Nr. 8, 258 S. (m. Bildn.). – G. Dall'Asta, Chemiker-Ztg. **87** ('63) 131 (m. Bildn.). – Materialprüfung **5** ('63) 174. – Nachr. Chem. u. Techn. **11** ('63) 160 (m. Bildn.).

Zur Verleihung des Nobelpreises P. Corradini, Chimie et Industrie **96** ('66) Génie chim., zwischen S. 275 u. S. 282. – J. Křepinský, Chemické Listy **58** ('64) 707f. – S. Ore, Tidsskr. Kjemi, Bergvesen og Metallurgi **24** ('64) 3–7 (m. Bildn.). – D. Osteroth, Umschau Wiss. u. Techn. **64** ('64) 2f. (m. Bildn.). – G. Wilke, Ruperto-Carola [Heidelberg] **16** ('64) 59–61 (m. Bildn., Faks.). – Nobel lectures, Chemistry, 1963–1970, (Amsterdam–London–New York '72) 1–5, 61–63. – Prix Nobel **1963** ('64) 102f. (m. Bildn., Faks.).

Zum 70. Geb.tag W. Kern, P. Pino, Makromolekulare Chem. **164** ('73) 1–5.

Zur Bibliogr. Stereospecific catalysis and stereoregular addition polymers; a collection of the original papers by Giulio Natta and coworkers **1–4** (Milano '59). –Suppl. Nuovo Cimento **15** ('60) 148–58.

MH. Conference on the vibrational spectra of high polymers, Milano 1963 (New York '64) (J. Polymer Sci., C. Polymer Symposia, 7). – Stereoregular polymers and stereospecific polymerizations. The contributions of Giulio Natta and his school to polymer chemistry **1.2** (Oxford–New York '67).

S. I progressi dell'industria chimica italiana nel primo decennio di regime fascista (D. Marotta) (Roma '32) 403–15: L'industria dell'alcool metilico e della formaldeide. – Atti del IV Congresso nazionale di chimica pura ed applicata, Roma 1932 (Roma '33) 537–46: Sulle cosidette ocre di antimonio[7]). – Trabajos IX Congreso internacional de química pura y aplicada, Madrid 1934, **2** (Madrid

'34) 177–90: Die Elektronenstrahleninterferenzen in Anwendung auf die Untersuchung der Kristallstruktur, besonders von Kolloiden [ ]; 4 ('35) 208–14: Konstitution einiger höherer Polymerer und Struktur der dünnen Filme [ ]. — Atti del X Congresso internazionale di chimica, Roma 1938, 4 (Roma '39) 312–19: La gasificazione con ossigeno di combustibili italiani[123]). — Der Chemie-Ingenieur (A. Eucken, M. Jacob) 3, 4: Chemische Operationen: Hochdruckoperationen (Leipzig '39) 112–204: Hochdruckverfahren für den Fließbetrieb. — Proc. 2nd International symposium on the reactivity of solids, Gothenburg 1952, 2 (Göteborg '54) 619–32: Einfluß der Reaktionen im festen Zustand auf die Aktivität von Katalysatoren auf Zinkoxidbasis [französ.][44]). — Catalysis (P. H. Emmett) 3: Hydrogenation and dehydrogenation (New York '55) 349–411: Synthesis of methanol; 5 ('57) 131–74: Direct catalytic synthesis of higher alcohols from carbon monoxide and hydrogen[41]) [104]). — Simposio internazionale di chimica macromolecolare, Milano–Torino 1954 (Spoleto–Roma '55) 120–: Cinetica della polimerizzazione dell'etilene catalizzata da composti alluminio-alchilici[115])[56]); 695–: Studi roentgenografici sulla cristallinità e sulla struttura di idrocarburi ad alto peso molecolare[44]). — Proc. 4th World petroleum congress, Rome 1955 (A. Barbier) Sect. IV/C (Roma '56) Recent developments in the chemistry of olefins in Italy. — Convegno nazionale studenti di chimica, Bologna 1954 (Bologna '56): Orientamenti della grande industria chimica organica. — Handbuch der Katalyse (G. M. Schwab) 5: Heterogene Katalyse II (Wien '57) 412–743: Die Mischkontakte[123]). — Proc. Symposium on the chemistry of the coordinate compounds, Rome 1957 (New York '58) (International series of monographs on inorganic chemistry, 1) 589–611: Stereospecific polymerization by means of coordinated anionic catalysis. — Struttura delle molecole. I Corso estivo di chimica, Varenna 1956 (Roma '59) 215–42: Configurazioni spaziali di alti polimeri cristallini. — Cinetica chimica. II Corso estivo di chimica, Varenna 1957 (Roma '59) 185–98: Polimerizzazione anionica coordinata stereospecifica; 199–224: Cinetica delle polimerizzazioni anioniche stereospecifiche[104]). — Actes 2e Congrès international de catalyse, Paris 1960, 1 (Paris '61) 39–86: Aspects catalytiques des polymérisations stéréospécifiques; 1373–84: Aspects cinétiques des processus d'inversion de configuration stérique dans la polymérisation anionique coordinée du propylène[104]). — Atti XV Congresso internazionale delle materie plastiche e simposio sugli elastomeri, Torino 1963 (Milano '64) 235–43: Von Butadien abgeleitete ungesättigte Äthylen-Propylen-Copolymere, die Monomere enthalten [ital.][93])[46])[149])[127])[26])[147]). — Elastomer stereospecific polymerization; a symposium, Chicago, Ill., 1964 (Washington, D.C. '66) (American Chemical Society, Advances in chemistry series, 52) 24–35: Polymerization of 1,3-pentadiene to cis-1,4-stereoisomers[119]). — Encyclopedia of polymer science and technology: plastics, resins, rubbers, fibers 4 (New York '66) 137–50: Coordinate polymerization. — Alle soglie della scienza (Torino '66): [Ein Beitrag]. — Nobel lectures, chemistry, 1963–1970 (Amsterdam–London–New York '72) 27–60: From the stereospecific polymerization to the asymmetric autocatalytic synthesis of macromolecules.

W. Chimica analitica: Analisi chimica dei prodotti industriali (m. A. Ferrari) (Milano '34) 8+271 S.; Nachdruck ('46). — Appunti di chimica industriale dalle lezioni nell'anno academico 1937/38 (F. Brusa, G. Helmsdorff) (Torino '38) 286 S. — Lezioni di chimica industriale, 1: Generale – Inorganica (E. Tomasello) (Milano '42) 704 S.; 2. Aufl. u. d. T.: Lezioni di chimica industriale, Parte inorganica (C. Vaccarino) ²(Milano '–) 656 S. — Fondamenti della chimica industriale, Parte generale (F. Pirani, C. Storti, A. Tedeschi-Toschi) (Milano '51) 623 S. — Trends in the organic chemical industry (m. I. Pasquon) [zusammen mit: I. Pasquon, General petrochemistry] (Milano '63) [insgesamt] 205 S. (E. N. I. [Ente Nazionale Idrocarburi], Pubblicazioni della Scuola Enrico Mattei di studi superiori sugli idrocarburi, 20). — Principi della chimica industriale 1: Applicazioni della termodinamica alle reazioni della grande industria chimica (m. I. Pasquon) (Milano '66) 15+191 S. — Stereochimica. Molecole in 3 D (m. M. Farina) (Milano '68) 247 S.; engl.: Stereochemistry (Harlow '72) 3+253 S.

Advances Catalysis and related Subj. The kinetics of the stereospecific polymerization of α-olefins[104]): **11** ('59) 1–66.

Advances Chem. Ser. Polymerization of 1,3-pentadiene to cis-1,4 stereoisomers[119]): **52** ('66) 24–35.

Angewandte Chem. Stereospezifische Katalysen und isotaktische Polymere: **68** ('56) 393–403 [m. engl. u. französ. Zusammenfassg.]. — Über die Kristallstrukturen des 1,4-cis-Polybutadiens und des 1,4-cis-Polyisoprens[44]): 615f. — Kinetik der stereospezifischen Polymerisation des Propylens zu isotaktischen Polymeren[104])[67]): **69** ('57) 213–19. — Stereospezifische Polymerisation von Vinyläthern[49])[93])[68]) [36]): **71** ('59) 205–10 [m. engl. u. französ. Zusammenfassg.]. — Von der stereospezifischen Polymerisation zur asymmetrischen autokatalytischen Synthese von Makromolekülen (Nobel-Vortrag): **76** ('64) 553–66. — Stereospezifische Homopolymerisation des Cyclopentens[49])[93]): 765–72. — Cyclische Verbindungen als konfigurative Modelle sterisch regelmäßiger Polymerer[56])[110]): **77** ('65) 149–54.

Atti Accad. nazion. Lincei, Mem. Una nuova classe di polimeri di α-olefine, aventi eccezionale regolarità di struttura: (8) **4** ('55) 61–71. — Sulla struttura cristallina di un nuovo tipo di polipropilene[44]): 73–80.

Atti (reale) Accad. nazion. Lincei, Rend. Soluzioni solide per precipitazione ed isomorfismo tra complessi del platino e del tellurio tetravalente, 1: Struttura dei cloroplatinati di cesio e di rubidio[117]): (6) **15** ('32) 92–99; ~ 2: Esame del clorotellurito di cesio e dei sistemi $CsPtCl_6$–$CsTeCl_6$, Rb_2PtCl_6–Cs_2PtCl_6 [117]): **16** ('32) 265–70. — Antimoniati minerali di calcio (atopite, romeite, ocre di antimonio calcifere)[7]): **15** ('32) 389–95. — Struttura della guttaperca, studiata coi raggi di elettroni[21]): **19** ('34) 206–11. — Struttura del caucciù non stirato studiato coi raggi di elettroni[21]): 536–40. — Esame coi raggi di elettroni di alcuni eteri grassi[123]): **22** ('35) 342–48. — Esame della cellulosa coi raggi di elettroni[7]): **23** ('36) 444–48. — Esame coi raggi di elettroni di alcuni polimeri vinilici[123]): **24** ('36) 381–88. — Sul dimorfismo del fosforo bianco[105]): 464–71. — Adsorbimento attivato e reazioni chimiche superficiali[1]): (8) **2** ('47) 383–87. — Influenza di promotori sull'adsorbimento attivato dell'ossido di zinco[1]): 387–93. — Adsorbimento attivato del deuterio sull'ossido di zinco[1]): 500–02. — Sulla velocità di propagazione degli ultrasuoni nelle miscele ideali[7]): **4** ('48) 360–63. — Struttura di alcuni composti carbonilici del cobalto[44]): **15** ('53) 248–52. — Sulla struttura cristallina del polistirolo isotattico[44]): **18** ('55) 19–27. — Commemorazione del socio Mario Giacomo Levi: 427–37. — Polimeri cristallini del butadiene e struttura del 1,2-polibutadiene[44]): **19** ('55) 229–37. — Sintesi e proprietà di alti polimeri cristallini di alcune α-olefine a catena ramificata[115])[93])[44])[68]): 397–403. — Struttura cristallina di alcune poli-α-olefine isotattiche[44])[14]): 404–11. — Struttura della catena del polipropilenossido cristallino[44])[49]): **20** ('56) 408–13. — Polimero cristallino del butadiene a concatenamento 1,2 isotattico[119])[44])[97]): 560–66. — Sulla struttura di nuovi polimeri a concatenamento 1,4 trans di diolefine coniugate[44])[119]): 728–34. — Sulla struttura cristallina del polipropilene isotattico[44])[35]): **21** ('56) 365–72. — Determinazione quantitativa della cristallinità del polipropilene[44])[35]): **22** ('57) 11–17. — Sulla struttura cristallina del polibutadiene 1,2 isotattico[44])[14]): **23** ('57) 363–70. — Polimorfismo del tricloruro di titanio cristallino[44])[14])[119]): **24** ('58) 121–29. — Impostazione cinetica dello studio della formazione dei polimeri a stereoblocchi: 246–53. — Transizioni isofasiche dei polimeri delle α-olefine della serie alifatica normale[50])[96]): 254–60. — Determinazione radiochimica del numero di centri attivi in catalizzatori stereospecifici di polimerizzazione[102])[104])[136]): 479–87. — Polimerizzazione stereospecifica dell'acetilene[93])[44]): **25** ('58) 3–12. — Determinazione dei metalli legati a catene di polipropilene isotattico[70])[104]): 417–23. — Polimeri a struttura doppiamente isotattica[56])[110]): 424–30. — Modificazione mesomorfa smettica del polipropilene isotattico[110])[44]): **26** ('59) 14–17. — Un nuovo complesso metallorganico cristallizzabile contenente titanio e alluminio e sue proprietà catalitiche nella polimerizzazione delle olefine[93])[44])[68])[36]): 150–54. — Struttura cristallina della forma γ del tricloruro di titanio[44])[4]): 155–63. — Isotassia e cristallinità di polimeri vinilici[132]): 418–23. — Studio dei processi di inversione di configurazione sterica nella polimerizzazione stereospecifica del propilene[104]): 617–24. — Proprietà e struttura di un nuovo metallo-carbonile: il vanadio-esacarbonile[54])[24])[3])[44])[4]): **27** ('59) 107–12. — Alti polimeri lineari isotattici dell'aldeide acetica[93])[44])[37])[14]): **28** ('60) 8–17. — Alti polimeri lineari isotattici di aldeidi superiori all'acetica[93])[44])[149])[14]): 18–26. — Struttura cristallina della poliacetaldeide isotattica[44])[14]): 284–92. — Polimerizzazione stereospecifica di trans-alchenil eteri[56])[110])[44])[19])[65]): 442–51. — Idrogenazione dei polibutadieni cristallini 1,2 isotattico e 1,2 sindiotattico[119])[44])[97])[18]): 452–60. — Alti polimeri lineari del propilene aventi struttura sindiotattica[104])[44])[110])[108])[152]): 539–44. — Polimeri isotattici del vinilciclopropano[132])[97])[14])[27]): 551–58. — Polimeri 1,4 trans isotattici del pentadiene 1,3 [119])[44])[154])[38]): **29** ('60) 257–64. — Complesso cristallino organometallico contenente alluminio e cobalto avente proprietà catalitiche stereospecifiche[119])[28]): 491–96. — Struttura cristallina del cloruro di polivinile sindiotattico[14])[44]): **31** ('61) 17–26. — Stereospecificità di catalizzatori omogenei preparati da VCl_3 nella polimerizzazione di diolefine coniugate[119])[28]): 189–96. — Struttura cristallina del polivinilfluoruro atattico[14])[4]): 350–56. — Calcolo dell'energia conformazionale di catene di polipropileni stereoregolari a struttura periodica[44])[65]): **33** ('62) 200–11. — Analisi roentgenografica di alcuni polimeri eritro e treo diisotattici[44])[65]): **34** ('63) 3–13. — Volumi specifici e cristallinità di polipropileni aventi struttura prevalentemente sindiotattica[108]): 110–14. — Sintesi asimmetrica autocatalitica di polimeri otticamente attivi del benzofurano[19])[56]): 475–79. — Sulla struttura cristallina di una nuova forma del prodotto di condensazione ciclica del succinato di metile: Dimetil-2,5-diidrossi-1,4-cicloesadien-1,4-dicarbossilato[65])[159])[143]): **35** ('63) 68–79. — Struttura cristallina del poli 1-propilbutadiene 1,4 trans isotattico[14])[111]): **36** ('64) 291–302. — Determinazione della struttura cristallina del copolimero alternato etilene–ciclopentene[4])[14])[44])[65]): 433–42. — Polipentadiene 1,4 trans isotattico mediante litio alchili[119])[64]): 752–58. — Esame del meccanismo di polimerizzazione del pentadiene 1,3 a polimeri aventi struttura 1,4 cis isotattica o sindiotattica[119]): **37** ('64) 9–17. — Struttura cristallina del polipentenamero trans[14)]: **38** ('65) 315–24. – Prevenzione della silicosi: Studio dell'azione citoprotettiva di alcune classi di polimeri sintetici[151)50)112)58)89)]: **40** ('66) 11–19 [m. engl. Zusammenfassg.].

Atti Soc. ital. Progr. Sci. Aspetti cinetici dell'idroformilazione catalitica a bassa pressione[54)33)]: **45**.1954, I ('56) 231–40.

Ber. dtsch. chem. Ges. Gewinnung von Glycerin und Glykolen durch Hydrierung von Kohlenhydraten[123)15)]: **76** ('43) 641–56.

Boletín Informac. Petroleras Polymerisation und Alkylierung von Isooctan-Kraftstoffen[7)]: **18** ('41) Nr. 204, 57–82 [ ].

Brennstoff-Chem. Oxosynthese, ihre Kinetik und verwandte Reaktionen: **36** ('55) 176–81.

Buletinul Inst. politehn. Iaşi Polimeri del cloruro di vinile innestati su elastomeri olefinici, dotati di elevata resistenza all'urto, 1: Parte sperimentale[131)108)15)6)144)]: **13** ('67) Fasc. 1/2, 233–40 [m. rumän. Zusammenfassg.]; ~ 2: Risultati sperimentali e discussione[131)108)15)6)144)]: Fasc. 3/4, 267–74 [~].

Bull. Soc. chim. France Quelques observations sur le rôle des réactions dans l'état solide dans la formation et le vieillissement des catalyseurs: **1949**, D.161–D.166. – Rapport sur la nomenclature relative aux hauts polymères doués de régularité stérique[74)52)91)]: **1965**, 2127–32.

Canadian J. chem. Engng. The present situation and prospects of the Italian chemical industry: High polymer developments: **36** ('58) 114–18.

Chemical Age India Elastomeric properties of ethylene-propylene copolymers[46)]: **15** ('65) 909–11.

Chemical Commun., Chem. Soc., London The crystal and molecular structure of $CoC_{12}H_{19}$, a catalyst for butadiene dimerization[4)81)68)55)115)]: **1967**, 1263–65.

Chemische Apparatur Trennung eines Gasgemisches durch fraktionierte Absorption in einem selektiven Lösungsmittel mit Rücklauf eines Teiles der leichter löslichen Komponente des Gasgemisches: **29** ('42) 305–09, 321–24.

Chemische Techn. Fraktionierung eines Gasgemisches durch Absorption in einem Lösungsmittel bei gleichzeitigem Rücklauf der leichter löslichen Gaskomponente, 2: Graphische Methode zur Bestimmung der Zahl der Böden und der Menge des Gasrücklaufes[92)]: **16** ('43) 201–04.

Chemistry and Industry Isotactic polymers: **1957**, 296f., 1520–30. – On the existence of monomeric vanadium hexacarbonyl[24)40)44)54)]: **1960**, 500f.

Chimica e Industria Die Wasserstoffgewinnung durch Druckumwandlung des Kohlendioxids[123)]: **18** ('36) 623–30 [italien.]. – Über die Nutzbarmachung des Methans für die Wasserstoffgewinnung[116)]: **19** ('37) 177–82 [~]. – Cinetica della sintesi del metanolo[106)]: 313–18. – Le nuove grandi sintesi organiche: **20** ('38) 185–98. – Determinazione per via cinetica delle costanti di equilibrio della sintesi del metanolo[106)]: 587–91. – Applicazioni della catalisi nell'industria chimica organica: 719–24. – La polimerizzazione e l'alchilazione dell'isobutilene nella preparazione di carburanti isottanici[7)]: **21** ('39) 393–418. – Sulla idrogenazione del furfurolo e dei suoi derivati[123)15)]: **23** ('41) 117–23. – Frazionamento di una miscela gassosa per assorbimento frazionato con un solvente selettivo in presenza di un riflusso del componente gassoso più solubile [,1]: **24** ('42) 43–52; ~ 2: Metodo grafico per la determinazione del numero dei piatti e del riflusso gassoso[92)]: 271–75. – Sintesi catalitica di alcune basi eterocicliche del gruppo del pirrolo e della piridina per ammonolisi dei prodotti di idrogenazione del furfurolo[92)13)]: 81–85. – Alcuni nuovi procedimenti di sintesi di alcoli mono- e polivalenti: 389–93. – Glicerine e glicoli dalla idrogenazione degli idrati di carbonio[123)15)]: 419–25. – Cinetica della idrogenazione catalitica del glucosio a sorbite e isomerizzazione catalitica del glucosio[15)]: **25** ('43) 211–14. – Ossosintesi e loro cinetica[15)]: **27** ('45) 84–87. – Sintesi del butadiene da alcool etilico. Considerazioni termodinamiche e comportamento specifico dei catalizzatori[123)]: **29** ('47) 195–200. – Idrogenazione selettiva di una diolefina ad olefina[123)145)]: 235–37. – Studio roentgenografico e chimico dei catalizzatori usati per la produzione del butadiene dall'alcool[123)]: 239–43. – Alcuni nuovi applicazioni dell'ossosintesi[115)]: **31** ('49) 109–11. – Ossosintesi[115)15)]: 111–13. – Carbossilazione di olefine con ossido di carbonio ed alcoli[115)88)]: **32** ('50) 201–07. – Processo continuo per la estrazione del furfurolo[15)]: **33** ('51) 63–67. – Le sintesi ad alte pressioni con ossido di carbonio di composti organici ossigenati: 272–82. – Raffronto fra la sintesi di esteri da acetilene e da etilene per reazione con ossido di carbonio ed alcooli[115)]: **34** ('52) 449–53. – Cinetica della reazione di ossosintesi [,1][54)]: 503–10; ~ 2[54)33)]: **37** ('55) 6–17. – Separazione dei componenti di miscele gassose per assorbimento frazionato isotermico in un solvente selettivo, 1: Frazionamento di miscele binarie[100)63)]: **35** ('53) 403–13; ~ 2: Frazionamento di miscele ternarie[100)63)]: 622–36. – Interpretazioni cinetiche della catalisi eterogenea e loro applicazioni alle reazioni tra gas ad alta pressione, 1: Sintesi del metanolo[115)93)104)]: 705–24; ~ 2: Sintesi del metanolo con catalizzatori contenenti rame[93)104)]: **37** ('55) 1015–25. – Polimeri isotattici: 888–900. – Sintesi e struttura di alcuni poliidrocarburi cristallini contenenti atomi di carbonio asimmetrici nella catena principale[115)93)]: 927–32. – Ricerche sul ricupero dell'acido acetico sotto prodotto dell'estrazione del furolo da materiali vegetali[15,108,73]: **38** ('56) 6–10. — Polimerizzazione "stereospecifica" delle alfa-olefine[115,88,50,93,110]: 124–27. — Catalisi stereospecifica e polimeri isotattici: 751–65. — Impiego di derivati diciclopentadienilici del titanio per lo studio dei catalizzatori di polimerizzazione dell'etilene a bassa pressione[115,93,68,88,110]: **39** ('57) 19f. — Polimeri isotattici e polimeri a stereoblocchi del propilene[93,46,96]: 275–83. — Ricerche italiane su nuovi elastomeri sintetici: 653–62. — Copolimerizzazione dell'etilene con le alfa-olefine alifatiche, 1: Studi preliminari della copolimerizzazione dell'etilene con il propilene[93,149,102]: 733–43; ~ 4: Copolimerizzazione etilene–propilene con catalizzatori preparati da tricloruro di vanadio[149,93,127]: **40** ('58) 717–24; ~ 5: Copolimerizzazione etilene–propilene con catalizzatori preparati da alogenuri di titanio[149,93,127]: 896–906; ~ 6: Copolimerizzazione dell'etilene con il butene-1[93,143,102]: **41** ('59) 764–75; ~ 7: Distribuzione delle unità monomeriche nei copolimeri etilene–propilene[93,149,127,97]: **42** ('60) 125–32. — Cinetica della polimerizzazione del propilene con catalizzatori eterogenei ad elevata stereospecificità, 1: Cinetica globale del processo di polimerizzazione[104,67]: **39** ('57) 993–1001; ~ 2: Natura del periodo di assestamento[104,67]: 1002–12; ~ 3: Processi di rottura delle catene dipendenti dalla concentrazione del catalizzatore[104,67]: **40** ('58) 97–103; ~ 4: Influenza della pressione e della temperatura sulla cinetica dei processi di accrescimento e di rottura delle catene polimeriche[104,67,129]: 103–11; ~ 5: Studio dei processi di trasferimento di catena con l'impiego di alluminio-alchili segnati con ^{14}C[104,67,102]: 267–73; ~ 6: Determinazione dei centri attivi per via cinetica[104,102,67]: 556–60; ~ 7: Studio degli stadi di iniziazione delle catene polimeriche[104,140,152]: **44** ('62) 621–26. — Polimerizzazione dell'etilene catalizzata da composti di titanio[115,93,77]: **39** ('57) 1032f. — Polimeri atattici e polimeri a stereoblocchi delle alfa-olefine[93,83]: **40** ('58) 183–88. — Sintesi di arene-cromotricarbonili[54,24]: 287–89. — Polimerizzazioni stereospecifiche di diolefine coniugate, 1: Sintesi e struttura di polidiolefine a concatenamento trans 1,4[119,44,97]: 362–71; ~ 2: Polimerizzazione del butadiene con catalizzatori preparati da alluminio alchili e cloruri solubili di vanadio[119,94]: **41** ('59) 116–22; ~ 3: Polimerizzazione del butadiene con il sistema $Al(C_2H_5)_3$–$TiCl_4$[119,94,97]: 398–404; ~ 4: Preparazione del polibutadiene 1,2 sindiotattico[119,154,59]: 526–33; ~ 5: Preparazione e proprietà del polibutadiene 1,2 isotattico[119,154,103]: 1163–69. — Polimerizzazione stereospecifica dello stirolo, 1: Notizie e problemi sui polistiroli cristallini[50]: **40** ('58) 445–50; ~ 2: Caratteristiche del sistema catalitico $TiCl_4$–$Al(C_2H_5)_3$[50,132]: 450–57. — Nomenclatura relativa ai polimeri aventi struttura stericamente ordinata[50]: 743–46. — Polimeri isotattici di monomeri vinilici contenenti silicio[93,83,16]: 813–15. — Su alcune reazioni degli arencromotricarbonili[54,24,126]: 1003–07. — Proprietà elastomeriche dei copolimeri etilene–propilene[46]: **41** ('59) 123–28. — Influenza dell'idrogeno sulla polimerizzazione anionica coordinata del propilene e dell'etilene[93,83,16]: 519–26. — Una nuova affermazione italiana nel campo tessile: le fibre di polipropilene: 647–52 (m. Bildn.). — Comportamento elastico ed anelastico di alcuni polimeri isotattici[7,23]: 737–40. — Polimerizzazione stereospecifica di monomeri vinilaromatici, 4: Reattività dei monomeri nel processo globale[50,132,87]: 968–74. — Polimeri diisotattici[56,110]: **42** ('60) 255–59. — Polimeri ad innesto: polistirolo innestato su polibutene[15,131,108]: 348–52. — Polimerizzazioni promosse da composti metalloammidici e loro stereospecificità[93,83,16]: 457–62. — Elastomeri da polimeri e copolimeri clorosolfonati delle alfa-olefine[46,22]: 463–67. — Regolazione del peso molecolare del polipropilene isotattico con zinco alchili[67,104,102]: 1091–99. — Aspetti catalitici delle polimerizzazioni stereospecifiche: 1207–25. — Polimeri tritattici[56,44,110,53,65]: 1361–63. — Sintesi asimmetrica di polimeri politattici[56,53,110]: 1363f. — Sintesi asimmetrica di polimeri ottenuti con processi di natura cationica[56]: **43** ('61) 161f. — Polipentadiene 1,4 trans isotattico otticamente attivo[119,28,86]: 529. — Meccanismo della regolazione del peso molecolare del polipropilene isotattico con zinco alchili[104,70]: 871–74. — Calcolo della distribuzione dei pesi molecolari nelle polimerizzazione lente, 1: Gradi di polimerizzazione medi di polimeri ottenuti in processi caratterizzati da terminazione per trasferimento di catena con il monomero[104,51]: **44** ('62) 1–9; ~ 2: Curve di distribuzione di polimeri ottenuti in processi caratterizzati da terminazione per trasferimento di catena con il monomero[104,51]: 10–17. — Assegnazione di una struttura eritro-isotattica ai copolimeri alternati cristallini etilene–butene-2-cis ed etilene–ciclopentene[44,65,14,4]: 532f. — Copolimeri alternati cristallini etilene–cicloeptene[49,93]: 1212–16. — Aspetti generali della struttura cristallina dei polimeri stereoregolari[44]: **45** ('63) 299–314. — Nuovi terpolimeri a base di etilene e propilene[46,93,149,127]: 651–56. — Sintesi di un copolimero della formaldeide termicamente stabile[121,93,17,153]: 1475–78. — Dalle polimerizzazioni stereospecifiche alla sintesi asimmetrica autocatalitica di macromolecole: **46** ('64) 397–412. — Polimerizzazione del butadiene e di cicloolefine mediante π-allil-nichel-bromuro[119,64]: 428f. — Nomenclatura su alti polimeri dotati di regolarità sterica[74,52,91]: 536–41. — Energia interna ed energia configurazionale di elastomeri a base di etilene e propilene[46,61]: 746–51. — Polimeri a struttura 1,4 trans isotattica di alcuni alcadieni 1,3[119,64]: 1158–64. — Sulle polimerizzazioni stereospecifiche del metacrilonitrile e dei suoi omologhi superiori[49]) : 1429–35. — Proprietà e fenomeni di transizione dei film di adsorbimento superficiale nelle soluzioni di alti polimeri[57])[62]): **47** ('65) 1–9. — Reazione di innesto di acrilato di metile su polipropilene perossidato[131])[15])[108])[118]): 14–19. — Esame R. M. N. di polipropileni di diversa struttura e regolarità sterica[82])[130])[152])[90]): 378–83. — Miglioramento della resistenza all'urto del polistirolo per miscela con copolimeri ad innesto di stirolo su copolimeri elastomerici etilene–propilene[108])[131])[48]): 384–90. — Su un nuovo complesso del cobalto con diolefine coniugate che catalizza la dimerizzazione del butadiene a 3-metil-1,4,6-eptatriene[68])[115])[32]): 524f. — Studio termodinamico e meccanico della transizione di primo ordine solido–solido del polibutadiene-1,4 trans-tattico orientato, 1 [108])[45])[107]): 716–21; ∼ 2 [108])[45]): 722–31. — Polimeri del cloruro di vinile innestati su elastomeri olefinici, dotati di elevata resistenza all'urto[131])[108])[15])[6])[144]): 960–65. — Copolimeri ad innesto dell'acido poliacrilico su elastomeri etilene–propilene[131])[108])[47]): 1176–83. — Sintesi di alcune poliacrilammidi N,N-disostituite di natura basica e di diversa struttura sterica[50])[58])[113]): **48** ('66) 466–70. — Reazioni tra acetilene, ossido di carbonio ed acqua, catalizzate da carbonili di cobalto, 1 [2]): 1157–61. — Meccanismo di polimerizzazione stereospecifica delle alfa-olefine a polimeri isotattici in presenza di sistemi catalitici bimetallici, 1: Velocità di propagazione di catena in presenza di sistemi catalitici diversi[152])[104])[69]): 1298–306; ∼ 2: Stereospecificità di alcuni sistemi catalitici eterogenei[152])[104])[69]): 1307–15. — Esame termodinamico della transizione polimorfa del polibutadiene 1,4 trans, 1: Premesse teoriche [108])[141]): **49** ('67) 1–7; ∼ 2: Dati sperimentali[108])[141]): 7–15. — Confronto del comportamento di diversi monomeri nella reazione di innesto su copolimeri olefinici[108])[131])[6]): **50** ('68) 18–25. — Nuovi sviluppi delle fibre polipropileniche[42]): 784–93. — Influenza di taluni ioni metallici nella copolimerizzazione radicalica ad innesto di diversi monomeri su catene di poli-alfa-olefine[15])[108])[158]): 851–59. — Innesto in fase omogenea del polipropilene isotattico con acido acrilico[108])[160]): **53** ('71) 235–40. — — Die meisten Arbeiten mit engl., deutscher u. französ. Zusammenfassg.

Chimica Industria, Agric., Biol., Realizzaz. autarch. e corporat. Neue Verfahren zur Synthese von Isooctan: **15** ('39) 213f. [italien.]. — Das Problem des synthetischen Kautschuks in Italien: **18** ('42) 326–32 [∼].

Chimie et Industrie Die Oxosynthese[115])[15]): **63** ('50) Nr. 3bis, 464–66 [ ]. — Einige neue Anwendungen der Oxosynthese[115]): 467–69 [ ]. — Polymères isotactiques et autres polymères stéréoisomères: **77** ('57) 1009–31 [m. engl. u. span. Zusammenfassg.]. — Evolution des recherches sur les hauts polymères à l'Ecole Polytechnique de Milan: **89** ('63) 545–57 [m. engl., deutscher u. span. Zusammenfassg.].

Ciba-Rdsch. Polymerisation und Gewinnung der Olefine: **1964,** Nr. 3, 2–9. — Polymere symmetrischer Olefine: 10–28. — Das Färben von Polypropylenfasern: 29–35.

Collection czechoslov. chem. Commun. Sur le mécanisme et la cinétique de la polymérisation des α-oléfines[50])[104]): **22** ('57) Spec. Issue, 191–218.

Colloques int. Centre nation. Rech. sci. Les caoutchoucs synthétiques: No. **57**.1954 ('55) 69–86.

Dechema-Monogr. Trennung von Komponenten von Gasmischungen bei isothermer fraktionierter Absorption in einem selektiven Lösungsmittel[100]): **21** ('52) 258–79.

European Polymer J. A new thermally stable copolymer of formaldehyde[121])[93])[153])[17]): **1** ('65) 25–40. — A new polymer of 1,3-pentadiene having a 1,2-syndiotactic structure[119])[135]): 81–84. — Crystal structure of trans-polyalkenamers[14]): **3** ('67) 33–42. — The crystal structure of trans-polydodecenamer[14]): 43–55. — The monoclinic structure of even trans-polyalkenamers[14])[55]): 339–52. — Polymerization of propylene with titanium trichloride and alkyl alkoxy aluminium chlorides[68])[109])[85]): 391–98. — The crystal structure of 1,2-isotactic poly(4-methyl-1,3-pentadiene)[44])[14])[55]): **4** ('68) 297–315. — — Die meisten Arbeiten m. französ., italien. u. deutscher Zusammenfassg.

Experientia Stereospezifische Polymerisationen cyclischer Monomerer: **19** ('63) 609–18 [m. engl. Zusammenfassg.].

Experientia, Suppl. Catalyse stéréospécifique et polymères stéréoisomériques. Préparation des fibres, matières plastiques et élastomères nouveaux: Nr. **7** ('57) 21–59. — Study of combustion by kinetic spectroscopy: 87–112.

Gazz. chim. ital. Struttura degli idrossidi ed idrati, 4: Sul perossido di stronzio ottoidrato: **62** ('32) 444–56. — Struttura e polimorfismo degli acidi alogenidrici: **63** ('33) 425–39. — Struttura e polimorfismo del cianuro di argento[150]): 439–48. — Le interferenze dei raggi di elettroni nella determinazione della struttura reticolare di sostanze organiche[7])[123]): **65** ('35) 182–98. — Composti chimici interstiziali: Struttura del pentossido di antimonio idrato e di alcuni antimoniati[7]): **66** ('36) 308–16. — Struttura cristallina e simmetria molecolare dell'acqua ossigenata solida[123]): 762–72. — Esame coi raggi di elettroni di metalli precipitati e di loro leghe: **67** ('37) 10–22. — Esame coi raggi di elettroni delle soluzioni solide Cu–Pt ottenute per precipitazione[71]): 23–32. — Un nuovo tipo di soluzioni solide tra metalli: 32–38. — Velocità di propagazione degli ultrasuoni e forma delle molecole negli alti polimeri[7)]: **79** ('49) 364–78. – Sintesi di esteri per reazione tra olefine, ossido di carbonio ed alcoli[115)88)]: **80** ('50) 680–701. – Ripartizione dei prodotti di reazione in una serie di reazioni successive concorrenti[88)]: **81** ('51) 164–76. – Polimerizzazione stereospecifica delle alfa-olefine, 1 [115)93)]: **87** ('57) 528–48; ~ 2: Prime sintesi di polimeri lineari isotattici e non isotattici del propilene[115)93)83)]: 549–69; ~ 3: Polimerizzazione del propilene con catalizzatori aventi diversa stereospecificità[115)93)83)]: 570–85; ~ 4: Polimerizzazione del propilene con cloruri di titanio e alluminio trialchili diversi[115)93)83)]: 88 ('58) 219–28. – Polimerizzazioni e catalisi stereospecifiche: **89** ('59) 52–88; engl.: Stereospecific polymerizations and catalysis: 89–125. – Preparazione e struttura di alti polimeri lineari dell'esino-1 [93)121)110)]: 465–94. – Polimerizzazione stereospecifica delle diolefine coniugate con catalizzatori contenenti forme di $TiCl_3$ a diversa struttura reticolare[119)59)]: 761–74. – Polimeri isotattici di stiroli metilsostituiti[132)50)]: 775–83. – Caratterizzazione roentgenografica di alcuni nuovi polimeri isotattici[44)14)]: 784–97. – Complessi metallorganici per riduzione de soluzioni idrocarburiche di alogenuri di titanio con alluminio[93)121)]: 2065–75.

Giorn. Chim. industr. ed appl. Sulla gasificazione con ossigeno dei carboni a basse temperature[138)]: **14** ('32) 76–86. – Ricerche sulla sintesi degli alcooli alifatici per riduzione catalitica dell'ossido di carbonio[123)]: 217–25. – La sintesi degli alcooli per riduzione catalitica del l'ossido di carbonio: 365. – Sulla fabbricazione della formaldeide per ossidazione o per deidrogenazione catalitica dell'alcool metilico, 1: 545–51; ~ 2 [138)]: 551–54. – Proprietà, costituzione ed analisi delle miscele ternarie: acqua – alcool metilico – formaldeide[7)]: **15** ('33) 273–81. – Polimeri organici ad alto peso molecolare: **16** ('34) 285–95.

Hydrocarbon Processing and Petroleum Refiner New ethylene–propylene elastomers, 1: Characterization, constitution analysis, and monomer distribution[127)149)93)46)]: **41** ('62) Nr. 8, 103–08.

Industria Gomma Copolimeri etilene–propilene contenenti insaturazioni[46)93)]: **7** ('63) Nr. 2, 27–32.

Industria y Quím. Polimeros isotácticos: **17** ('56) 783–86.

Industrie chim. belge Isotaktische und syndiotaktische Polymere: **21** ('56) 286 [fläm.]. – The crystal structure of stereoregular polymers[44)]: **29** ('64) 1–14 [m. französ., fläm. u. deutscher Zusammenfassg.].

Industrie Pétrole Polypropylène isotactique: **24** ('56) Nr. 12, S. 49.

Industrie Plast. modernes Catalyse stéréospécifique et polymères isotactiques: **9** ('57) No. 9, 51–56, 61. – Propriétés dilatométriques et structure de polymères isomères d'éthylène et d'alpha-oléfines[50)96)]: **10** ('58) No. 1, S. 40, 43–45, 55.

J. amer. chem. Soc. The distribution of products in a series of consecutive competitive reactions[88)]: **74** ('52) 3152–56. – Hydrogen transfer reactions accompanying the cobalt-catalyzed addition of carbon monoxide to olefinic compounds[115)54)]: 4496–98. – The influence of hydrogen and carbon monoxide partial pressures on the rate of the hydroformylation reaction[54)33)12)]: **76** ('54) 4049f. – Crystalline high polymers of α-olefins[115)44)50)88)93)96)]: **77** ('55) 1708–10. – A crystallizable organometallic complex containing titanium and aluminum[115)93)68)]: **79** ('57) 2975f. – A new synthesis of chromium hexacarbonyl[54)24)122)]: 3611f. – Crystal structure of the complex $(C_5H_5)_2TiCl_2Al(C_2H_5)_2$ [44)14)]: **80** ('58) 755f. – The reaction between styrene and triisobutylaluminum[115)93)83)16)]: **81** ('59) 2561–63. – Crystalline polymers of dimethylketene[93)121)17)110)]: **82** ('60) 4742f. – Alternating copolymers of dimethylketene with ketones[93)121)17)]: 5511f. – Ethylene–butene-2 alternating crystalline copolymers[49)93)104)149)152)]: **83** ('61) 3343f. – A new coordination type around fluorine atom[4)111)152)]: 5033. – Optically active vinyl polymers, 6: Chromatographic resolution of linear polymers of (R)(S)-4-methyl-1-hexene[115)39)84)]: **84** ('62) 1487f. – Stereospecific catalysts for the head-to-tail polymerization of propylene to a crystalline syndiotactic polymer[104)152)]: 1188–90. Inclusion compounds containing macromolecules[56)4)]: **86** ('64) 516–18. – A new kind of asymmetric synthesis. The radiation polymerization of trans-1,3-pentadiene included in optically active perhydrotriphenylene[56)5)]: **89** ('67) 5071.

J. chem. Soc., London, Sect. B Inclusion compounds in perhydrotriphenylene, 1: Crystal structure of perhydrotriphenylene and of some inclusion compounds[4)56)75)155)124)20)]: **1967**, 1020–28; ~ 2: Conformation of the included molecules[4)56)155)124)30)]: 1028–33.

J. Chim. physique Corrélation entre la structure, l'activité catalytique et les constantes des équilibres d'adsorption relatives aux catalyseurs mixtes pour la synthèse du méthanol: **51** ('54) 702–10.

J. inorg. and nuclear Chem. Stereospecific polymerization by means of coordinated anionic catalysis: **8** ('58) 589–611. – Complessi cristallizzabili contenenti titanio e alluminio cataliticamente attivi nella polimerizzazione dell'etilene[115)93)68)]: 612–19.

J. Polymer Sci. Vélocité de propagation des ondes ultrasoniques en macromolécules[7)]: **3** ('48) 829–33; Ultrasonic velocity in macromolecular substances: **4** ('49) 533–37. – Une nouvelle classe de polymères d'α-oléfines ayant une régularité de structure exceptionnelle: **16** ('55) 143–54 [m. engl. u. deutscher Zusammenfassg.]. – The structure of crystalline 1,2-polybutadiene and of other "syndiotactic polymers" [44]: **20** ('56) 251–66. – Isophasic dilatometric transitions of some poly(normal-α-olefins)[50][96]: **25** ('57) 119–22. – The nature of some soluble catalysts for low-pressure ethylene polymerization[115][93][68][88][110]: **26** ('57) 120–23. – Isotactic polymers of silicon-containing vinyl monomers[93][83][16]: **31** ('58) 181–83. – Nomenclature relating to polymers having sterically ordered structure[50]: **34** ('59) 3–11. – Italian macromolecular terminology: 13–20. – Kinetic studies of α-olefin polymerization: 21–48. – Properties of isotactic, atactic, and stereoblock homopolymers, random and block copolymers of α-olefins: 531–49. – The production of graft copolymers from poly-α-olefin hydroperoxides[15][131]: 685–98. – Conformation of linear chains and their mode of packing in the crystal state[44]: **39** ('59) 29–46. – Proposed nomenclature for di-isotactic polymers[56][110]: **43** ('60) 289–96. – Stereospecific polymerizations: **48** ('60) 219–39. – Highly stereospecific catalyst systems for the polymerization of α-olefins to isotactic polymers[104][152][66]: **51** ('61) 387–98. – The different crystalline modifications of $TiCl_3$, a catalyst component for the polymerization of α-olefins[44][4]: 399–410. – Ethylene–propylene copolymerization in the presence of catalysts prepared from vanadium tris(acetylacetonate)[93][149][127][60]: 411–27. – Kinetics of ethylene–propylene copolymerization[93][149][127][10]: 429–54. – Isotactic trans-1,4-polymers of 1,3-pentadiene[119][44][154][38]: 463–74. – Stereospecific polymerization of 2-vinylpyridine[93][83][49][16]: 487–504. – Structure of isotactic polyaldehydes[44][14]: 505–25. – Isomorphism phenomena in macromolecules[44][132][97]: 527–39. – Report on nomenclature dealing with steric regularity in high polymers[52][91]: **56** ('62) 153–61. – Prediction of the conformation of the chain in the crystalline state of tactic polymers[44][65]: **58** ('62) 1191–99. – Alternating copolymers having a stereoregular polyester structure[93][121][120]: 1201–10. – Properties of ethylene–propylene copolymers and of terpolymers containing unsaturation[46]: **61** ('62) 83–95. – – Die meisten Arbeiten m. französ. u. deutscher Zusammenfassg.

J. Polymer Sci., A Thermodynamic interpretations of the elastic properties of rubbers obtained from ethylene–propylene copolymers[46][61]: **1** ('63) 3569–80. – Some remarks on amorphous and atactic α-olefin polymers and random ethylene–propylene copolymers [149][38][93]: **3** ('65) 1–10. – x-Ray study of some isotactic substituted polycarboalkoxybutadienes: 11–17. – Isomorphism phenomena in systems containing fluorinated polymers and in new fluorinated copolymers[4][14][132][27][146]: 4263–78. – – Alle Arbeiten m. französ. u. deutscher Zusammenfassg.

J. Polymer Sci., B Isotactic cis-1,4-poly-(1,3-pentadiene)[119][137][4][38]: **1** ('63) 67–71. – Coordinated polymerization of cyclobutene in the presence of the aqueous $RhCl_3$ catalytic system[49][98]: **2** ('64) 349–51. – Comment on the letter of A. P. Firsov, B. N. Kašprov, Ju. V. Kissin and N. M. Čirkov[115][93]: 443–46. – Polymerization of 1,3-pentadiene by cobalt catalysts. Influence of the alkyl aluminium compound on the structure of the polymer [119][43]: **5** ('67) 321–24.

J. Polymer Sci., C Polymères optiquement actifs: Phénomènes d'autocatalyse dans la synthèse asymétrique[56][19]: Nr. **4** ('64) 141–46 [m. engl. u. deutscher Zusammenfassg.]. – Polymérisation du propylène à polymère syndiotactique [,1][152][104]: 411–26 [~]; Polymerization of propylene to syndiotactic polymer, 2: Behaviour of the catalytic system VCl_4–Et_2AlCl [152][104][133]: Nr. **16** ('67) 2485–99. – Crystal structure of syndiotactic polypropylene[44][65][143]: 2477–84. – Some aspects of the polymerization mechanism of α-olefins to isotactic polymers[104][152][90][139]: 2501–16. – Inclusion compounds of linear polymers and polymerization of monomers included in perhydrotriphenylene[56][4][80]: 2517–24. – Stereospecific polymerization of butadiene by catalysts prepared from π-allyl-nickel halides[119][64]: 2525–37. – Nuclear magnetic resonance analysis of some deuterated polypropenes[82][130][152][90]: 2539–49. – Crystal structure of trans-polypentenamer[14]: 2551–64.

Kautschuk u. Gummi Kautschuk-elastische Eigenschaften von Äthylen–Propylen-Copolymeren[46][22]: **14** ('61) WT54–WT60 [m. engl. u. französ. Zusammenfassg.].

Kinetika i Kataliz Katalytische und kinetische Aspekte der stereospezifischen Polymerisation von α-Olefinen[104]: **3** ('62) 805–29 [russ.].

Kolloid-Z. Ultraschallgeschwindigkeit in Hochpolymeren[7]: **120** ('51) 190–98 [m. Diskuss.]. – Stereospezifische alternierende Copolymerisation von Äthylen mit Buten-2 [49][93][38]: **182** ('62) 50–60.

Lenzinger Ber. Neue Entwicklungen der Polypropylenfaser[42]: Nr. **24** ('67) 8–16, 18–25 [m. engl. Zusammenfassg.].

Makromolekulare Chem. Die Fortpflanzungsgeschwindigkeit der Ultraschallwellen in Stoffen mit niedrigem und hohem Molekulargewicht[7]: **4** ('49) 134–55. – Kristallstruktur des isotaktischen Polystyrols[44]: **16** ('55) 77–80. – Polymères isotactiques: 213–37 [m. deutscher Zusammenfassg.]. – Über die Kettenstruktur des kristallinen Polyvinylisobutyläthers[14][44]: **18/19** ('56) 455–62 [m. französ. Zusammenfassg.]. – Viskositätszahlen und Molekulargewichte fraktionierter isotaktischer

Polystyrole[50)96)]: **20** ('56) 37–45 [m. engl. Zur sammenfassg.]. — Über die Kristallstruktu-des isotaktischen Poly-α-butens[44)14)]: **21** ('56) 240–44. — Kinetik der Kettenwachstums- und Abbruchsprozesse bei der stereospezifischen Polymerisation des Propylens[104)67)]: **24** ('57) 258–90 [m. französ. Zusammenfassg.]. — Über die volumetrische Bestimmung des Kristallinitätsgrades isotaktischer Polystyrole[50)96)]: **28** ('58) 166–72 [m. engl. Zusammenfassg.]. — Stereospecific polymerization and isotactic polymers of vinyl aromatic monomers[50)132)]: 253–61. — Structure and reactivity of vinyl aromatic monomers in coordinated anionic polymerization and copolymerization[50)132)]: **30** ('59) 238–46. — Chain structure of isotactic polyvinyl cyclohexane[44)14)]: **33** ('59) 247f. — Progress in the stereospecific polymerization: **35** ('60) 94–131 [m. deutscher Zusammenfassg.]. — Isotactic aldehyde polymers[93)44)14)]: **37** ('60) 156–59. — Crystalline 2-vinyl-pyridine polymers[93)49)83)]: 160–62. — Di-isotaktische Polymere[56)110)]: **38** ('60) 13–26 [m. engl. Zusammenfassg.]. — Chain conformation of polypropylenes having a regular structure[44)65)]: **39** ('60) 238–42. — Asymmetric synthesis of optically active di-isotactic polymers from cyclic monomers[56)110)19)]: **43** ('61) 68–75 [m. deutscher Zusammenfassg.]. — Anionic catalytic systems for asymmetric synthesis of polymers[56)53)]: 251–54. — Crystalline polymers of dialkyl ketenes[93)121)17)]: **44/46** ('61) 537–49 [m. deutscher Zusammenfassg.]. — Polymers of dimethylketene having prevailingly polyacetalic structure[93)121)17)25)]: **51** ('62) 148–53 [~]. — Polymer of 1,3-pentadiene with a cis-1,4 syndiotactic structure[119)28)38)4)]: 229–32. — Phenomena of isomorphism and polymorphism in trans-1,4 copolymers of 1,3-butadiene with 1,3-pentadiene[119)28)86)]: **53** ('62) 52–57 [m. deutscher Zusammenfassg.]. — Crystalline alternating ethylene–cyclopentene copolymers and other ethylene–cycloolefin copolymers[49)93)104)149)152)]: **54** ('62) 95–101 [~]. — Di-isotactic polymers of cis- and trans-β-chlorovinyl ethers and factors determining their steric configurations[110)56)19)]: **55** ('62) 139–49 [~]. — Crystalline polymers of phenyl- and n-butyl-isocyanates[114)25)]: **56** ('62) 200–07 [~]. — Anionic-coordinated polymerization of cyclobutene[49)93)119)]: 224–27. — Stereospecificity in the cationic coordinated polymerization of methoxystyrenes[49)93)31)]: **58** ('62) 217–25 [m. deutscher Zusammenfassg.]. — Crystalline alternating copolymers of ethylene–butene-2 and ethylene–cyclopentene[4)14)44)65)]: 242f. — Melting enthalpy and entropy of cis-tactic polybutadiene[86)]: **66** ('63) 218–21. — Synthesis of optically active cis-1,4 poly(1,3-pentadiene) by asymmetric induction[119)148)]: **67** ('63) 225–28. — Stereospecific polymerization of cyclobutene[49)93)98)]: **69** ('63) 163–79 [m. deutscher Zusammenfassg.]. — Dependence of the melting point of isotactic polypropylenes on their molecular weight and degree of stereospecificity of different catalytic systems[104)152)66)]: **70** ('64) 191–205 [~]. — Dismutation of aluminium monoalkyldihalides by the action of complexing substances, and their behaviour in ternary catalytic systems for anionic coordinated polymerization processes[152)104)66)85)]: 206–21 [~]. — cis-1,4-Polybutadiene from cobalt catalysts. Some remarks on the termination of growing chains by ^{14}C- or tritium-labelled alcohols[119)28)72)]: **71** ('64) 207–11. — Anionic stereospecific polymerization of β-(N-carbazyl)-ethylmethacrylate[83)109)]: 212–14. — Crystalline modification of syndiotactic polypropylene having a zig-zag chain conformation[110)4)]: **75** ('64) 215f. — Polymerization of propylene with vanadium halides and aluminium alkyls[93)85)68)9)]: **76** ('64) 54–65 [m. deutscher Zusammenfassg.]. — Polymerization of conjugated diolefins by homogeneous aluminium alkyl – titanium alkoxide catalyst systems, 1: Cis-1,4 isotactic poly(1,3-pentadiene) [119)28)137)]: **77** ('64) 114–25 [~]; ~ 2: 1,2-Polybutadiene and 3,4-polyisopropene [119)28)]: 126–38 [~]. — Crystalline alternating ethylene–butadiene copolymers[152)104)38)]: **79** ('64) 161–69 [~]. — Polymerization of propylene to syndiotactic polymer, 1: Valence of active vanadium in the catalytic systems[152)76)104)95)130)34)]: **81** ('65) 161–72 [~]; ~ 3: Behaviour of the catalyst system VCl_4–$Al(C_2H_5)_2Cl$ in the presence of Lewis bases[152)104)133)]: **112** ('68) 160–82 [~]; ~ 4: Addition to the double bond[152)60)]: 183–96 [~]. — Polymerization of cyclobutene and of 3-methylcyclobutene by $RuCl_3$ in polar protic solvents[49)119)]: 253–57. — Nomenklaturbericht über sterische Anordnung in Hochpolymeren[74)52)91)]: **82** ('65) 1–15 [m. engl. Zusammenfassg.]. — Alternating 2-vinylpyridine–α-stilbazole copolymers[83)101)]: **83** ('65) 161–66 [m. deutscher Zusammenfassg.]. — Studies on the molecular conformations of racemic poly(sec-butyl) vinyl ether, of poly-S-(sec-butyl) vinyl ether, and of polyisopropyl vinyl ether in the crystal state[14)4)]: **89** ('65) 81–94 [~]. — Infrared spectra and steric structure of head-to-tail polypropylenes[110)152)]: 273–77. — Stereospecific ring cleavage homopolymerization of cyclo-olefins and structural examination of the resulting homologous series of linear crystalline trans polyalkenamers[49)14)29)]: **91** ('66) 87–106 [m. deutscher Zusammenfassg.]. — Optically active polymers: The asymmetric synthesis of polynaphthofurans[19)56)]: **93** ('66) 283–88. — NMR data on the stereoregularity of polypropylene[152)130)56)]: **110** ('67) 1–11 [m. deutscher Zusammenfassg.]; **111** ('68) 281. — On the conformation and stereoregularity of isotactic vinyl polymer chains[44)]: **110** ('67) 291–93. — Graft polymerization in solution of methyl acrylate on atactic polypropylene[131)108)142)]: **119** ('68) 201–11 [m. deutscher Zusammenfassg.].

Materie plast. Stato solido, liquido e plastificato degli alti polimeri lineari: **17** ('51) 49–63. — Il nuovo laboratorio prove materie plastiche del Politecnico di Milano: **19** ('53) 161–69. — Polimeri isotattici ed altri polimeri stereoisomerici: **23** ('57) 541–57. — Catalisi stereospecifica e polimeri stereoisomeri: Preparazione di nuove materie plastiche, di nuove fibre e di nuovi elastomeri: **24** ('58) 3–23. — Proprietà elastomeriche dei copolimeri etilene-propilene[46)][22)]: **27** ('61) 832–44, 914.

Materie plast. ed Elastomeri Nuovi sviluppi della chimica macromolecolare nel campo degli elastomeri: **29** ('63) 3–13. — Contributo italiano ai recenti sviluppi scientifici e tecnici nel campo delle materie plastiche e degli elastomeri: 446–56.

Modern Plastics Stereospecific catalysis and isotactic polymers: **34** ('56) Nr. 4, 169f., 172, 174, 176, 178, 180, 182, 261–63.

Monatsh. Chem. Die Elektronenbeugung als Hilfsmittel der Strukturbestimmung organischer Substanzen[7)][123)]: **66** ('35) 64–75.

Naturwissenschaften Ein besonderer Typus von unbeständigen Mischkristallen mit anomalen Gitterkonstanten: **23** ('35) 527f.

Nucleus [Paris] Catalyse et polymérisation stéréospécifique: **4** ('63) 97–108, 211–24.

Österreichische Chemiker-Ztg. Die Synthese des Methanols und höherer Alkohole aus Wassergas: **40** ('37) 162–70. — Polypropylenfasern: **62** ('61) 205–15.

Officiel Matières plast. Sur quelques propriétés élastomériques des copolymères éthylène–propylène. Nouvelles orientations dans le champ des élastomères synthétiques[46)]: **9** ('62) 37–41.

Polymer Preprints Polymerization of 1,3-pentadiene to cis-1,4-stereoisomers[119)]: **5** ('64) 1163–69.

Priroda [SSSR] Kautschuk von hochregulärer Struktur. Stereospezifische Polymerisation verketteter Olefine[119)]: **1968**, Nr. 4, 38–47 [russ.].

Prix Nobel De la polymérisation stéréospécifique à la synthèse asymétrique autocatalytique des macromolécules: **1963** ('64) 185–223.

Pure and appl. Chem. Stereospecific polymerization and asymmetric synthesis of macromolecules: **4** ('62) 363–85. — Some remarks on the mechanism of the stereospecific ionic coordinate polymerization of hydrocarbon monomers: **12** ('66) 165–82. — Report on nomenclature dealing with steric regularity in high polymers[74)][52)][91)]: 643–54.

Quaderni Ricerca sci. Analisi all'infrarosso di miscele fisiche o innestate di poliacido acrilico e polipropilene[108)][160)]: Nr. **58** ('69) 344–61 [m. engl. Zusammenfassg.].

Recherche Les macromolécules: **2** ('71) 351–62.

Relazioni, Soc. ital. Progr. Sci. La catalisi e le sue applicazioni per l'autarchia: **28.1939** III ('41) 361–75. — Sintesi catalitica delle ammine alifatiche[99)][92)]: 377–83. — L'azione di diversi catalizzatori nell'idrogenazione del furfurolo[123)][15)]: 385–94.

Rend., Reale Ist. lombardo Sci. e Lettere Struttura e polimorfismo del cianuro di argento[150)]: (2) **66** ('33) 895–904.

Rend., Reale Ist. lombardo Sci. e Lettere, Parte gen. e Atti uffic. Leggi di ripartizione delle singole specie molecolari nei prodotti di una catena di reazioni successive, 1: (3) **78** ('44/45) 307–20; Funzioni cinetiche e di ripartizione delle masse nelle catene di reazioni successive tra ossido di etilene ed alcoli, 2[134)]: 336–46.

Revue belge Matières plast. Polyoléfines: **5** ('64) 577–96.

Revue gén. Caoutchouc Recherches fondamentales italiennes sur de nouveaux élastomères synthétiques: **34** ('57) 681–90, 718, 724f., 726, 728 [m. engl., deutscher, span. u. italien. Zusammenfassg.]. — Elasticité de rebondissement des polymères et copolymères d'α-oléfines[46)]: **37** ('60) 1003–07 [~]. — Quelques considérations sur l'importance de la stéréorégularité dans le domaine des élastomères: **40** ('63) 785–93, 691, 693, 695.

Revue gén. Caoutchouc et Plastiques Propriétés et applications des polymères hydrocarbonés greffés: **4** ('67) Edit. Plast., 321–25 [m. engl. Zusammenfassg.].

Ricerca sci. Confronto tra i risultati sperimentali e le previsioni termodinamiche sulla idrogenazione degli idrati di carbonio a basse temperature[15)]: **14** ('43) 15–22. — Mario Giacomo Levi: **25** ('55) 1323–32. — Centro di Studio per la Chimica Industriale: Attività svolta durante l'anno 1954: 2551–57. — Cinetica della polimerizzazione dell'etilene catalizzata da composti alluminio-alchilici[115)][56)]: Suppl. A, 120–33. — Studi roentgenografici sulla cristallinità e sulla struttura di idrocarburi ad alto peso molecolare[44)]: 695–706. — Frazionamento cromatografico di polimeri a stereoblocchi[108)][110)]: **28** ('58) 1473–79. — — Die meisten Arbeiten m. engl., deutscher u. französ. Zusammenfassg.

Rivista ital. Petrolio Motortreibstoff mit hoher Oktanzahl. Synthese von Isooktan aus Wassergas[7)]: **6** ('38) No. 65, 14–19 [italien.].

Rubber Age [New York] Elastomeric properties of ethylene–propylene copolymers[46)]: **87** ('60) 459–65. — The elastomeric properties of certain unsaturated copolymers containing ethylene and propylene[46)][93)][149)][127)][128)]: **89** ('61) 636–39.

Rubber Chem. and Technol. The velocity of propagation of ultrasonic waves and the form of the molecules of high polymers[7]: **23** ('50) 151–62. – Sulfur vulcanizable ethylene–propylene rubbers[93,46,149,127]: **36** ('63) 988–99. – Polyolefin elastomers[46,149,127]: 1583–668. – Improvement of impact strength of polystyrene by compounding with styrene-grafted ethylene–propylene elastomeric copolymers[u.a.]: **39** ('66) 1667–75. – NMR study of polypropylenes of different structure and steric order[82,130]: **40** ('67) 400–10. – Thermodynamic examination of the polymorphic transition of trans-1,4-polybutadiene, 1: Theoretical premises: **41** ('68) 576–85; ∼ 2: Experimental: 586–600.

Rubber and Plastics Age New synthetic elastomers: **38** ('57) 495–501. – Vulcanization and elastomeric properties of ethylene–propylene copolymers[46,156,8,22]: **42** ('61) 53–58. – Physical and technological properties of cis-polybutadiene[46,157,78,125]: 402–09 [m. deutscher, französ. u. russ. Zusammenfassg.]. – Stereosymmetric polypropylene[104]: **1339** [∼]. – Thermodynamic data on trans-tactic polybutadiene[96]: **44** ('63) 42f. [∼]. – Polyolefin elastomers[46,149,127,26,147]: **46** ('65) 683–89 [∼]. – Thermodynamic examination of the polymorphous transition of trans-1,4-polybutadiene[108,141]: **48** ('67) 1067–70, 1072f. [∼].

Science [USA] From the stereospecific polymerization to the asymmetric synthesis of macromolecules: **147** ('65) 261–72.

Scientific American Precisely constructed polymers: **205** ('61) Nr. 2, 33–41.

SPE Journal Progress in five years of research in stereospecific polymerization: **15** ('59) 373–82.

SPE Transactions Crystallinity in high polymers and copolymers: **3** ('63) 99–110.

Suppl. Nuovo Cimento Crystalline synthetic high polymers with a sterically regular structure: Introduction: (10) **15** ('60) 3–8. – General considerations on the structure of crystalline polyhydrocarbons[44]: 9–39. – Structure and properties of isotactic polypropylene[44]: 40–51. – Crystal structure of isotactic poly-alpha-butene[44,14]: 52–67. – Crystal structure of isotactic polystyrene[44,14]: 68–82. – Crystal structure of poly-ortho-fluorostyrene[44,14]: 83–95. – The crystal structure of cis-1,4-polybutadiene[44]: 111–21.

Tetrahedron Organometallic complexes as catalysts in ionic polymerizations[93]: **8** ('60) 86–100.

Tetrahedron Letters Optically active compounds: an exception to the usual definition of asymmetric carbon atom[56]: **1963**, 703–09.

Usp. Chim. Erfolge auf dem Gebiet der stereospezifischen Polymerisation: **30** ('61) 292–312 [russ.]. – Über die Nomenklatur stereoregulärer Polymerer[74,52,91]: **34** ('65) 2281–92 [∼].

Vestn. Akad. Nauk SSSR Stereospezifische Polymerisation und ihre Entwicklung: **40** ('70) Nr. 5, 49–52 [russ.].

Vysokomolekuljarnye Soedinenija Beurteilung der Stereospezifität von Katalysatoren bei der Polymerisation von Propylen[115,93]: **6** ('64) 1534–36 [russ. m. engl. Zusammenfassg.].

World Petroleum Motor fuel of high octane number. Synthesis of iso-octane from water gas[7]: **10** ('39) 69.

Z. ges. Textilindustrie Neue Entwicklungen auf dem Gebiet der Polypropylenfasern[42]: **69** ('67) 827–35.

Z. Kristallogr., Kristallgeom., Kristallphysik, Kristallchem. Tetrossido di antimonio e antimoniati[7]: **85** ('33) 271–96 [m. deutscher Zusammenfassg.]. – Bemerkung zur Arbeit von G. Engel: Die Kristallstrukturen einiger Hexachlorokomplexsalze: **91** ('35) 370.

Mit: 1) N. Agliardi; 2) G. Albanesi; 3) A. Alberola; 4) G. Allegra; 5) G. Audisio; 6) G. Aurello; 7) M. Baccaredda; 8) G. Ballini; 9) F. Bandini; 10) A. Barbagello; 11) –; 12) F. H. Barbieri; 13) E. Bartoletti; 14) I. W. Bassi; 15) E. Beati; 16) F. Bernardini; 17) M. Binaghi; 18) I. Borghi; 19) E. Bressan; 20) R. Broggi; 21) G. Bruni; 22) M. Bruzzone; 23) E. Butta; 24) F. Calderazzo; 25) M. Cambini; 26) N. Cameli; 27) G. Caporiccio; 28) A. Carbonaro; 29) G. Carella; 30) G. Casagrande-Tettamanti; 31) A. Casale; 32) A. Cassata; 33) S. Castellano; 34) P. Centola; 35) M. Cesari; 36) S. Cesca; 37) P. Chini; 38) F. Ciampelli; 39) F. Ciardelli; 40) R. Cini; 41) U. Colombo; 42) M. Compostella; 43) A. Di Corato; 44) P. Corradini; 45) P. Cremonesi; 46) G. Crespi; 47) A. Grugnola; 48) S. Dabhade; 49) G. Dall'Asta; 50) F. Danusso; 51) M. Dente; 52) V. Desreux; 53) M. Donati; 54) R. Ercoli; 55) G. Fagherazzi; 56) M. Farina; 57) E. Ferroni; 58) P. Ferruti; 59) L. Fiore; 60) D. Fiumani; 61) U. Flisi; 62) G. Gabrielli; 63) P. L. Gadina; 64) M. C. Gallazzi; 65) P. Ganis; 66) G. Gatti; 67) E. Giachetti; 68) U. Giannini; 69) G. M. (M. G.) Giongo; 70) L. Giuffrè; 71) A. Giuriani; 72) A. Greco; 73) G. Guglielmi; 74) M. L. Huggins; 75) A. Immirzi; 76) G. Lanzi; 77) R. Lanzo; 78) S. Leghissa; 79) –; 80) M. Loffelholz; 81) F. Lo Giudice; 82) E. Lombardi; 83) P. Longi; 84) G. P. Lorenzi; 85) D. De Luca; 86) G. Lugli; 87) A. Macchi; 88) E. Mantica; 89) M. A. Marchisio; 90) A. Marinangeli; 91) H. Mark; 92) G. Mattei; 93) G. Mazzanti; 94) A. Mazzei; 95) E. R. Mognaschi; 96) G. Moraglio; 97) D. Morero; 98) G. Motroni; 99) A. Nasini; 100) G. Negri; 101) U. Nordio; 102) G. Pajaro; 103) A. Palvarini; 104) I. Pasquon; 105) L. Passerini; 106) G. Pastonesi; 107) A. Pavan; 108) M. Pegoraro; 109) E. Pellino; 110) M. Peraldo; 111) G. Perego; 112) B. Pernis; 113) G. Peruzzo; 114) J. Di Pietro; 115) P. Pino; 116) R. Piontelli; 117) R. Pirani; 118) G. Pizzotti; 119) L. Porri; 120) G. Pozzi; 121) G. Pregaglia; 122) A. Rabizzoni; 123) R. Rigamonti; 124) U. Rossi; 125) F. Sabbioni; 126) E. Santambrogio; 127) G. Sartori; 128) P. Scaglione; 129) F. Scalari; 130) A. L. Segre; 131) F. Severini; 132) D. Sianesi; 133) R. Signorini; 134) M. Simonetta; 135) G. Sovarzi; 136) V. Stellacci; 137) G. Stoppa; 138) M. Strada; 139) A. Surico; 140) J. Šváb; 141) L. Szilágyi; 142) C. Tavazzani; 143) P. A. Temussi; 144) S. Toffano; 145) P. Tono; 146) E. Torti; 147) V. Turba; 148) S. Valenti; 149) A. Valvassori; 150) O. Vecchia; 151) E. C. Vigliani; 152) A. Zambelli; 153) V. Zamboni; 154) G. Zanini; 155) A. Colombo; 156) E. Di Giulio; 157) G. Guzzetta; 158) C. Farina; 159) C. Pedone; 160) A. Penati.

VI **NATUCCI,** Giovanni Alpinolo. Math., Physik, Geschichte d. Math. u. Physik. — 1903–23 Insegnante (licei e scuole tecn.); '23–24 Prof., R. Ist. tecn. di Mondovi; '24–53 Prof., (R.) Ist. tecn. di Chiavari, Genova. — '30 Premio (Ist. ital. per la Storia della Scienza, Roma); '32, '38 Premio (R. Accad. d'Italia); '49 Premio candido (Unione mat. ital.); '62 Premio (Ministero dell'Interno); '68 Medaglia d'oro di benemerenza (Soc. econ.).
*1883, März 2, Camaiore, Lucca.

MHZ. Giorn. Mat. Battaglini (5) 1 ('52) ff.

S. Atti del I Congresso dell'Unione matematica italiana, Firenze 1937 (Bologna '38): Saggio di una classifica dei metodi usati nell'aritmetica generale. — Atti del II Congresso dell'Unione matematica italiana, Bologna 1940 (Roma '42) 966–76: Rapida visione dei progressi della geometria elementare da Euclide ai nostri giorni; 977–82: Vari tipi di dimostrazione del teorema fondamentale della geometria proiettiva. — Atti del IV Congresso dell'Unione matematica italiana, Taormina 1951, **2** (Roma '53) 646–62: La teoria delle proporzioni nel rinascimento italiano; 663–73: Guglielmo Libri come storico della matematica. — Dizionario letterario Bompiani delle opere e dei personaggi di tutti i tempi e di tutte le letterature [Autori] **1** (Milano '56) 258: Bhāskara; 306: Bossut, Charles; 633: Desargues, Girard; **2** ('57) 200: Hankel, Hermann; 318: Jacobi, Carl Gustav Jacob; 397, 399: Klein, Felix; 836: Napier, John, barone di Merchiston; **3** ('57) 338: Rolle, Michel; 644f.: Tartaglia, Niccolò; 721: Tropfke, Johannes Franz Joseph; 870: Wallis, John; 943: Zeuthen, Hieronymus Georg. — Actes du VIIIe Congrès international d'histoire des sciences, Florence et Milan 1956, **1** (Firenze–Paris '58) (Collection des travaux de l'Académie internationale d'histoire des sciences, 9) 75–83: Commento di Niccolò Tartaglia all'opera di Archimede "De insidentibus aquae"; 225–36: Ipotesi antiche e moderne sulla formazione dei colori. — Actes du Symposium international des sciences physiques et mathématiques dans la première moitié du XVIIe siècle, Pise-Vinci 1958 (Firenze '60) (~ 11) 178–82: Il concetto di lavoro meccanico in Galileo e Cartesio. — Actes du IXe Congrès international d'histoire des sciences, Barcelona–Madrid 1959 (Barcelona–Paris '60) (~ 12) 547–52: Giovan Battista Baliani letterato e scienziato genovese del secolo XVII. — Actes du Symposium international d'histoire des sciences, Turin 1961 (Firenze '64) (~ 14) 151–59: Macedonio Melloni scienziato insigne e illustre patriota del secolo XIX. — Convegno di studi torricelliani in occasione del 350° anniversario della nascita di Evangelista Torricelli, Faenza 1958 (Faenza '59) 77–91: I meriti di Evangelista Torricelli come fisico. — Atti del VI Congresso dell'Unione matematica italiana, Napoli 1959 (Roma '60) 485: Come è sorto il concetto di numero immaginario, e come ha acquistato il diritto di cittadinanza in matematica. — Dictionary of scientific biography (C. C. Gillespie) **2** (New York '70) 592: Buono, Paolo Del; **4** ('71) 515: Fagnano dei Toschi, Giovanni Francesco; 515f.: Fagnano dei Toschi, Giulio Carlo; **5** ('72) 498–500: Grandi, Guido.

W. Elementi di analisi matematica per i licei scientifici. Secondo biennio (Milano '32) 216 S. — Esercizi e problemi di algebra; con applicazioni alla geometria e alla fisica ad uso delle scuole medie superiori (Milano '32) 188 S. — Elementi di fisica moderna per i licei classici e scientifici, **1**: Meccanica, acustica (fisica molecolare) (Milano '33) 206 S.; **2**: Termologia, ottica (energia raggiante) ('33) 191 S.; **3**: Elettrologia e magnetismo (fisica dell'elettrone), cosmografia e meteorologia ('33) 215 S. — Algebra (per tutte le sezioni degli istituti tecnici) (Milano '35) 310+32 S.; ²('40). — Lezioni di fisica per istituti tecnici e commerciali ed istituti magistrali (Milano '37); ²('41); ³('43). — L'elettricità. Breve sguardo storico allo sviluppo dell'elettrologia (Fermo '38) 43 S. — Nozioni di matematica per la scuola media, **1**: Aritmetica e geometria per la prima classe (Milano '41) 189 S.; **2**: Aritmetica e geometria per la seconda classe ('41 [oder '42 ?]) 127 S.; **3**: Algebra e geometria per la terza classe ('42) 136 S. — Il mistero della luce svelato; saggio di una teoria completa e unitaria dei fenomeni luminosi in base alle ultime conoscenze sulla materia e sulla energia (Milano '42) 130 S. (Piccola biblioteca di scienze moderne, 461). — Sviluppo storico dell'aritmetica generale e dell'algebra (Napoli '55) 4+367 S.

Acta pontificiae Acad. S. Thomae Aquinatis et Religionis cathol. Il principio di causalità in fisica alla luce del pensiero cattolico: (N.S.) **3** ('37) 279–83.

Analisi I cosidetti paradossi di Zenone D'Elea: **1947.**

Antenna [Torino] Il sentimento della natura in Dante: **2** ('67) Nr. 4/5.

Archimede [Firenze] Il teorema di Descartes sui poliedri: **1** ('49) Nr. 7/8. — Intuizionismo o formalismo logico ?: **1** ('49) 239–42. — Nel terzo centenario dalla morte di Cartesio: **2** ('50) 121–26. — Importanza ed utilità della storia della scienza in generale e della storia della matematica in particolare: **3** ('51) 147–51. — Il binomio di Newton (nota storica): **4** ('52) Nr. 3. — Leonardo geometra: **4** ('52) 209–13. — Come è sorto e come si è precisato il principio d'inerzia: **5** ('53) 214f. — In memoria di Gino Loria: **6** ('54) 81–84. — Saggio di una classifica delle dimostrazioni del teorema di Pitagora: 156–61, 229–34. — Determinante reciproco e determinante degli aggiunti (o aggiunto): **8** ('56) 140–42. — Introduzione e fortuna della parola "quanti" nella scienza: **19** ('67) 106–10. — Notizie sulla matematica indiana: Un capitolo interessante di storia della scienza: **25** ('73) 106–08.

Archives int. Hist. Sci. Qual'è stata la prima accademia scientifica?: **6** ('53) 486. — Giovan Battisto Baliani letterato e scienziato genovese del secolo XVII: **12** ('59) 267–83.

Atti Accad. ligure Sci. e Lettere Le origini della teoria delle funzioni ellittiche (nel I centenario della morte di Carlo Gustavo Jacobi, 18 febbraio 1851): **9** ('53) 40–54. — Giovan Battista Baliani letterato e scienziato genovese del secolo XVII: **16** ('59) 13–27 [m. engl. Zusammenfassg.].

Atti Fondaz. Giorgio Ronchi Le grandi epoche nella storia della matematica: **6** ('52) Nr. 2. — La formazione dei colori secondo Roberto Boyle: **11** ('56) 311–14.

Boll. Mat. In memoria di Giuseppe Peano: **28** ('32) 52–56. — Il letto di Procruste (a proposito dei nuovi programmi per istituti tecnici): **29** ('33). — Considerazioni intorno alle rendite frazionate: **32** ('36) 47–51. — Sul numero delle diagonali di un poligono: **35** ('39) 49f. — Il postulato delle parallele secondo von Staudt: **36** ('40) 10f. — Sulla razionalizzazione di una particolare classe di equazioni contenenti un radicale quadratico: 94. — Necrologio di Rodolfo Bettazzi: **37** ('41) Nr. 3. — Risoluzione delle quistioni 13 e 19: Nr. 3 u. 6. — Posizioni diverse di due circoli in un piano: **38** ('42) Nr. 4. — A proposito degli specchi ustori di Archimede: **47** ('48) Nr. 2.

Boll. Soc. mat. calabrese Noterelle di geometria analitica, 1: Equazione del fascio di piani individuato da 2 punti; ∼ 2: Sull'orientamento dei triedri nello spazio; ∼ 3: Un teorema sulle quadriche: **3** ('52) Nr. 3. — Pietro Franchini come storico della matematica: **4** ('53) Nr. 1. — Intorno alle definizioni delle funzioni trigonometriche: Nr. 2. — Bibliografia relativa alla formula di Erone: ibid. — Appunti storico-bibliografici di logica matematica: Nr. 3. — L'origine del calcolo funzionale in Italia: Nr. 4. — Noterelle d'algebra, 1: Nota storica sulla risultante di 2 o più equazioni; ∼ 2: Approssimazione delle radici di una equazione secondo Brook Taylor; ∼ 3: Dimostrazione di una formula sull'arco seno: **5** ('54) Nr. 1. — Nel primo centenario della nascita di Giuseppe Veronese: Nr. 2. — L'origine dell'algebra: Nr. 4. — Sulle coordinate ellittiche nel piano, nello spazio ordinario e negli iperspazi: ibid. — Equazione di una quadrica riferita a un triedro che le appartiene: **6** ('55) Nr. 1. — Storia delle teorie luminose, 1: Nr. 1; ∼ 2: Nr. 2; ∼ 3: Nr. 3; ∼ 4: Nr. 4; ∼ 5: **7** ('56) Nr. 1; ∼ Appendice: Nr. 2. — Trigonometria degli argomenti complessi e funzioni iperboliche: **7** ('56) [oder **8** ('57)?] Nr. 1. — Nel quarto centenario della morte di Niccolò Tartaglia: ibid. — Considerazioni intorno alla costruzione di una involuzione su una retta: **7** ('56) Nr. 2. — Considerazioni sulla geometria proiettiva delle coniche: ibid. — Nel sessantennio dell'invenzione della radiotelegrafia: Nr. 3. — Pseudo dimostrazione del postulato euclideo delle parallele: Nr. 4. — La misura delle grandezze secondo Lebesgue: ibid. — Le grandi correnti del pensiero contemporaneo: **10** ('59) Nr. 2. — Ricordo di Macedoni Melloni: **12** ('61) Nr. 4. — Notizie storiche sul calcolo integrale: **13** ('62) Nr. 3. — Il peso sulla luna: **14** ('63) Nr. 1. — Le grandi epoche nella storia della matematica: Nr. 3. — Un bel teorema di geometria dello spazio (Teorema di Natucci): Nr. 4. — A 150 anni dalla morte di Giuseppe Luigi Lagrange. Cenni bibliografici e biografici: ibid. — Una notevole proprietà dei rapporti anarmonici proiettivi: **15** ('64) Nr. 1. — Le grandi epoche nella storia della fisica: Nr. 3. — Nota filologica: Traduzione di alcuni termini matematici dal sanscrito: **16** ('65) Nr. 2. — I rinnovatori: **17** ('66) Nr. 1/2. — Insiemi, gruppi, campi o corpi, anelli: ibid. — Considerazioni sul prodotto cartesiano d'insiemi e sul quoziente d'insiemi: Nr. 3. — Ricordo del prof. Pietro Tortorici: Nr. 4. — Una pagina gloriosa per l'Italia nella storia della elettricità (Galvani, Volta, Pacinotti, Galileo Ferraris): **18** ('67) Nr. 1. — Omografia e correlazione; omologia e suoi casi particolari: Nr. 2. — Energia atomica e nucleare, 1: ibid.; ∼ 2: ibid.; ∼ 3: Nr. 3. — L'insegnamento della matematica elementare; sua evoluzione nell'ultimo secolo: **19** ('68) Nr. 2. — Intorno alle terne pitagoriche; soluzioni intere della equazione $x^2+y^2 = z^2$: **20** ('69) Nr. 4. — I meriti di Ulisse Dini nella sistemazione del calcolo infinitesimale e dell'analisi reale: **21** ('70) Nr. 1. — Brevi note e osservazioni: **23** ('72) Nr. 4.

Boll. Unione mat. ital. Osservazioni sul problema di Fermat: (3) **6** ('51) 245–48. — Il calcolo dei radicali in Niccolò Tartaglia: **11** ('56) 594–98.

Giorn. Mat. Battaglini Il teorema fondamentale della proiettività: (5) **1** ('52/53) 5–41. — L'uso del principio d'induzione nel calcolo di certi integrali: 85–87. — Leonardo geometra: 89–103. — Ricerche sistematiche sull'ultimo teorema di Fermat: 171–79. — Ricerche sistematiche intorno al "teorema di Catalan": **2** ('54) 297–300. — Nel primo centenario della nascita di Salvatore Pincherle: 335–42. — L'origine dell'algebra: 429–36. — Nel primo centenario della nascita di Gregorio Ricci-Curbastro: 437–42. — Il problema dell'interpolazione: **3** ('55) 89–106. — Nel primo centenario della nascita di Enrico Poincaré: 115–30. — In memoria di Alfredo Capelli (1855–1910): 297–300. — La genesi combinatoria dell'aritmetica: 301–11. — Che cosa contiene la "Nova Scientia" di Tartaglia ?: **4** ('56) 261–71. — Ricordo di Ernesto Cesàro: **5** ('57) 126f. — Sulle varie dimostrazioni di un teorema sui limiti: **6** ('58) 209–14. — Ipotesi antiche e moderne sulla caduta dei gravi: 215–25. — Saggio storico sulla teoria delle funzioni: **7** ('59) 89–143. — Forme di 3° e 4° ordine nella stella generate proiettivamente: (6) **1** ('63) 68–84. — Le grandi epoche nella storia della matematica: 143–53. — Ricordo di Giuseppe Battaglini: **2** ('64) 123–25.

Illustrazione sci. L'evoluzione della geometria: **7** ('55) Nr. 70.

Periodico Mat. Come si insegnava algebra nel secolo decimosesto: **12** ('32) 173–79. — Spigolando alcuni testi classici di geometria, 1: Valutazione empirica del volume della piramide secondo Clairaut: 305–07; ~ 2: Minima distanza di rette sghembe: **13** ('33) 47–50; ~ 3: Rapporto di grandezze incommensurabili: 161–65; ~ 4: Pseudodimostrazioni del postulato delle parallele date di Legendre; ~ 5: Il teorema delle tre perpendicolari: 301–10. — Sulle equazioni di 3° grado, sulla loro risoluzione grafica e sulla loro discussione: **15** ('35) 93–108. — Un quarto criterio di similitudine per triangoli: **17** ('37) 225–29. — Necrologio di Rodolfo Bettazzi: **21** ('41) Nr. 3. — Risoluzione delle questioni 362, 363, 364: **23** ('43) Nr. 3/5. — Punti interni ed esterni a una quadrica: **24** ('46) Nr. 1. — Area del segmento circolare e volume del tetraedro in Cina: **26** ('48) 153–56. — Relazioni perimetriche in triangoli e poligoni: **29** ('51) 98–101. —2+2 fanno 4: Nr. 4. — In memoria di Alfredo Capelli: **33** ('55) 257–75. — Che cos'è la "Trauagliata Inventione" di Niccolò Tartaglia ?: **34** ('56) 294–97. — Assoluta necessità che si istituiscano corsi di conferenze sulla storia della matematica e della fisica: **38** ('60) 228–33. — Rapida rassegna delle adunanze della Sezione di Matematica e Fisica nelle riunioni degli scienziati italiani del secolo XIX, 1: **39** ('61) Nr. 4; ~ 2: Nr. 5; ~ 3: **40** ('62). — Vicendevoli relazioni fra i 4 teoremi fondamentali per la risoluzione dei triangoli piani: **40** ('62) 104–13. — Storia della teoria delle equazioni, 1: Dall'antichità all'inizio del secolo XVI, 1: **41** ('63) 1–16, 67–78, 257–71; **42** ('64) 277–305. — Ricordo di Oscar Chisini: **46** ('68) 34–39.

Physis Sguardo storico sull'evoluzione delle idee di Galileo intorno alla caduta dei gravi: **1** ('59) Nr. 4. — Giudizi di F. Enriques e A. Metz su Emilio Emerson: **3** ('61) Nr. 3. — Appunti bibliografici relativi a Platone e ad Aristotele: **4** ('62) 379–85.

Revue Hist. Sci. et Appl. Gino Loria (1862–1954): **7** ('54) 372–74.

Rivista Fisica, Mat. e Sci. natur. I gas nobili monoatomici: **8** ('33/34) Nr. 4. — Una plausibile spiegazione delle successive glaciazioni del quaternario: **14** ('39/40) Nr. 1. — Definizione di alcune grandezze fisiche (energia, potenziale, entropia ecc.): **15** ('40/41) 298–316.

Sapere La vita e l'opera scientifica di Cartesio: Nr. **377/378** ('50 [?]). — Nel primo centenario della nascita di Enrico Poincaré: Nr. **479/480** ('55). — Niccolò Tartaglia: Nr. **555/556** ('58). — Nel centenario della morte di Agostino Cauchy: Nr. **557/558** ('58).

Schola et Vita [Milano] Specimine de classificatione de scientiis mathematici in ideas: **7** ('32). — Super radiatione superpenetrante et hypothesi de neutrones: **8** ('33). — — Zahlreiche weitere Artikel in Interlingua in dieser Zeitschrift.

Scientia Systématisation scientifique de la philosophie: **81** ('47) 101–06. — Da Parminede a Zenone. La profonde signification des sophismes de Zénon d'Eléé: **83** ('48) 106–11. — Qu'est-ce que l'existentialisme ?: **84** ('49) 28–34. — Tendenze moderne verso una teoria razionale della conoscenza: 193–200. — Storia generale della scienza o storie particolari ?: **86** ('51) 110–14. — Origine du terme "Déterminisme" dans la science: **87** ('52) 323f. — Origines des principales académies scientifiques: **89** ('54) 345–50.

Scienza (e) Giovani Una famiglia di illustri scienziati i Cassini: **8** ('58/59) Nr. 5/6. — Il peso sulla luna: **12** ('63) Nr. 3/4.

Scienza e Tecnica Nel 3° centenario della morte di Cartesio: **11** ('50) 109–26. — Nel centenario della nascita di Augusto Righi: 258–72. — Sull'inquinamento dell'atmosfera e dell'aqua marina: **33** ('70) Nr. 3. — Diboscamento e immondazioni: Nr. 4. — Un'ipotesi sull'origine dei nubifragi: **34** ('71) Nr. 7. — Terremoti di origine solare: **35** ('72). — Danni delle buste di plastica per l'ecologia: ibid.

Sveglia [Chiavari] Galileo Galilei nel 3° centenario della morte: **1942**, Nr. 1.

Vie Italia Che sono e donde provengono i raggi cosmici: **1932**, Jan.-Nr.

Ferner 2 Lehrbücher über Versicherungsmathematik bzw. Finanzmathematik in der Reihe „Enciclopedia scholastica Capelli" (Nr. 161 u. 162 [ca. '36]).

VI **NAUDÉ,** Stefan Meiring. Physik (Atom- u. Molekularspektroskopie). — 1929–31 Research Assist., Univ. of Chicago, Ill.; '31–33 Senior Lecturer, Univ. of Cape Town, Rondebosch, Cape Province; '34–45 Prof., Univ. of Stellenbosch, Cape Province; '46–52 Dir. of the National Physical Labor., '50–52 Vice Pres., '52–71 Pres., South African Council of Sci. and Industr. Research, Pretoria, Transvaal; '71– Scientific Adviser to the Prime Minister of the Republ. of South Africa; '60 Pres., Roy. Soc. South Africa. — '55 Hon. D. Sc. (Potchefstroom Univ. for Christian Higher Educat., Potchefstroom, Transvaal); '60 Hon. D. Sc. (Univ. of the Witwatersrand, Johannesburg, Transvaal); '61 Hon. LL. D. (Univ. of Cape Town); '62 Hon. D. Sc. (Univ. of Stellenbosch); '64 Hon. D. Sc. (Univ. of the Orange Free State, Bloemfontein); '70 Hon. D. Sc. (Univ. of Natal, Durban and Pietermaritzburg); '72 Hon. Prof. (Rand Afrikaans Univ. Johannesburg). — '51 Havenga Prize, '71 M. T. Steyn Medal (South African Acad. for Sci. and Arts, Pretoria); '55 South Africa Medal (South African Assoc. for the Advancem. of Sci.).

*1904, Dez. 31, De Doorns, Cape Province, Südafrika.

Zur Biogr. South african. J. Sci. **56** ('60) 146.

Annalen Physik Die Rotationsstruktur des Bandenspektrums des Schwefelmoleküls S_2: (6) **3** ('48) 201–22.

Annual Proc., Associated sci. and techn. Soc. South Africa The contribution of the Council of Scientific and Industrial Research to the development of science and industry in South Africa: **1964/65**.

Australian J. Sci. Scientific and industrial research in South Africa: **27** ('64) Nr. 2, 33–.

Canadian J. Physics The emission spectrum of aluminium monofluoride, 1[2]): **31** ('53) 1106–14; ~ 2 [2]): **32** ('54) 246–58. — The emission spectrum of AlF in the region 1700–2000 Å[2]): **33** ('55) 573f. — The emission spectrum of AlF in the vacuum ultraviolet[2]): **35** ('57) 64–70.

EASA The South African National Physical Laboratory can assist South African industry: **7** ('50) Nr. 2. — Research and the future development of South Africa: **18** ('61) Nr. 6.

J. secondary Educat. [Pretoria] The civic duty of the science teacher: **40** ('62) Nr. 1.

J. south african Instn. mech. Engr. The physical, engineering and chemical problems of nuclear energy: **4** ('54) 41–54.

Metal Industry [London] Electrolytic refining of mercury[4]): **43** ('33) 415–18.

Nature [London] Rotational analysis of the S_2 band spectrum: **155** ('45) 426f. — Raman effect of the isomers of benzene hexachloride[5]) [7]): **166** ('50) 475. — Band spectrum of AsH [2]): **170** ('52) 289f. — The South African Council for Scientific and Industrial Research: **183** ('59) 853–57. — Twenty-five years of the South African Council for Scientific and Industrial Research: **234** ('71) 444–46.

Onderwysblad christel. en nasion. Onderwys en Opvoeding Das begabte Kind und der Bedarf an Planern und Leitern: **62** ('58) Nr. 703 [afrikaans].

Physical Rev. Perturbations and predissociation in the S_2 band spectrum[8]): **37** ('31) 903–19. — The rotational analysis of the first positive nitrogen (N_2) bands: **38** ('31) 372f. — The absorption spectrum of diatomic antimony (Sb_2): **45** ('34) 280. — Spurious counts in Geiger counters and the pretreatment of the electrodes[3]): **76** ('49) 571f. —. The perturbations in the ultraviolet band spectrum of the phosphorus molecule P_2 [5]): **80** ('50) 432–35. — The emission spectrum of aluminium monofluoride[2]): **90** ('53) 318.

Physikalische Z. Die Rotationsschwingungsbande des Methylfluorids im photographischen Ultrarot bei 11250 Å [5]): **38** ('37) 919f.

Proc. physic. Soc., Sect. A The vibration-rotation bands of the hydrogen halides, HF, $H^{35}Cl$, $H^{37}Cl$, $H^{79}Br$, $H^{81}Br$, and $H^{127}I$ [5]): **63** ('50) 470–77.

Proc. roy. Soc. London, Ser. A Quantum analysis of the rotational structure of the first positive bands of nitrogen (N_2): **136** ('32) 114–44.

Review sci. Instruments An electrode holder for operating arcs and sparks in controlled atmospheres[5])[2]): **22** ('51) 210.

South african electr. Rev. Automation: **47** ('56) Nr. 461. — Use of radio-isotopes: **48** ('57) Nr. 471.

South african Engr. Use of radio-isotopes: **48** ('57) Nr. 471.

South african J. Sci. The intensity of cosmic rays in South Africa[1]): **30** ('33) 176–86. — The absorption spectrum of the diatomic antimony molecule (Sb_2): **32** ('35) 103–12. — Spectrochemical analysis and its application in science and industry: **41** ('45) 10–32. — The quantum rotational analysis of the band spectrum of the sulphur molecule, S_2: 128–51. — New horizons for science and industry: **53** ('56) 2–10. — The place of science in a balanced education: **57** ('61) 89–95. — The role of research organizations and the universities: **58** ('62) 131–37. — The association and the challenge of the future: **63** ('67) 121–24.

South african mech. Engr. The role of the mechanical engineer in research in South Africa: **1967**, Sept.-Nr.

South african Mining and Engng. J. The physical, engineering and chemical problems of nuclear energy: **65** II ('54) 5–9.

Spectrochimica Acta Sample electrode vapour contamination of the graphite electrode in the flat-surface sparking technique of spectrochemical analysis[6]): **3** ('48) 127–40.

Tegnikon Die Rolle der Wissenschaft im Ingenieurswesen: **1965,** Mai-Nr. [afrikaans]. — — Ferner ein Aufsatz: Übersicht über das antarktische Forschungsprogramm Südafrikas [afrikaans].

Trans. electrochem. Soc. The electrolytic refining of mercury[4]): **64** ('33) 57–68.

Trans. roy. Soc. South Africa The development of scientific policy in South Africa: **36** II ('61) März-Nr.

Tydskrif middelbare Onderwys Die moderne Entwicklung der Industrie und die Anforderungen an die wissenschaftliche Ausbildung: **35** ('57) Nr. 3 [afrikaans].

Tydskrif Natuurwetenskappe Die Naturwissenschaft in Süd-Afrika: **9** ('69) 67–71 [afrikaans].

Tydskrif Wetenskap en Kuns Radio-Isotope: 8 ('48) Okt.-Nr. — Über die Geschichte des Weltalls[5]): **10** ('50) April-Nr. — Über die Struktur mehratomiger Moleküle mit besonderem Hinweis auf die spektroskopischen Methoden im Falle von Methylacetylen, CH_3C_2H [5]): ibid. — Max Planck und die Entwicklung der Quantenphysik: Okt.-Nr. — Afrikaner und die Entwicklung auf naturwissenschaftlichem und technischem Gebiet während der letzten 50 Jahre: ibid. — Das zehnjährige Bestehen der Fakultät für Naturwissenschaft und Technik der Südafrikanischen Akademie für Wissenschaft und Kunst: **11** ('51) Okt.-Nr. — Die dringende Notwendigkeit der Ausbildung der Jugend Südafrikas: **14** ('54) Okt.-Nr. — — Alle Arbeiten afrikaans.

Z. Physik Die Störungen im Bandenspektrum des Schwefelmoleküls[5]): **128** ('50) 173–79.

Mit: [1]) J. E. Coventry; [2]) T. J. Hugo; [3]) J. D. Louw; [4]) E. Newbery; [5]) H. Verleger; [6]) D. M. de Waal; [7]) H. L. de Waal; [8]) A. Christy.

VI **NAUMOV,** Vladimir Adolfovič. Chem. (insbes. Kolloidchem.). — Bis 1904 Stud., '18–27 Doz., Techn. Hochsch. Moskva; '04–07 Oberschullehrer; '07–23 Assist., '23–53 Prof., '31– Leiter d. Lehrstuhls f. physikal. Chem. u. Kolloidchem., Handels-Inst. → Inst. f. Volkswirtsch. „G. V. Plechanov", Moskva; Fortbildungsstud. '08–09 Univ. Heidelberg, '13–14 Univ. Göttingen; '23–38 Prof., Staatsuniv. Moskva; Dr. d. chem. Wiss. (⊠)

*1879, Juni 19 (7), Moskva;

†1953, Okt. 9.

Nekr. V. I. Nazarov, Kolloidnyj Ž. **16** ('54) 79f. (m. Bildn.).

Zur Biogr. V. I. Nazarov, Trudy Inst. Istorii Estestvoznanija i Techn. **35** ('61) 386–94.

H. (Redakt.) G. Jander, I. Zakovskij, Membrannye, cella- i ul'tratonkie fil'try [G. Jander, J. Zakowski, Membranfilter, Cella- und Ultrafeinfilter] (Leningrad '37).

S. N. I. Blok, Kačestvennyj analiz [Qualitative Analyse] (Moskva–Leningrad '32): Kolloidale Lösungen [russ.].

W. Proizvodstvo ochry [Ockerfabrikation] (Moskva–Leningrad '32) 80 S. — Chimija kolloidov [Chemie der Kolloide] [3](Leningrad '32) 532 S. — Izbrannye glavy po chimii kolloidov [Ausgewählte Kapitel aus der Kolloidchemie] 1 (Moskva '35) 19+104 S. — Proizvodstvo tertych masljanych i ėmalevych krasok [Die Fabrikation von zerriebenen Öl- und Emailfarben] (m. G. Ja. Terlo) (Leningrad–Moskva '39) 184 S. — Issledovanie osnovnych fizikochimičeskich svojstv i struktury smazočnych materialov [Untersuchung der grundlegenden physikalisch-chemischen Eigenschaften und der Struktur von Schmierstoffen] (m. A. A. Avetisjan, A. M. Birun, A. M. Syrovegin, N. P. Petrov) 1 (Moskva '39) 20 S. (Naučnye zapiski Instituta narodnogo chozjajstva im. G. V. Plechanova, 14. Serija Kafedry chimii); **2** ('40) 48 S. (∼ 26. ∼).

Usp. Chim. Einige neue Untersuchungen auf dem Gebiete der Kolloidchemie: **2** ('33) 521–50 [russ.].

VI **NAVIAS,** Louis. Chem. (Keram. u. Glas). — 1924–54 Research Assoc. in the Research Labor., '54–62 Consultant on Ceramics in the Metallurgy and Ceramics Research Departm., General Electric Co., Schenectady, N.Y.; '53– Professional Engineer; '61–74 Consultant on ceramics to VITA (Volunteers for Int. Techn. Assistance); '49– Dir., '57–61 Pres., Ceramic Assoc. of New York; '56–57 Vice Pres., Amer. Ceramic Soc. — '60 Ceramic Toledo Award (Amer. Ceramic Soc.).

*1897, Sept. 9, Grodno, Rußland.

American Mineralogist Interference figures of large crystals immersed in a sphere of liquid: **45** ('60) 898–901.

Bull. amer. ceram. Soc. Hydrogen-protected wire-wound resistance furnaces, 1: **36** ('57) 262–67; ∼ 2: 297–301. — Comparison between sapphire–tantalum and sapphire–tungsten reactions above 1600° in a vacuum: **38** ('59) 256–59.

Ceramic Industry High-titania ceramics: **36** ('41) Nr. 5, S. 62.

Foote Prints Lithium in glass, glazes, and enamels[4])[5])[7]): **22** ('50) Nr. 2, 9–21.

J. amer. ceram. Soc. Extrusion of refractory oxide insulators for vacuum tubes: **15** ('32) 234–51. — Lithium oxide as a constituent of glasses – its effect on thermal expansion: **18** ('35) 206–10. — Solid reactions at 1000 to 1200 °C between MgO or BeO and Ni, Fe, Cr, Mn and their oxides: **19** ('36) 1–7. — Compositions and properties of some high-titania ceramics: **24** ('41) 148–55. — Dielectric properties of glasses at ultra-high frequencies and their relation to composition[2]): **29** ('46) 267–76. — Advances in ceramics related to electronic tube developments: **37** ('54) 329–50. — Sintering experiments on sapphire spheres: **39** ('56) 141–45. — Preparation and properties of spinel made by vapor transport and diffusion in the system $MgO–Al_2O_3$ [,1]: **44** ('61) 434–46; ~ 2: In hydrogen and argon at medium pressures and in vacuum: **45** ('62) 544f.; ~ 3: Effect of time and intermittent cooling on diffusion pattern: **46** ('63) 152.

J. appl. Physics [USA] Glass-to-metal seals, 2 [3])[1]): **12** ('41) 698–707.

J. chem. Physics Evaporation of aluminum oxide[6]): **30** ('59) 1111f.

J. Soc. Glass Technol. Co-operative tests on the mechanical strength of glass: **20** ('36) 530T–535T.

Mit: [1]) E. E. Burger; [2]) R. L. Green; [3]) W. Hull; [4]) K. C. Lyon; [5]) A. G. Pincus; [6]) G. W. Sears; [7]) H. E. Simpson.

VI **NECHVÍLE,** Vincent. Mathematik, Astron. — 1924–50 Astronom, Staats-Sternwarte, Praha; '30–39 Privatdoz., '39 Honorarprof., Karlova Univ., Praha. — Prix Lalande (Acad. Sci. Paris). (⊠)
*1890, März 20, Praha;
†1964, Juli 5, Praha.

Nekr. V. Guth, Bull. astron. Inst. Czechoslovakia **16** ('65) 372. — Z. Kopal, Nature [London] **205** ('65) 21f.

S. C. R. 2e Congrès des mathématiciens des pays slaves, Praha 1934 (Praha '35) 233–35: Sur une méthode géométrique pour la détermination de l'apex solaire et du vertex stellaire [tschech.]. — Travaux, dédiés à Dr. František Nušl, Directeur de l'Observatoire National de Praha et Professeur de l'Université de Charles IV, pour son soixante-dixième anniversaire le 3 décembre 1937 (Praha '38) 40–48: Contribution à la théorie du télescope aplanétique Ritchey-Chrétien [m. tschech. Zusammenfassg.].

L'Astronomie (BSAF) Die Štefanik-Sternwarte, Praha: **46** ('32) 529–36 [französ.].

Bull. astron. Inst. Czechoslovakia Sur quatre étoiles faibles avec mouvements propres considérables: **1** ('49) 81–83.

Čas. Pěst. Mat. a Fysiky Contribution à la théorie du télescope aplanétique Ritchey-Chrétien: **67** ('37) 142–50 [m. tschech. Zusammenfassg.].

C. R. hebd. Séances Acad. Sci., Paris Sur la dissymétrie des mouvements stellaires et sur une méthode pour la détermination de l'apex du soleil et du vertex de l'ellipsoïde des vitesses: **200** ('35) 1379–81.

J. Observateurs Mouvements propres des étoiles dans la région de la nébuleuse M 57 de la Lyre: **36** ('53) 111–18; **38** ('55) 32–36.

Publikace pražské státní Hvězdárny Observations photographiques de la planète Eros en 1931 [1])[3])[2]): Nr. **9** ('35) 10 S. — Sur les méthodes de réduction des observations astrographiques et le calcul des positions d'Eros en 1931: Nr. **10** ('35) 34 S.

Revue Opt. théor. et instrument. Sur un cas spécial de réfraction cylindrique et de diffraction sur les faces d'un objectif photographique: **17** ('38) 193–98.

Říše Hvězd Über das wissenschaftliche Werk von Professor Dr. František Nušl: **18** ('37) 227–34 [tschech.]. — Die neuesten Versuche der Bestimmung der Sonnenparallaxe mit Hilfe des Planetoiden Eros: **23** ('42) 6–12 [~]. — Rechnerisch-graphische Bestimmung der parabolischen Elemente einer Kometenbahn: **24** ('43) 153–58 [~]. — Berechnung des Periheldurchgangs eines Kometen in der parabolischen Bahn: 173–75 [~].

Mit: [1]) V. Guth; [2]) J. Kaván; [3]) J. Štěpánek.

VI **NEEDHAM,** Dorothy Mary (Moyle), Biochem. — 1920–63 Research Worker. Biochem. Labor., Cambridge; '28–40 Research and teaching at Cambridge and abroad; '39 Sc.D., Univ. of Cambridge; '40–43 Research Worker for Ministry of Supply; '44–45 Chemical Adviser and Acting Dir., Sino-British Sci. Co-operat. Office, Chungking, China; '46–52 Research Worker for Med. Research Council; '52–55 Broodbank Research Assoc., Univ. of Cambridge; '55–62 Research Worker for Agricultural Research Council. — '24 Gamble Prize (Girton College, Univ. of Cambridge); '62 Foulerton Gift Donation, '63 Leverhulme Award (Roy. Soc. London).
*1896, Sept. 22, London.

MH. Science outpost. Papers of the Sino-British Science Co-operation Office (British Council Scientific Office in China), 1942–1946 (London '48); chines.: (Shanghai '47), in 2 Bänden: (Taipei '52, 55).

S. Perspectives in biochemistry. Thirty-one essays presented to Sir Frederick Gowland

Hopkins by past and present members of his laboratory (J. Needham, D. E. Green) (Cambridge '37) 201–14: Chemical cycles in muscle contraction. – The structure and function of muscle (G. H. Bourne) **2**: Biochemistry and physiology (NewYork–London '60) 55–104: Biochemistry of muscular action. – Progesterone and the defence mechanism of pregnancy, in honour of Dr. G. W. Corner (G. E. W. Wolstenholme, M. P. Cameron) (London '61) (Ciba Foundation Study Group Nr. 9) 40–50: Molecular aspects of the contractile mechanism of the uterus and its changes during pregnancy. – Cellular biology of the uterus (R. M. Wynn) (Amsterdam–NewYork ... '67) 291–352: The biochemistry of the myometrium[31]).

W. The biochemistry of muscle (London '32) 8+166 S. – Machina carnis: the biochemistry of muscular contraction and its historical development (London '71) 16+782+20 S.

Acta physiol. Acad. Sci. hungar. Some preliminary observations on the protein fractions of the uterus, and on the ATPase activity of this organ: **6** ('54) Suppl., 61–63.

Advances Enzymol. and related Subj. Biochem. Adenosine triphosphate (ATP) and the structural proteins in relation to muscle contraction: **13** ('52) 151–97.

Ambix The coming of ardent water[19])[21]): **19** ('72) 69–112.

Annual Rep. Progr. Chem. Mechanism of muscle contraction: **38** ('41) 241–44. – Phosphate metabolism: **47** ('50) 275–91.

Annual Rev. Biochem. The biochemistry of muscle: **6** ('37) 395–418.

Archiv exper. Zellforsch. Physico-chemical experiments on the amphibian organizer[21])[35]): **15** ('34) 307–10.

Biochemical J. The linkage of chemical changes in muscle extract[14]): **29** ('35) 2040–50. – Competition between phosphorylating enzymes in muscle extract[17]): **31** ('37) 329–38. – The coupling of oxido-reductions and dismutations with esterification of phosphate in muscle[24]): 1837–51. – Dismutations and oxido-reductions[12])[8]): 2327–52. – The specificity of coupled esterification of phosphate in muscle[19]): **32** ('38) 2040–48. – Studies on the metabolism of pyruvic acid in normal and vitamin-B_1-deficient states, 6: The fate of injected pyruvate in the normal rabbit[19]): **33** ('39) 1544–48. – Adenylic deaminase activity in B_1-avitaminosis and in starvation[19]): **35** ('41) 392–403. – The adenosinetriphosphatase activity of myosin preparations: **36** ('42) 113–20. – Studies on mustard gas (β,β'-dichlorodiethyl sulphide) and some related compounds, 5: The fate of injected mustard gas (containing radioactive sulphur) in the animal body[3])[6])[9])[11])[13])[38]): **40** ('46) 756–64. – The mechanism of damage to the bone marrow in systemic poisoning with mustard gas[6])[2]): **41** ('47) 631–39. – The effect of adrenal cortical preparations added in vitro upon the carbohydrate metabolism of liver slices, 1: The effect of adrenal cortical extract (eschatin) upon syntheses of glycogen and of total carbohydrate[5]): **46** ('50) 114–20. – On the mechanism of the inhibition of glycolysis by glyceraldehyde[32])[25]): **49** ('51) 113–24. – Some properties of the actomyosin-like protein of the uterus[4]): **63** ('56) 337–44. – The protein composition and nucleic acid content of the rat uterus in different states[4]): **65** ('57) 540–45. – Some properties of uterus actomyosin and myofilaments[37]): **73** ('59) 171–81. – Cytoplasmic fractions of rat myometrium, 2: Localization of some cellular constituents in the pregnant and ovariectomized states[36]): **76** ('60) 95–102. – The proteins of the dilution precipitate obtained from salt extracts of pregnant and non-pregnant uterus[37]): **89** ('63) 534–45. – Salt-soluble collagen in extracts of uterus muscle and in foetal metamyosin[37]): 546–52. – Proteins of the uterine contractile mechanism[37]): 552–61. – Amino acids and growth of the pregnant uterus[37]): **90** ('64) 489–94.

Biochemical Soc. Symposia The action of mustard gas on enzymes in vitro and in tissues: **2** ('48) 16–27.

Biochemische Z. A biochemical and electron microscope study of the contractile proteins in vertebrate smooth muscle[31])[27])[30])[22]): **345** ('66) 254–66.

Biochimica et biophysica Acta Myosin and adenosinetriphosphate in relation to muscle contraction: **4** ('50) 42–49. – The effect of adrenaline injection in the utilization of glucose in muscle extracts[6]): **6** ('50) 141–46. – Effect of 2,4-dinitrophenol and phenylmercuric acetate on enzymic activity of myosin[13]): **16** ('55) 284f.

Biochimija Coenzymes in muscle metabolism: **2** ('37) 489–93.

British J. Nutrition Chemical aspects of muscular contraction: **2** ('49) 256–60.

British med. Bull. Energy production in muscle: **12** ('56) 194–98.

Bull. Soc. Chim. biol. L'enchaînement des processus enzymatiques dans le tissu musculaire. Discussion du rapport de M. J. K. Parnas: **18** ('36) 86–89.

C. R. hebd. Séances Acad. Sci., Paris La phosphorylation de la cozymase: **203** ('36) 615f.

C. R. (hebd.) Séances (et Mém.) Soc. Biol. La répartition du phosphagène parmi les animaux inférieurs[21])[1])[39]): **109** ('32) 606–08. – La physiologie de la membrane vitelline de l'œuf de poule[21])[33])[29])[34]): 688f.

Enzymologia Energy-yielding reactions in muscle contraction: **5** ('38/39) 158–65.

Hoppe-Seyler's Z. physiol. Chem. Bemerkungen zu der Arbeit von O. Riesser und A. Hansen „Chemisch-analytische Untersuchungen an Muskeln von marinen Avertebraten“ [21])[1])[39]): **222** ('33) 63f.

J. Endocrinology The protein composition and the adenosine triphosphatase activity of the uterus in normal, ovariectomized and pregnant animals[4]): **13** ('56) XXIIIf.

J. exper. Biology On phosphorus metabolism in embryonic life, 2: Phosphagen in cephalopod development[21])[39])[1]): **9** ('32) 212–21; ∼ 3: Phosphagen in avian development[1]): **10** ('33) 105–12. – Phosphagen and protozoa[26])[21])[1]): **9** ('32) 332–35. – A note on the biochemistry of embryonic determination in echinoderms[21]): **17** ('40) 147–52.

J. gen. Physiol. Studies on the anomalous viscosity and flow-birefringence of protein solutions, 3: Changes in these properties of myosin solutions in relation to adenosinetriphosphate and muscular contraction[7])[15])[16])[20])[21])[28]): **27** ('43/44) 355–99.

J. Physiology The phosphorus distribution in resting fly muscle[1]): **80** ('33) 221–37.

Nature [London] Physico-chemical experiments on the amphibian organizer[35])[21]): **132** ('33) 239. – Active principle of the amphibian organization centre[35])[21])[23])[18]): **134** ('34) 103. – Linkage of chemical changes in muscle[14]): **135** ('35) 585f. – Phosphagen in echinoid muscle and in electrical tissue[1]): **138** ('36) 506. – Coupling of dismutations with esterification of phosphate in muscle[24]): **140** ('37) 64f. – Myosin birefringence and adenylpyrophosphate[21])[28])[16]): **147** ('41) 766–68. – Is muscle contraction essentially an enzyme–substrate combination? [21])[15])[20])[7])[16]): **150** ('42) 46–49. – Biochemical research on chemical warfare agents[9]): **158** ('46) 432–38. – Marjory Stephenson†: **163** ('49) 201f. – Effect of adrenal cortical steroids upon the formation of carbohydrate by rat liver slices[5]): **164** ('49) 790f. – Mechanism of glyceraldehyde inhibition of glycolysis[32])[25]): **165** ('50) 521. – Prof. Otto Meyerhof †: **168** ('51) 895f. – Physiology in Hungary[21]): **174** ('54) 545f.

Naturwissenschaften Beobachtungen über die physikalisch-chemische Natur des Organisators[35])[21]): **21** ('33) 771f.

Physiological Rev. Contractile proteins in smooth muscle of the uterus: **42** ('62) Suppl. 5, 88–97.

Proc. roy. Soc. London, Ser. B A comparative study of the phosphagens, with some remarks on the origin of vertebrates[21])[1])[39]): **110** ('32) 260–94. – Physico-chemical experiments on the amphibian organizer[21])[35]): **114** ('33/34) 393–422. – Studies on the nature of the amphibian organization centre, 2: Induction by synthetic polycyclic hydrocarbons[35]): **117** ('35) 310–17. – A contribution to the comparative biochemistry of muscular and electrical tissues[1]): **122** ('37) 197–219. – A discussion on muscular contraction and relaxation: their physical and chemical basis: ATP breakdown and muscle contraction: **137** ('50) 77–79. – Proteins of the contractile mechanism of mammalian smooth muscle and their possible location in the cell[31]): **160** ('64) 517–24.

Science Progr. [London] Biochemical evidence regarding the origin of vertebrates[21]): **26** ('31/32) 626–42.

Studii şi Cercetări Biochim., Acad. Republ. popul. romîne, Bucureşti Mechanismus der Kontraktion des Gebärmuttermuskels: **6** ('63) 459–66 [rumän.].

Mit: [1]) E. Baldwin; [2]) A. M. Barrett; [3]) J. C. Boursnell; [4]) J. M. Cawkwell; [5]) Chiu Chiung-Yun; [6]) J. A. Cohen; [7]) M. Dainty; [8]) J. G. Dewan; [9]) M. Dixon; [10]) –; [11]) G. E. Francis; [12]) D. E. Green; [13]) G. D. Greville; [14]) W. E. van Heyningen; [15]) A. Kleinzeller; [16]) A. S. C. Lawrence; [17]) H. Lehmann; [18]) R. Lemberg; [19]) Lu Gwei-Djen; [20]) M. Miall; [21]) J. Needham; [22]) H. Nemetchek-Gansler; [23]) W. W. Nowinski; [24]) R. K. Pillai; [25]) S. M. Rapkine; [26]) M. Robertson; [27]) J. C. Rüegg; [28]) Shen Shih-Chang; [29]) J. Shepherd; [30]) R. H. Schirmer; [31]) C. F. Shoenberg; [32]) L. Simonovitch; [33]) M. Smith; [34]) M. Stephenson; [35]) C. H. Waddington; [36]) N. W. Wakid; [37]) J. M. Williams; [38]) A. Wormall; [39]) J. Yudkin.

VI **NEEDHAM**, Noël Joseph Terence Montgomery. Biochem., Gesch. d. Naturwiss., Sinol. – 1924– Fellow, '59–66 Pres. and '66–76 Master of Gonville and Caius College, '27–33 Demonstrator, '33–66 Sir William Dunn Reader, Cambridge Univ.; '42–46 Sci. Counsellor and Head of the British Sci. Mission in China; Cofounder, '46–48 Dir., '48– Hon. Counsellor, Natural Sci. Divis., UNESCO, Paris; Visiting Lecturer at numerous English and foreign universities. – '52 Dr. h. c. (Univ. de Bruxelles); '66 Hon. D. Sc. (Univ. of East Anglia, Norwich); '72 Hon. LL. D. (Univ. of Toronto); '74 Hon. D. Sc. (Univ. of Hongkong); '74 Hon. D. Sc. (City Univ. of London). – '46 Order of the Brilliant Star (China); '63 Sir William Jones Medal (Roy. Asiatic Soc. of Bengal); '68 George Sarton Medal (History of Sci. Soc.); '68 Leonardo da Vinci Medal (Hist. of Technol. Soc.).

*1900, Dez. 9, London.

Zum 70. Geb.tag Festschr.: Changing perspectives in the history of science. Essays in honour of Joseph Needham (M. Teich, R. Young) (London '73) 21+490 S.; darin Würdigungen: M. T[eich], R. Y[oung]: IX–XXI; H. Holorenshaw: 1–20 (m. Bildn., Schr.-verz.). — Festschr.: Chinese science, explorations of an ancient tradition, compiled in honor of the 70th birthday of Joseph Needham (S. Nakayama, N. Sivin) (Cambridge, Mass.-London '73) 27+334 S. (Massachusetts Institute of Technology. East Asian science series, 2).

H. Causal and chemical embryology (Embryologie causale et chimique) (Paris '38) (Actualités scientifiques et industrielles, 698). — The teacher of nations. Addresses and essays in commemoration of the visit to England of the great Czech educationalist Jan Amos Komenský, Comenius 1641–1941 (Cambridge '42). — Science, religion and reality. Neudrucke (London–NewYork '55), (Port Washington, N.Y. '70); darin eig. Beitr.: Mechanistic biology and the religious consciousness. — The chemistry of life. Eight lectures on the history of biochemistry (London '70).

MH. Christianity and the social revolution (London '35) (m. eig. Beitr.). — Perspectives in biochemistry. Thirty-one essays presented to Sir Frederick Gowland Hopkins by past and present members of his laboratory (Cambridge '37), Neudr. ('38); darin eig. Beitr. 66–80: Chemical aspects of morphogenetic fields. — Background to modern science; ten lectures at Cambridge arranged by the History of Science Committee 1936 (Cambridge–New York '38) (Cambridge library of modern science); Neudr. (New York '40); italien.: Le basi della scienza moderna (Milano '42). — Science in Soviet Russia (London '42), ^{2}('42), ^{3}('43); darin eig. Beitr.: Biological science in the Soviet Union. — Science outpost. Papers of the Sino-British Science Co-operation Office (British Council Scientific Office in China), 1942–1946 (London '48); chines.: (Shanghai '47), in 2 Bänden: (Taipei '52, '55). — Hopkins and biochemistry, 1861–1947; papers concerning Sir Frederick Gowland Hopkins; with a selection of his addresses and a bibliography of his publications (Cambridge '49).

Ue. J. Rostand, Adventures before birth (London '36) 157 S.

MUe. The ballad of Mêng Chiang Nu weeping at the Great Wall: Sinologica [Basel] 1 ('48) 194–209.

S. Science today and tomorrow (E. V. Hubback) (London '32) (Morley College lectures): Biology today and tomorrow. — Reunion internationale de physique, chimie, biologie. Congrès du Palais de la Découverte, Paris 1937, 8: Biologie II (Paris '38) (Actualités scientifiques et industrielles, 725): [Ein Beitrag]. — The philosophy of Alfred North Whitehead (P. A. Schilpp) (Evanston, Ill. '41) (Library of living philosophers, 3): A biologist's view of Whitehead's philosophy. — This changing world (J. R. M. Brumwell) (London '44) 27–: Matter, form, evolution and us. — Reflections on our age (D. Hardman, S. Spender) (London '48) (UNESCO lectures 1946): The Chinese contribution to science and technology. — Aspects of form (L. L. Whyte) (London '51) 77–: Biochemical aspects of form and growth; ^{2}('68). — Actes du 7e Congrès international d'histoire des sciences, Jerusalem 1953 (Paris '–) (Collection des travaux de l'Académie internationale d'Histoire des Sciences, 8) 132–85: Relations between China and the West in the history of science and technology. — Actes du 8e Congrès international d'histoire des sciences, Florence et Milan 1956 (Vinci–Paris '58) (∼ 9) 325–: Chinese astronomical clockwork. — Actes du 9e Congrès international d'histoire des sciences, Barcelona et Madrid 1959 (Barcelona–Paris '60) (∼ 12) 222–25: Wheels and gear-wheels in ancient China. — 12e Congrès international d'histoire des sciences, Paris 1968 [Band-Nr. nicht ermittelt] (Paris '71 [?]) 127–: The development of botanical taxonomy in Chinese culture. — Science, medicine and history. Essays on the evolution of scientific thought and medical practice, written in honour of Charles Singer (E. A. Underwood) 2 (London '53) 361–88: The pattern of nature-mysticism and empiricism in the philosophy of science: Third-century B. C. China, tenth-century A. D. Arabia, and seventeenth-century A. D. Europe. — Vistas in astronomy 1 (A. Beer) (London–NewYork '55) (J. atmospher. and terrestr. Physics, Spec.Suppl. Nr. 3) 67–83: The Peking Observatory in A. D. 1280 and the development of the equatorial mounting. — Vistas in astronomy 4 (A. Beer) (Oxford–London '61) 3–28: An 8th century meridian line; I-Hsing's chain of gnomons and the pre-history of the metric system[2)][16)][26)][52)][54)]. — Histoire générale des sciences 1: La science antique et médiévale (dès origines à 1450) (Paris '57) 184–201: La science chinoise antique[14)]; 477–89: Les sciences en Chine médiévale[14)]; 2: La science moderne (de 1450 à 1800) ('58) 681–96: Les sciences en extrême-orient du XVIe au XVIIIe siècle[6)]. — Aspects of translation (London '58) (Studies in communication series, 2): The translation of old Chinese scientific and technical texts. — Encyclopedia of world art 2: Asiatic protohistory-byzantine art (NewYork–Toronto–London '60) (Übersetzung d. italien. Originalausgabe: Enciclopedia universale dell'arte (M. Pallattino) (Venezia–Roma '58ff.)) 186f.: Automata: China. — Scientific change. Historical studies in the intellectual, social and technical conditions for scientific discovery and technical invention, from antiquity to the present (A. C. Crombie) (London '63) 117–53: Poverties and triumphs of the Chinese scientific tradition. — The legacy of China (R. Dawson) (Oxford '64):

Science and China's influence on the world. – Neue Beiträge zur Geschichte der alten Welt (E. C. Welskopf) 1 (Berlin '64) 87–109: Glories and defects of the Chinese scientific and technical traditions. – The science of science. Society in the technological age (M. Goldsmith, A. L. McKay) (London '64): Science and society in East and West; Neudr. ('66). – The glass curtain between Asia and Europe; a symposium on the historical encounters and the changing attitudes of the peoples of the East and the West (R. Iyer) (London '65): The dialogue between Asia and Europe; deutsch: Der gläserne Vorhang zwischen Asien und Europa; ein Syposium über die historischen Begegnungen und gegenseitigen Verhalten der Völker des Ostens und des Westens im Wandel der Zeiten (München '68): Der Dialog zwischen Asien und Europa. – The voices of time. A cooperation survey of man's views of time as expressed by the sciences and by the humanities (J. T. Fraser) (New York '66) 92–: Time and knowledge in China and the West. – Les aspects internationaux de la découverte océanique aux XVe et XVIe siècles. Actes du 5e Colloque international d'histoire maritime, Lisbonne 1960 (M. Mollat, P. Adam) (Paris '66) 113–34: Les contributions chinoises à l'art de gouverner les navires. – Diseases in antiquity. A survey of the diseases, injuries and surgery of early populations (D. R. Brothwell, A. T. Sandison) (Springfield, Ill. '67): Records of diseases in ancient China[26]). – Haldane and modern biology. J. B. S. Haldane memorial volume (K. R. Dronamraju) (Baltimore, Md. '68): Organizer phenomena after four decades; a retrospect and prospect. – Studies in the social history of China and South East Asia. Essays in memory of Victor Purcell (26th January 1896–2nd January 1965) (J. Ch'en, N. Tarling) (London '70): The optic artists of Chiangsu[26]). – China and the West. Mankind evolving (A. Dyson, B. Towers) (London '70) (The Teilhard study library, 5): China and the West. – Etudes Song. In mémoriam Etienne Balazs (F. Aubin) (Paris '73[?]): Ancient Chinese oecology and plant geography; the case of the Chü and the Chih.

W. The great amphibium. Four lectures on the position of religion in a world dominated by science (New York '32) 179 S. – A history of embryology (Cambridge '34, London–New York '35) 18+274 S. (= Teil 2 von: Chemical embryology); 2. Aufl. (m. A. Hughes) ²('59) 303 S.; russ.: (Moskva '47); Neuaufl. des Gesamtwerks: Chemical embryology **1–3** (New York '63) 2021 S. – Order and life (NewHaven, Conn.–Cambridge '36) 10+175 S., Neuaufl. (Cambridge, Mass.–London '68) 21+175 S. (The Terry lecture 1935); italien.: Ordine e vita (Torino '46) 183 S. (Biblioteca di cultura scientifica, 14). – Integrative levels; a revaluation of the idea of progress (Oxford–NewYork '37) 59 S. (The Herbert Spencer lecture 1937); Neudr. ('41). – (Bearb.) M. Prenant, Biology and man: Past and future (London '39) 89 S. (Fact, 24). – The Nazi attack on international science (London–New York '41) 47 S. (The Thinker's forum, 14). – Biochemistry and morphogenesis (Cambridge–NewYork '42) 16+785 S.; Neudr.: ²('50); ³('66) 24+785 S. – Time: the refreshing river (Essays and addresses, 1932–1942) (London–NewYork '43) 280 S.; Neudr.: (London '48). – Chinese science. Album of pictures taken during World War II (London '45) 71+9 S. – Chinese medicine. ~ (London '45) 71+9 S. – Some thoughts about China (Address, The China Society) (London '46) 4 S. – History is on our side. A contribution to political religion and scientific faith (London '46, New York '47) 226 S. – Science and UNESCO; international scientific cooperation; tasks and functions of the Secretariat's Division of Natural Sciences (London '46) 64 S.; französ.: L'UNESCO et la science (London '–) 72 S. – Science and society in ancient China (London '47) 20 S. (Conway memorial lecture). – Science liaison. The field scientific liaison work of UNESCO (Paris '49) 67 S.; französ.: Liaison scientifique (Paris '49) 72 S.; span.: Enlace científico (Paris '–) 89 S.; auch chines. u. in Hindi. – Science and international relations (Oxford–Springfield, Ill. '49) 30 S. (Robert Boyle lecture 1948). – Human law and the laws of nature in China and the West (London '51) 44 S. (L. T. Hobhouse Memorial Trust lecture 20). – Science and civilization in China (m. Wang Ling u. a.) **1**: Introductory orientations (Cambridge '54) 38+318 S.; **2**: History of scientific thought ('56) 24+697 S., ²('62) 12+696 S.; **3**: Mathematics and the sciences of the heavens and the earth ('59) 47+877 S.; **4**: Physics and physical technology, 1: Physics ('62) 34+434 S.; 2: Mechanical engineering ('65) 55+759 S.; 3: Civil engineering and nautics ('71) 57+931 S. – The dialogue of Europe and Asia (Presidential address, Britain–China Friendship Association) (London '55) 29 S. [vervielfältigtes Manuskript]. – Chinese astronomy and the Jesuit mission. An encounter of cultures (London '58) 20 S. (China Society occasional papers, Nr. 10). – The development of iron and steel technology in China (Cambridge '58) 12+76 S. (Dickinson memorial lectures to the Newcomen Society, Nr. 2, 1956); Neudr.: ('65). – Heavenly clockwork; the great astronomical clocks of mediæval China (m. Wang Ling, D. J. de Solla Price) (Cambridge '60) 15+253 S. (Antiquarian Horological Society monographs, 1). – Classical Chinese contributions to mechanical engineering (Newcastle-upon-Tyne '61) 34 S. (Earl Grey memorial lectures, 41). – Time and Eastern man (London '65) 9+52 S. (Royal Anthropological Institute, Occasional papers, 21 = The Henry Myers lecture 1964). –

Within the four seas. The dialogue of East and West (London '69) 228 S. – The grand titration. Science and society in East and West (London–Toronto '69) 3+350 S. – Clerks and craftsmen in China and the West. Lectures and addresses on the history of science and technology (m. Wang Ling, Lu Gwei-Djen, Ho Ping-Yü) (London '70) 19+470 S.; japan.: (Tokyo '74). – The refiner's fire. The enigma of alchemy in East and West (London '71) 31 S. (J. D. Bernal lectures, 2). – Hand and brain in China (zusammen mit anderen Essays von J. Robinson, E. Snow, T. Raper) (London '71) [insgesamt] 41 S. (Modern China series, Nr. 2).

Advancement Sci. The roles of Europe and China in the evolution of œcumenical science: **24** ('67) 83–.

Ambix The laboratory equipment of the early mediæval Chinese alchemists[16]): **7** ('59) 57–115. – An early mediæval Chinese alchemical text on aqueous solutions[45])[16]): 122–58. – The coming of ardent water[26])[27]): **19** ('72) 69–112.

Annales Est, Mém. Remarks on the history of iron and steel technology in China: **16** ('56) 93– [ ].

Annales Nutrit. et Alimentat. Thoughts on the biochemistry of the developing hen's egg: 8 ('54) 195–205.

Annual Rev. Biochem. Recent advances in chemical embryology: **1** ('32) 507–26; **2** ('33) 337–54; **4** ('35) 449–68.

Annual Rev. Physiol. Developmental physiology: **1** ('39) 63–80; **17** ('55) 37–60.

Antiquity An archæological study-tour in China, 1958: **33** ('59) 113–19.

Archiv exper. Zellforsch. Physico-chemical experiments on the amphibian organizer[46])[27]): **15** ('34) 307–10.

Archives Biol. Etude du métabolisme de l'œuf de grenouille (Rana fusca) au cours du développement, 4: La teneur en glycogène de l'œuf de la segmentation à l'éclosion[4]): **46** ('35) 821–35.

Archives int. Hist. Sci. L'unité de la science: l'apport indispensable de l'Asie. Conférence au mois de l'UNESCO, Beyrouth, novembre 1948: **28** ('49) 563–82. – The esculentist movement in mediæval Chinese botany. Studies on wild (emergency) food plants[26]): **84/85** ('69) 225–48.

Arts and Sci. China The past in China's present; a cultural, social, and philosophical background for contemporary China: [Jahrgang nicht ermittelt] 38 S. [auch als Sonderdruck in New York erschienen].

Asian Horizon The unity of science: Asia's indispensable contribution: **2** ('49/50) 55–66.

Babel [Bonn] The translation of old Chinese scientific and technical texts: **4** ('58) Nr. 1.

Biochemical J. Problems of nitrogen catabolism in invertebrates, 1: The snail (Helix pomatia)[1]): **28** ('34) 1372–92; ~ 2: Correlation between uricotelic metabolism and habitat in the Phylum mollusca: **29** ('35) 238–51. – Intermediary carbohydrate metabolism in embryonic life, 1: General aspects of anaerobic glucolysis[28]): **31** ('37) 1165–84; ~ 2: The formation and removal of pyruvic acid[28])[11])[9]): 1185–96; ~ 3: The Pasteur effect and the Meyerhof cycle[28])[11])[9]): 1196–99; ~ 4: The distribution of acid soluble phosphorus[28])[11])[9]): 1199–209; ~ 5: The phosphorylation cycles[22]): 1210–27; ~ 6: Glucolysis without phosphorylation[22]): 1227–38; ~ 7: Experiments on the nature of non-phosphorylating glucolysis[22]): 1238–54; ~ 8: Glyceraldehyde and glucolysis[22]): 1913–25. – An ultramicro-Kjeldahl technique[3]): **33** ('39) 149–52.

Biochimija Biochemistry and reversibility in evolution: **2** ('37) 479–88.

Biological Rev. and biol. Proc. Cambridge philos. Soc. Chemical heterogony and the ground plan of animal growth: **9** ('34) 79–109. – Contributions of chemical physiology to the problem of reversibility in evolution: **13** ('38) 225–51.

Biology [London] The Nazi attack on international science: **6** ('41) 107–.

British med. J. Substances promoting normal and abnormal growth: **1936** II, 701–06.

Bull. Soc. philomath. Paris Les aspects chimiques de l'hétérogonie embryonnaire: **115** ('32) 11–57.

Cambridge Opinions China's philosophical and scientific traditions: **36** ('63) 11–.

Cambridge Rev. Desmond Bernal. A personal recollection: **93** ('71) 33–.

Centaurus [København] Thoughts on the social relations of science and technology in China: **3** ('53/54) 40–48.

Centennial Rev. Arts and Sci. The past in China's present: **4** ('60) 145–.

Chemical Practitioner The springtime of science: **12** II ('39) 17–.

Chemical Products and chem. News Biochemistry and experimental morphology: **3** ('39) 9–14.

Chemisch Weekbl. Biochemistry of morphogenetic hormones or organizers: **35** ('38) 299–307 [ ].

Chemistry and Industry The biological position of birds' eggs: **59** ('40) 484.

Comprendre Le dialogue entre Europe et l'Asie: **1954**, Nr. 12, 131–38. – Du passé culturel, social et philosophique chinois dans ses rapports avec la Chine contemporaine: **1962**, 261–.

C. R. (hebd.) Séances (et Mém.) Soc. Biol. La répartition du phosphagène parmi les animaux inférieurs[27)1)49]): **109** ('32) 606–08. – La respiration des membranes du poussin: 611f. – La physiologie de la membrane vitelline de l'œuf de poule[42)40)44)27]): 688f. – L'activité de l'arginase pendant le développement de l'embryon du poulet[4]): **118** ('35) 840–42. – La forme moléculaire des substances protéiques de l'œuf[35]): **126** ('37) 163–65. – A propos de la glycolyse des tissus embryonnaires[22)28]): **133** ('40) 6–8.

Criterion [London] Laudian marxism? Science, religion and socialism: **12** ('32) Nr. 46, 56–72.

Eastern Horizon [Hongkong] Science and China's influence on the world: **5** ('66) Nr. 2, 21–32; Nr. 3, 10–20.

Endeavour Sex hormones in the Middle Ages[26]): **27** ('68) 130–32.

Enzymologia The action of glyceraldehyde on carbohydrate breakdown[22]): **5** ('38/39) 95–99.

Experientia The place of science and international scientific co-operation in post-war world organization: **1** ('45) 205f.

Far East Trade and Development Understanding the past is the key to the future: **20** ('65).

Fiziologičeskij Ž. SSSR Problems of chemical embryology: **19** ('35) [Sondernr. zum 15. Internationalen Physiologenkongreß], 241–53 [russ.].

Folia morphol. [Warszawa] Aspects nouveaux de la chimie et de la biologie de la croissance organisée: **8** ('38) 1–79.

Geist und Zeit Asien und Europa im Spiegel wissenschaftlicher und technischer Probleme: **2** ('57) 35–.

Guy's Hospital Rep. The voyage of surgery: **117** ('68) 139–.

Health Educat. J. Hygiene and preventive medicine in ancient China[26]): **1959**, Sept.-Nr.

Hoppe-Seyler's Z. physiol. Chem. Bemerkungen zu der Arbeit von O. Riesser und A. Hansen: „Chemisch-analytische Untersuchungen an Muskeln von marinen Avertebraten" [27)1)49]): **222** ('33) 63f.

Isis A contribution to the history of Chinese dietetics[26]): **42** ('51) 13–20.

J. Agric. tropic. et Bot. appl. Prospection géobotanique en Chine médiévale: **1** ('54) 143–.

J. asian History [Wiesbaden] The roles of Europe and China in the evolution of œcumenical science: **1** ('67) 1–.

J. (roy.) centr. asian Soc. Central Asia and the history of science and technology: **36** ('49) 135–45.

J. engl. Folk Dance and Song Soc. Molly dancing in East Anglia[30]): (3) **1** ('33) 79–. – The geographical distribution of English ceremonial dance traditions: **3** ('36/37(1–. – The dances of Podhale (Poland): 117–.

J. exper. Biology On phosphorus metabolism in embryonic life, 2: Phosphagen in cephalopod development[27)49)1]): **9** ('32) 212–21; ∼ 4: The Parnas reaction in the chick embryo from the open neural fold stage[22]): **14** ('37) 483–90. – Phosphagen and protozoa[34)27)1]): **9** ('32) 332–35. – The energy sources in ontogenesis, 7: The respiratory quotient of developing crustacean embryos: **10** ('33) 79–87. – The origin and fate of urea in the developing hen's egg [4)5]): **12** ('35) 321–36. – A note on the biochemistry of embryonic determination in echinoderms[27]): **17** ('40) 147–52.

J. gen. Physiol. Studies on the anomalous viscosity and flow-birefringence of protein solutions, 1: General behaviour of proteins subjected to shear[21)39]): **27** ('43/44) 201–32; ∼ 2: On dilute solutions of proteins from embryonic and other tissues[21)51)39]): 233–71; ∼ 3: Changes in these properties of myosin solutions in relation to adenosinetriphosphate and muscular contraction[10)18)21)51)27)39]): 355–99.

J. History Ideas Natural law and laws of nature in China and Europe, 1: **12** ('51) 3–30; ∼ 2: 194–230, 628f.

J. History Med. and allied Sci. Hygiene and preventive medicine in ancient China[26]): **17** ('62) 429–.

J. Physiology The avoidance of ketosis in the cleidoic egg: **77** ('33) 41P f.

J. Warburg and Courtauld Inst., Univ. London Theories of categories in early mediæval Chinese alchemy[16]): **22** ('59) 173–210.

Janus Elixir poisoning in mediæval China[16]): **48** ('59) 15–.

Japanese Studies History Sci. Proto-endocrinology in mediæval China[26]): **5** ('66) 150–.

K'o hsüeh t'ung pao Chinese astronomical clock-work[47)33]): **1956**, Nr. 6, 100– [chines.].

Mainstream Science and society in ancient China: **13** ('60) Nr. 7, 7–.

Manchester Guardian Weekly Confucius after 2500 years: **61** ('49) Nr. 10, S. 10.

Manufacturing Chemist The rise and fall of Western European science: **9** ('38) Nr. 2.

Medical History Mediæval preparations of urinary steroid hormones[26]): **7** ('64) 101–.

Modern Churchman Christianity and communism: **1937**, Conference number.

Modern Quarterly Integrative levels. A revaluation of the idea of progress: **1** ('35) 1–.

Nature [London] Heterogony and the chemical ground-plan of animal growth: **130** ('32) 845f. – Physico-chemical experiments on the amphibian organizer[46)27]): **132** ('33) 239. – Active principle of the amphibian organization centre[46)28)27)23]): **134** ('34) 103. – Morphology and biochemistry: 275f. — Cultivation of the unfit: **137** ('36) 188. — Mechanism of carbohydrate breakdown in early embryonic development[28][9][11]: **138** ('36) 462f. — Glucolysis without phosphorylation in the chick embryo[22]: **139** ('37) 368f. — Glyceraldehyde and embryonic glucolysis[22]: **140** ('37) 198. — Social relations of science: **141** ('38) 734. — Measurement of the anaerobic glycolysis of the regions of the amphibian gastrula by the Cartesian diver ultramicromanometer[3][37]: 973. — Relations between molecular and morphological shape of protein solutions[21][39]: **146** ('40) 104f. — Terminology of relative growth-rates[24]: 618. — Recent impressions of war-time America: 737–39. — Myosin birefringence and adenyl pyrophosphate[27][39][21]: **147** ('41) 766–68. — Terminology of relative growth-rates[17][24]: **148** ('41) 225. — Biological science in the U.S.S.R.: 362f. — The relations between science and ethics: 411. — N. K. Koltzow†: 588f. — Is muscle contraction essentially an enzyme–substrate combination? [18][51][10][27][21]: **150** ('42) 46–49. — Growing-points in the study of growth and development: 421f. — Science in South-West China, 1: The physico-chemical sciences: **152** ('43) 9f.; ~ 2: The biological and social sciences: 36f. — Fortieth anniversary of the University of Peiping[50][53]: 23. — Science in Chungking: 64–66. — Science in western Szechuan, 1: Physico-chemical sciences and technology: 343–45; ~ 2: Biological and social sciences: 372–74. — Science and technology in the north-west of China: **153** ('44) 238–41. — An international science co-operation service: **154** ('44) 657–60. — Science in Kweichow and Kuangsi: **156** ('45) 496–. — A United Nations Educational and Cultural Organisation — The place of science and international scientific co-operation in post-war world organisation: 558–. — Science and technology in China's far south-east: **157** ('46) 175–. — Chinese views of the control of atomic energy: 221–. — Chinese science: 509–. — History of science and technology in India and South-East Asia: **168** ('51) 1048. — Chinese science revisited, 1: **171** ('53) 237–39; ~ 2: 283–85. — Physiology in Hungary[27]: **174** ('54) 545f. — Chinese astronomical clockwork[47][33]: **177** ('56) 600–02. — Mediæval preparations of urinary steroid hormones[26]: **200** ('63) 1047f. — Magnetic declination in mediæval China[43]: **214** ('67) 1213f.

Naturwissenschaften Beobachtungen über die physikalisch-chemische Natur des Organisators[46][27]: **21** ('33) 771f.

Notes and Rec., Roy. Soc. London Frederick Gowland Hopkins: **17** ('62) 117.

Observatory "Spiked" comets in ancient China[2][16]: **77** ('57) 137f.

Pacific Affairs China: the land and the people: **22** ('49) 282–90.

Pensée Les mathématiques et les sciences en Chine et dans l'Occident: **75** ('57) 19–37. — Grandeurs et faiblesses de la tradition scientifique chinoise: **111** ('63) 3–28. — Artisans et alchimistes en Chine et dans le monde hellénistique: **152** ('70) 3–25.

Perspectives Biol. and Med. Frederick Gowland Hopkins: **6** ('62) 2.

Physis [Firenze] The wheelwright's art in ancient China, 1: The invention of "dishing"[26][38]: **1** ('59) 103–; ~ 2: Scenes in the workshop[26][38]: 196–. — Efficient equine harness; the Chinese inventions[26]: **2** ('60) 121; **7** ('65) 70–74. — A Korean astronomical screen of the mid-eighteenth century from the Royal Palace of the Yi dynasty (Choson kingdom 1392 to 1910)[26]: **8** ('66) 137–.

Proc., Koninkl. Akad. Wet. Amsterdam Evocation, individuation, and competence, in amphibian organizer action[46]: **39** ('36) 887–91.

Proc. roy. microscop. Soc., London The optic artists of Chiangsu[26]: **2** ('67) 113–.

Proc. roy. Soc. London, Ser. A The missing link in horological history: a Chinese contribution: **250** ('59) 147–79.

Proc. roy. Soc. London, Ser. B On the true metabolic rate of the chick embryo and the respiration of its membranes: **110** ('32) 46–74. — A comparative study of the phosphagens, with some remarks on the origin of vertebrates [27][1][49]: 260–94. — A manometric analysis of the metabolism in avian ontogenesis, 1: The normal respiratory quotient of blastoderm, embryo, and yolk-sac during the first week of development: **112** ('32/33) 98–113; ~ 2: The effects of fluoride, iodoacetate, and other reagents on the respiration of blastoderm, embryo, and yolk-sac: 114–38; ~ 3: The respiratory quotient of the yolk-sac and allantois during the last two weeks of development: **113** ('33) 429–59. — Physico-chemical experiments on the amphibian organizer[46][27]: **114** ('33/34) 393–422. — Studies on the nature of the amphibian organization centre, 1: Chemical properties of the evocator[46][28][23]: **117** ('35) 289–310; ~ 3: The activation of the evocator[46][4]: **120** ('36) 173–98; ~ 4: Further experiments on the chemistry of the evocator[46][28][23][8]: 198–207; ~ 6: Inductions by the evocator–glycogen complex in intact embryos and in ectoderm removed from the individuation-field[15][46]: **122** ('37) 403–12. — Morphogenesis and metabolism; studies with the Cartesian diver ultramicromanometer, 1: Anaerobic glycolysis of the regions of the amphibian gastrula[3][37]: **127** ('39) 322–56; ~ 2: Effect of dinitro-o-cresol on the anaerobic glycolysis of the regions of the amphibian gastrula[3]: 356–62; ~ 3: Respiratory rate of the regions of the amphibian gastrula[3]: 363–73; ~ 4: Respiratory quotient of the regions of the amphibian gastrula[3][19]: 374–87; ~ 5: Aerobic glycolysis measurements on the regions of the amphibian gastrula[37][39]: 576–83. – A symposium on biochemistry and nutrition. Opening address: **156** ('62) 289–94.

Proc. roy. Soc. Med. New advances in the chemistry and biology of organized growth: **29** ('36) 1577–626. – China and the origin of [qualifying] examinations in medicine[26]: **56** ('63) 63–70.

Proc. Soc. exper. Biol. and Med. Oxygen consumption by acidified tissues: **30** ('32/33) 182–84. – Metabolic properties of the regions of the amphibian gastrula[3]: **39** ('38) 287–90.

Quarterly J. roy. astron. Soc. Astronomy in classical China: **3** ('62) 87–98.

Race Skin-colour in Chinese thought: **1968**, 249–.

Science Progr. [London] Biochemical evidence regarding the origin of vertebrates[27]: **26** ('31/32) 626–42. – Biochemistry and causal morphology in amphibian regeneration: **31** ('36) 41–54. – Science and society in China and the West: **52** ('64) 50–.

Science and Soc. [New York] A discussion of religion[20]: **1** ('37) 487–. – On science and social change: **10** ('46) 225–. – Mathematics and science in China and the West: **20** ('56) 320–43. – Science and society in East and West: **28** ('64) 385–.

Sciences [Paris] Ondes et particules dans la pensée scientifique chinoise[36]: **1959**, Nr. 4, 65–.

Scientia Thoughts on the problem of biological organization: **52** ('32) 84–92 [französ.: Suppl., 43–51]. – The Chinese contribution to vessel control: **96** ('61) 123–28, 163–68. – The Chinese contribution to the development of the mariner's compass: 225–33.

Shell Aviat. News Aeronautics in ancient China: Nr. **279** ('61) 2–; Nr. **280** ('61) 15–.

Synthèses [Bruxelles] Le dialogue Europe–Asie: **143** ('58) 91–.

Technology and Culture Chinese priorities in cast-iron metallurgy: **5** ('64) 398–.

Theology Christianity and the Asian cultures: **65** ('62) 180–88.

Theoria to Theory Do the rivers pay court to the sea? The unity of science in East and West: **5** ('71) 68–. – Mao and the dark aspects: 154–.

T'oung Pao Horner's method in Chinese mathematics: its origins in the root-extraction procedures of the Han dynasty[47]: **43** ('54/55) 345–401 [engl. u. chines.].

Trans. Assoc. amer. Physicians A salt-wasting syndrome associated with cerebral disease[31][48][41][29]: **63** ('50) 57–63.

Trans., Newcomen Soc. Study Hist. Engng. and Technol. Iron and steel production in ancient and mediæval China: **30** ('56/57) 141–. – The pre-natal history of the steam-engine: **35** ('62/63) 3–. – China and the invention of the pound-lock: **36** ('63/64) 85–.

Ulisse [Roma] Il dialogo tra l'Europa e l'Asia: **5** ('58) 643–.

United Asia [Bombay] The dialogue of Europe and Asia: 8 ('56) 348–56.

Usp. sovremennoj Biol. Stoffe, die normales und anomales Wachstum bewirken: **6** ('37) 499–511 [russ.]. – Das Problem der Reversibilität der Evolution und Beiträge zur chemischen Physiologie: **9** ('38) 287–313 [~].

Waage Altes China – junges Europa: **11** ('72) 97–.

Weather The earliest snow-crystal observations[26]: **16** ('61) 319–.

World Review Matter, form, evolution and us: **15** ('41).

Yale J. Biol. and Med. Limiting factors in the advancement of science as observed in the history of embryology: 8 ('35) 1–18.

Einige weitere Beiträge zu Konferenzberichten und Sammelwerken. – Jahresberichte über die Tätigkeit des „Sino-British Science Cooperation Bureau" (Chungking '44, '46).

Mit: [1]) E. Baldwin; [2]) A. Beer; [3]) E. J. Boell; [4]) J. Brachet; [5]) R. K. Brown; [6]) J. Chesneaux; [7]) –; [8]) A. Cohen; [9]) R. P. Cook; [10]) M. Dainty; [11]) K. C. Dixon; [12]) –; [13]) –; [14]) A. Haudricourt; [15]) N. G. Heatley; [16]) Ho Ping-Yü; [17]) J. S. Huxley; [18]) A. Kleinzeller; [19]) H. Koch; [20]) C. Lamont; [21]) A. S. C. Lawrence; [22]) H. Lehmann; [23]) R. Lemberg; [24]) I. M. Lerner; [25]) –; [26]) Lu Gwei-Djen; [27]) D. M. Needham; [28]) W. W. Nowinski; [29]) –; [30]) A. L. Peck; [31]) –; [32]) –; [33]) D. J. de S. Price; [34]) M. Robertson; [35]) J. R. Robinson; [36]) K. Robinson; [37]) V. Rogers; [38]) R. A. Salaman; [39]) Shen Shih-Chang; [40]) J. Shepherd; [41]) –; [42]) M. Smith; [43]) P. J. Smith; [44]) M. Stephenson; [45]) Ts'ao Tien-Ch'in; [46]) C. H. Waddington; [47]) L. Wang; [48]) –; [49]) J. Yudkin; [50]) Ch'ang Ch'ing-Yueh; [51]) M. Miall; [52]) E. G. Pulleyblank; [53]) Sun Yün-Chu; [54]) G. I. Thompson.

VI **NEELLEY,** John Haven. Math. – 1927–30 Assoc. Prof., '30–45, 46–61 Prof., Carnegie Inst. Technol., Pittsburgh, Pa.; '45–46 Scientific instructor for institutions of the U.S. Army in France and Germany.

*1892, Okt. 30, Columbia, Tenn.

W. Differential and integral calculus (m. J. I. Tracey) (New York '32) 8+496 S.; ²('39) 9+495 S.; Neudr. ('54). – New analytic geometry (m. P. F. Smith, A. S. Gale) Neuaufl. (Boston, Mass. '38) 10+336 S.; portugies.: Geometria analítica (Rio de Janeiro '57) 354 S.

American math. Monthly What to do about a new kind of freshman: **66** ('59) 584–86. – A generation of high school calculus: **68** ('61) 1004f.

Mathematics Teacher Coordination and possible curricular changes: **51** ('58) 590–92.

National Math. Mag. A note on the rational plane cubic curve[1]): **14** ('39/40) 134–37.

Tôhoku math. J. Concerning the possibility of certain binary quartics being line sections of the plane quartic curve of genus zero and the complete system of independent forms of two binary quartics: **35** ('32) 51–59.

Mit: [1]) G. R. Kraus.

VI **NEGRESCU,** Traian Tr. Metallurgie. — 1929–60 Prof. u. Leiter d. Labor. f. Metallurgie, zeitweilig Dekan d. Fak. f. Metallurgie, dann Prorektor, dann Rektor, Polytechn. Inst. Bucureşti; '29– Dir. d. Metallurg. Dienstes, Ministerium f. Handel u. Industrie, Rumänien; Dir. d. Sekt. f. Bergbau u. Metallurgie, National-Inst. f. Technol. Forschung; Leiter d. Sekt. d. Institute f. Physik u. Angew. Mech., Rumän. Akad. Wiss. — '53 Orden der Arbeit (Volksrepubl. Rumänien). (⊠)
*1900, Jan. 3, Bucureşti;
†1960, Dez. 23.

Nekr. Analele Acad. Republ. popul. romîne **10.**1960 ('62) 419. — J. Iron and Steel Inst. **198** ('61) 418f. — Revue roumaine Métallurgie **6** ('61) 5–7.

HZ. (Begründer u. Chefredakt.) Revue Métallurgie [Bucureşti] **1** ('56) - **3** ('58) → Revue roumaine Métallurgie **4** ('59) - **5** ('60). — (Begründer u. Chefredakt.) Studii şi Cercetări Metalurgie, Acad. Republ. popul. romîne, Bucureşti **1** ('56) - **5** ('60).

W. Metalurgia semiconductorilor. Traduceri din literatura sovietică de specialitate şi articole romîneşti (m. D. A. Petrov, M. Protopopescu) (Bucureşti '60) 380 S. (Academia Republicii Populare Romîne, Institutul de studii romîno-sovietic. Biblioteca analelor romîno-sovietice, Seria tehnică, nr. 77/78). — Tehnologia metalelor. Manual pentru şcolile tehnice de maiştri (m. N. Cristofor, M. Tănăsescu) (Bucureşti '60) 416 S.; ('61) 432 S.; (m. N. Cristofor, M. Tănăsescu, V. Killmann) ('62); (m. N. Cristofor, V. Killmann) ('63) 400 S.

Analele Acad. Republ. popul. romîne Die Entwicklung der Metallurgie und der Metallkunde in der Sowjetunion und ihr Beitrag zum allgemeinen Fortschritt von Wissenschaft und Technik: **9** ('59) 235–46 [rumän.].

Buletin şti., Acad. Republ. popul. romîne, Secţ. Şti. tehn. şi chim. Pouvoir désulfurant des laitiers de haut fourneau, 1: Capacité d'absorption pour le soufre des laitiers silico-calco-alumineux, à 1500 °C: **3** ('51) 385–401 [rumän. m. französ. u. russ. Zusammenfassg.]; ~ 2: Capacité d'absorption pour le soufre des laitiers silico-calco-magnésiens, à 1500 °C: **4** ('52) 271–82 [~].

Buletinul Inst. politehn. Bucureşti Experimental investigations on the oxidizing power of steelmaking slags, 4: Equilibrium relationships in liquid SiO_2–CaO–MgO–FeO–Fe_2O_3 slags, melted in open crucibles, at 1550 and 1650 °C, in the absence of metallic iron[1]): **19** ('57) Nr. 1/2, 1–30 [rumän. m. russ. u. engl. Zusammenfassg.]. — Strukturelle Grundlagen der Schwefelabsorptionsfähigkeit der flüssigen metallurgischen Schlacken: **21** ('59) H. 1, 171–91 [russ. m. engl., französ. u. deutscher Zusammenfassg.].

Bull. Math. et Physique pures et appl., Ecole polytechn. Bucarest Sur les raies ultimes: **2** ('31/32) 191–94.

Bull. Sect. sci., Acad. roumaine Sur la constitution du système $SiO_2+FeO_2+Fe_2O_3+CaO$ (+MgO) [3]): **18** ('36) 69–73. — Sur les rapports entre la composition des scories et leur rôle dans l'élaboration de l'acier[3]): 74–80.

C. R. hebd. Séances Acad. Sci., Paris Sur les relations d'équilibre des oxydes de fer, dans les scories des fours d'affinage[3]): **202** ('36) 2154–56.

Industrie chim. belge Groupements ioniques, ions inactifs et ions réactifs dans les laitiers métallurgiques liquides: **24** ('59) 1349–56.

Revista Univ. "C. I. Parhon" şi Politehn. Bucureşti Pouvoir oxydant des scories de l'élaboration de l'acier, 1: Relations d'équilibre dans les scories du système SiO_2–MgO–FeO–Fe_2O_3 à l'état liquide, à 1600°, en absence du fer métallique[1]): **2** ('53) 87–102 [rumän. m. russ. u. französ. Zusammenfassg.]; ~ 2: Relations d'équilibre dans les scories du système SiO_2–CaO–MgO–FeO–Fe_2O_3 à l'état liquide, à 1650°, en absence du fer métallique: **4/5** ('54) 177–86 [~].

Revue Métallurgie [Bucureşti] Recherches expérimentales sur le pouvoir oxydant des scories d'affinage, 1: Relations d'équilibre dans les scories du système SiO_2–CaO–MgO–FeO–Fe_2O_3, à l'état fondu, en creuset ouvert, à 1550 °C et à 1650 °C, en l'absence du fer métallique[1]): **1** ('56) 5–32. — Capacité d'absorption, pour le soufre, et constitution, à l'état liquide des laitiers de haut fourneau: **2** ('57) 5–50. — La réactivité des substances constitutives des laitiers métallurgiques; ses rapports avec l'activité thermodynamique et avec la constitution des silicates fondus: **3** ('58) 5–40.

Revue roumaine Métallurgie Sur les modifications de certaines propriétés physiques du fer pendant le chauffage[2])[1]): **6** ('61) 9–24. — Observations sur les causes de la fragilité des aciers[1])[2]): 137–61.

Studii şi Cercetări Mec. şi Metalurgie, Acad. Republ. popul. romîne, Bucureşti Darstellung von Eisenoxid durch anodische Korrosion[4]): 1 ('50) 107–16 [rumän.].

Studii şi Cercetări Metalurgie, Acad. Republ. popul. romîne, Bucureşti Pouvoir désulfurant des laitiers de haut fourneau, 3: Capacité d'absorption pour le soufre des laitiers du système SiO_2–Al_2O_3–CaO, à l'état liquide, à 1460 °C et 1550 °C: 1 ('56) 49–64 [m. französ. u. russ. Zusammenfassg.]; ~ 4: Influence des additions de MgO sur le pouvoir désulfurant des laitiers du système SiO_2–CaO–Al_2O_3, à l'état liquide, à 1525 °C et 1575 °C: 283–96 [~]; ~ 5: Capacité d'absorption pour le soufre des laitiers du système SiO_2–CaO–FeO, à l'état liquide, à 1500 °C: **2** ('57) 37–68 [~]; ~ 6: Capacité d'absorption pour le soufre des laitiers du système SiO_2–CaO–MnO, à l'état liquide, à 1425 °C: 265–88 [~]; ~ 7: Capacité d'absorption pour le soufre des laitiers du système SiO_2–CaO–BaO, à l'état liquide, à 1500 °C: 447–63 [~]. – Die strukturellen und thermodynamischen Grundlagen der Reaktionen flüssiger metallurgischer Schlacken: **3** ('58) 161–202 [engl.: The structural and thermodynamical foundations of liquid metallurgical slag reactions (London '60) 35 S.]. – Betrachtungen über einige Änderungen der physikalischen Eigenschaften des Eisens während des Erhitzens[2])[1]): **5** ('60) 471–91. – Beobachtungen über die Gründe der Sprödigkeit von Stahl[1])[2]): **6** ('61) 7–32. – Perspektiven der Entwicklung der physikalischen Metallurgie: 135–49. – – Alle Arbeiten rumän.

Mit. [1]) M. Dolgiu, [2]) O. Dolgiu, [3]) W. J. Crook, [4]) T. Dumitrescu.

V, VI **NEIKIRK,** Lewis Irving. Math. – Bis 1901 Stud., Univ. of Colorado, Boulder, Colo.; '01–03 Fellow, '03 Ph. D., Univ. of Pennsylvania, Philadelphia, Pa.; '03–05 Research Fellow, '05–11 Instructor, Univ. of Illinois, Chicago, Ill.; '11–14 Instructor, '14–42 Assist. Prof., Univ. of Washington, Seattle, Wash.
*1873, Dez. 10, Central City, Colo.; †1942, Dez. 9, Seattle, Wash.

Bull. amer. math. Soc. Some symbolic identities: **43** ('37) 848–51.

VI **NEKRASOV,** Boris Vladimirovič. Chem. (allg. u. anorg.). – Nach 1923 Assist. bzw. Doz. am Plechanov-Inst. f. Volkswirtsch., Moskva, u. an d. Techn. Hochsch. Moskva; '32– ord. Prof., Militär-Akad. f. Chem., Moskva; '36 Dr. d. chem. Wiss.; '37– ord. Prof., Textil-Inst., Moskva; '39–60 ord. Prof., Kalinin-Inst. f. Buntmetalle u. Gold, Moskva. – Leninorden (UdSSR); Rotbannerorden (UdSSR) (2mal).
*1899, Sept. 18 (6), Moskva.

Zum 70. Geb.tag Izvest. Akad. Nauk SSSR, Ser. chim. **1969**, 2099 (m. Bildn.).

H. Kurs obščej chimii (dlja chimičeskich special'nostej vuzov [Lehrgang der allgemeinen Chemie (für die chemischen Fachrichtungen an Hochschulen)] **1.2** (Moskva '35) 896 S., . . ., [14]('62) 976 S.; estn.: (Tartu '47) 1064 S.; armen.: (Erevan '48); lettisch: (Riga '49) 1056 S.; azerbajdžan.: (Baku '50); ungar.: (Budapest '51); deutsch: Lehrgang der anorganischen und allgemeinen Chemie (Berlin '56) 11+989 S.; slowak.: (Bratislava '56/57), ('64); poln.: (Warszawa '56) 1141 S.; bulgar.: (Sofija '57) 12+947 S.; serbokroat.: (Beograd '59), [2]('62), [3]('65) 6+753 S. – Kratkij kurs obščej chimii [Kurzer Lehrgang der allgemeinen Chemie] (Moskva '36) 365 S., [2]('36), [3]('37) 395 S. – Učebnik obščej chimii (dlja vuzov) [Lehrbuch der allgemeinen Chemie (für Hochschulen)] (Moskva '57) 486 S., [3]('63) 496 S., [3]('65) 559 S.; azerbajdžan.: (Baku '65) 506 S.; französ.: Chimie minérale (Moskva '65) 561 S.; engl.: (Moskva '69) 488 S.; span.: (Moskva '69) 564 S., ('75) 544 S. – Osnovy obščej chimii [Grundlagen der allgemeinen Chemie] **1** (Moskva '65) 518 S., **2** ('67) 399 S.; **1** [2]('69) 518 S., **2** [2]('69) 399 S., **3** ('70) 415 S., **1** [3]('73) 656 S., **2** [3]('73) 688 S.

Bull. Soc. chim. France Les propriétés des ions, 1: Les analogues électroniques dans la système périodique: (5) **3** ('36) 151–55; ~ 2: Le système périodique et les propriétés des ions: 155–59.

Chimija v Škole Entwurf einer zweckmäßigen Nomenklatur der anorganischen Verbindungen: **19** ('64) Nr. 5, 90–94 [russ.].

Dokl. Akad. Nauk SSSR Kernabstände und Mehrfachbindung: **46** ('45) 19–21. – Elektronenstruktur der Moleküle des Cäsiumfluorids: **59** ('48) 255 f. – Allgemeine Gleichung der Elektroaffinität: **185** ('69) 1062–64. – Die effektive Ladung der Atome in Kristallverbindungen vom Typ AB: **187** ('69) 338 f. – Elektroaffinität des Kohlenstoffs und mittlerer Valenzabstand der Kohlenstoff-Kohlenstoff-Bindung: **189** ('69) 783. – Die effektive Ladung der Atome und die Stärke anorganischer Oxosäuren: **193** ('70) 1076–79. – Molekularelektrostatik: Äthylenkohlenwasserstoffe: **194** ('70) 342–44; ~: Allen- und Acetylenkohlenwasserstoffe: 823 f.; ~: Aromatische Kohlenwasserstoffe: **196** ('71) 603–05; ~: Berechnung des Pyridinmoleküls: **205** ('72) 1131–33; ~: Aromatische polyzyklische Verbindungen: **208** ('73) 614–16; ~: Konjugierte Doppelbindungen: **209** ('73) 866–68. – – Alle Arbeiten russ.

Izvest. Akad. Nauk SSSR, Otdel. chim. Nauk Ungewöhnliche Wertigkeiten einiger Metalle: **1956**, 137–44 [russ.].

Izvest. Akad. Nauk SSSR, Ser. chim. Die Methode der Berechnung von Induktionswechselwirkungen: **1968**, 2191–96 [russ.]. — Die effektive Ladung der Atome in anorganischen Molekülen: **1969**, 2643–47 [~]. — Die Frequenzen der Valenzschwingungen und die Verteilung der Elektronendichte in komplexen Eisencyaniden[7])[3]): **1970**, 266–71 [~]. — Grundlagen der Molekular-Elektrostatik: **1973**, 2190–99 [~].

Tekstil'naja Promyšl. Chemismus der oxydierenden Wirkung der Hypochlorite[10]): **5** ('45) Nr. 10, 22–25 [russ.].

Ž. fizič. Chim. Sergej Aleksandrovič Voznesenskij, 1892–1958 [1])[5])[4]): **33** ('59) 234–37 [russ.].

Ž. obščej Chim. Die Eigenschaften der Ionen, 3: Die Theorie der Isomerisation von Komplexverbindungen: **7** ('37) 1594–609; ~ 4: Ionenradien und doppelte Umsetzungen der Alkalihalogenide[2]): **10** ('40) 1218f.; ~ 5: Die einfachste Form der Gleichung für die Energie des Kristallgitters: 1393f. — Die Theorie der Struktur der Borwasserstoffe: 1021–30. — Koordinationsstrukturen und chemische Eigenschaften von Borwasserstoffen: 1156–66. — Hochsubstituierte Salze und Struktur von Heteropolysäuren: **11** ('41) 373–75. — Über die Komplexbildung bei der Verteilung von $FeCl_3$ zwischen Wasser und Äther[6]): 573–76. — Verhältnis zwischen den Werten der ersten und der vollständigen Elektronenaffinität der Atomskelette: 669f. — Natur der koordinativen Bindung in Borhydriden: **15** ('45) 601f. — Theorie der räumlichen Konfiguration für die Koordinationszahl 4: **16** ('46) 341–44. — Polarität der Valenzbindungen und effektive Atomladungen: 983–85. — Ionisationsenergie der höchsten Valenz der schweren Metalloide: 1567f. — Elektroaffinität der chemischen Elemente: 1797–804. — Der räumliche Bau des Diborans[8]): **18** ('48) 832–34. — — Alle Arbeiten russ.

Ž. prikl. Chim. Chemismus der oxydierenden Katalyse beim Anilinschwarzfärben[9]): **12** ('39) 1440–48 [russ.]. — Die elektrolytische Dissoziation der komplexen Cyansäuren des Eisens[9]): **14** ('41) 264–69 [~].

Mit: [1]) K. V. Astachov; [2]) D. A. Bočvar; [3]) Ju. Ja. Charitonov; [4]) K. V. Čmutov; [5]) M. M. Dubinin; [6]) V. V. Ovsjankina; [7]) G. B. Sejfer; [8]) V. V. Stucer; [9]) G. V. Zotov; [10]) I. G. Nagatkin.

VI **NELLENSTEYN,** Frederik Jan. Chem. Technol. (Straßenbau). —1923–25 Assist., '25–27 Oberassist., '27–31 Dir. d. Reichsstraßenbaulabor., '48–52 außerord. Prof., Techn. Hochsch. Delft; '31– Dir. Reichsstraßenbaulabor., 's-Gravenhage.

*1888, Juli 22, Tjitjalengka, Java; †1953, Okt. 9, Scheveningen.

S. Proc. 1st World petroleum congress, London 1933, **2** (London '34) 577–79: Analysis of asphaltic bitumen–tar mixtures; 616–18: Theory of the relation of [asphaltic] bitumen to solid [mineral] matter. — C. R. 15e Congrès de chimie industrielle, Bruxelles 1935, **2** (Paris '35) 1054–57: La tension superficielle des bitumes de charbon[6]).

W. Asfaltbitumen en teer. Theorie en practijk der bitumineuze wegdekken (m. R. Loman) (Amsterdam '32) 8+251 S. — Bitumineuze bouwstoffen (m. R. J. Forbes, G. Goettsch, M. C. Siegmann) (Haarlem '43) 188 S.; ('49) 188 S. — De samenwerking van civiel- en scheikundig ingenieurs in de wegenbouw. Rede uitgesproken bij de aanvaarding van het ambt van buitengewoon hoogleraar aan de Technische Hogeschool te Delft op 29 sept. 1948 (Amsterdam '48) 19 S.

Asphalt u. Teer, Straßenbautechn. Griffigkeit und Rauheit von Asphalt- und Teerstraßen: **39** ('39) 66–68.

Bitumen [Berlin] Bestimmung des Asphaltbitumengehalts in Mischungen mit Teer[5]): **2** ('32) Nr. 7. — Asphaltgrobbeton: **5** ('35) 73–77.

Chemisch Weekbl. Bestimmung des Asphaltbitumengehalts in Asphaltbitumen–Teer-Gemischen[5]): **29** ('32) 291f. — Die Einwirkung von Schwefel auf Kohlenwasserstoffe[8]): 582–87. — Oberflächenspannung und Haftspannung[6]): **30** ('33) 189–91. — Die Bildung von Asphaltbitumen aus Eiweißstoffen[8]): 359. — Untersuchungen über den bei den Ausgrabungen von Mohenjo-Daro (Indus-Tal) gefundenen Asphalt: **31** ('34) 543–46. — Untersuchungen über bei mesopotamischen Ausgrabungen gefundenen Asphalt[2]): **33** ('36) 261–63. — Theorie und Praxis der Asphalt- und Teerstraßen: **34** ('37) 249–51. — Sicherheitsrohr bei Gebrauch einer Wasserstrahlpumpe: 546; **39** ('42) 616f. — Die kritische Oberflächenspannung von Asphaltbitumen und Teerlösungen: **34** ('37) 646–49. — Theoretische Betrachtungen über das Hochsteigen in Kapillaren, die Benetzungserscheinungen und die Regel von Antonow: **35** ('38) 283–88. — Die Zusammensetzung des Micellkerns von Asphaltbitumen und Steinkohlenteer und damit zusammenhängende Probleme: **36** ('39) 362–66 [m. deutscher Zusammenfassg.]. — Das Aufwärtssteigen von Flüssigkeiten in Kapillaren: 416. — Die Zersetzung von Wasserstoffperoxid durch verschiedene Sorten von Hochofenschlacke[7]): 438f. [m. deutscher Zusammenfassg.]. — Investigations of asphaltenes[5]): **39** ('42) 58–61 [m. engl. Zusammenfassg.]. — Effect of dry HCl gas on solutions of gilsonite and other bitumens[5])[7]): 394f.

[~]. — Composition of the protective portion of the asphalt bitumen micelle[5]): 520–23 [~]. — Ultramicroscopic studies of asphalt bitumen solutions[5]): **40** ('43) 141f. [~]. — Composition of the asphalt bitumen micelle[7]): **41** ('45) 5–7 [~]. — Reaction of chlorine with Buton asphaltenes[3]): **43** ('47) 4–8 [~]. — Formation of the picene fraction in distillation of asphalt bitumen[7]): 105f. [~]. — Asphalt bitumen and colloid chemistry: **44** ('48) 176f. — Preparation of pure hydrogen iodide, sulphide and selenide from iodine, sulphur, and selenium, and hydrocarbons[4]): **46** ('50) 302f. [m. engl. Zusammenfassg.]. — Momentary reactions between dry gases and solutions of asphalt bitumen and tar[4]): **48** ('52) 158–60 [~]. — The arrangement of the carbon atoms in amorphous coal[7]): **49** ('53) 219–22 [~]. — — Alle Arbeiten niederländ.

Colloid Chem. Applications of Antonoff's law: **7** ('50) 513–15.

Ingenieur ['s Gravenhage] Der 7. Internationale Straßenkongreß in München: **49** ('34) A 372 [niederländ.]. — Wärmeleitfähigkeit und Frostbeständigkeitseigenschaften von Straßenbaumaterialien[9]): **58** ('46) Nr. 39, 45–50 [~]. — Die Fremdstoffdispersionen in Asphaltbitumen: **59** ('47) M88–M91 [~].

J. Inst. Petroleum Researches on asphaltenes, 1[5]): **26** ('40) 401–06; ~ 2: Radical reactions[3]): **32** ('46) 582–86. — Surface tension rule for asphaltic bitumen[1]): **35** ('49) 302–05.

Kolloid-Z. Die Ausbreitung von Wasser auf Asphaltbitumen und Teer[6]): **63** ('33) 339–47. — — Die theoretische Grundlage der Benetzungsgesetze: **132** ('53) 12–15. — Das Aufsteigen von Flüssigkeiten in feinzerteilten Materialien (in Stoffen mit großen Oberflächen): 145f.

Polytechnisch Weekbl. Probleme auf dem Gebiet des Asphaltstraßenbaus im Vergleich mit dem Zementbetonbau: **24** ('30/32) 171–74 [niederländ.].

Proc. techn. Sess., Assoc. Asphalt Paving Technologists Theoretical aspects of asphaltic bitumen in the light of recent research: **1937**, 78–84.

Straßenwesen Riß- und Wellenbildung in Asphaltstraßen: **7** ('34) Nr. 2.

Teer und Bitumen Die Mikronenzahl[5]): **31** ('33) 309–12.

Verfkroniek Fillers in road-making: **8** ('35) 96f. [niederländ.].

Wegen Bestimmung des Asphaltbitumengehalts von Asphaltbitumen-Teer- und Asphalt-Teer-Gemischen[5]): **8** ('32) 343–. — Die Bestimmung des prozentualen Anteils flacher Stücke in Schotter: 637–. — Die Vorschriften des Reichswasserbauamts für 1933 für Straßenbaumaterialien: **9** ('33) 183–, 501–, 561–. — Rißbildung in Topekastraßen: **11** ('35) 125–. — Die Anforderungen des Reichswasserbauamts an die Baustoffe für den Straßenbau: 229–; **14** ('38) 232–. — Die Vorschriften des Reichswasserbauamts für Gasleitungen in den Staatsstraßen: **11** ('35) 365–. — Die Prüfungsvorschriften für bituminöse Straßenbaustoffe: **12** ('36) 317–. — Die Prüfung von Pflastersteinen und Schotter: 509–. — Einige Eindrücke vom englischen Straßenbau: **13** ('37) 273–. — Straßen 3. Ordnung und „Low cost roads": **14** ('38) 133–. — Füllstoff für groben Asphaltbeton: **15** ('39) 41–. — Das Stabilisieren des Bodens mit bituminösen Bindemitteln: 49–. — Kritische Betrachtungen über Asphaltbetonkonstruktionen, die vom normalen Typ abweichen: 457–. — Frostschäden: **16** ('40) 253–. — Die zukünftige Entwicklung der Asphaltstraßenkonstruktionen in den Niederlanden: **17** ('41) 109–. — Die Rauheit im Zusammenhang mit der Oberflächenstruktur von Straßendecken und die Profilierung der Autoreifen: 192–. — — Alle Arbeiten niederländ.

Z. österr. Ing.- u. Architekten-Ver. Die Vorschriften des Reichswasserbauamts für Gasleitungen der Reichsstraßen in Holland: **88** ('36) 245–47.

Zeeuwsche Polder Die Entwicklung und Vervollkommnung der Asphaltstraße: **8** ('36) Nr. 1 [niederländ.].

Weitere Aufsätze in Fachblättern und Tageszeitungen.

Mit: [1]) M. Baart; [2]) J. Brand; [3]) J. Dorleyn; [4]) J. E. W. van den Driessen-Mareeuw; [5]) J. P. Kuipers; [6]) N. M. Roodenburg; [7]) G. M. A. Steffelaar; [8]) D. Thoenes; [9]) H. Kramers.

VI **NELSON,** Alfred Lewis. Math. — 1925– Prof. and Head of the Math. Departm., Colleges of the City of Detroit (→ Wayne Univ.), Detroit, Mich.; '44–46 Pres., Michigan Acad. Sci. (⊠)
*1891, Febr. 8, Moray, Kans.; †1960, Apr. 5.

W. Plane trigonometry (Ann Arbor, Mich. '34) 119 S. [lithogr.]. — Plane and spherical trigonometry (m. K. W. Folley) (NewYork–London '36) 12+186 S. (Zusammen mit: N. J. Lennes, A. S. Merrill, Five-place tables: Logarithms, logarithmic functions, natural functions); [2]('43) 14+247 S.; Plane trigonometry (with Mathematical tables) (m. K. W. Folley) [3](New York '56) 195 S. — Calculus (m. K. W. Folley, W. M. Borgman) (Boston, Mass. '42) 10+356 S.; Neuaufl. ('46) 10+376 S. — Analytic geometry (m. K. W. Folley, W. M. Borgman) (New York '49) 8+215 S. — Differential equations (m. K. W. Folley, M. Coral) (Boston, Mass. '52, London '53) 10+299 S.; [2](Boston, Mass. '60) 308 S.; [3]('64) 10+349 S.

VI **NELSON,** Elnathan Kemper. Lebensmittelchem. — 1927– Chemist, Divis. of Food Research, U.S. Bureau of Chem. and Soils, Washington, D.C. (⊠)
*1870 Nov. 25, Cincinnati, O.; †1940, Nov. 9.

Nekr. C. A. Browne, J. Assoc. offic. agric. Chemists **24** ('41) Nr. 1, II–IV.

American Perfumer and essent. Oil Rev. Florida tangerine oil: **29** ('34) **347**f. — Chemical composition of sweet basil oil from Virginia: **31** ('35) 49–70.

American Potato J. Nonvolatile acids of the potato[3]): **17** ('40) 328–30.

Annual Rep., Porto Rico federal agric. exper. Stat., Mayaguez Vanilla production and processing studies[12])[1]): **1938,** 18–25. — Nonvolatile acids and flavor of the sour sop[3]): **1940,** 88–91. — Nonvolatile acids of the carambola[3]): 91–93.

Food Res. Flavor of alcoholic beverages: **2** ('37) 221–26.

Fruit Products J. and American Vinegar Industry Nitrogenous constituents of Florida Valencia orange juice[11])[4]): **12** ('33) 231–35, 250.

Industrial and Engng. Chem. Florida grapefruit oil[11]): **26** ('34) 634–37. — Silver in the artificial aging of brandies[2])[5]): **29** ('37) 623–25. — Natural aging of wine. A chemical study[14]): **31** ('39) 1279–81.

J. agric. Res. The occurrence of citric and isocitric acids in blackberries and in dewberry hybrids[3]): **67** ('43) 301–03.

J. amer. chem. Soc. The volatile oil and resin of Cynomarathrum nuttallii: **55** ('33) 3400–02. — The occurrence of citral in Florida Valencia orange oil[11]): **56** ('34) 1238f. — The occurrence of a pentamethyl flavonol in tangerine peel: 1392f. — Some constituents of the cannonball fruit (Couroupita guianensis, Aubl.)[14]): **59** ('37) 2499f. — The volatile oil of Amur cork tree fruit: **60** ('38) 920f. — Volatile flavor and fixed acids of Montmorency cherry juice[3]): **61** ('39) 667f. — Water-soluble mannan from the seeds of Daubentonia drummondii[3]): **66** ('44) 1227.

J. Assoc. offic. agric. Chemists The colorimetric method for vanillin[3]): **22** ('39) 684–88.

J. Bacteriol. Micro-organisms causing fermentation flavors in cane sirups, especially Barbados "molasses" [6])[7]): **33** ('37) 577–85.

J. biol. Chemistry Some wax-like constituents from expressed oil from the peel of Florida grapefruit, Citrus grandis[10])[13]): **118** ('37) 433–41.

Science [USA] Berries rich in calcium[15])[9]): **75** ('32) 565f. — The isolation of hexuronic acid: **76** ('32) 345. — i-Inositol in citrus fruits[8]): **77** ('33) 561.

Mit: [1]) F. E. Arano; [2]) E. A. Beavens; [3]) A. L. Curl; [4]) C. W. Eddy; [5]) H. E. Goresline; [6]) H. H. Hall; [7]) L. H. James; [8]) G. L. Keenan; [9]) R. M. Kingsbury; [10]) K. S. Markley; [11]) H. H. Mottern; [12]) C. Pennington; [13]) M. S. Sherman; [14]) D. H. Wheeler; [15]) E. Yanovsky.

VI **NELSON,** John Maurice. Chem.(org.), Enzymol. — 1908–20 Instructor, '20–48 Prof., '48 Prof. Emer., '48– Dir. of the Chemical Museum, Columbia Univ., New York. — '40 William H. Nichols Medal (New York Sect. of Amer. Chem. Soc.).
*1876, Okt. 19, West Point, Nebr.; †1965, Nov. 15, New York.

Zur Biogr. R. M. Herriott, J. chem. Educat. **32** ('55) 513–17 (m. Bildn.). — Industrial and Engng. Chem., News Edit. **17** ('39) 628.

Nekr. New York Times **1965,** 16. Nov.

S. Symposium on copper metabolism. Baltimore, Md., 1950 (W. D. McElroy, B. Glass) (Baltimore, Md. '50, Oxford '51) (Johns Hopkins Univ., McCollum Pratt Inst., Contribution Nr. 5) 76–88: Phenol oxidases and plant respiration.

W. Enzyme studies in plant respiration (m. E. M. Walter) (New York '47) 48 S.

Advances Enzymol. and related Subj. Biochem. Tyrosinase[8]): **4** ('44) 99–152.

Archives Biochem. Tyrosine–tyrosinase reaction and aerobic plant respiration[20]): **4** ('44) 111–17. — Further studies on tyrosinase in aerobic plant respiration[24]): **6** ('45) 131–38. — Influence of ascorbic acid on anaerobic respiration of sweet potato slices[24]): **10** ('46) 375–81. — The preparation of mushroom tyrosinase[17])[13])[2])[8]): **16** ('48) 283–89.

Chemical Reviews Enzymes from the standpoint of the chemistry of invertase: **12** ('33) 1–42.

Chemistry and Industry Prof. Marston T. Bogert†: **1954,** 512f.

Cold Spring Harbor Sympos. quantitat. Biol. Tyrosinase: **7** ('39) 148–53.

J. amer. chem. Soc. Co-ferments and banana respiration[12]): **55** ('33) 1102–06. — The effects of glucose and fructose on the sucrose content in potato slices[3]): 3769–72. — The influence of native proteins on the activity of yeast invertase[22]): **56** ('34) 1994–98. — [On the mechanism of the enzymatic oxidation of catechol, 1:] The influence of catechol on the stability of o-benzoquinone in aqueous solutions[8]): **60** ('38) 245–49; [∼ 2:] On the mechanism of the catechol-tyrosinase reaction[8]): 250–56; [∼ 3:] ≈[23]): 1545–48. — The use of added protein in the determination of the activity of tyrosinase[1]): 2472–74. — On the nature of the enzyme tyrosinase [,1][1]): 2474–78; ∼ 2[19]): **62** ('40) 1693–97. — Crystalline copper-protein possessing tyrosinase activity[7]): **60** ('38) 3085. — On the oxidation of p-cresol by means of tyrosinase[6]): **61** ('39) 1507–13. — Inactivation of tyrosinase in the oxidation of catechol[15]): 2601–06. — Tyrosinase from the wild mushroom, Lactarius piperatus[7]): 2946–50. — Ascorbic acid oxidase from summer crookneck squash (Cucurbita pepo condensa)[14]): **62** ('40) 1409–12. — Further studies on the enzyme tyrosinase[11]): 2500–05. — Comparison of the activities of tyrosinase toward phenol and p-cresol[11]): 2506–09. — Action of tyrosinase on quinol[11]): 2510–12. — Isolation of a copper-bearing protein from cow's milk[9]): **64** ('42) 1616–18. — The activity of tyrosinase toward phenol[5]): **66** ('44) 709–11. — Aerobic oxidation of phenol by means of tyrosinase[5]): 711–14. — Chlorogenic acid and respiration of sweet potatoes[21]): **69** ('47) 1470–75. — Marston Taylor Bogert 1868–1954: **76** ('54) 5009–11.

J. biol. Chemistry Preparation of highly active yeast invertase[16]): **107** ('34) 169–77. — The influence of proteins on the activity of yeast invertase[22]): **111** ('35) 95–103. — Tyrosinase action on mono- and dihydric substrates[10]): 757–70. — On the quantitative measurement of the enzyme tyrosinase[10]): **112** ('35/36) 135–41. — On the oxidation product of catechol when oxidized by means of tyrosinase[23]): **115** ('36) 459–65. — Non-oxidase nature of kidney "laccase"[4]): **147** ('43) 341–43.

J. gen. Physiol. Similarity of the kinetics of invertase action in vivo and in vitro[18])[25]): **15** ('31/32) 491–95; ∼ 3[25]): **16** ('32/33) 571–77. — Tyrosinase and plant respiration[4]): **26** ('42/43) 269–76.

Mit: [1]) M. H. Adams; [2]) S. R. Ames; [3]) R. Auchincloss; [4]) D. L. Baker; [5]) R. C. Behm; [6]) C. A. Bordner; [7]) H. R. Dalton; [8]) C. R. Dawson; [9]) W. L. Dills; [10]) M. Graubard; [11]) D. C. Gregg; [12]) C. Hemperly; [13]) S. Lewis; [14]) P. L. Lovett-Janison; [15]) B. J. Ludwig; [16]) J. G. Lutz; [17]) M. F. Mallette; [18]) E. T. Palmer; [19]) G. G. Parkinson, jr.; [20]) E. S. Robinson; [21]) G. O. Rudkin; [22]) E. L. Saul; [23]) H. Wagreich; [24]) E. M. Walter; [25]) B. G. Wilkes.

VI **NELSON,** Ralph Emory. Chem. (org.). — 1916 Ph. D., Univ. of Chicago, Ill.; '19–25 Assist. Prof., '25–31 Assoc. Prof., '31–37 Prof., '32–36 Dir. of Chem. Research, '36–37 Chairman of Departm. of Chem. and Dir. of Chem. Labor., Purdue Univ., Lafayette, Ind.

*1886, Okt. 15, Fowler, Ind.;

†1937, Juli 1, West Lafayette, Ind.

Nekr. Lafayette Courier and Journal **1937**, 2. Juli.

MH. Outline of organic chemistry [2](New York '37); [3]('39).

J. amer. chem. Soc. Organic compounds of selenium, 2: Action of selenium oxychloride upon ethers[12]): **53** ('31) 4033–37; ∼ 3: The action of selenium oxychloride upon esters of salicylic acid[10])[4]): **55** ('33) 801–03; ∼ 4: The structure of dimethyl-5,5-selenodisalicylate selenium-dichloride[1]): **56** ('34) 467. — A study of the reactions between citric and acetylsalicylic acids[6]): **55** ('33) 1605–08. — Isomeric monoalkyl ethers of 2-methyl-1,2-propanediol from 1,2-epoxy-2-methylpropane[11]): **58** ('36) 671f. — 1-Chloro-2-methyl-2-propanol from 1,2-dichloro-2-methyl-propane[11]): 1010f. — The liquid-phase photochemical chlorination of 2-chloro-2-methylpropane and some related compounds[9]): 1027–29. — Some reactions and derivatives of 1,2,3-trichloro-2-methylpropane[9]): 1029–32. — The hydrolysis of 1,2-dichloro-2-methylpropane producing isobutyraldehyde[7]): 1631–33. — The action of selenium tetrachloride on some esters of salicylic acid[5])[2]): **60** ('38) 1239–41.

J. org. Chemistry The preparation and properties of some esters of 2-methyl-2-methoxypropanol[13]): **2** ('38) 506f.

Proc. Indiana Acad. Sci. The action of vanadium oxytrichloride upon various organic compounds[8]): **42.1932** ('33) 119–22. — Acyl derivatives of ortho-aminophenol[11]): **44.1934** ('35) 132–34. — Selenium derivatives of salicylic acid[3]): 135–37.

Mit: [1]) R. G. Baker; [2]) J. A. Bilderback; [3]) G. S. Boase; [4]) W. R. Bunting; [5]) E. F. Degering; [6]) A. J. Dietzler; [7]) J. M. Hersh; [8]) A. H. McFadden; [9]) A. O. Rogers; [10]) R. A. Schroeder; [11]) C. E. Sparks; [12]) F. N. Alquist; [13]) L. E. Thomas.

VI **NELSON,** William Lionel. Chem. (org.). — 1926 Ph. D., Univ. of Pittsburgh, Pa.; '26–43 Fellow, '45–56 Senior Fellow, Mellon Inst. of Industrial Research, Pittsburgh, Pa.; '43–44 Head of the Plaster Labor., Johnson Research Foundat., New Brunswick, N.J.

*1896, Febr. 3, Torrington, Conn.;

†1957, Jan. 20, Pittsburgh, Pa.

Analytical Chem. Constant temperature water bath for use between 15 and 25 °C [3]): **25** ('53) 841f. — A cryostat[3]): **26** ('54) 1393. — Two-point converter for single-point recorder[3]): 1396f.

J. amer. chem. Soc. The properties of D-mannuronic acid lactone[2]): **54** ('32) 3409–12. — Cinchona alkaloids in pneumonia, 1: Miscellaneous alkaloids and some hydrocupreine ethers[1])[4])[2]): **57** ('35) 575–80.

Mechanization Proposed sealed circular coal-refuse pile[3]): **16** ('52) 85–89.

Modern Hairdressing and Beauty Culture Cosmetics and perfumes: **1935**, Febr.-Nr., 28f.

Mit: [1]) C. L. Butler; [2]) L. H. Cretcher; [3]) E. P. Hall; [4]) A. G. Renfrew; [5]) L. Stewart.

VI **NĚMEC,** Antonín. Chem., Biochem. – 1920–58 Abteilungsleiter für forstl. Biochem. bei d. Staatl. Landwirtsch. Versuchsanstalt, Praha-Dejvice, u. anderen forstwissenschaftlichen Institutionen d. ČS(S)R.

*1894, März 14, Praha;

†1958, Juli 26, Praha.

Nekr. S. A. Wilde, Forestry Chronicle **34** ('58) 438.

S. Proceedings and papers of the 2nd International congress of soil science, Leningrad–Moskva 1930, **2** (Moskva '33) 210f.: Schnellmethode zur Bestimmung der zitronensäurelöslichen Phosphate in Böden [ ][4])[3]); **4** ('32) 215–19: Schnellmethode zur Bestimmung der Wirkung von Phosphatdüngemitteln auf die Ernteerträge [französ.]. – C. R. 8e Congrès international, Union internationale des instituts des recherches forestières, Nancy 1932 (Nancy '33) 612–23: Essais sur la fumure azotée des plants de pins dans les pépinières. – Rep. 9th Congress of the International Union of Forest Research Institutes, Hungary 1936 (Sopron '–): Physikalische und chemische Eigenschaften einiger typischen Profile der degradierten und erkrankten Böden aus den Waldgebieten der ČSR [ ][5]). – Naučný slovník lesnický [Wissenschaftliches Lexikon der Forstwirtschaft] **1** (Praha '59): [Mitarbeit].

W. Výsledky polních pokusů se strništním zeleným hnojením [Ergebnisse der Feldversuche mit Stoppelsaat-Gründüngung] (Praha '32) 109 S. [m. deutscher und französ. Zusammenfassg.] (Sborník výzkumných ústavů zemědělských ČSR, 93. Zpráva Svazu výzkumných ústavů zemědělských, lesnických a zemědělsko-průmyslových v ČSR o srovnávacích pokusech, 11). – Výsledky polních pokusů se stupňovanými dávkami superfosfátu a thomasovy moučky, provedených v letech 1927–1930 [Ergebnisse der in den Jahren 1927–1930 durchgeführten Feldversuche mit gesteigerten Superphosphat- und Thomasmehlgaben] (Praha '33) 77 S. [m. deutscher Zusammenfassg.] (~ 97. ~ 12). – Výsledky polních pokusů s hnojením stupňovanými dávkami 40% draselné soli, provedených v letech 1927–1930 [Ergebnisse der in den Jahren 1927–1930 durchgeführten Felddüngungsversuche mit gesteigerten Gaben 40%igen Kalisalzes] (Praha '33) 47 S. [~] (~ 102. ~ 13). – Biochemické studie o vlivu hrabání lesního steliva na půdu a porost [Biochemische Studien über den Einfluß des Streurechens auf Boden und Bestand] (Praha '33) 99 S. [~] (~ 103. Z biochemického ústavu státních výzkumných ústavů lesnických v Praze, 11). – Výsledky polních pokusů s hnojením ledkem ostrávským, nitrofoskou a nitrofosem [Ergebnisse der Felddüngungsversuche mit Ostrauer Salpeter, Nitrophoska und Nitrophos] (Praha '34) 116 S. [~] (~ 108. Zpráva Svazu výzkumných ústavů zemědělských, lesnických a zemědělsko-průmyslových v ČSR o srovnávacích pokusech, 16). – Výsledky polních pokusů s hnojením různými druhy draselných hnojiv, provedených v letech 1928–1931 [Ergebnisse der Felddüngungsversuche mit verschiedenen Kalidüngemitteln, durchgeführt in den Jahren 1928–1931] (m. J. Valíček, J. Pitra) (Praha '34) 93 S. [~] (~ 120. ~ 19). – Výsledky pokusů se zeleným hnojením v lesních školkách [Ergebnisse von Gründüngungsversuchen in Forstgärten] (Praha '35) 120 S. [~] (~ 134. Z biochemického ústavu státních výzkumných ústavů lesnických v Praze, 13). – Pokusy o vlivu hnojení na výnosy olejnin [Versuche über den Einfluß von Dünger auf den Ölertrag] (Praha '35) 13 S. – Zkušenosti z pokusů s hnojením lnu kombinovanými hnojivy [Erfahrungen aus Versuchen zur Düngung des Flachses mit kombinierten Düngern] (Praha '35) 7 S. (Sonderdruck aus Bd. 9 der Zeitung „Lnářsky Věstník".). – Hnojení lesních kultur, **1**: Lesní školky [Düngung von Forstkulturen, **1**: Waldbaumschulen] (Praha '42) 99 S.; erweiterte Ausgabe ('48) 216 S. (Rádce zemědělce, 68); [**2**]: Meliorace krnících kultur a porostů [Melioration verkümmerter Kulturen und Bestände] ('50) 457 S. [m. russ. u. engl. Zusammenfassg.] (Sborník státvýzkumných ústavů lesnických ČSR, 1950, 3). – Typy lesních půd [Die Arten der Waldböden] (Praha '43) 170 S.; ('54) 283 S. (Lesnická knihovna. Malá řada, 34). – Rozbory hnojiv, rašelin a půd [Analyse von Düngemitteln, Torf und Böden] (Praha '48) 177 S. (Chemická technologie, VI: Technické rozbory, 1, Kap. 10). – Biochemie lesních dřevin. Část všeobecná: Chemické složení organů lesních dřevin [Biochemie der Gehölze des Waldes. Allgemeiner Teil: Chemische Zusammensetzung der Organe der Waldgehölze] (Praha '48) 310 S. (Publikace Ministerstva zemědělství ČSR 1948, 120. Sbornik výzkumných ústavů lesnických ČSR 1948, 4). – Směrnice pro melioraci degradovaných lesních půd. Pokyny pro použití moučck basických vyvřelin k melioraci krnících kultur a porostů na degradovaných a ochuzených lesních půdách [Richtlinie zur Melioration degradierter Waldböden. Weisungen für die Anwendung von basischem Eruptivgesteinsmehl zur Melioration von verkümmerten Kulturen und Beständen auf degradierten und nährstoffarmen Waldböden] (Praha '53) 30 S. (Lesnická knihovna. Malá řada, 28). – Meliorace degradovaných lesních půd [Die Melioration degradierter Waldböden] (Praha '56) 291 S. (~ 64).

Allgemeine Forst- u. Jagdztg. Der Einfluß des Streurechens auf die chemische Zusammensetzung des Bodens, der Nadeln und des Holzes eines Kiefernbestandes: **109** ('33) 214–19.

Bodenkunde u. Pflanzenernähr. Über den Einfluß des Kalkens auf das Wachstum und auf die Ernährung der Fichte in Waldbaumschulen: **7** ('38) 77–99. – Untersuchungen über den Einfluß der Phosphorsäuredüngung auf das Wachstum und auf die Ernährung der Fichte in Waldbaumschulen: **11** ('38) 93–128. – Untersuchungen über den Einfluß chlorhaltiger Kalidüngemittel auf das Wachstum und auf die Ernährung der Fichte in Waldbaumschulen: **13** ('39) 35–72. – Untersuchungen über den Einfluß der Stickstoffdüngung auf das Wachstum der Fichte in Waldbaumschulen: **16** ('40) 98–112. – Über die Wirkung einer Stickstoffdüngung junger Fichten auf die Nährstoffaufnahme der Nadeln in Abhängigkeit von der Bodenreaktion und von dem Nährstoffhaushalt des Bodens: **17** ('40) 204–35. – Zur Kenntnis der Wirkung der Düngung mit Kalisalzen auf die Stärkegehalte der Kartoffelknollen: **20** ('40) 84–106. – Untersuchungen über degradierte Waldböden unter Berücksichtigung der Ernährungsstörungen wuchsstockender Holzbestände: **21/22** ('40) 195–214. – Untersuchungen über Ernährungsstörungen bei wachstumsstockenden Fichtenbeständen: **23** ('41) 363–84. – Der Einfluß der Düngung auf das Wachstum der Fichten in der Waldbaumschule und auf ihre weitere Entwicklung nach dem Versetzen im Freiland: **24** ('41) 113–28. – Über die Wirkung verschiedener Kalidüngemittel auf das Wachstum und auf die Ernährung der Fichte in der Waldbaumschule[1]): **25** ('41) 323–45.

Brennstoff-Chem. Über die Verwendung von Braunkohlenpräparaten zu Düngezwekken: **13** ('32) 168–70.

Československý Háj Düngeversuche an Eschensetzlingen mit magnesiumreichem Kalkstein in der Waldbaumschule in Řevnice: **14** ('37) 141–44. – Kapitel aus der forstlichen Biochemie: **15** ('38) 18–23, 46–50; **18** ('41) 45–54, 87–94, 157–64. – Laßt uns für genügend Nährstoffe für die Setzlinge in Waldbaumschulen sorgen!: **20** ('46) 117f. – – Alle Arbeiten tschech.

Československý Les Die Ermittlung des Düngemittelbedarfs der Böden in Waldbaumschulen: **12** ('32) 43–46. – Düngemittel und die Okulierung der Lupine: 114f. – Was bewirkt die Verkümmerung von Bäumen?: **20** ('40) 156f. – Zur Frühjahrsdüngung von Waldbaumschulen. Anleitung zur Probenentnahme in Waldbaumschulen: **21** ('41) 213–17. – Die Anwendung von Basaltmehl zur Verbesserung des Wachstums der Setzlinge in Waldbaumschulen: **25** ('45) 49–51. – Melioration degradierter und nährstoffarmer Waldböden mit Hilfe basischer Eruptivgesteine: **26** ('46) 280–84. – Neue Methode zur Verbesserung von Waldböden durch Abfälle aus Steinbrüchen: **29** ('49) 160–62. – Erfahrungen aus Versuchen zur Verbesserung des Wachstums verkümmerter Kulturen und Melioration degradierter Waldböden: 364–66. – Die Degradierung von Waldböden und ihre Bedeutung für die Zukunft der Wälder: **30** ('50) 115–20. – Die Melioration degradierter Böden durch basische Eruptivgesteine: **31** ('51) 415–18. – – Alle Arbeiten tschech.

Československý Zemědělec Die Verbesserung des Wachstums von Waldkulturen durch Vertilgung des Heidekrauts: **21** ('39) 17 [tschech.].

Chimie et Industrie Le choix des engrais potassiques pour la culture de la pomme de terre: **29** ('33) No. spéc. 6bis, 1247–50. – Wirkung ausschließlicher Phosphordüngung auf die Ernährung von Nadelbäumen: **41** ('38) 773f. [französ.].

Deutsche landwirtschaftl. Presse Einfluß der Düngung auf das Wachstum der Saatwicke: **67** ('40) 397. – Bedeutung der Wasseruntersuchungen für zweckmäßige Teichdüngung: **68** ('41) 106, 113.

Dřevařské Listy Steigerung der Bodenproduktivität in kleinen Wäldern: **22** ('40) Nr. 33/34, 4f., 8 [tschech.].

Ernährung Pflanze Die Wirkung der Kalidüngung auf das Wachstum junger Fichten in den Pflanzgärten: **32** ('36) 67–70. – Einfluß des Krebsbefalles auf den Magnesiastoffwechsel der Kartoffelknollen: 413–16. – Über die ertragssteigernde Wirkung der Kalidüngung zu Kartoffeln unter Berücksichtigung der Bodenreaktion: **33** ('37) 161–65. – Über die Mineralstoffgehalte der Wirtschaftsdünger vom Standpunkt der Nährstoffbedürftigkeit des Bodens: **34** ('38) 57–59.

Forstarchiv Über den Chlorgehalt des Bodens und die Wirkung von chlorhaltigen Kalisalzen auf das Fichtenwachstum in den Forstbaumschulen: 8 ('32) 228. – Meliorationsversuche bei kümmernden Kulturen durch Düngung und Mitanbau der Dauerlupine: **18** ('42) 95–101.

Forstwissenschaftliches Centralbl. Untersuchungen über die Phosphorsäureernährung der Fichte in den Dauerkämpen: **54** ('32) 57–69, 88–100. – Versuche über die Wirkung der Gründüngung auf das Wachstum der Verschulpflanzen in den Waldbaumschulen: **57** ('35) 221–28. – Einfluß von Waldfeldbau auf die physikalischen und chemischen Eigenschaften des Waldbodens: 656–66, 701–08. – Beitrag zur Kenntnis der Mangel-[„Karenz"-] Erscheinungen bei Kiefernsämlingen: **58** ('36) 798–808. – Kompostdüngung der Fichte in Waldbaumschulen: **61** ('39) 406–21. – Untersuchungen über die Ursachen des Absterbens eines Fichtenbestandes: **62** ('40) 105–13. – Ernährungsstörungen eines absterbenden Tannenbestandes: 213–21, 245–53. – Zur Kenntnis der Kali- und Magnesiamangelerscheinungen bei Sämlingen und Kulturen der Kiefern: **64** ('42) 160–66.

Hutnické Listy Die biologische Wirkung von Thomasmehl als Funktion seines P_2O_5-Gehalts und seiner Löslichkeit[6])[7]): **18** ('63) 171–79 [tschech.].

Jahrb. schles. Forstver. Untersuchungen über die Phosphorsäureernährung der Fichten in den Dauerkämpen: **1932,** 110.

Landwirtschaftliche Fachpresse Tschechoslowakei Ergebnisse der Felddüngungsversuche mit schwefelsaurem Kalk: **12** ('34) 91. – Über die Wirkung der Nitrophosdüngung auf die Erträge des Sommergetreides: **13** ('35) 70. – Erkenntnisse über die Düngung des Flachses: 219. – Einfluß verschiedener Stickstoffdüngemittel auf die Erträge des Sommergetreides: **14** ('36) 23. – Über den Einfluß der Düngung auf die Wiesenerträge: **15** ('37) 7. – Stickstoffdüngung des Roggens: 274. – Über den Einfluß der Düngung auf die Zuckerrübenerträge im Lichte des Nährstoffbedarfs des Bodens: **16** ('38) 91.

Lesnická Práce Störung des Phosphorsäurekreislaufs unter dem Einfluß des Streurechens: **12** ('33) 1–25. – Einfluß des Anbaus der Lupine auf den Waldboden: 457–65. – Versuche über den Einfluß der Gründüngung auf das Wachstum der Setzlinge in Waldbaumschulen: **14** ('35) 85–91. – Physikalische und chemische Eigenschaften des Ackerbodens im Revier Adamov bei Holič in der Slowakei: 325–38. – Beitrag zur Kenntnis des Chemismus der sogenannten Karenzerscheinungen bei der Kiefer: 442–51. – Studie über die chemische Zusammensetzung der degradierten Böden im Revier Cep bei Třeboň: **15** ('36) 313–38. – Ergebnisse einer vorläufigen Untersuchung über das Vorkommen sekundärer Konglomerate und erkrankter Waldböden in der ČSR[5]): **16** ('37) 105–17. – Erkrankung einiger Waldböden im Pilsener Becken[5]): **17** ('38) 1–32. – Der Einfluß des Kalkens auf das Wachstum der Fichtensetzlinge in Waldbaumschulen: 210–33. – Weiterer Beitrag zur Kenntnis der Karenzerscheinungen bei Sämlingen und verkümmerten Kulturen von Kiefern: 388–402. – Zur Frage der Ernährung der Erle in nährstoffarmen Böden: **18** ('39) 26–35. – Einfluß der Kompostdüngung auf das Wachstum der Fichtensetzlinge in Waldbaumschulen: 148–56. – Die Ernährungsstörungen bei wachstumsstockenden Fichtenkulturen auf den Ortsteinböden des Großgrundbesitzes Bělá am Bezděz: 397–412. – Ergebnisse von Ameliorationsversuchen an erkrankten Waldböden im Pilsener Becken[5]): 507–39. – Studie über mineralische Ernährung absterbender Fichtenbestände im Revier Svatý Tomáš im Böhmerwald: **19** ('40) 12–23. – Die Ernährung von Fichten- und Kiefernsämlingen auf Ortsteinboden in einem verkümmerten Fichtenbestand im Revier Cep bei Třeboň: 69–82. – Biochemische Studie zur Frage des Tannensterbens bei Křivoklát: 325–52. – Erhöhung der Fruchtbarkeit degradierter Böden im Revier Cep durch Düngung und Lupinenanbau: **20** ('41) 30–39. – Über die chemische Zusammensetzung der Sämlinge von Nadelhölzern: **23** ('44) 65–75. – Über die chemische Zusammensetzung der Sämlinge von Laubbäumen: **25** ('46) 7–20. – Beitrag zur Kenntnis der Biochemie der Eibe: **26** ('47) 1–11. – Die Bedeutung der Spurenelemente für das Wachstum der Waldbäume : **27** ('48) 117–30. – Studie über die Ernährung einer absterbenden Tanne im Revier Rosice in Mähren: **29** ('50) 261–71. – A contribution to the question of stunting growth in pine stands on degraded serpentine soil: **30** ('51) 214–37 [engl.]. – Degradierung und Erkrankung von Waldböden: **33** ('54) 346–51. – Melioration erkrankter Waldböden: 442–49. – Zur Frage der Aufforstung von Kahlflächen im Gebiet von Křivoklát: **34** ('55) 269–74. – Zur Frage der Verringerung der Verluste bei der Aufforstung: **35** ('56) 243–46. – – Alle Arbeiten tschech. außer **30** ('51) 214–37.

Mitt. Forstwirtsch. u. Forstwiss. Ernährungsstörungen bei kümmernden Kulturen und Beständen: **11** ('40) 244–66.

Mitt. int. bodenkundl. Ges. Prof. Dr. Julius Stoklasa†: **11** ('36) 18–21.

Ochrana Přírody Die Degradation der Böden und ihre Bekämpfung: **7** ('52) 73–81 [tschech.].

Phosphorsäure Die Phosphorsäure-Ernährung der Kiefern in Dauerkämpen: **3** ('32/33) 121. – Absorption der Düngerphosphorsäure im Boden in Beziehung zu der ertragsteigernden Wirkung der Phosphorsäuredüngung: 449–63. – Über die Zusammensetzung der Mineralstoffe einiger krebsfester und gegen Krebs anfälliger Kartoffelsorten: **4** ('34) 352–57. – Über den Einfluß der Phosphorsäuredüngung auf das Fichtenwachstum in den Pflanzgärten: **5** ('35) 695–705. – Störungen der Phosphorsäure-Ernährung bei wachstumskümmernden Fichten- und Kiefernkulturen: **8** ('39) 178–96.

Phytopathologische Z. Beitrag zur Kenntnis der chemischen Beschaffenheit krebsverseuchter Kartoffelböden: **8** ('35) 303–05. – Über die Zusammensetzung der Mineralstoffe in krebsbefallenen Kartoffelknollen: **9** ('36) 417–25.

Pol'ana Die Aufzucht der Espe aus Samen: **6** ('50) 267–69 [slowak.].

Práce výzkumn. Ústavů lesnick. ČSR A contribution to the question of spruce trees perishing in the Ore Mountains [Rudohoří] with special regard to damage by smoke: **1** ('52) 167–227 [tschech. m. russ. u. engl. Zusammenfassg.]. – The influence of fertilizers on the properties of degenerated soil in the forest district of Lovčice: **3** ('53) 149–81 [tschech. m. engl. Zusammenfassg.]. – The amelioration of stunted forest cultures on a podsol with hardpan by covering the soil with heather: **4** ('54) 5–34 [~]. – Wuchsstockungen und Mißlingen der Waldkulturen auf Serpentinböden in Südböhmen infolge der Intoxikationen durch Nickel, Kobalt und Chrom: **6** ('54) 5–54 [tschech. m. russ. u. deutscher Zusammenfassg.]. – Die Melioration des Wachstums der Kulturen in Waldbaumschulen durch Düngung mit organisch-mineralischem Diabas-Kapuzin-Düngemittel: **9** ('55) 5–16 [tschech. m. deutscher Zusammenfassg.]. – Der Einfluß des Streurechens in Kiefernreinbeständen auf die Beschaffenheit des Bodens und auf die Ernährung der Kiefer: **10** ('56) 5–19 [tschech. m. russ. u. deutscher Zusammenfassg.]. – Improvement of beech fructification by the soil amelioration: **11** ('56) 5–25 [tschech. m. russ. u. engl. Zusammenfassg.].

Review appl. Mycol. A contribution to the knowledge of the chemical constitution of wart-infested potato soils: **14** ('35) 650f.

Revue Eaux et Forêts Etude sur la teneur du sol en chlore et sur l'action des engrais potassiques sur la croissance du pin dans les pépinières forestières: **70** ('32) 373–79.

Sborn. českoslov. Akad. zemědělské Die ertragssteigernde Wirkung der Düngung mit Ostrauer Salpeter (Zückerrübe, Kartoffeln, Gerste, Weizen, Roggen und Hafer) im Verhältnis zum Stickstoffgehalt des Bodens: **10** ('35) 160–64. – Studie über den Einfluß des Feldbaus auf die physikalische und chemische Beschaffenheit des Bodens im Gebiet der staatlichen Forstverwaltung Šaštin in der Slowakei: 590–98. – Versuche über den Einfluß der Phosphorsäuredüngung auf das Fichtenwachstum im Gebiete der Plänerkalkböden des Reviers Pátek an der Eger: **11** ('36) 36–48. – Einfluß der Kultivierung auf verschiedene Eigenschaften des Waldbodens auf dem Gebiet des staatlichen Forstreviers Adamov bei Holiče in der Slowakei: Nitrifikation[5]): 167–75; ~: Acidität und Feuchtigkeit[5]): 467–77; ~: Absolute Wasserkapazität[5]): **12** ('37) 90–96; ~: Porosität[5]): 398–407; ~ : Luftaufnahmevermögen[5]): 537–82; ~: Gehalt an organischen Substanzen und an Stickstoff[5]): **13** ('38) 178–90. – Biochemische Studien zur Frage des Kartoffelkrebses, 1: Die Zusammensetzung der Mineralsubstanzen in den Knollen der krebsfesten und krebsanfälligen Kartoffelsorten: **11** ('36) 310–16. – Die Degradierung der Waldböden im Podsolgebiet des Quadersandsteins der Kreideformation im nördlichen und östlichen Teile Böhmens: 317–30. – Studie über die Karenzerscheinungen bei der Kiefer in der Waldbaumschule in Řevnice: 531–34. – Die physikalischen Eigenschaften des kultivierten Waldbodens im Revier Oravský Podzámok in der Slowakei[1]): 654–61; Die chemischen Eigenschaften ~[1]): **13** ('38) 435–45. – Der Einfluß einseitiger Stickstoffdüngung auf Ernährung und Wachstum der Fichtensetzlinge in Waldbaumschulen: **12** ('37) 42–47; ~: Der Einfluß der Düngung auf die Stickstoffaufnahme: 141–49; ~: Der Einfluß der Düngung auf die Phosphorsäureaufnahme: 209–15; ~: Der Einfluß der Düngung auf die Kaliaufnahme: 385–91; ~: Der Einfluß der Düngung auf die Kalkaufnahme: 391–98; ~: Der Einfluß der Düngung auf die Magnesiaaufnahme: 547–57; ~: Der Einfluß der Düngung auf die Manganaufnahme: **13** ('38) 256–65; ~: Der Einfluß der Düngung auf die Kieselsäureaufnahme: 266–73; ~: Der Einfluß der Düngung auf die Eisen- und Aluminiumaufnahme: 445–55. – Der Einfluß einseitiger Stickstoffdüngung der Waldbaumschulen auf die Abgänge der verschulten Fichtenpflanzen: **12** ('37) 461–69. – Der Einfluß einseitiger Phosphorsäuredüngung auf Ernährung und Wachstum der Fichtensetzlinge in Waldbaumschulen: [Einleitung:] 631–41; ~ 1: Der Einfluß der Düngung auf die Stickstoffaufnahme: 641–47; ~ 2: Der Einfluß der Düngung auf die Phosphorsäureaufnahme: **13** ('38) 48–57; ~ 3: Der Einfluß der Düngung auf die Kali- und Kalkaufnahme: 101–09; ~ 4: Der Einfluß der Düngung auf die Magnesiaaufnahme: 109–16; ~ 5: Der Einfluß der Düngung auf die Manganaufnahme: 649–57; ~ 6: Der Einfluß der Düngung auf die Eisen- und Aluminiumaufnahme: **14** ('39) 33–46; ~ 7: Der Einfluß der Düngung auf die Kieselsäureaufnahme: 69–77. – Düngungsversuche an kultivierten Waldböden der Militärforstbetriebe in Malacky: **13** ('38) 638–49. – Der Einfluß einseitiger Düngung mit Kalisalz und Kainit auf das Wachstum der Fichtensetzlinge in Baumschulen: **14** ('39) 178–86. – Ernährungsstörungen bei Fichtenkulturen auf Ortsteinböden des Großgrundbesitzes Hrubá Skála: 239–50. – Der Einfluß einseitiger Düngung mit Kalisalz und Kainit auf die Ernährung der Fichtensetzlinge in Waldbaumschulen, 1: Der Einfluß der Düngung auf die Kali- und Phosphorsäureaufnahme: 270–76; ~2: Der Einfluß der Düngung auf die Stickstoff-, Kalk- und Magnesiaaufnahme: 324–31; ~ 3: Der Einfluß der Düngung auf die Mangan-, Eisen-, Aluminium- und Kieselsäureaufnahme: **15** ('40) 86–94. – Untersuchungen über die Ernährung eines verkümmerten Fichtenbestandes im Revier Suš im Böhmerwald: 35–45. – Untersuchungen über den Nährstoffgehalt der Teichwässer des Großgrundbesitzes Chlumec an der Cidlina im Vergleich zu dem natürlichen Zuwachs der Fische[2]): 126–32. – Untersuchungen über die chemische Zusammensetzung der Teichböden des Großgrundbesitzes Chlumec an der Cidlina im Vergleich zu dem natürlichen Zuwachs der Fische[2]): 153–59. – Ernährungsstörungen bei

Laubhölzern auf Ortsteinböden des Großgrundbesitzes Hrubá Skála: 356–64. – Untersuchungen über die mineralische Ernährung der absterbenden Kiefernbestände im Revier Chrustenice: 423–29. – Der Einfluß der Düngung auf das Wachstum und auf die Ernährung der Stieleiche in den Waldbaumschulen des Großgrundbesitzes Chlumec an der Cidlina: **16** ('41) 109–16. – Der Einfluß der Düngung mit verschiedenen Arten von Kalidüngemitteln auf das Wachstum und auf die Ernährung der Fichtenpflanzen[1]): 238–48. – Die Ursachen des Kümmerns und der Besserung des Wachstums der Kiefernkulturen im Revier Běleč des Forstamtes der Stadt Hradec Králové: **17** ('42) 74–83. – Die chemische Zusammensetzung der Teichböden in der Gegend von Třeboň im Vergleich zu dem natürlichen Zuwachs der Fische[2]): 84–87. – Untersuchung über die Eigenschaften des Bodens und über die Ernährung der Tanne auf basischem Durchbruchgestein und auf algonkischem Schiefer im Gebiete der Pürglitzer Wälder: **18** ('43/47) 99–110. – Ernährung und Düngung der Ulme: 330–38. – The influence of beech on the quality of forest soils in the territory of square sandstones: **24** ('51) 49–57. – A study of a serpentine forest soil with regard to its chromium content and to the resorption of chromium by a stunted-pine stand: 395–404. – The contents of oil and mineral substances in the seeds of yew and fir: 419–21. – The amelioration of a degraded forest soil by means of diabase meal in the forest district Choltice: **25** ('52) 55–64. – The amelioration of podzol with hard-pan in the forest district of Žehrov by means of basalt powder: **25B** ('52) 83–96. – Contribution to the question of the application of "Kapucin" (soft brown coal) to the fertilization of cultures: 97–104. – – Alle Arbeiten tschech., bis **18** meist mit deutscher, in **24** u. **25** mit russ. u. engl. Zusammenfassg.

Sborn. českoslov. Akad. zemědělsk. Věd, Lesnictví Melioration verkümmerter Kulturen auf degradiertem Boden mittels Deckreisig und Diabas-Düngung: **28** [= **1**] ('55) 825–40. – Studie über Rauchschäden an den Waldkulturen in der Umgebung der Papierfabriken bei Česká Kamenice: **3** ('57) 33–58. – Der Einfluß des Bodens und der Düngung mit Gesteinsmehlen auf die Chromaufnahme der Forstkulturen: 795–812. – Der Einfluß des Rauches und der Flugasche eines Elektrizitätswerkes auf die Intoxikation der Fichtenbestände (Zink- und Bleigehalte in rauchgeschädigten Fichtenorganen) **4** ('58) 397–420. – Die Melioration eines degradierten Bodens durch Düngung mit Kompost, Basaltmehl und Rohphosphat im Gebiete des Kreidesandsteins: 713–28. – – Alle Arbeiten tschech. m. russ. u. deutscher Zusammenfassg.

Slovenské lesné a drevárske Hospodárstvo Physikalisch-chemische Eigenschaften kultivierter Waldböden im Revier Adamov bei Holíče in der Slowakei: **11** ('35) Nrn. 34, 35 u. 36 [slowak.]. – Einfluß der chemischen Eigenschaften des Bodens auf das Wachstum und die Beschaffenheit der Lupine in Waldbaumschulen: Nrn. 43 u. 44 [~].

Za Socialističeskuju sel'skochozjajstv. Nauku, Ser. A Der Einfluß der Melioration degradierter Waldböden mittels basischer Gesteinsmehle auf das Wachstum und die Ernährung der Forstkulturen: **5** ('56) 301–04 [m. russ. u. engl. Zusammenfassg.]. – Die Steigerung der Fruchtbarkeit der Buche und der Linde durch Düngung mit basischem Gesteinsmehl: 305–08 [~].

Sudetendeutsche Forst- u. Jagdztg. Das Problem der degradierten Waldböden: **36** ('36) 157f.

Superphosphate [Hamburg] Über die Phosphorsäuremangelerscheinungen bei Kiefernsämlingen: **11** ('38) 121–27.

Vědecké Práce výzkumn. Ústavu Lesa a Myslivosti ČSAZV v Praze-Zabraslavi Die Verunreinigung der Luft durch Rauch und ihre Wirkung auf den Boden und auf die Forstgehölze im Erzgebirge[u.a.]): **2** ('38) 141–76 [tschech. m. deutscher u. russ. Zusammenfassg.].

Věstn. českoslov. Akad. zemědělské Studie über die Dirkssche Methode zur Bestimmung der Phosphorsäure im Boden[8]): **10** ('34) 17–22 [tschech. m. deutscher Zusammenfassg.]. – Über die Wirkung der Düngung mit Stallmist und mit Kalidüngemitteln auf die Erträge und den Stärkegehalt der Kartoffelknollen mit Rücksicht auf den Chlorgehalt des Bodens: 571–76 [~].

Věstn. ústřední Jednoty Řepařů (českoslov.) Zur Frage der Düngung mit Carbohumat: **1932**. – Die Wirkung einiger neuerer Stickstoffdünger auf die Erträge der Zuckerrübe: **1933**. – Die Düngung der Zuckerrübe mit Kalkammoniak: **1937**, 3 S. – Über die Wirkung der Düngung auf den Zuckerrübenertrag unter Berücksichtigung des Nährstoffgehalts im Boden: ibid., 13 S. – Die Ernährung und Düngung der Zichorie: **1940**, 10 S. – – Alle Arbeiten tschech.

Z. Fischerei u. Hilfswiss. Nährstoffgehalte der Teichwässer und Teichböden in Beziehung zu dem natürlichen Zuwachsen der Fische[2]): **39** ('41) 489–518.

Z. Pflanzenernähr., Düng., Bodenkunde, Abt. A Über ein neues Schnellverfahren zur Bestimmung der Stickstoffbedürftigkeit der Böden durch chemische Analyse[3]): **23** ('32) 140–48. – Bemerkungen zur kolorimetrischen Bestimmung der zitratlöslichen Bodenphosphorsäure[4])[3]): **25** ('32) 365–73. – Die Bestimmung der Phosphorsäurebedürftigkeit nach der Keimpflanzenmethode und die Absorption der Phosphorsäure durch den Boden:

26 ('32) 203–11. — Beitrag zur Bestimmung des Nitratstickstoffs im Boden[3]): 29 ('33) 182–85. — Über den Chlorgehalt der Böden und die Wirkung der chlorfreien und chlorhaltigen Kalidüngemittel zu Kartoffeln: 33 ('34) 346–50. — Beiträge zur Bestimmung der pflanzenzugänglichen Bodenphosphorsäure nach Dirks[8]): 35 ('34) 201–07. — Beitrag zur Bestimmung des Kaligehalts in Zitronensäureauszügen des Bodens bei der Neubauerschen Methode und in Jaucheproben durch das Kobaltnitritverfahren[4]): 37 ('35) 257–70. — Eine Bemerkung über die Einwirkung der Stallmistdüngung auf den Stärkegehalt der Kartoffelknollen: 38 ('35) 239–41. — Vergleichende Untersuchungen über die Bestimmung der Phosphorsäuredüngungsbedürftigkeit der Böden nach dem Salpetersäureverfahren von A. v. 'Sigmond: 42 ('36) 143–50. — Untersuchungen über die Bestimmung der Kalibedürftigkeit der Böden nach dem Verfahren von A. v. 'Sigmond: 45 ('36) 105–10.

Z. Zuckerindustrie čecho-slovak. Republ. Carbohumat-Düngungen: 56 ('31/32) Rundschau, 25. — Wirkung einiger neuzeitlicher Stickstoffdünger auf die Erträge der Zuckerrüben: 57 ('32/33) Rundschau, 17.

Zemědělské Zprávy Erhöhung der Bodenproduktivität in kleinen Wäldern: 40 ('40) 33–35 [tschech.]. — Mit Düngung und mit Lupinen gegen die Verkümmerung der Kulturen in kleinen Wäldern: 189–91 [~].

Zemědělský Arch. Der chemische Charakter der von Kartoffelkrebs heimgesuchten Böden: 26 ('35) 129–32 [tschech.]. — Die Bestimmung des Düngerbedarfs von Böden nach der 'Sigmond-Methode: 27 ('36) 506–16 [~]. — Studie über Boden und Ernährung dahinsiechender Tannen im Gebiet algonkischer Schiefer in der Gegend von Křivoklát: 33 ('42) 250–60 [~].

Zemědělský Pokrok Kommission zur Erforschung des [günstigen] Standorts eines Forstes: 7 ('40) 136 [tschech.].

Zprávy, Státní výzkum. Ústavy lesn. Biochemisch-pedologische Studien über die Ursachen der Fichten- und Kiefernverkümmerung im Revier Smrček der staatlichen Forstverwaltung Slatiňany: 1 ('47) 31–54 [tschech.]. — Biochemische und pedologische Studie zur Frage nach den Ursachen der Verkümmerung der Kiefernbestände im Revier Želuchy nad Pop: 2 ('48) 53–75 [~]. — Die Verwendung basischer Eruptivgesteine zur Melioration degradierter Waldböden: 3 ('49) 32–74 [tschech. m. engl. Zusammenfassg.].

Einige weitere Veröffentlichungen.

Mit: [1]) S. Borisov; [2]) J. Fastrová; [3]) A. Koppová; [4]) J. Laník; [5]) R. Mařan; [6]) T. Myslivec; [7]) J. Petrica; [8]) H. Pohl.

VI **NEMÉNYI,** Paul Felix. Mechanik. — 1931–33 Privatdoz., Techn. Hochsch. Berlin; '34–46 wiss. Tätigkeit an verschiedenen Orten in Europa u. Amerika; '46–52 wiss. Mitarbeiter, U.S. Navy, zuletzt bis '52 Vorstand d. Abteilung f. Theoret. Mechanik, Naval Research Laboratory, Washington, D.C. (☒)

*1895, Juni 5, Fiume;

†1952, März 1, Washington, D.C.

Nekr. C. Truesdell, J. Washington Acad. Sci. 43 ('53) 62–64; Physikalische Bl. 8 ('52) 325f.; Science [USA] 116 ('52) 215f. (m. Schr.-verz.-Auszug 16 Nrn.); Z. angew. Math. u. Mech. 33 ('52) 72.

S. Proc. 7th International congress for applied mechanics, London 1948, 2 (London '49) 300–14: On the steady Beltrami flow of a perfect gas[1]). — Advances in applied mechanics (R. v. Mises, Th. Kármán) 2 (New York '51) 123–51: Recent developments in inverse and semi-inverse methods in the mechanics of continua.

W. Wasserbauliche Strömungslehre (Leipzig '33) 8+275 S. — Annotated bibliography of fishways; covering also related aspects of fish migration, fish protection and water utilization, prepared in cooperation with the Iowa State Conservation Commission (Iowa City, Ia. '41) 72 S. (University of Iowa studies in engineering, Bull. Nr. 23). — Investigation of fishways; conducted for the Iowa State Conservation Commission by the Iowa Institute of Hydraulic Research (m. A. M. McLeod) (Iowa City, Ia. '41) 72 S. (~ 24). — Annotated and illustrated bibliographic material on the morphology of rivers (Washington, D.C. '50) 3+114 S.

Archive Hist. exact Sci. Main concepts and ideas of fluid dynamics in their historical development: 2 ('62) 52–86.

Bygningstatiske Medd. Schalen- und Scheibenkonstruktionen: 6 ('34) 11–62 [dän.]. — Beiträge zur Berechnung der Schalen unter unsymmetrischer und unstetiger Belastung: 8 ('36) 53–72.

Ingeniørvidenskabelige Skr. A new device for direct stream field studies and its application. With an appendix on the pressure distribution on a triangular prism: 39A ('35) 28 S.

J. Math. and Physics Some geometric properties of plane gas flow[1]): 27 ('48) 130–35.

J. ration. Mech. and Analysis On the geometry of two-dimensional elastic stress fields[2]): 1 ('52) 73–86.

Naturwissenschaften Aerodynamiktagung in Göttingen, 6.–7. Juni 1933: 21 ('33) 708f.

Proc. nation. Acad. Sci. USA A stress function for the membrane theory of shells of revolution[3]): 29 ('43) 159–62. — Some properties of rotational flow of a perfect gas[1]): **34** ('48) 119–24.

Quarterly J. Mech. and appl. Math. On a family of rotational spatial gas flows[1]): **2** ('49) 129–35. — Two-dimensional plastic stress systems with isometric principal stress trajectories[4]): **5** ('52) 1–11.

Trans. amer. geophysic. Union The different approaches to the study of propulsion of granular materials and the value of their coordination: **1940** ('41) 633–47.

Wasserkraft u. Wasserwirtsch. Über die Gültigkeit des Darcyschen Gesetzes und deren Grenzen: **29** ('34) 157–59.

Z. angew. Math. u. Mech. Stromlinien und Hauptspannungstrajektorien: **13** ('33) 364–66.

Z. VDI Über Sickerströmungen. Stand der Forschung und offene Fragen: **1932,** 1197–202.

Mit: [1]) R. C. Prim; [2]) A. W. Sáenz; [3]) C. Truesdell; [4]) A. van Tuyl.

VI **NENADKEVIČ,** Konstantin Avtonomovič. Mineral., Chem.—Stud. bis 1902 Univ. Moskva, '02–06 Bergbau-Inst. Petersburg; '06– Leiter d. Mineralog. Labor. d. Geol. Museums, später d. Geochem. Labor. d. Mineral. Inst. d. Akad. Wiss. UdSSR, Leningrad; '35 Dr. d. geol.-mineral. Wiss.; '50 Prof. chem. Mineral. — '45 Leninorden, '47 Staatspreis (UdSSR). (☒)

*1880, Juni 2 (Mai 21), Kaševka, Wolhynien;

†1963, Juni 19.

Nekr. V. V. Ščerbina, Geochimija **1963,** 1063f. (m. Bildn.). — Geologija rudn. Mestoroždenij **6** ('64) Nr. 1, 123–25 (m. Bildn.).

C. R. (Dokl.) Acad. Sci. URSS Electrolytic method of separating nickel and cobalt: **49** ('45) 31–33 [ ].

Ž. analit. Chim. Eine gravimetrische und elektrolytische Methode zur Trennung und Bestimmung von Nickel und Kobalt in Cyanidkomplexen[1]): **1** ('46) 123–28 [russ.].

Mit: [1]) V. S. Saltykova.

VI **NENIŢESCU,** Costin D. Chem. (org.). — 1926–28 Assist., '28–35 Doz., Univ. Bucureşti; '35–70 Prof., Techn. Hochsch. Bucureşti; '48 Begründer, '48–54 Leiter, Forschungsinst. f. chem. Technol., Bucureşti; '55–63 Leiter, Zentrum d. chem. Forschung, Bucureşti; '63–70 Leiter, Zentrum f. org. Chem., Bucureşti; '55–70 Präs. d. Sekt. Chem. u. Mitgl. d. Präsidiums, Acad. Republ. Popul. Romîne.— '49 Medaille der Arbeit, '49, '51 Staatspreis, '57 Orden der Arbeit, '62 Stern 1. Kl., '64 Ehrentitel „Verdienter Wissenschaftler", '66 Orden f. wiss. Verdienste (Republ. Popul. Romîne); '70 August-Wilhelm-von-Hofmann-Denkmünze (Ges. Deutscher Chemiker).

*1902, Juli 15 (2), Bucureşti;

†1970, Juli 28, Buşteni.

Zur Biogr. Leopoldina (3) 8/9.1962/63 ('65) 69.

Zum 60. Geb.tag Festgabe: Revue Chim., Acad. Républ. popul. roumaine **7** ('62) Nr. 2, 651–1415 (m. Bildn., Faks., Biogr. S. 651–54). — Analele Acad. Republ. popul. romîne **12** ('62) 317. — Nachr. Chem. u. Techn. **10** ('62) 200 (m. Bildn.). — Studii şi Cercetări Chim., Acad. Republ. popul. romîne, Bucureşti **10** ('62) 291–94 (m. Bildn., Faks.). — Studii şi Cercetări Chim., Acad. Republ. popul. romîne, Filiala Cluj **13** ('62) 127–30 (m. Bildn., Faks.).

Nekr. M. Avram, Chemische Ber. **104** ('71) XVII–LXV (m. Bildn., Faks., Schr.verz. 246 Nrn.); Revue roumaine Chim. **16** ('71) 959–1022 (m. Bildn., Schr.verz. 246 Nrn.). — Ibid. **15** ('70) I–III (m. Bildn.). — R. Huisgen, Jahrb. bayer. Akad. Wiss. **1970/71** ('71) 221–27 (m. Bildn.). — P. F. G. Praill, Chemistry in Britain **7** ('71) 252f. — F. Runge, Jahrb., Sächs. Akad. Wiss. Leipzig **1969/70** ('72) 281–98 (m. Bildn. vor S. 273, Schr.verz. 258 Nrn.).

MHZ. Revue Chim., Acad. Républ. popul. roumaine **2** ('54). — (Chefredakt.) Revue Chim., Acad. Républ. popul. roumaine → Revue roumaine Chim. (N. S.) **1** ('56) - **15** ('70). — Studii şi Cercetări Chim., Acad. Republ. popul. romîne, Bucureşti **4** ('56) - **18** ('70).

S. Academia Republicii Populare Romåne. Lucrările sesiunii generale ştiinţifice, Bucureşti şi Iaşi 1950 (Bucureşti '51) 796–809: Alkylderivate der Zellulose, 1: Methylzellulose[68]); 810–17: Beitrag zur Kenntnis der polymeren Pyrrole und einiger ihrer Derivate[44]); 818–27: Derivate des 5-Nitrofurfurols[13]); 828–31: Darstellung eines Medikaments mit antituberkulöser Wirkung: p-Acetylamino-benzaldehydthiosemicarbazon[17]). [Alle Arbeiten rumän. m. russ. u. französ. Zusammenfassg.]. — Aspecte din chimia hidrocarburilor. Lucrările consfătuirii romîno-sovietice 1959 (Bucureşti '60) 41–50: Metallkomplexe einiger zyklischer Diene[4])[57])[25])[80]); 95–101: Diacylierung von Alkenen zu Pyryliumsalzen[6]); 149–56: Dien-Synthesen in der Naphthalinreihe[26])[4]); 213–27: Eine neue Umlagerung der Phenylalkane[64])[89]). [Alle Arbeiten rumän.]. — Friedel-Crafts and related reactions (G. A. Olah) **2** (New York–London '64) 979–1047: Dehydrogenation-condensation of aromatics (Scholl and related reactions)[6]; **3** ('64) 1033–152: Aliphatic acylation[6]). — Omagiu acad. Prof. Raluca Ripan (București '66) 391–96: Solvolytische Halogenierung von Olefinen in ätherischer Lösung[26])[4])[50])[30]). — Carbonium ions (G. A. Olah, P. von R. Schleyer) **1**: General aspects and methods of investigation (NewYork–London '68) 1–75: Historical outlock; **2**: Methods of formation and major types ('70) 463–520: Intermolecular hybride transfer reactions involving carbonium ions.

W. Chimie organică **1** (București '28) 15+544 S., ²('42), ³('46), ⁴('56), ⁵('60), ⁶('66), ⁷('74) 32+932 S.; **2** ¹·²('43) 10+801 S., ³('47), ⁴('58), ⁵('63), ⁶('68), ⁷('74) 25+1051 S.; russ.: **1** (Moskva '62) 864 S., **2** ('63) 1047 S.; poln.: **1** (Warszawa '67) 900 S., **2** ('69) 1024 S. — Gaze și măști de război (m. C. N. Ionescu) (București '33) 296 S. — Chimie generală (București '49) 15+950 S., ²('63), ³('72) 55+1289 S.; russ.: (Moskva '68) 816 S. — Manualul inginerului chimist. Tabele fizico-chimice și tehnice (m. V. Ioan) **1** (București '51) 11+1043 S.; **2** ('52) 1067 S. — Bazele industriei chimice de sinteză organică in Republica Populară Română. Referat prezentat la congresul A.S.I.T. [Asociația Științifică a Inginerilor și Tehnicienilor din R.P.R.] 1951 (București '53) 29 S. — Nomenclatura chimiei organice (m. I. P. Cantuniari, I. G. Dinulescu) (București '60) 96 S. — cis-3,4-Dichlorocyclobutene and the syn and anti dimers of cyclobutadiene (București '64) 6 S. (Cent. Petrol. și chimie). — Chimie organică; Manual pentru clasa a XI-a liceu și anul III licee de specialitate (m. V. Ioan, F. Badea, I. Pogany) (București '67) 152 S.; deutsch: Organische Chemie; Lehrbuch für die XI. Klasse des Lyzeums (București '67) 155 S.; ungar.: (București '67) 160 S. — Chimie organică; Manual pentru clasa a XI-a liceu și anul II licee de specialitate (București '68) 152 S. — Chimie organică; Manual pentru clasa a XII-a liceu și anul II și IV licee de specialitate (m. T. V. Constantinescu, F. Badea, I. Pogany, V. Ioan) (București '68) 175 S.; deutsch: Organische Chemie; Lehrbuch für die XII. Klasse des Lyzeums (București '68) 176 S.; ungar.: (București '68) 176 S. — Chimie; Manual pentru clasa a IX-a liceu și anul I licee de specialitate (m. T. V. Constantinescu, I. Pogany, V. Ioan) (București '68) 128 S.; deutsch: Chemie; Lehrbuch für die IX. Klasse des Lyzeums (București '68) 144 S.; ungar.: (București '68) 144 S. — (Mitbearb.) Dicționar poliglot de industrie și tehnologie chimica (București '68) 786 S. — Chimie; Manual pentru clasa a X-a liceu și anul II licee de specialitate (m. V. Ioan, T. V. Constantinescu) (București '69) 126 S.; auch deutsch u. ungar.

Acta chim. Acad. Sci. hungar. Durch Protonsäuren katalysierte Alkylierungsreaktionen des aromatischen Kerns mit Sulfosäureestern und Alkylhalogeniden[85])[44]): **12** ('57) 195–207 [m. engl. u. russ. Zusammenfassg.].

Analele Acad. Republ. popul. romîne (române) Einige aktuelle Aspekte und Perspektiven der chemischen Forschungen in den Instituten der Akademie der Rumänischen Volksrepublik: **9** ('59) 339–50 [rumän.]. — Ergebnisse der wissenschaftlichen Forschung auf dem Gebiet der Chemie: **14** ('64) 319–26 [∼].

Analele Acad. Republ. socialiste România Die Entwicklung der chemischen Wissenschaften in Rumänien: **16** ('66) Anexă, 155–63 [rumän.].

Analele Minelor România La constitution chimique des huiles de graissage par rapport avec leur valeur de graissage: **20** ('37) 101, 315–20, 401–08.

Angewandte Chem. Zur Kenntnis der Katalyse durch Aluminiumchlorid: **52** ('39) 231–38. — Über die Normaldruck-Polymerisierung des Äthylens durch Zink- und Natrium-Alkyle [43])[42]): **68** ('56) 438. — Umwandlung von Cyclobutadien-Quecksilber in Cyclooctatetraen[4])[57])[68]): **71** ('59) 626. — Über Komplexe von Olefinen mit Metallen[4]): **72** ('60) 39f. — Neue Methode zur Darstellung von Carbenen[5]): 415f. — Dichlorcarben beim thermischen Zerfall von Silbertrichloracetat[44])[5])[17]): 416. — Über die Cyclobutadien-Frage: **73** ('61) 300f. — Zum dimeren Cyclobutadien[4])[57])[26])[58]): **75** ('63) 88; **76** ('64) 961f.

Antigaz [București] Neue Methoden zur Yperit-Herstellung[81]): **9** ('35) Nr. 9/10, 12–21; Nr. 11/12, 3–11 [rumän.].

Ber. dtsch. chem. Ges. Durch Aluminiumchlorid katalysierte Reaktionen, 3: Versuche in der Cyclopentan-Reihe[14]): **65** ('32) 807–12; ∼ 4: Versuche mit vergifteten Katalysatoren[14]): 1449–53; ∼ 5: Über die bei der Kondensation von Cyclohexan und Acetylchlorid entstehenden Verbindungen[15]): **66** ('33) 969–71; ∼ 6: Die Umlagerung des Cyclohexans in Methylcyclopentan[14]): 1097–100; ∼ 7: Über Hydrierungserscheinungen bei der gewöhnlichen Friedel-Craftsschen Reaktion[47]): 1100–03; ∼ 8: Über die Einwirkung von Aluminiumchlorid auf n-Hexan und n-Heptan, allein und in Gegenwart von Halogenderivaten; eine Überführung von Paraffin in Cycloparaffin-Kohlenwasserstoffe[27]): 1892–900; ∼ 10: Über die hydrierende Wirkung des Systems Aluminiumchlorid – gesättigter Kohlenwasserstoff gegenüber einigen anorganischen Halogeniden[47]): **67** ('34) 1391–93; ∼ 11: Über die Verzweigung der Kohlenstoffkette bei der Umsetzung gesättigter Kohlenwasserstoffe mit Acetylchlorid in Gegenwart von Aluminiumchlorid[15]): **68** ('35) 1584–87; ∼ 15: Über die Darstellung gesättigter Ketone durch Anlagerung von Säurechloriden an Olefine und Hydrierung mittels Aluminiumchlorids[17]): **69** ('36) 1820–26; ∼ 16: Über die Struktur des aus Methylcyclohexan und Acetylchlorid gewonnenen Ketons[17][14]: **70** ('37) 277–83; ~ 17: Über den Mechanismus der Kondensation von Kohlenoxyd mit Cyclohexan[22]: **71** ('38) 2063–65; ~ 18: Über die Kondensation des 9,10-Dihydroanthracens mit Säurechloriden[34][18]: **72** ('39) 819f.; ~ 19: Synthese der stereoisomeren 9-Methyldekalone-(1)[17][70]: **73** ('40) 313–15; ~ 21: Wege zum 8-Methylhydrindanon-(1)[70]: **74** ('41) 676–86; ~ 22: Synthesen von Hydrophenanthren-Derivaten[17][56]: 687–93; ~ 23: Versuche zur Synthese von Verbindungen mit dem Steringerüst[17]: **75** ('42) 1765–70. – Über eine eigentümliche Umsetzung des β,β'-Dichlor-diäthylsulfids mit Halogenverbindungen[91]: **67** ('34) 1142–44. – Über eine Addition von Schwefelwasserstoff und Mercaptanen an Alkylenoxyde[91]: **68** ('35) 587–91. – Über eine Ring-Erweiterung bei der katalytischen Dehydrierung eines Cyclopentan-Derivats[17]: **69** ('36) 1040f. – Über die Einwirkung von Acetylchlorid und Kohlenoxyd auf gesättigte Kohlenwasserstoffe in Gegenwart von Aluminiumchlorid[41][47][14]: 2244–51. – Über die Wanderung von Halogenatomen in Kohlenstoffketten und -ringen, 2: Über eine Halogenwanderung bei den Additionsprodukten von α-Halogenäthern an Olefine[70]: 2706f.; Über Halogenwanderungen unter dem Einfluß des Aluminiumchlorids, 3[22]: **70** ('37) 346–48; ~ 4[34]: 1883–86; ~ 5[34][18]: **73** ('40) 233–37. – Über die Isolierung einiger Säuren aus dem Erdöl[47][88]: **71** ('38) 2056–62. – Mesomerie und Substitution in aromatischen Verbindungen[86]: **77** ('44) 705–09.

Chemische Ber. Über die Alkylierung des aromatischen Kerns mit Sulfonsäureestern[44][84]: **90** ('57) 585–92. – Über die Assoziation der Benzolsulfonsäure in Benzollösung[53]: 685–90. – Untersuchungen in der Cyclobutanreihe, 1: 1,3-Disubstituierte Cyclobutanderivate[4][59]: 1424–32; ~ 2: Ein Beitrag zur Kenntnis des Cyclobutadiens[4][57]: 1857–68; ~ 3: Über Benzocyclobutadien[4][25]: 2541–44; ~ 4: Über einen Silbernitrat-Komplex $C_4H_4 \cdot AgNO_3$[4][57]: **92** ('59) 1088–91; ~ 7: Über Dibenzotricyclooctadien und Dibenzocyclooctatetraen[4][25][58]: **93** ('60) 1789–94; ~ 11: Über die stereoisomeren Cyclooctatetraen-dichloride und das cis-3,4-Dichlor-cyclobutan[4][26][29][30][57][58]: **97** ('64) 372–81; ~ 12: Zwei stereoisomere Dimere des Cyclobutadiens[4][26][57][58][80]: 382–89; ~ 23: Cyclisierende Trimerisierung von tert.-Butylacetylen zu einem Dewar-Benzol-Palladiumchlorid-Komplex[4][3][58][26][16]: **102** ('69) 3996–4007; ~ 24: Eine Umlagerung des Tricyclo[4,2,0,0^{2,5}]octan-Systems in das Tricyclo[4,2,0,0^{2,4}]octan-System[4][58][26]: 4008–16. – Synthesen des Heteroauxins, des Tryptamins und Serotonins[72]: **91** ('58) 1141–45. – Zum Chemismus der Hydridübertragung bei der Schollschen Reaktion[6]: 2109–16. – Aluminiumchlorid-Katalysen, 25: Eine neue Umlagerung der Phenylalkane[64][38][89]: **92** ('59) 10–17. – Eine Ringverengung von Pyryliumsalzen zu Furanderivaten[6]: **93** ('60) 599–602 – Dien-Synthesen des 2,3-Dihydronaphthalins und des Naphthalins mit N-Phenylmaleinimid[26][4]: 1795–99. – Dihydropyridazine aus Olefinen und 3,6-Dicarbomethoxy-1,2,4,5-tetrazin[4][26][57]: **95** ('62) 2248–53. – Über Diphenyl-dihydropentalene[17][12][61][58]: 2325–32. – [Reaktionen der Acetylene mit Übergangsmetallen, 1:] Neuuntersuchungen über die Abbauprodukte des aus tert.-Butylacetylen und Palladiumchlorid erhaltenen Komplexes[4][3][29][16][26]: **104** ('71) 3486–97; ~ 2: Umsetzung von 2,5,5-Trimethyl-hexin-(3)-ol-(2) mit Bis(benzonitril)palladiumchlorid[4][3][26][104][16][29]: **105** ('72) 2375–88; ~ 4: Die Struktur des aus 2,5,5-Trimethyl-hexin-(3)-ol-(2) und Bis(benzonitril)palladiumchlorid erhaltenen Komplexes[4][3][16][80]: **108** ('75) 1830–38.

Buletin şti., Acad. Republ. popul. romîne, Sect. Şti. tehn. şi chim. Verfahren zur Herstellung des Hexachlorocyclohexans[38]: **3** ('51) 123–31 [rumän. m. französ. Zusammenfassg.].

Buletinul Inst. nation. Cercetări tehnol. Contribution à l'étude des composés à saveur sucrée de la série de la m-nitraniline[13]: **3** ('48) 15–19.

Buletinul Soc. Chim. România Über die Einwirkung von Reduktionsmitteln auf Jod-Nitro-Verbindungen, 3[47]: **13** ('31) 89–93; Über Aci-Nitro-Verbindungen, 4: Über den Mechanismus des Übergangs der Nitro-Derivate in Hydroxamsäuren[47]: **14** ('32) 53–61. – Le mécanisme de l'action des composés organo-magnésiens sur les amides N-disubstituées des acides α,β-nonsaturés, 2[14]: 62–64. – Arbeiten mit präparativem Zweck[45]: 65–68. – A new method for the analysis of industrial phosgene[66]: **15** ('33) 45–48. – Einige Beobachtungen über die Cannizzarosche Reaktion[34]: **16** ('34) 42–46. – Une nouvelle méthode pour déterminer la pénétration de l'ypérite dans les matériaux de protection[45][91]: 131–44. – Zur Merkurierung des Benzols und des Chlorbenzols[47][40]: **20A** ('38) 127–34. – Zur Einführung des Arsens im aromatischen Kern mittels Quecksilber-Verbindungen[47][40]: 135–38.

Buletinul Chim. pură şi apl., Soc. Chim. România, Secţ. Soc. române Şti. Über Halogenwanderungen unter dem Einfluß des Aluminiumchlorids, 6: Hydrierende–dehydrierende Disproportionierung in der aromatischen Cycloparaffinreihe[22]: (2) **1** ('39) 125–32. – Durch Aluminiumchlorid katalysierte Reaktionen, 20: Kondensation der Olefine mit den Chloriden ungesättigter Säuren im reduzierenden Kohlenwasserstoffmedium[22]: 133–36.

Bull. Math. et Physique pures et appl. Ecole polytechn. Bucarest Sur le chlorure d'aluminium, 14: Sur le mécanisme de l'addition des hydrocarbures aromatiques aux doubles liaisons éthyléniques en présence du chlorure d'aluminium[34])[87]): **6** ('34/35) 115–24. — Nouvelle méthode de fabrication de l'ypérite[91]): **7** ('35/36) 61–73.

Buletinul Inst. politehn. Bucureşti Simplified method for the preparation of sodium hydride and complex hydrides derived from it[5]): **20** ('58) Nr. 3, 93–98 [m. russ., französ. u. deutscher Zusammenfassg.].

Bull. Sect. sci., Acad. roumaine Mesomerism and substitution in aromatic compounds [86]): **27** ('44/45) 208–14. — Über die Aluminiumchlorid-Katalyse auf dem Gebiete nichtaromatischer Verbindungen: 681–703.

Bull. Soc. chim. France Sur le chlorure d'aluminium, 13: Etudes sur les cétones obtenues par condensation des hydrocarbures saturés avec le chlorure d'acétyle en présence du chlorure d'aluminium[87]): (5) **2** ('35) 2209–20. — L'isomérisation catalytique des hydrocarbures saturés. Le mécanisme de l'activation du chlorure d'aluminium par l'eau[4])[80]): **1955**, 1266–72. — Sur le mécanisme de la réaction d'alcoylation du noyau aromatique, 1: Etude cinétique de la condensation des hydrocarbures benzéniques avec quelques benzènesulfonates de benzyle substitués[85])[44]): 1272–79; ∼ 2: La condensation du chlorure de benzyle et du benzène, en catalyse homogène acide[85])[44]): 1279–81. — Migration d'ions hydrure dans des chaînes d'acides éthyléniques au cours de la réaction de Friedel et Crafts[38]): **1961**, 218–22. — Réactions d'extension de cycle, 2: Synthèses dans la série du méthoxy-4'-benzocycloheptène[17])[61]): 732–34; ∼ 3: Synthèses dans la série du benzocyclooctène[17])[12])[60])[58]): **1962**, 471–77. — Structure et réactions des "pyranol-hydrazides" [6])[32])[58]): 298–302. — Sur la réaction d'Étard et le mécanisme de l'oxydation des hydrocarbures par l'acide chromique: **1968**, 1349–57.

Chemický Průmysl Die rumänische Chemie gestern und heute: **4** ('54) 355f. [tschech.].

Chemistry and Industry A new dimer of benzocyclobutadiene[4])[25]): **1959**, 257. — Intermediate formation of carbonium ions in oxidation of saturated hydrocarbons by chromic acid[64]): **1960**, 377f. — Methyl and neopentyl carbonium ions[64])[10]): **1961**, 1753f. — Diels-Alder adducts of benzocyclobutadiene with ortho-quinoid hydrocarbons[4])[26])[25]): **1962**, 555f. — Solvolytic halogenation of olefins in ethers [26])[4])[50])[30]): **1964**, 840f. — [Investigations in the cyclobutane series, 13:] Rearrangement of the 3,4;7,8-dibenzobicyclo[4,2,0]octa-3,7-diene system[26])[4])[58]): 2023f.

Comunicările Acad. Republ. popul. romîne Acylaminomethylierung, eine allgemeine Methode zur Substitution des aromatischen Ringes[26]): **4** ('54) 45–54. — Über den Mechanismus der Alkylierung des aromatischen Kerns: Kinetische Untersuchung der Kondensation benzolischer Kohlenwasserstoffe mit einigen substituierten Benzylbenzolsulfonaten[85])[44]): 737–45. — Eine Synthese des Pyrrolringes durch Kondensation von α-Hydroxyketonen mit β-Aminocrotonsäureester[64])[89]): **7** ('57) 421–26. — Die Kondensation von Oxalylchlorid mit substituierten Pyrrolen[64])[89]): **8** ('58) 659–63. — Diels-Alder-Kondensation von Anthranil mit N-Phenylmaleinimid[17])[10]): 775–79. — Die katalytische Dehydrierung von Cyclooctatetraen in der Gasphase[5]): **9** ('59) 245–48. — — Alle Arbeiten rumän. mit russ. u. französ. Zusammenfassg.

Experientia Eine neue Umlagerung der Phenylalkane und ihre Beziehung zur Friedel-Crafts-Reaktion: **16** ('60) 332–36 [m. engl. Zusammenfassg.].

Izvest. Akad. Nauk SSSR, Otdel. chim. Nauk Gleichgewicht zwischen der iso- und der normalen Form von 9-Nitrofluoren[26]): **1958**, 1228–32. — Ultraviolettabsorptionsspektrum von Pyryliumperchlorat[6]): **1960**, 2064f. — Darstellung von Pyryliumsalzen durch Bisacylierung von Olefinen [,5]: Bisacylierung von Di- und Triisobutylen[6])[37]): **1961**, 1102–07. — Katalytische Umwandlung von 2-Acetylfuran-Homologen in Trialkyltetrahydropyrane[83])[9])[6]): **1962**, 491–93. — Synthese α-substituierter β-Ketoester[38])[35])[68]): **1963**, 332–39. — — Alle Arbeiten russ.

J. amer. chem. Soc. The synthesis of cyclic alcohols and olefins by the interaction of dimagnesium halides and esters[64]): **72** ('50) 3483–86. — The polymerization of 1,2-dihydronaphthalene and the dehydrogenating condensation of 1,2,3,4-tetrahydronaphthalene[4]): 3486–90. — A new dibenzohomotropylium cation[58])[65]): **90** ('68) 6235f.

J. chem. Educat. Assignment of D and L prefixes to the tartaric acids: **34** ('57) 147f.

J. chem. Soc., London Pyrylium salts obtained by diacylation of olefins, 2: The two pyrylium salts formed in diacetylation of 2-methylbut-2-ene[6]): **1961**, 3553–61; ∼ 3: Diacylation of cyclic olefins and a novel synthesis of isoquinoline derivatives[6]): 3561–64; ∼ 4: Di- and triacetylation of allylbenzene[6])[35])[58]): 3564–66; ∼ 9: Formation of vinylogous pyrones by triacylation of isobutene[6])[32])[52]): **1962**, 3889–95. — Reaction of pyrylium salts with alkali cyanides[6]): **1961**, 3566–72.

J. Instn. Petroleum Technologists The present state of our knowledge on the origin of petroleum: **23** ('37) 469–82.

J. Inst. Petroleum Composition of some Roumanian straight-run gasolines[19]): **25** ('39) 149–67.

Liebigs Ann. Chem. Durch Aluminiumchlorid katalysierte Reaktionen, 9: Über den Mechanismus der Ketonbildung aus Cycloparaffinen und Acetylchlorid in Gegenwart von Aluminiumchlorid[14]): **510** ('34) 269–79; ∼ 12: Über eine Halogenwanderung in Kohlenstoffketten und -ringen[34]): **519** ('35) 260–71; ~ 26: Die Reaktion der Alkane mit Kohlenoxyd[6]): **625** ('59) 66–73; ~ 27: Eine Synthese von Pyryliumsalzen aus Säurechloriden und Olefinen [,1] [6]): 74–88. – Die Konfiguration der Addukte des Cyclooctatetraens mit Maleinsäureanhydrid und Acetylendicarbonsäuredimethylester[4])[58]): **636** ('60) 174–83. – Über Metallkomplexe von Abkömmlingen des Tricyclo[4,2,2,0^{2,5}]decadiens und -triens[4])[80]): 184–89. – Untersuchungen in der Cyclobutanreihe, 9: Eine über 1,4-Diphenyl-2,3-naphthocyclobutadien verlaufende Synthese von 1,4,5,8-Tetraphenyl-2,3;6,7-dibenzobiphenylen [4])[26]) [58]): **653** ('62) 79–85; ~15: Diels-Alder-Synthesen des cis-3,4-Dichlor-cyclobutens mit 9,10-Dimethyl- und 9,10-Dibrom-anthracen[4])[26]): **691** ('66) 9–14. – Eliminierungsreaktionen aus 1,2-Dihalogenverbindungen, 2: Durch Bromid-Ionen katalysierte Eliminierung von Brom aus Dibrombernsteinsäuredimethylester[5])[95])[51]): **706** ('67) 20–36. – Carbonium-Ionen-Reaktionen, 6: Solvolytische Umlagerungen der Ditosylate von 9,10-Bishydroxymethyl-9,10-dihydrophenanthren[17])[7])[29])[12]): **739** ('70) 121–34.

Moniteur Pétrole roumain Der gegenwärtige Stand unserer Kenntnis von der Petroleumentstehung: **1939**, 219–25 [rumän.].

Naturwissenschaften Über eine empirische Beziehung zwischen Schmelzpunkt und Zahl der Kohlenstoffatome bei höheren normalen Paraffinen[85])[46]): **26** ('38) 629.

Österreichische Chemiker-Ztg. Zur Kenntnis der aromatischen Kohlenwasserstoffe aus den mittleren Fraktionen des Erdöls[47])[48]): **42** ('39) 350–53. – Zur Kenntnis der festen Kohlenwasserstoffe aus dem Erdöl. Über die Kohlenwasserstoffe des Röhrenwachses[46]): **44** ('41) 1–4.

Organic Syntheses Phenyl-benzoyl-diazomethane[81]): **15** ('35) 62f. – 2,4,6-Trimethylpyrylium perchlorate[6]): **44** ('64) 98–103.

Petroleum World [London] The present state of our knowledge of the origin of petroleum: **34** ('37) 223–25.

Revista Chim. [Bucureşti] Spannungstheorie und Konfiguration cyclischer Verbindungen, 1: **5** ('54) 129–38; ~ 2: 417–24. – Über die Strukturtheorie in der organischen Chemie: 487–92. – Der Reaktionsmechanismus der Polymerisation von Äthylen bei niedrigem Druck[43])[42]): **7** ('56) 573f.; Über die Normaldruck-Polymerisierung von Äthylen, 2 [43])[42]) [28])[35]): **8** ('57) 395–99, 409f. – AS-Polyäthylen. Polymerisation von Äthylen mit Amylnatrium-Titantetrachlorid-Katalysator[43])[23])[1])[39])[11]): **14** ('63) 623–31. – – Alle Arbeiten rumän.

Revue Chim., Acad. Républ. popul. roumaine Acylamino-methylation, a general method of substitution of the aromatic ring[26]): **2** ('54) 47–56. – Zur Kenntnis der polymeren Pyrrole[44]): (N.S.) **1** ('56) Nr. 1, 55–60. – Über die Reduktion des 5-Nitro-uracils mit Natriumdithionit[4])[80]): 73–77. – Über eine neue Darstellung und einige Derivate des 5-Nitrofurfurols[13]): 155–64. – Über das Amphi-Fluorochinon[4]): Nr. 2, 57–63. – Über eine Beziehung zwischen den Schmelzpunkten und der Anzahl der Kohlenstoffatome in der Reihe der höheren normalen Paraffine[85]): 65–67. – Mechanismus der Alkylierung des aromatischen Kerns, 3: Katalytische Wirkung der Benzolsulfonsäure auf die Reaktion von Benzylchlorid mit Benzol[44])[84])[85]): **4** ('59) Nr. 2, 171–78 [russ.]; ~ 4: Alkylierung mit verschiedenen Benzylhalogeniden[44])[84])[85]): 179–87 [~]. – Untersuchungen in der Cyclobutanreihe, 5: Über einige Brom-Derivate des Cyclobutans[4]) [57]): 253–64; ~ 6: Versuche über den Abbau der aus 1,3-Diaminocyclobutan herrührenden quartären Salze[4]): 265–70; Investigations in the cyclobutane series, 8: Adducts of benzocyclobutadiene with cyclic dienes[4])[58])[25])[26]): **8** ('63) 77–86. – Neue Methode zur Trennung des Thioharnstoffes von Ammoniumthiocyanat[17])[12])[59]): **5** ('60) Nr. 2, 223–26 [russ.]. – Chromic acid oxidations. Mechanism of oxidation of 1,2-diphenylethane and 1,2-diphenylpropane[64]): **6** ('61) Nr. 2, 245–57. – Umwandlung von Phenylindanen unter dem Einfluß von Aluminiumchlorid[64]): 259–68 [russ.]. – Investigations in the class of pyrylium salts[6]): 269–94. – Pyrylium salts obtained by diacylation of olefins, 6: Acetylation of benzyl-ketones[6])[58]): 295–302. – Kinetic versus thermodynamic control in Friedel-Crafts alkylations of the aromatic nucleus: **7** ('62) 349–54. – Infrared spectrum of dibenzotricyclooctadiene[58])[4])[25]): **8** ('63) 13–20. – Eine neue Synthese von Indolyl-(3)-brenztraubensäureester [72])[2]): 59–63 [russ.].

Revue roumaine Chim. On the mechanism of the Friedel-Crafts alkylation: **9** ('64) 5–27. – Pyrylium salts obtained by diacylation of olefins, 13: Pyrylium salts with para-substituted phenyl groups[6])[35])[32])[62]): 79–92. – Investigations in the cyclobutane series, 14: A rearrangement of the 3,4,7,8-dibenzobicyclo-[4,2,0]octa-3,7-diene system[26])[4])[58]): 351–58; ~ 16: Diels-Alder syntheses of cis-3,4-dichlorocyclobutene with cyclic dienes[4])[26])[58]): **13** ('68) 505–12; ~ 17: Addition of halogens to cis-3,4-dichlorocyclobutene[4])[58])[26])[51]): 1075–84; ~ 18: Elimination of hydrogen halides from stereoisomeric 1,2,3,4-tetrahalocyclobutanes[4])[58]) [26])[68]): 1085–95; ~ 19: Halogen eliminations from 1,2,3,4-tetrahalocyclobutanes[4])[58])[75])[26]): 1097–105; ~ 20: Stereoisomeric 1,2,3,4-tetrabromocyclobutanes by the Hunsdiecker reaction[4])[58]): **14** ('69) 101–10; Untersuchungen in der Cyclobutanreihe, 21: Di-tert.-butyl-diphenyl-cyclobutadien-Komplexe mit Palladiumchlorid[4])[26])[58])[3]): 1181–89; ~ 22: Ein Hexacarbomethoxy-Dewar-Benzol-Komplex aus Acetylendicarbonsäure-dimethylester und

Bis-benzonitril-palladiumchlorid[4)26)58)]: 1191–200; Investigations in the cyclobutane series, 27: Attempted synthesis of 4,6-dimethyl-1-tert.-butylbenzocyclobutadiene and 4,6-dimethyl-1-chloro-benzocyclobutadiene[4)20)26)21)58)]: **15** ('70) 1097–105; ~ 28: The reaction of endo- and exo-3,4-benzotricyclo[4,2,1,$0^{2,5}$]-nona-3,7-dienes with electrophilic reagents[4)68)26)16)]: 1207–18; ~ 31: 3,4-Benzotricyclo[4,1,1,$0^{2,5}$]oct-3-ene derivatives[4)98)26)16)]: **16** ('71) 1783–88; ~ 32: The addition of bromine to derivatives of exo,exo-tetracyclo[4,4,2,$0^{2,5}$,$0^{7,10}$]dodeca-3,11-diene[4)26)16)]: **18** ('73) 863–72; ~ 33: Synthesis of syn-dibenzo[c, g]tricyclo[4,2,2,$0^{2,5}$]deca-3,7,9-triene; a new dibenzo $(CH)_{10}$ hydrocarbon[26)103)16)4)]: **19** ('74) 1197–202. — Carbonium ion reactions, 1: Ring expansions during solvolysis of the 9,10-bis(hydroxymethyl)-9,10-dihydroanthracene ditosylate[17)12)7)]: **10** ('65) 141–48; ~ 2: Reversible rearrangements of some derivatives of 1,2;5,6-dibenzocyclohepta-1,3,5-trienyl-7-methanol and 1,2;5,6-dibenzocycloocta-1,3,5-trien-7-ol[17)12)29)]: 149–59; ~ 3: Recombinations in ion pairs during some rearrangements in the dibenzocycloheptatrienyl-methyl and dibenzocyclooctatrienyl systems[17)12)29)7)92)]: 161–74; ~ 4: Reversible rearrangements in the dibenzobicyclo[2,2,2]octadiene and dibenzobicyclo[3,2,1]octadiene systems[17)60)61)29)]: 175–83; ~ 5: Acetolysis of 1,2;5,6-dibenzocyclohepta-1,3,5-trienyl-7-ethyl-β-tosylate[17)7)49)75)29)]: **14** ('69) 911–27; ~ 7: Deamination reactions in dibenzocycloheptane and dibenzocyclooctane systems[17)12)7)5)29)]: **16** ('71) 1555–66; ~ 8: Benzobicyclooctene derivatives through π-route[97)96)100)60)17)]: **19** ('74) 67–78; ~ 9: Synthesis and acetolysis of 2,3;5,6-dibenzobicyclo[5,1,0]octa-2,5-dien-4-yl-methyl tosylate and 2,3;5,6-dibenzobicyclo[5,1,0]octa-2,5-dien-4-yl-ethyl-β-tosylate[93)29)12)99)17)]: 213–32. — Syntheses of tricyclic ketones containing a cyclopropane ring[44)69)63)29)]: **10** ('65) 185–92. — Synthesis of 5-hydroxyindoles, 1: Derivatives of 2-phenyl-5-hydroxyindole[72)]: 339–53. — Eliminierungsreaktionen aus 1,2-Dihalogenverbindungen, 1: Eliminierungen von Brom und Bromwasserstoff aus 1,2-Dibromcycloalkanen[8)76)26)4)]: 1201–24. — [Condensations d'acides insaturés sur le benzène, catalysées par le chlorure d'aluminium, 2:] Cétones cycliques obtenues par condensation d'acides éthyléniques avec le benzène[38)73)]: **11** ('66) 555–66; ~ 3: Condensation de l'acide cyclopentylidène-acétique[38)73)5)]: **16** ('71) 1567–77; ~ 4: Condensation de l'acide cyclobutylidène-acétique[38)73)29)]: 1579–89. — Improved preparatory method for N,O-diacetylindoxyl and N-acetylindoxyl[72)21)63)]: **12** ('67) 105–08. — Synthesis and reactions of 6-phenyl-2;3-benzobicyclo[3,1,0]hex-2-en-4-one[69)44)29)]: 583–88. — Oxidative dimerization of indoxyl enamines to 2,2'-biindolyl derivatives[72)24)63)]: 1367–80. — The Étard reaction, 4: Oxidation of ethylbenzene with chromyl chloride[74)75)64)]: 1495–501; ~ 5: Friedel-Crafts type by-products of the toluene and ethylbenzene reaction with chromyl chloride[64)36)75)74)]: 1503–10; ~ 7: Chromyl chloride oxidation of phenylcyclohexane[78)64)75)]: **13** ('68) 1385–90; ~ 8: Oxidation of diphenylethanes and diphenylethylenes with chromyl chloride[36)64)75)]: **14** ('69) 1543–52; ~ 9: Oxidative cleavage of ethers produced by chromyl chloride[36)64)]: 1553–65; ~10: Oxidation of methylcyclopentane, methylcyclopentene, and of methylenecycloalkanes C_5, C_6 and C_7 with chromyl chloride[70)64)75)]: 1567–74. — The resolution of enantiomeric amino-derivatives of arene-tricarbonyl-chromium (0)[76)]: **15** ('70) 259–63. — Solvolysis of Δ^2-cyclobutenylethyl-β-tosylate and Δ^2-cyclobutenylpropyl-γ-tosylate[7)94)17)]: **17** ('72) 1393–407. — Aluminium chloride catalyzed condensation of 1,2-dichlorocyclohexanes with benzene. Isomerization of diphenylcyclohexane[38)73)5)]: 1735–45. — Configurations of substituted dibenzobicyclo[3,2,1]octadienes[4)26)101)52)105)]: **18** ('73) 441–47.

Studii şi Cercetări Chim., Acad. Republ. popul. romîne, Bucureşti La réduction du 5-nitrouracile par le dithionite de sodium[4)80)]: **4** ('56) 15–20 [m. russ. u. französ. Zusammenfassg.]. — Synthèse de l'amphi-fluoroquinone[4)]: 57–63 [~]. — D'une relation entre le point de fusion et le nombre d'atomes de carbon dans la série de paraffines normales supérieures[85)]: 65–67 [~]. — Sur le mécanisme des réactions d'alcoylation du noyau aromatique. Réactions d'alcoylation du benzène catalysées par des acides protoniques[85)44)]: 207–17 [~]. — Dérivés bromurés du 2-phtalimidopropane[4)59)]: **6** ('58) 239–45 [~]. — Der Einfluß der Ringgliederzahl auf den Reaktionsverlauf der einfachen zyklischen Olefine C_5-C_8 mit Acetylchlorid in Gegenwart von Aluminiumchlorid[68)61)]: 375–89 [m. russ. u. deutscher Zusammenfassg.]. — Isomerization of 1,2-trans-dibromocyclohexane under the influence of anhydrous aluminium bromide[26)]: **7** ('59) 7–14 [m. russ. u. engl. Zusammenfassg.]. — Untersuchungen in der Cyclobutanreihe, 5: Über einige Bromverbindungen des Cyclobutans[4)57)]: 155–67 [rumän. m. russ. u. deutscher Zusammenfassg.]; ~ 6: Versuche über den Abbau der aus 1,3-Diaminocyclobutan herrührenden quartären Salze[4)]: 169–74 [~]; Investigations in the cyclobutane series, 8: Benzocyclobutadiene adducts with some cyclic dienes[4)58)25)26)]: **9** ('61) 435–45 [m. russ. u. engl. Zusammenfassg.]; ~ 14: A rearrangement of the 3,4;7,8-dibenzobicyclo[4,2,0]octa-3,7-diene system[26)4)58)]: **12** ('64) 357–64 [~]. — Addukte des Phenylcyclooctatetraens mit Acetylendicarbonsäuredimethylester und mit p-Benzochinon[68)61)]: **7** ('59) 235–42 [m. russ. u. deutscher Zusammenfassg.]. — A new synthesis of indole-3-acetic acid[72)]: 243–46 [m. russ. u. engl.

Zusammenfassg.]. — 1,2-Benzocyclohepten-4-ol and 1,2-benzocyclohepta-1,3-diene obtained by deamination of 1-aminomethyl-1,2,3,4-tetrahydronaphthalene[17)12)60)]: **339–44** [~]. — The mechanism of alkylation of the aromatic nuclei, 3: Catalytic action of benzenesulfonic acid in the reaction of benzyl chloride with benzene[44)84)85)]: **345–53** [~]; ~ 4: Alkylation with various benzyl halides[44)84)85)]: 355–63 [~]. — Synthetic experiments for obtaining cyclobutadiene[4)57)59)25)]: 481–504 [~]. — A new rearrangement of phenyl alkanes. Rearrangement of diphenyl butanes[38)]: 505–19 [~]. — On the decarbonylation of 1,4-dihydro-1-naphthoyl chloride and the implications for the mechanism of the Scholl and Gattermann-Koch reactions[6)]: 521–29 [~]. — A new method for separating thiourea from ammonium thiocyanide[17)12)59)]: **8** ('60) 67–71 [~]. — The deamination of 3-benzyloxy-cyclobutylamine[59)4)]: 187–99 [~]. — A new synthesis of the 3-indolepyruvic ester[72)2)]: 551–55 [~]. — 2,4-Diphenylimidazolin-5-one through the decomposition of ethyl α-azidophenylacetate[17)12)]: 557–63 [~]. — Pyrylium salts obtained by diacylation of olefins, 6: Acetylation of benzyl ketones[6)58)]: **9** ('61) 211–18 [~]; ~ 13: Pyrylium salts with para-substituted phenyl groups[6)35)32)62)]: **12** ('64) 71–85. — Chromic acid oxidations. Mechanism of oxidation of 1,2-diphenylethane and 1,2-diphenylpropane[64)]: **9** ('61) 225–39 [m. russ. u. engl. Zusammenfassg.]. — Rearrangement of phenylindanes under the influence of aluminium chloride[64)]: 241–50 [~]. — Investigations in the class of pyrylium salts[6)]: 251–74 [~]. — Infrared spectrum of dibenzotricyclooctadiene[58)4)25)]: 427–34 [~]. — Spectres infrarouges de quelques produits d'addition du cyclooctatétraène avec différentes phylodiènes[58)4)]: **10** ('62) 65–72 [m. russ. u. französ. Zusammenfassg.]. — Condensation du 1,3-diiode-2-phényl-propane avec le malonate d'éthyle[4)82)26)]: 73–80 [~]. — Synthesis and thermal decomposition of tricyclo[4,2,2,0^2,5]deca-3,7,9-triene[4)68)58)30)]: **11** ('63) 7–18 [m. russ. u. engl. Zusammenfassg.]. — Syntheses of some 5,6,7-trimethoxyindole derivatives[72)]: 19–36 [~]. — Hydrocarbons with o-quinoid structure[26)4)]: 419–31 [~]. — Über den Mechanismus der Friedel-Crafts-Reaktion: **12** ('64) 5–26. — Reaktionen durch Carbonium-Ionen, 1: Ringerweiterungen als Begleiterscheinung bei der Solvolyse von 9,10-Bis-[hydroxymethyl]-9,10-dihydroanthracen-ditosylat[17)12)7)]: **13** ('65) 127–34; ~ 2: Reversible Umlagerungen bei Derivaten von [1,2;5,6-Dibenzocycloheptatrien-(1,3,5)-yl-(7)]-methanol und 1,2;5,6-Dibenzocyclooctatrien-(1,3,5)-ol-(7)[17)12)29)]: 135–45; ~ 3: Umgruppierungen zu Ionenpaaren während der Umlagerungen in Dibenzocycloheptatrienylmethyl- und Dibenzocyclooctatrienyl-Systemen[17)12)29)7)92)]: 147–59; ~ 4: Reversible Umlagerungen bei Dibenzobicyclo[2,2,2]octadien- und Dibenzobicyclo[3,2,1]octadien-Systemen[17)60)61)29)]: 161–69. — Synthese von Ketonen mit trizyklischem Skelett und Cyclopropan-Ring[44)69)63)29)]: 171–78. — 5-Hydroxyindol-Synthese, 1: 2-Phenyl-5-hydroxyindol-Derivate[72)]: 335–50. — — Alle Arbeiten rumän.

Tetrahedron Reactions catalyzed by aluminium chloride, 28: The reactions of cycloalkanes with carbon monoxide[6)]: **10** ('60) 55–64. — Reduction of pyrylium salts with sodium borohydride[6)61)]: **18** ('62) 257–59. — Pyrylium salts obtained by diacylation of olefins, 7: Diacylation of propene to 2,6-disubstituted pyrylium salts[6)31)]: 1075–78; ~ 8: Intramolecular diacylation[6)35)]: 1079–81. — Nuclear magnetic resonance (N.M.R.) and infrared spectra and structure of the $(C_4H_4Ag)^+$ ion and of the dimer C_8H_8[4)33)54)58)90)79)]: **19** ('63) 187–94. — Investigations in the cyclobutane series, 10: Some reactions of dibenzotricyclooctadiene and of dibenzocyclooctatetraene[4)26)25)58)]: 309–17. — Mechanism of aromatic alkylation, 5: Kinetics of the reaction between benzenic hydrocarbons with substituted benzyl benzenesulphonates[44)77)85)]: 323–34; ~ 6: Influence of the association of reactants on the reaction kinetics[44)77)85)]: 335–40. — The mechanism of the Étard reaction [,1][64)6)67)80)28)]: 1133–42; ~ 2: Structure of the chromyl chloride complexes of phenylmethanes[64)70)36)74)]: **22** ('66) 3037–45; ~ 3: Oxidation of n-propylbenzene and methylcyclohexane with chromyl chloride[74)64)75)36)]: 3501–13; ~ 6: Oxidation of cis- and trans-decaline with chromyl chloride[74)75)64)]: **24** ('68) 4667–. — Nenitzescu synthesis of 5-hydroxyindoles, 2: 5,6,7-Trimethoxyindoles and cyclization of enamino-hydroquinones, -quinones and intermediate imino derivatives[72)102)]: **27** ('71) 5031–47.

Tetrahedron Letters Preparation of pyrylium salts by olefin diacylation. The two pyrylium salts formed in amylene diacetylation with various catalysts[6)]: **1960**, No. 2, 7–10. — A dimer of cyclobutadiene[4)58)26)57)]: **1961**, No. 1, 21–25. — Influence of water in the $AlCl_3$-catalyzed reaction of unsaturated azlactones with aromatics[17)10)6)]: **1962**, 349–51, 887. — The dimeric structure of $[C_4H_4AgClO_4]_n$: a reinvestigation of the nuclear magnetic resonance spectrum[4)33)54)55)58)90)79)]: **1963**, 1611–14. — Ion pairs as intermediates in the rearrangements of the dibenzocycloheptatrienylmethyl and dibenzocyclooctatrienyl systems[17)12)29)7)92)]: **1964**, 3835–39. — 2,3;7,8-Dibenzotricyclo[3,3,1,0^4,6]nona-2,7-dien-9-one[44)69)]: **1965**, 3383–86. — Solvolytic π-route to dibenzobicyclo[2,2,2]octadiene and dibenzobicyclo[3,2,1]octadiene derivatives[17)12)5)75)]: **1969**, 1867–70. — Acetolysis of 2-[1,2;5,6-dibenzocyclohepta-1,3,5-trienyl-7]-ethyltosylate[17)7)49)75)29)]: 1871–74. — Investigations in the cyclobutane series, 25: The addition of bromine to 3,4-benzotricyclo[4,2,1,$0^{2,5}$]nona-3,7-diene[4])[68])[5])[26]): 3851–54; ~ 26: Attempted synthesis of 1-tert.-butylbenzocyclobutadiene and 1,2-di-tert.-butylbenzocyclobutadiene[4])[20])[26]): 5215–18. – Synthesis of dibenzo-$(CH)_{10}$-hydrocarbons[7])[29])[17]): **1972**, 2573–76.

Usp. Chim. Reactions proceeding by transfer of a hydride ion in hydrocarbon chemistry: **26** ('57) 399–415 [russ.].

Mit: [1]) E. Alexandrescu; [2]) N. Anghelide; [3]) E. Avram [= [57])]; [4]) M. Avram; [5]) F. G. Badea; [6]) A. T. Balaban; [7]) M. Banciu; [8]) –; [9]) I. F. Bel'skij; [10]) L. Bîrlădeanu; [11]) T. Boiangiu; [12]) A. Bucur; [13]) C. Bucur; [14]) I. P. Cantuniari; [15]) I. Chicoş; [16]) F. Chiraleu; [17]) E. Ciorănescu; [18]) D. Cocora; [19]) A. Constantinescu; [20]) D. Constantinescu [= [25])]; [21]) O. Constantinescu-Simon; [22]) D. V. Curcăneanu; [23]) E. Danciu; [24]) V. Daniel; [25]) D. Dinu [= [20])]; [26]) I. G. Dinulescu; [27]) A. Drăgan; [28]) N. Dumitrescu; [29]) M. Elian; [30]) M. Fărcaşiu; [31]) D. Fărcaşiu; [32]) P. T. Frangopol; [33]) H. P. Fritz; [34]) I. G. Gavăt; [35]) M. Gavăt [= [56])]; [36]) A. Ghenciulescu; [37]) A. Ghenea; [38]) A. M. Glatz; [39]) N. Goldenberg; [40]) C. Gruescu; [41]) H. Hopff; [42]) A. Huch; [43]) C. Huch; [44]) V. Ioan; [45]) C. N. Ionescu; [46]) I. Irimescu; [47]) D. A. Isăcescu; [48]) A. Isopescu; [49]) R. Jelescu; [50]) C. T. Jijovici; [51]) A. Juvara; [52]) A. R. Katritzky; [53]) H. V. Kehiaian; [54]) H. J. Keller; [55]) C. G. Kreiter; [56]) M. Maican [= [35])]; [57]) E. Marica [= [3])]; [58]) G. D. Mateescu; [59]) M. Maxim; [60]) A. Mihai; [61]) G. Mihai; [62]) M. Mocanu; [63]) E. Moşanu; [64]) I. Necşoiu; [65]) G. A. Olah; [66]) C. Pană; [67]) I. Pascaru; [68]) I. Pogany; [69]) M. Popovici; [70]) V. Przemetzky (Pşemeţchi); [71]) –; [72]) D. Răileanu; [73]) A. C. Răzuş; [74]) C. N. Renţea; [75]) M. Renţea; [76]) S. Roşca; [77]) D. Săndulescu; [78]) I. I. Schiketanz; [79]) N. S. Sheppard; [80]) E. Şliam; [81]) E. Solomonica; [82]) R. Sternberg; [83]) N. I. Šujkin; [84]) L. Teodorescu; [85]) S. Ţiţeica (Tzitzeica); [86]) V. Vântu; [87]) G. Vîntu; [88]) T. A. Volrap; [89]) M. Zalman Adlersberg; [90]) J. F. W. McOmie; [91]) N. Scărlătescu; [92]) M. Voicu; [93]) A. Banciu; [94]) P. Buck; [95]) T. Constantinescu; [96]) C. Drăghici; [97]) I. Drăguţan; [98]) L. Enescu; [99]) D. Georgescu; [100]) A. Haneş; [101]) R. A. Y. Jones; [102]) M. Palaghiţă; [103]) M. Pop; [104]) N. Ştefan; [105]) R. J. Wyatt.

NESMEJANOV, Aleksandr Nikolaevič. Chem. (org.). – 1917–22 Stud., '24–29 Assist., '29–34 Doz., '34 Dr. d. chem. Wiss., '34– Prof., '44– Leiter d. Lehrstuhls f. org. Chem., '44–48 Dekan d. chem. Fak., '48–51 Rektor, Staatl. Univ. Moskva; '30–34 Leiter d. Labor. f. org. Chem., Inst. f. Düngemittel, Insektizide und Fungizide, Moskva; '35–51 Leiter d. Labor. f. organometall. Verbindungen, '39–54 Dir. d. Inst. f. org. Chem., '46– Präsidiumsmitglied, '46–51 Sekretär d. Abt. f. Chem., '51–61 Präs., '54– Dir. d. Inst. f. elementorganische Verbindungen, '61– Sekretär d. Abt. f. allg. u. org. Chem., Akad. Wiss. UdSSR, Moskva; '38–41 Prof. u. Leiter d. Lehrstuhls f. org. Chem., Inst. f. feinchemische Technol., Moskva; '59– Vorsitzender d. Rates z. Koordinierung d. Tätigkeiten d. Republik-Akademien u. d. Institute d. Akad. Wiss. UdSSR. – '57 Hon. D. Sc. (Univ. of Calcutta); '58 Dr. rer. nat. h. c. (Univ. Jena); '64 Dr. ès sci. h. c. (Univ. de Paris). – '43 Stalin-Preis, '66 Lenin-Preis, '69 Ehrentitel „Held d. sozialist. Arbeit", Leninorden (6mal), Rotbannerorden (3mal) (UdSSR).

*1899, Sept. 9 (Aug. 28), Moskva.

Zur Biogr. B. M. Berkengejm, Usp. Chim. **14** ('45) 108f. – G. Fodor, Magyar Kémikusok Lapja **5** ('50) 152–55. – R. Ch. Frejdlina, Der sowjetische Beitrag zur Wissenschaft der metallorganischen Verbindungen: Chimija v Škole **1937**, Nr. 2, 61–64 [russ.]. – M. I. Kabačnik, Kul'tura i Žizn' **1966**, Nr. 6, 14–17. – I. Lunačarskaja, Nauka i Žizn' **1969**, Nr. 9, 43–48. – J. Moszew, Przemysł chem. **9** ('53) 23–25. – Ė. G. Perevalova, Chimija v Škole **1965**, Nr. 1, 27–32 (m. Bildn.). – Dokl. Akad. Nauk SSSR **77** ('51) 5f. (m. Bildn.). – Nature [London] **190** ('61) 959. – Priroda [SSSR] **1951**, Nr. 4, 3–5 [russ.]. – Vestn. Akad. Nauk SSSR **21** ('51) Nr. 3, 30f. (m. Bildn. vor S. 29) (siehe auch S. 5–29).

Zum 50. Geb.tag R. Ch. Frejdlina, M. I. Kabačnik, V. V. Koršak, Izvest. Akad. Nauk SSSR, Otdel. chim. Nauk **1949**, 562–66 (m. Bildn.). – K. A. Kočeškov, I. F. Lucenko, O. A. Reutov, Usp. Chim. **18** ('49) 497–514 (m. Bildn.). – L. G. Makarova, A. E. Borisov, Ž. obščej Chim. **19** ('49) 1971–77 (m. Bildn. u. Schr.verz.-Auszug 38 Nrn.). – Vestn. mosk. Univ. **1949**, Nr. 9, 181–84 (m. Bildn.).

Zum 60. Geb.tag R. Ch. Frejdlina, M. I. Kabačnik, V. V. Koršak, Der große Beitrag zur Entwicklung der Chemie der elementorganischen Verbindungen und der organischen Chemie: Usp. Chim. **28** ('59) 1134–63 [russ.] (m. Schr.verz. 132 Nrn.). – I. L. Knunjanc, A. V. Topčiev, Izvest. Akad. Nauk SSSR, Otdel. chim. Nauk **1959**, 1357–61 (m. Bildn.). – L. G. Makarova, Chimičeskaja Nauka i Promyšl. **4** ('59) 531f. (m. Bildn.). – Ju. G. Mamedaliev, Azerbajdžanskij chim. Ž. **1959**, Nr. 4, 3–7. – O. A. Reutov, Priroda [SSSR] **1960**, Nr. 4, 43–48 (m. Bildn.). – N. N. Semenov, Pokroky Mat., Fysiky a Astron. **5** ('60) 342–45; Vestn. Akad. Nauk SSSR **1959**, Nr. 9, 23–26 (m. Bildn.). – N. N. Semenov, M. M. Šemjakin, N. K. Kočetkov, Ž. obščej Chim. **29** ('59) 2811–16 (m. Bildn.). – Z. M. Manulkin, Uzbekskij chim. Ž. **1959**, Nr. 5, 3–5. – Izvest. Akad. Nauk SSSR, Otdel. techn. Nauk, Ėnerget. i Avtomat. **1959**, Nr. 4, 3f. (m. Bildn.). – Izvest. Akad. Nauk SSSR, Otdel.

techn. Nauk, Metallurg. i Toplivo **1959**, Nr. 4, 3f. (m. Bildn.).

Zum 70. Geb.tag D. N. Kravcov, Ž. vses. chim. Obšč. im. Mendeleeva **14** ('69) 567–69 (m. Bildn.). – C. I. Simionescu, Analele Acad. Republ. socialiste România **19**.1969 ('73) 537–39. – Izvest. Akad. Nauk SSSR, Ser. chim. **1969**, 1875 (m. Bildn.). – Plastičeskie Massy **1969**, Nr. 9, S. 76 (m. Bildn.).

Zur Biobibliogr. Aleksandr Nikolaevič Nesmejanov [Biogr. v. B. A. Kazanskij, R. Ch. Frejdlina, O. A. Reutov, Bibliogr. v. N. M. Nesterova] (Moskva '51) 43 S. (m. Bildn.) (Akademija nauk SSSR. Materialy k biobibliografii učenych SSSR, Serija chimičeskich nauk, 15).

Zur Bibliogr. V. I. Spicyn, Ė. G. Perevalova, Die Arbeiten des Akademiemitglieds A. N. N. zur Erforschung der eisenorganischen Verbindungen: Ž. obščej Chim. **40** ('70) 505–14 [russ.] (m. Schr.verz. 101 Nrn.). – – Ferner ein Aufsatz über die Arbeiten Nesmejanovs in: Premii Lenina udostoeny v oblasti chimii [Leninpreise auf dem Gebiet der Chemie] (Moskva '67) (Novoe v žizni, nauke, technike. 11 Serija: Chimija, 1967,2).

Teilsammlung A. N. Nesmejanov, Izbrannye trudy [Ausgewählte Arbeiten] **1** (Moskva '59) 712 S. (m. Bildn. u. Faks.); **2** ('59) 787 S.; **3** ('59) 748 S.; **4** ('59) 527 S. (m. Schr.verz.); darin folgende erstmalig oder früher nur in Zeitungen veröffentlichte Arbeiten: **2**, 167–71: Über Darstellung und Eigenschaften des α-mercurierten Phenylacetaldehyds [250][79]; 180–83: Darstellung von Sulfonsäurevinylestern [250][79][103]; 348–51: Synthese von Chromhexacarbonyl unter der Mitwirkung metallischer Reduktionsmittel[267][14][119]; 491–94: Bildung magnesiumorganischer Verbindungen bei der Zersetzung von Aryldiazoniumborfluoriden durch Magnesium[256]; 495f.: Bildung eines Diphenylbromonium-Salzes beim Zerfall von $C_6H_5N_2HgBr_3$[413]; 677–82: Neue Methode zur Darstellung von Zirkonium-Verbindungen, die Alkoxygruppen enthalten[63][125]; 683–87: Austauschreaktionen in einer Reihe von Chelatverbindungen des Eisens[125][63]; 688–95: Thermische Telomerisation von Olefinen mit Silanen[125][86][168]; 696–706: Die chemische Umwandlung von Dialkoxytitanoxiden[283][43][223]; 711–13: Die Aktivierungsenergie des Prozesses der Desaggregation assoziierter Alkoxy-Derivate des Titans[283][103]; **3**, 466–72: Synthese der 15-Oxypentadecan- und der 16-Oxyhexadecansäure[448][205][125]; 496–500: Synthese von α-Chlorcarbonsäuren durch Anlagerung von Chlor an Verbindungen, die CCl_2–CH-Gruppen enthalten, in ameisensaurem Medium[206][373][125]; 501–03: Darstellung von α,α,ω-Trichloralkenen aus $\alpha,\alpha,\alpha,\omega$-Tetrachloralkanen[362]; 504–08: Addition von Bromwasserstoff an 1,1-Dichlorpropen-(2) in Gegenwart von Benzoylperoxid[125][81]; 509–16: Darstellung einiger Fluorchlor-Derivate aus 1,1,1,3-Tetrachlorpropan[206][448][125]; **4**, 155f.: Eröffnungsansprache auf der Allgemeinen Versammlung des Kollektivs der Moskauer Universität am 17. März 1948; 166–68: So wird die Moskauer Staatsuniversität; 175f.: Freundschaft zweier Universitäten (Moskva und Praha); 289–94: Rede auf dem 20. Parteitag der KPdSU; 357f.: Eröffnungsansprache auf der Jahresversammlung der Akademie der Wissenschaften der UdSSR, Februar 1957; 380–83: Rede auf der Sitzung des Obersten Sowjets der UdSSR im Dezember 1957; 389–94: Erfolge der sowjetischen Wissenschaft und Technik; 419–24: Rede auf dem 21. Parteitag der KPdSU; 430–35: Neue Fortschritte der sowjetischen Wissenschaft und Technik; 448–53: Rede auf dem Plenum des Zentralkomitees der KPdSU im Juni 1959; 457f.: Rede auf der Sitzung des Obersten Sowjets der UdSSR im Juni 1950; 480f.: Rede auf dem 13. Kongreß des Komsomol. [Alle Beiträge russ.]. Teilausgabe in engl. Sprache: Selected works in organic chemistry (Oxford–London–New York–Paris–Jerusalem '63) 16 + 1172 S. – Izbrannye trudy [Ausgewählte Arbeiten] 1959–1969: Chimija ferrocena [Chemie des Ferrocens] (Moskva '69) 606 S.; ~: Ėlementoorganičeskaja chimija [Elementorganische Chemie] ('70) 874 S.; ~: Issledovanija v oblasti organičeskoj chimii [Untersuchungen auf dem Gebiet der organischen Chemie] ('71) 530 S. (m. Bildn.).

H. (Redakt.) D. Ju. Panov, Avtomatičeskij perevod [Automatische Übersetzung] (Moskva '56). – (Redakt.) Prostranstvennye ėffekty v organičeskoj chimii [Sterische Effekte in der organischen Chemie] (Moskva '60). – (Hauptredakt.) Lenin i nauka; sessija obščego sobranija Akademii nauk SSSR, posvjaščennaja devjanostoletiju so dnja roždenija Vladimira Il'iča Lenina [Lenin und die Wissenschaft; Sitzung der Akademie der Wissenschaften der UdSSR anläßlich des 90. Geburtstages Vladimir Il'ič Lenins] 1870–1960 (Moskva '60); darin eig. Beitr.: Eröffnungsansprache [russ.]. – (Hauptredakt.) Glazami učenogo: Ot zemli do galaktik; k jadru atoma; ot atoma do molekuly, ot molekuly do organizma [Mit den Augen eines Wissenschaftlers: Von der Erde zu den Galaxien; zum Atomkern; vom Atom zum Molekül; vom Molekül zum Organismus] (Moskva '63); darin eig. Beiträge: Vorwort [russ.]; Die Synthese in der organischen Chemie [~]. – (Redakt.) Margancevye antidetonatory. Sbornik statej [Manganhaltige Antiklopfmittel. Sammlung von Aufsätzen] (Moskva '71); darin eig. Beiträge: 5–53: Cyclopentadienylmangantricarbonyl[14][429]; 54–60: Antiklopfwirksamkeit einiger organischer Manganverbindungen[451][14][238][193][318][252]; 61–67: Antiklopfwirksamkeit von Derivaten des

Cyclopentadienylmangantricarbonyls[14][193][451][238][458][318]; 68–70: Antiklopfwirksamkeit von Derivaten des Dimangandecacarbonyls[14][451][193][238][318]; 71 f.: Antiklopfwirksamkeit des Trimethylbleimanganpentacarbonyls und des Triäthylbleimanganpentacarbonyls[451][14][238][193][318]. [Alle Beiträge russ.].

MH. (Mitredakt. der Reihe:) Sintetičeskie metody v oblasti metalloorganičeskich soedinenij [Synthetische Methoden auf dem Gebiet der metallorganischen Verbindungen] (Moskva–Leningrad '45 [?] ff.); davon eig. Beiträge: **2**: Spravočnik po magnijorganičeskim soedinenijam [Handbuch der magnesiumorganischen Verbindungen] (m. S. T. Ioffe), Razdel [Teil] 1: Reakcii magnijorganičeskich soedinenij No. 1–7284 [Reaktionen der magnesiumorganischen Verbindungen Nr. 1–7284] (Moskva–Leningrad '50) 712 S., ~ No. 7285–13395 ('50) 663 S., Razdely [Teile] 2–5: Ukazately konečnych produktov reakcij magnijorganičeskich soedinenij, literaturnych istočnikov i soavtorov [Verzeichnisse der Endprodukte der Reaktionen der magnesiumorganischen Verbindungen, der Literaturquellen und der Mitautoren] ('50) 643 S.; engl.: A handbook of magnesiumorganic compounds (London–New York '56) 744 S., 664 S., 644 S.; **3**: Sintetičeskie metody v oblasti metalloorganičeskich soedinenij rtuti [Synthetische Methoden auf dem Gebiet der metallorganischen Verbindungen des Quecksilbers] (m. L. G. Makarova) ('45) 148 S.; **4**: Sintetičeskie metody ~ soedinenij ėlementov 3 gruppy [Synthetische Methoden ~ Verbindungen der Elemente der III. Gruppe] (m. K. A. Kočeškov) ('45) 124 S. — (Mitredakt.) Jubilejnyj sbornik, posvjaščennyj tridcatiletiju Velikoj Oktjabr'skoj socialističeskoj revoljucii [Jubiläumsband zum 30. Jahrestag der Großen Sozialistischen Oktoberrevolution] **1.2** (Moskva–Leningrad '47); darin eig. Beitr.: **1**, 658–82: Die Chemie der quasikomplexen metallorganischen Verbindungen und die Erscheinungen der Tautomerie [russ.][125][57]. — (Mitredakt.) Sintezy organičeskich soedinenij **1** (Moskva–Leningrad '50), **2** ('52); darin eig. Beiträge: **1**, 106 f.: Kupferkomplex des Methylaminomethylenacetons[256][396]; 108 f.: Methylaminomethylenaceton (1-Methylaminobuten-(1)-on-(3)[256][396]; 128 f.: Stereoisomere Tri-β-chlorvinylstibine[57]; 142 f.: Tetraphenylphosphoniumfluoborat[256]; 150 f.: Tri-β-chlorvinyldichlorstibin (trans- und cis-Form)[57]; 154: Phenylpyridiniumfluoborat[256]; **2**, 146 f.: cis-2-Chlorvinylquecksilberchlorid[57]. [Alle Beiträge russ.]. Deutsch: Synthesen organischer Verbindungen **1** (Berlin '59), **2** (Berlin–München '56). — (Mitredakt. der Reihe:) Metody ėlementoorganičeskoj chimii [Methoden der elementorganischen Chemie] (Moskva '63 ff.); eig. Beiträge siehe unter **W**. — (Chefredakt.) I. P. Bardin, Izbrannye trudy [Ausgewählte Werke] **1** (Moskva '63); **2** ('68). — — Ferner Hauptredakteur der Reihe: Materialy k biobibliografii učenych SSSR [Materialien zur Biobibliographie von Wissenschaftlern der UdSSR].

S. Insektofungisidy [Insektofungizide] (Leningrad '35) (Trudy Naučnogo instituta po udobrenijam i insektofungisidam im. Ja. V. Samojlova, 123) 191–98: Synthese von Carbonsäurefluoriden [russ.][167]. — Naučno-issledovatel'skie raboty chimičeskich institutov i laboratorij Akademii nauk SSSR za 1939 god, Sbornik referatov [Wissenschaftliche Forschungsarbeiten der chemischen Institute und Laboratorien der Akademie der Wissenschaften der UdSSR im Jahre 1939, Sammlung von Referaten] (Moskva–Leningrad '40) 86: Untersuchung der Einwirkung von Kohlenmonoxid auf die Halogenide der IV. Gruppe des Periodensystems zwecks Darstellung ihrer Carbonyle [russ.][14]; 86: Untersuchung neuer metallorganischer Antidetonatoren; Untersuchung der Möglichkeit der Darstellung nicht oder nur langsam oxydierbarer metallorganischer Verbindungen des Aluminiums, des Zinks und des Calciums [~][465][256]; 86: Struktur der Anlagerungsprodukte von Quecksilbersalzen und ungesättigten Verbindungen [~][125]. — Naučno-issledovatel'skie raboty ~ za 1940 god, ~ (Moskva–Leningrad '41) 87: Quecksilberorganische Verbindungen der Triphenylmethan-Reihe [russ.][112]; 87: Aromatische aluminiumorganische Verbindungen [~][465]. — Naučno-issledovatel'skie raboty ~ za 1941–1943 gg., ~ (Moskva–Leningrad '45) 177: Addition von Jodtrichlorid an Acetylen und die Struktur des β-Chlorvinyljodidchlorids [russ.][125]; 177 f.: Aromatische aluminiumorganische Verbindungen [~][465]; 178: Untersuchung des Spaltungsmechanismus der Verbindungen vom „Onium"-Typ [~][256][226]. — Sovetskaja chimija za dvadcat'pjat' let. Sbornik statej [25 Jahre sowjetische Chemie. Sammlung von Aufsätzen], 1917–1942 (N. N. Semenov) (Moskva–Leningrad '44) 217–28: Die Chemie metallorganischer Verbindungen in der UdSSR [russ.]. — Tret'e soveščanie po chimii kompleksnych soedinenij, 1944 g.. Programma i tezisy dokladov [3. Konferenz über die Chemie der Komplexverbindungen, 1944, Programm und Vortragsthesen] (Moskva–Leningrad '44) 30–32: Struktur und Eigenschaften der Komplexverbindungen von Quecksilbersalzen mit Acetylen und mit Olefinen [russ.][125]. — Tezisy dokladov VII Naučnogo soveščanija po anilinokrasočnoj chimii i technike. Voprosy diazotirovanija i azosočetanija [Thesen der Vorträge auf der VII. Konferenz über Anilinfarbenchemie und -technik. Fragen der Diazotierung und Azokupplung], 1946 (Moskva–Leningrad '46) 17–19: Abbau von Diazoverbindungen und Synthese metallorganischer Verbindungen [russ.]. — Jubilejnaja sessija Akademii nauk SSSR

15 ijunja – 3 ijulja 1945 [Jubiläumssitzung der Akademie der Wissenschaften der UdSSR 15. 6. – 3. 7. 1945] 2 (Moskva–Leningrad '47) 204–18: Über quasikomplexe metallorganische Verbindungen [russ.]. — Obščee sobranie Akademii nauk SSSR, posvjaščennoe tridcatiletiju Velikoj Oktjabr'skoj socialističeskoj revoljucii [Allgemeine Versammlung der Akademie der Wissenschaften der UdSSR anläßlich des 30. Jahrestages der Großen Sozialistischen Oktoberrevolution] (Moskva–Leningrad '48) 519–39: Die Chemie der quasikomplexen metallorganischen Verbindungen und die Erscheinungen der Tautomerie [russ.][125])[57]). — Proc. 11th International congress of pure and applied chemistry, London 1947, 2 (London '50) 229–34: The chemistry of the quasicomplex organometallic compounds and the tautomerism phenomena. — Velikie strojki kommunizma. Sbornik materialov dlja učitelja [Die großen Bauplätze des Kommunismus. Sammlung von Materialien für den Lehrer] (V. A. Kovda) (Moskva '51) 79–82: Wissenschaftler für die Bauplätze des Kommunismus! [russ.]. — Sessija Otdelenij obščestvennych nauk Akademii nauk SSSR, posvjaščennaja godovščine opublikovanija proizvedenija I. V. Stalina "Marksizm i voprosy jazykoznanija". Sbornik materialov [Sitzung der Abteilung Gesellschaftswissenschaften der Akademie der Wissenschaften der UdSSR anläßlich des Jahrestages der Veröffentlichung des Werkes von I. V. Stalin „Marxismus und Fragen der Sprachwissenschaft". Sammlung der Materialien] (Moskva '51) 7–14: Eröffnungsansprache [russ.]. — Akademik Nikolaj Dmitrievič Zelinskij; Devjanostoletie so dnja roždenija [Akademiemitglied N. D. Zelinskij zum 90. Geburtstag] (B. A. Kazanskij) (Moskva '52) 31f.: Begrüßungsansprache für N. D. Zelinskij auf der Festsitzung im Haus der Wissenschaftler am 6. Februar 1951 [russ.]; 160–66: Der hervorragende sowjetische Chemiker Zelinskij [~]; 170–211: Entwicklungstendenzen der Arbeiten von N. D. Zelinskij [~][174])[309]). — III Vsesojuznaja konferencija storonnikov mira [3. Unionskonferenz der Friedensfreunde] (Moskva '52) 19–24: Ansprache [anläßlich eines Vortrags von N. S. Tichonov] [russ.]. — IV Vsesojuznaja konferencija storonnikov mira, Moskva 1952 (Moskva '54) 54–59: Ansprache [russ.]. — Bol'šaja sovetskaja enciklopedija [Große Sowjetenzyklopädie] 27 ²('54) 231–34: Metallorganische Verbindungen [russ.]. — Voprosy chimičeskoj kinetiki, kataliza i reakcionnoj sposobnosti. Doklady k Vsesojuznomu soveščaniju po chimičeskoj kinetike i reakcionnoj sposobnosti [Fragen der chemischen Kinetik, Katalyse und Reaktionsfähigkeit. Vorträge bei der Unionskonferenz über chemische Kinetik und Reaktionsfähigkeit] (Moskva '55) 644–98: Zweifache Reaktionsfähigkeit und Tautomerie [russ.][163]); 739–48: Zur Frage des Mechanismus einer elektrophilen Substitutionsreaktion an einem gesättigten Kohlenstoffatom [~][332]). — Peredovaja technologija mašinostroenija [Die fortschrittliche Technologie des Maschinenbaus] (Moskva '55) 3f.: Aufgaben einer Beratung von Wissenschaftlern mit Neuerern der Produktion [russ.]. — Nikolaj Kopernik. Sbornik statej i materialov k 410-letiju so dnja smerti [Nikolaus Kopernikus. Sammlung von Aufsätzen und Materialien zum 410. Todestag] (1543–1953) (Moskva '55) 5f.: Eröffnungsansprache bei der Festsitzung der Abteilung Physikalisch-Mathematische Wissenschaften der Akademie der Wissenschaften der UdSSR am 3. Juni 1953 [russ.]. — Sessija Akademii nauk SSSR po mirnomu ispol'zovaniju atomnoj ènergii 1–5 ijulja 1955 g. Plenarnoe zasedanie [Sitzung der Akademie der Wissenschaften der UdSSR über die friedliche Nutzung der Atomenergie, 1.–5. 7. 1955. Plenartagung] (Moskva '55) 3–14: Eröffnungsansprache [russ. u. engl.]. — Iz istorii socialističeskich idej. Sbornik statej k semidesjatiletiju akademika Vjačeslava Petroviča Volgina [Aus der Geschichte der sozialistischen Ideen. Sammlung von Aufsätzen zum 70. Geburtstag des Akademiemitglieds Vjačeslav Petrovič Volgin] (Moskva '55) 11–13: Rede zur Ehrung von V. P. Volgin am 16. November 1954 [russ.]. — Tagungsberichte der Chemischen Gesellschaft in der Deutschen Demokratischen Republik, Hauptjahrestagung 1954 in Leipzig (Berlin '55) 34–43: Die Stereochemie der elektrophilen und homolytischen Substitutionen am Olefinkohlenstoffatom am Beispiel von Quasikomplexverbindungen. — Chimičeskaja pererabotka neftjanych uglevodorodov (Trudy Vsesojuznogo soveščanija po kompleksnoj chimičeskoj pererabotke neftjanych gazov) [Chemische Aufbereitung von Erdölkohlenwasserstoffen (Arbeiten der Unionskonferenz über die komplexe Aufbereitung von Ölgasen)] (Moskva '56) 5–7: Eröffnungsansprache [russ.]; 303–23: Untersuchung der Telomerisationsreaktion des Äthylens und eines Tetrachlorkohlenwasserstoffs und der chemischen Umsetzungen von $\alpha,\alpha,\alpha,\omega$-Tetrachloralkanen [~][125])[448])[432])[305])[168]). — Tezisy dokladov IX konferencii po obščim voprosam chimii i fiziki vysokomolekuljarnych soedinenij [Thesen der Vorträge bei der 9. Konferenz über allgemeine Fragen der Chemie und Physik hochmolekularer Verbindungen], Januar 1957 (Moskva '56) 3f.: Telomerisationsreaktion des Äthylens und eines Tetrachlorkohlenwasserstoffs und neue Möglichkeiten der Synthese der Monomeren [russ.] [125])[448])[432])[305])[168]). — Materialy V Sessii Verchovnogo Soveta SSSR po voprosam razoruženija i zapreščenija atomnogo i vodorodnogo oružija, 16 ijulja 1956 goda (Moskva '56) 65–70: Ansprache [russ.]; französ.: V Session du Soviet Suprême de l'URSS, Textes relatifs au

désarmement et à l'interdiction des armes atomique et à hydrogène, Juillet 1956 (Moskva '56) 73–78; engl.: Materials of the 5th Session of the USSR Supreme Soviet concerning disarmament and prohibition of atomic and hydrogen weapons, July 1956 (Moskva '56) 70–75; span.: Documentos de la V Sesión del Soviet Supremo de la URSS sobre el desarme y la prohibición de las armas atómicas y de hidrógeno, Julio de 1956 (Moskva '56) 82–88. — Avtomatizacija technologičeskich processov v mašinostroenii. Obrabotka metallov rezaniem i obščie voprosy avtomatizacii [Automatisierung technologischer Prozesse im Maschinenbau. Spangebende Formung der Metalle und allgemeine Fragen der Automatisierung] (Moskva '56) 9–11: Aufgaben der Akademie-Institute bei der Entwicklung der Theorie der Automatisierung technologischer Prozesse [russ.]. — Sessija Akademii nauk SSSR po naučnym problemam avtomatizacii proizvodstva, 15–20 oktjabrja 1956 g. Plenarnye zasedanija [Sitzung der Akademie der Wissenschaften der UdSSR über wissenschaftliche Probleme der Automatisierung von Produktionsprozessen, 15.–20. 10. 1956. Plenartagung] (Moskva '57) 3–5: Eröffnungsansprache [russ.]; 262–71: Schlußansprache [~]. — Chimija bol'šich molekul. Sbornik statej [Chemie großer Moleküle. Sammlung von Aufsätzen] (Moskva '58) 7–30: Über die Beschleunigung der Entwicklung der chemischen Industrie und besonders der Produktion synthetischer Materialien und der Erzeugnisse aus ihnen für die Befriedigung der Bedürfnisse der Bevölkerung und der Volkswirtschaft und über die dabei der Akademie der Wissenschaften der UdSSR zufallenden Aufgaben [russ.]. — Chimija – narodu [Die Chemie dem Volke] (Rostov-na-Donu '58) 25–35: Hochmolekulare Verbindungen [russ.]. — Maks Plank, 1858–1958. Sbornik k stoletiju so dnja roždenija [Max Planck, 1858–1958. Sammelband zum 100. Geburtstag] (Moskva '58) 5–7: Grußbotschaft der Akademie der Wissenschaften der UdSSR an die Deutsche Akademie der Wissenschaften zu Berlin [russ.][416]. — Bud' nastojaščim čelovekom [Sei ein wahrer Mensch!] (Moskva '58) (Vsesojuznoe obščestvo po rasprostraneniju političeskich i naučnych zdanij, Ser. IX, Nr. 9/12) 24–29: Wissen – das heißt siegen [russ.]. — Nauka i molodež' [Wissenschaft und Jugend] (Moskva '58) 75–80: Wissen – das heißt siegen [russ.]. — Chimija i praktičeskoe primenenie kremneorganičeskich soedinenij. Trudy [II] konferencii [Chemie und praktische Anwendung der siliciumorganischen Verbindungen. Arbeiten der [2.] Konferenz], Leningrad 1958, **1**: Kremneorganičeskie monomery [Siliciumorganische Monomere] (Leningrad '58) 255f., **6**: Doklady, diskussii, rešenie [Vorträge, Diskussionsbeiträge. Ergebnis] ('61) 72–82: Thermische Telomerisation von Olefinen mit Siliciumhydriden [russ.][125][168][86]. — Referaty i tezisy dokladov na konferencii, posvjaščennoj probleme "Puti sinteza ischodnych produktov dlja polučenija vysokopolimerov" [Referate und Vortragsthesen für die Konferenz über Probleme der Synthese von Ausgangsprodukten für die Herstellung von Hochpolymeren], Jaroslavl' 1958 (Jaroslavl' '58) 3f.: Die Telomerisation der Olefine als neue Methode zur Synthese von Monomeren [russ.][125][168][86]. — M. Vasil'ev, S. Guščev, Reportaž iz XXI veka. My zapisali rasskazy dvadcati devjati sovetskich učenych o nauke i technike buduščego [Reportage aus dem 21. Jahrhundert. Wir haben die Darlegungen von 29 sowjetischen Wissenschaftlern über Wissenschaft und Technik der Zukunft aufgeschrieben] (Moskva '58) 10–18: Lernt träumen! [russ.] (m. Bildn.); 69f.: Perspektiven der Medizin [~]. — VIII Mendeleevskij s-ezd po obščej i prikladnoj chimii. Referaty dokladov i soobščenij [8. Mendeleev-Kongreß für allgemeine und angewandte Chemie. Referate der Vorträge und Mitteilungen] **2**: Sekcija organičeskoj chimii i technologii [Sektion „Organische und technologische Chemie"] (Moskva '59) 350f.: Eigenschaften von Ferrocen-Derivaten[u.a.]; 352f.: Carbonsäuren des Ferrocens[332]; 354f.: Alkylierung des Ferrocens[190]; 356f.: Acylierung des Ferrocens und seiner Derivate[442][436]; 363f.: Untersuchung der chemischen Umsetzungen von Dialkoxytitanoxiden[283][223]; 380f.: Über Reaktionen magnesiumorganischer Verbindungen mit Metallfluoboraten[355]; 384f.: Reaktionen von Diphenylbromium-, Diphenylchloronium- und Triphenyloxoniumsalzen[413][154]; 386f.: Darstellung wismutorganischer Verbindungen über Diazoniumfluoborate[154][413]. Alle Beiträge russ. — Stancii v kosmose. Sbornik statej [Weltraumstationen. Sammlung von Aufsätzen] (Moskva '60): Erfüllung eines verwegenen Traums der Menschheit [russ.]; Vorläufige Resultate der Untersuchung des kosmischen Raumes: Historischer Abschnitt [~]. — Chimija sera- i azotorganičeskich soedinenij, soderžaščichsja v neftjach i nefteproduktach [Chemie schwefel- und stickstofforganischer Verbindungen, die in Erdölen und Erdölprodukten enthalten sind] 4 (Ufa '61) 7–16: Synthese organischer Schwefelverbindungen mittels der Telomerisationsreaktion [russ.][125][305][410]. — Trudy Naučnogo soveščanija o primenenii matematičeskich metodov v èkonomičeskich issledovanijach i planirovanii [Arbeiten der wissenschaftlichen Konferenz über die Anwendung mathematischer Methoden in der ökonomischen Forschung und Planung], 1960, **1** (Moskva '61): Eröffnungsansprache und Diskussionsbeitr. [russ.]. — Proc. 9th International conference on coordination chemistry, St. Moritz-Bad 1966 (W. Schneider) (Basel '66) 24f.: The electronic effects of substituents in ferrocene and in other transition metal π-complexes[148]. — Lenin i sovremennaja nauka [Lenin und die moderne Wissenschaft] 2 (Moskva '70) 39–76: Die Entwicklung der Chemie in der UdSSR [russ.] [440][399][127]. — Proc.: SOS/70, 3rd International congress of food science and technology, Washington, D.C., 1970 (Chicago, Ill. '71) 647–53: Contribution of organic chemistry to the synthesis of new foods and food components[36][138][339].

W. Heterolytic decomposition of onium compounds. Diphenyl halogenium and triphenyloxonium salts (m. L. G. Makarova, T. P. Tolstaya) (Moskva '57) 22 S. — Programma po organičeskoj chimii (Dlja chimičeskich fakul'tetov gosudarstvennych universitetov) [Lehrprogramm für organische Chemie (Für die chemischen Fakultäten der staatlichen Universitäten)] (Kiev '47) 20 S.; (Moskva '49) 20 S.; ('50); ('51); ('52); ('55) 20 S. — Periodičeskaja sistema ėlementov D. I. Mendeleeva i organičeskaja chimija [Das Periodensystem der Elemente von D. I. Mendeleev und die organische Chemie] (Moskva '59) 56 S. (VIII Mendeleevskij s-ezd po obščej i prikladnoj chimii, Doklady na plenarnom zasedanii). — Magnij, berillij, kal'cij, stroncij, barij (m. S. T. Ioffe) (Moskva '63) 561 S. (Metody ėlementoorganičeskoj chimii); engl.: The organic compounds of magnesium, beryllium, calcium, strontium, and barium (Amsterdam '67) 10 + 735 S. (Methods of elemento-organic chemistry, 2). — Bor, aljuminij, gallij, indij, tallij (m. R. A. Sokolik) (Moskva '64) 499 S. (~); engl.: The organic compounds of boron, aluminium, gallium, indium, and thallium (Cleveland, O. '67) 13 + 628 S. (~ 1). — Rtut' (m. L. G. Makarova) (Moskva '65) 438 S. (~); engl.: The organic compounds of mercury (Amsterdam '67) 12 + 532 S. (~ 4). — Načala organičeskoj chimii [Grundlagen der organischen Chemie] (m. N. A. Nesmejanov) 1 (Moskva '69) 663 S.; 2 ('70) 824 S.

Abh. dtsch. Akad. Wiss. Berlin, Kl. Chem., Geol. u. Biol. Anwendung der Gas–Flüssigkeits-Chromatographie zur Trennung von Ferrocen-Derivaten[162][190][438]: **1966**, 265–68.

Advances organometallic Chem. My way in organometallic chemistry: **10** ('72) 1–78.

Annals New York Acad. Sci. Recent advances in ferrocene chemistry in the U.S.S.R. [301]: **125** ('65) 67–88.

Ber. dtsch. chem. Ges. Aus dem Gebiet der organischen Quecksilber-Verbindungen, 5: Arylierung von Quecksilberoxid mittels aromatischer Jodo-Verbindungen[256]: **66** ('33) 199–201; ~ 6: Über die Synthese von quecksilberorganischen Verbindungen mit negativen Substituenten mittels der Diazo-Methode[135][108][122]: **67** ('34) 130–34; ~ 9: Über die Reaktion des Quecksilberchlorids mit Diazoessigsäure-ester[322]: 971–74; ~ 13: Darstellung eines neuen Typus von asymmetrischen quecksilberorganischen Verbindungen als Strukturbeweis von Alkanol- und β-Alkoxy-alkyl-mercuri-Salzen[125]: **69** ('36) 1631–35; ~ 14: Die Reaktion von Äthanol-mercuribromid mit Diazomethan[125][412]: 2019–21. — Die Reaktion von arsen-, antimon-, zinn- und blei-organischen Verbindungen mit Quecksilberchlorid im neutralen und alkalischen Medium[187]: **67** ('34) 317–24. — Über die unmittelbare Synthese von Säurefluoriden aus Säuren und die Herstellung von Formylfluorid[167]: 370–73. — Die Reaktionen des Phenylarsins mit organischen Quecksilber-, Blei- und Zinn-Verbindungen[125]: 735–38. — Aromatische zinkorganische Verbindungen[187][321]: 1138–42. — Eine neue Methode zur Synthese von asymmetrischen quecksilberorganischen Verbindungen[125][187]: **68** ('35) 565–69. — Über die Gewinnung der 2- und 4-Allyl-resorcine und deren Umwandlung in 1-[Chlormercuri-methyl]-oxy-1,2-dihydro-benzofurane[454]: 1476–79. — Über die Aryldiazoniumchlorid–Schwermetallchlorid-Doppelsalze und über die Darstellung von Organozinn-Verbindungen mittels Diazo-Verbindungen[187][182]: 1877–83. — Die Reaktionen von Hexaäthyldistannan und Diäthylstannan mit quecksilberorganischen Verbindungen als Methode zur Darstellung von organischen Verbindungen des Zinns mit Substituenten im Benzolkern[187][329]: **69** ('36) 1639–42.

Chemische Ber. Synthese von Ferrocen-Derivaten mittels bor- und halogensubstituierter Ferrocene[355][102]: **93** ('60) 2717–29. — Unmittelbare Cyanierung der Ferricinium-Salze[301][162]: 2729–35.

Bull. Soc. chim. France Sur les composés organométalliques quasicomplexes: **1946**, 569–74. — La classification périodique de Mendéléev et la chimie organique: **1960**, 987–1010. — Les dérivés halogénonium et oxonium aromatiques: **1965**, 897–901. — Les particularités de la chimie du ferrocène et de la structure "sandwich": 1229–39.

Chemical Commun., Chem. Soc., London Crystal structure of π-cyclopentadienyl-tricarbonyl-o-phenyl-tungsten[364][71][401]: **1968**, 666f. — The structure of the product from reaction of an equimolar mixture of 1- and 2-bromomethylnaphthalenes with enneacarbonyldi-iron. A new π-complex with a trimethylenemethane-type ligand[19][460][201][401]: **1970**, Nr. 2, S. 85.

Chemische Techn. Die Anwendung der Telomerisationsreaktion zur Synthese von ω-Aminocarbonsäuren und die Herstellung neuer Polyamidfasern auf ihrer Basis[400][125][448][432][291][33][305][168][415][360][46]: **9** ('57) 139–50.

Chimičeskaja Nauka i Promyšl. Neue aromatische Systeme, 1: Ferrocen als aromatisches System[301]: **3** ('58) 146–58 [russ.].

Chimija geterociklič. Soedinenij Reaktion von Aryl-β-nitrovinylketonen mit Halogenwasserstoffen. Darstellung von Isoxazolen[346][347][394]: **1967**, 800–05 [russ.].

Chimiko-farmacevtičeskij Ž. Ein neues Präparat (Ferroceron) zur Behandlung von auf Eisenmangel beruhender Anämie [52][13][436][190]: **6** ('72) Nr. 4, 61f. [russ.].

Dokl. Akad. Nauk SSSR Darstellung der Carbonyle der Metalle der VI. Gruppe des Periodensystems[187][274][341][59][14]: **26** ('40) 53–58. — Struktur der Additionsprodukte von Metallhalogeniden und ungesättigten Verbindungen[125]: 59–63. — Neue Methode zur Synthese von Diaryljodonium-Salzen[125]: **29** ('40) 566–69. — Addition von Jodtrichlorid an Acetylen und die Eigenschaften von β-Chlorvinyljodidchlorid[125]: **31** ('41) 892–94. — Über die Reaktionen von Metallderivaten der Oxo-Verbindungen und Tautomerie-Erscheinungen [250]: **59** ('48) 707–10. — Über die Erhaltung der stereochemischen Konfiguration bei elektrophilen und Radikal-Austauschreaktionen am olefinischen Kohlenstoff-Atom[57]: **60** ('48) 67–72. — Konstitution und Reaktionsfähigkeit der Halogenmagnesiumenolate von Ketonen[355][231]: **63** ('48) 395–98. — Synthesen in der heterozyklischen Reihe auf der Grundlage der β-Chlorvinylketone[189]: **77** ('51) 65–68. — Synthese und Eigenschaften von 1,1,1-Trichlorpropylen[125][121]: **78** ('51) 717–19. — Synthese von Pyridin-Derivaten auf der Basis von β-Chlorvinylketonen[189][141]: **79** ('51) 609–12. — Über die Reaktion der Alkyl-β-chlorvinylketone mit Phenolen[189][347]: 799–802. — Über die Umlagerung in freien Radikalen in Lösung[125][448]: **81** ('51) 199–202. — Diensynthese mit β-Chlorvinylketonen. Kondensation mit Cyclopentadien[189][169][6]: **82** ('52) 409–12. — Untersuchung der Hydrolyse und Polykondensation von Äthylorthotitanat[63][125]: **85** ('52) 571–73. — Synthese aromatischer Thallium-Verbindungen mittels Diazo-Verbindungen[256]: **87** ('52) 417–20. — Synthese aromatischer Zinn-Verbindungen mittels Aryldiazoniumborfluoriden[256]: 421f. — Über die Stereochemie der elektrophilen Substitution beim tetraedrischen Kohlenstoff[332][311]: **88** ('53) 479–82. — Aus dem Gebiet der quecksilberorganischen Verbindungen: Symmetrisierung von α-Halogenquecksilber(II)-ketonen [250][79]: 837f. — Anlagerung von Quecksilber-Salzen an disubstituierte Acetylene[57][436]: **90** ('53) 383–86. — Über neue Möglichkeiten zur Synthese von Organoantimon-Verbindungen aus den Diazoniumdoppelsalzen mit Antimontrichlorid[332][326]: **91** ('53) 1341–44. — Kondensation von β-Chlorvinylketonen mit Phenoläthern[189][261]: **92** ('53) 85–88. — Synthese von Benzopyrylium- und Flavylium-Salzen auf der Basis von β-Chlorvinylketonen[189][347]: **93** ('53) 71–74. — Eine Synproportionierungsreaktion in der Reihe organischer Titan-Verbindungen [63][125]: **94** ('54) 249–52. — Trialkoxytitane und Dialkoxytitanoxide[283][125]: **95** ('54) 813–15. — Chemische Umwandlungen der Trichlormethyl-Gruppe in gesättigten Polychlorkohlenwasserstoffen[125][448]: **96** ('54) 87–90. — Isopropenyl-Verbindungen des Quecksilbers und Thalliums und Untersuchung ihrer chemischen Eigenschaften[57][285]: 289–92. — Umwandlung von 1,1,1,3-Tetrachlor-3-alkoxypropanen in Ester der β,β-Dialkoxypropionsäure[125][448]: **97** ('54) 91–94. — Substitutionsreaktion der Ferrocenwasserstoffe[301][138][277]: 459–61. — Umsetzung von Ferrocen mit Diazo-Verbindungen[301][138]: **99** ('54) 539–42. — Umwandlung von 1,1-Dichlor-3-alkoxy-3-arylpropenen-(1) in β-Arylacrylsäuren[125][448]: 781–83. — Halogen-Verbindungen des Ferrocens [301][277][281]: **100** ('55) 1099–101. — Über Arylferrocene und Ferrocenylamin[301][138][374]: **102** ('55) 535–38. — Einfluß des Ferrocenyl-Substituenten auf die funktionellen Gruppen im Benzolkern[301][138]: **103** ('55) 81f. — Chlorierung von Verbindungen mit einer CCl_2=CH-Gruppe in schwefelsaurem Medium. Eine neue Methode zur Darstellung von α-Chlorcarbonsäuren[206][125]: 1029–32. — Eine neue Synthese von Naphthalin-Derivaten[189][279]: **104** ('55) 422–26. — Diphenylbromonium-Salze[413][154]: 872–75. — Diphenylchloronium-Salze[413]: **105** ('55) 94f. — Synthese von Alkylferrocenen[442]: **107** ('56) 262–64. — Alkylierung von Ferrocen[190]: **109** ('56) 543–45. — Synthese höherer α,α,α,ω-Tetrachloralkane und 1,1,1-Trichloralkane[168][125]: 791–93. — Kondensation von γ,γ,γ-Trichlorcroton-, γ,γ-Dichlorcroton- und γ-Bromcrotonsäure mit Benzol in Gegenwart von Aluminiumchlorid [448][125]: **111** ('56) 114–16. — Innermolekulare Acylierung in der Ferrocen-Reihe[442][436]: 362–64. — Acylierung von Acetyl- und Äthylferrocen[442]: 605–08. — Synthese quecksilberorganischer Verbindungen aus Hydrazonen [332][247]: 835–38. — Thermische Telomerisation von Methyldichlorsilan mit Olefinen[125][86]: **112** ('57) 271f. — Reduktion von Ferrocencarbonsäuren[301][34]: 439f. — Thermische Telomerisation von Trichlorsilan mit Äthylen[125][86]: **113** ('57) 120–22. — Synthese von 4-Alkyl-1-azadehydro-chinolizinium-Salzen[347][41]: 343–46. — Homolytische Isomerisation von 1,1,1-Trichlor-2-brompropen[125][206]: 828–31. — Ferrocensulfonsäuren[301][88]: **114** ('57) 335–38. — Synthese und chemische Umwandlungen von Trichlormethyl- und ω,ω-Dichlorallylquecksilber-Verbindungen[125][434]: 557–59. — Synthese von Alkylferrocenen durch die Friedel-Crafts-Reaktion[190]: 800–02. — β-Cyanvinylketone[347]: **115** ('57) 315–18. — Thermische Telomerisation von Olefinen mit Silanen, die eine Si–H-Bindung haben[125][86]: 734–36. — Synthese von 2-substituierten Dehydrochinolizinium-Salzen[347]: **116** ('57) 93–96. — Homologe des Ferrocens mit tertiären Alkylresten [190]: **117** ('57) 92–94. — Reaktion von Dialkoxytitanoxiden mit Tetraalkoxysilanen [283]): 249–51. — Bestimmung der Stellung der Substituenten in Ferrocen-Derivaten durch Infrarotspektroskopie[175])[244])[216]): 433–36. — Triphenyloxonium-Salze[413]): 626–28. — Phenylierung mit Diphenylbromonium- und Diphenylchloronium-Salzen[413])[154]): 996–99. — Untersuchung der Stereochemie der Substitution am olefinischen Kohlenstoffatom nach der Isotopenmethode[332])[183]): **118** ('58) 99–102. — Direkte Synthese von in 4-Stellung substituierten 1-Azadehydrochinolizinium-Salzen [347]): 297f. — Innermolekulare Acylierung in der Ferrocen-Reihe: Zyklisierung von γ-Ferrocenylcarbon- und -ketocarbonsäuren[442])[436]): 512–14. — Reaktionen von Diferrocenylquecksilber[301])[277]): **119** ('58) 288–91. — Beibehaltung der Konfiguration des Propenyl-Restes bei Übergangsreaktionen von Metall zu Metall[57]) [285]): 504f. — Beibehaltung der Konfiguration des Propenyl-Restes bei Reaktionen von cis- und trans-Propenyllithium mit Oxo-Verbindungen[57])[285]): 712–15. — Reaktionen von Ferrocensulfonsäuren[301])[88])[277]): 949–52. — Über die Reaktion von β-Cyanvinylketonen mit sekundären Aminen[347]): **120** ('58) 793–96. — Darstellung von Metall-Derivaten des Vinylalkohols[250])[79]): 1049–51. — Reaktionen von 1,1′-Dimethylferrocen[301])[34])[257]): 1263–66. — Synthese von Methylferrocen[301])[374])[34]): **121** ('58) 117f. — Stereochemie der σ,π-Konjugation: α-Chlormercuricamphenilon[216]): 477–80; ∼: Autoxydation starrer Allyl-Systeme[298])[3]) [269]): 660–63. — Synthese aromatischer Germanium-Verbindungen über Aryldiazoniumborfluoride[106])[256]): **122** ('58) 403f. — Synthese aromatischer metallorganischer Wismut-Verbindungen über Diazo-Verbindungen[413])[154]): 614–17. — Telomerisation von Äthylen mit Tetrachloräthylen[125])[37]): 821–24. — Synthese von Ferrocen-Derivaten über N,N-Dimethylaminomethylferrocenjodmethylat[301])[374])[425]): **124** ('59) 331–34. — Darstellung von Ketonen, die ein Zinnatom in α-Stellung zur Carbonylgruppe enthalten[250])[316]): 1073–75. — Vinylester der phosphorigen Säure[250])[211])[53]): 1251–54. — Synthese von 2,8-Diaryl-1,9-diazadehydrochinolizinium-Salzen[347]): **125** ('59) 97–100. — Reaktion von Diphenylbromonium-, Diphenylchloronium- und Triphenyloxonium-Salzen mit Metallen[413])[154]): 330–33. — Infrarotspektren einiger Alkyl- und Arylferrocene [175])[244])[436]): 1037–40. — Metallorganische Verbindungen aus Doppelsalzen von Metallhalogeniden und Halogenonium-Salzen[332])[413])[326]) [154])[420])[50]): 1265–68. — Pentaäthanodiferrocen [190]): **126** ('59) 307–09. — Ferrocenylboronsäure und Ferrocenylen-1,1′-diboronsäure und ihre Reaktionen[355])[102]): 1004–06. — Spektroskopische Untersuchung von α-metallierten Aldehyden und Ketonen und von Lithiumvinylat[175])[250])[345]): **127** ('59) 115f. — Trennung und Eigenschaften höherer α,α,α,ω-Tetrachloralkane[168])[432])[125]): 345–47. — Reaktion von 1,1,1-Trichlorpropen mit Mercaptanen[125]) [305])[410]): 575–77. — Anlagerung von Bromwasserstoff an 1,1,1,2-Tetrachlorpropen-(2) und 1,1,2-Trichlorpropen-(2) in Gegenwart von Benzoylperoxid[125])[206])[81]): **128** ('59) 316–19. — Vinyloxysilane[250])[62]): 551–54. — Bildung von Diphenylbromonium-Salzen bei der Zersetzung von $C_6H_5N_2HgBr_3$ [413]): 726f. — Aktivierungsenergie des Desaggregationsprozesses assoziierter Alkoxy-Derivate des Titans[283])[103]): 964f. — Hydroxyferrocen[355])[102]): **129** ('59) 1060–63. — Einige Reaktionen der Halogen-Derivate des Ferrocens. Ferrocenylamin. Ferrocenylacetat[355])[102]): **130** ('60) 1030–32. — 1-(1′-Halogenferrocenyl)-boroniumsäuren bei der Synthese von Ferrocen-Derivaten[355])[102]) [282]): **131** ('60) 1088–91. — Bildung ungesättigter siliciumorganischer Verbindungen bei der Reaktion von Hydridsilanen mit Olefinen in Gegenwart von Eisenpentacarbonyl[125])[86])[70]): **132** ('60) 374–77. — Homolytische Anlagerung von Bromwasserstoff an 1-Fluor-1,1-dichlorpropen[206])[373])[125]): 606–08. — Hydroxyferrocene und ihre Derivate[355])[102])[282]): **133** ('60) 126–29. — Nitrierung von Triphenyloxonium- und Diphenylhalogenonium-Kationen[413])[154]) [145]): 602–05. — Bildung des 1,2,3-Oxadiazin-Ringes bei der Reaktion von 1,1′-Diacetylferrocen mit Aryldiazonium-Salzen[301])[376])[361]) [331]): 851–54. — Ferrocenylmethyllithium[301]) [425]): 1105–07. — Azobenzol, ein Akzeptor für Hydridwasserstoff[138]): 1337–39. — Atomrefraktion des Antimons[57])[285]): **134** ('60) 100f. — Reaktion von Cyclopentadienylnatrium mit Alkoxytitanchloriden[283])[43]): 607f. — Langsame Dissoziation der Assoziate von Alkoxyl- und Alkyl-Derivaten von Metallen in Lösungen[283])[103]): 1363–66. — Arylquecksilber-Derivate von Nitrosophenolen[214]): **135** ('60) 331–34. — Untersuchung der katalytischen Eigenschaften von Polymeren aus Methyl-β-chlorvinylketon[343])[104])[383])[347])[384]): 609–12. — Indol-Ringschluß von Azobenzol mit Cyclohexanon[138]): **136** ('61) 836–39. — Acetyl-Derivate von Pentaäthanodiferrocen[190])[260]): 1096–98. — Über Reaktionen der Halogen-Derivate von Äthyl- und Acetylferrocen[355])[102]): **137** ('61) 102–05. — Umlagerung während der homolytischen Anlagerung von Bromwasserstoff an Polyhalogenalkene[125])[206])[81]): 341–44. — p-Dimethylaminophenylquecksilber-Derivate von Nitrosoanilinen und Nitrosonaphthylaminen [214]): 614–17. — Telomerisation und Polymerisation von Äthylen mit Siliciumhydriden in Gegenwart von Titantetrachlorid[125])[86])[70]): 885–88. — Anlagerung von Trichlorbrommethan an Verbindungen der Struktur $R(C_6H_5)_2ECH{=}CH_2$ ($R = C_6H_5, CH_3$; $E = Sn, Si, C$) [125])[259]): 1129–32. — Synthese und einige optisch-magnetische Eigenschaften von Polyferrocenen[199])[439])[190])[398])[260])[55])[83])[32]): 1370–73. — Homolytische Isomerisierung von 1-Fluor-1,1-dichlor-2-brompropen[125])[206])[433]): 1385–88. — Untersuchung der magnetischen

Suszeptibilität von Polyalkanopolyferrocenen und Polyferrocenylenen[343,384,383,190,260]: **138** ('61) 125f. – Reaktionen des o-Carboxybenzoylferrocens[436,190]: 390–92; **165** ('65) 835–37. – Carbonsäure-Derivate von Kobalt, Nickel und Mangan[63,268,125]: **138** ('61) 598–600. – Umlagerung von Radikalen bei der Reaktion von Thiolen mit Polyhalogenpropenen[125,410,305]: 859–62. – Synthese von Azoferrocen, seine Reduktion und sein Verhalten unter den Bedingungen der Benzidin-Umlagerung[301,281]: 1118–21. – Synthese gemischter Cyclopentadienylchelat-Verbindungen des Zirkoniums[125,63]: 1369–72. – DasTris-[p-aminophenyl]-oxonium-Kation als Strukturanalogon des Parafuchsins[413,145]: **139** ('61) 114–16. – Eigenschaften von Phenylferrocen[301,148,281,315,374]: 888–91. – p-Dimethylaminophenylquecksilber-Derivate von Hydroxyazo-Verbindungen und von Chinonphenylhydrazonen[214]: **140** ('61) 1334–37. – p-Dimethylaminophenylquecksilber-Derivate von Aminoazo-Verbindungen[214]: **142** ('62) 1088–90. – Wasserstoffisotopenaustausch von Cyclopentadienylmangantricarbonyl[228,370,179,190,260]: **143** ('62) 351–53. – Zerlegung von Metall-Cyclopentadienyl-Verbindungen durch Brom und Kaliumhypobromit[190,260]: **147** ('62) 113–16. – Redox-Eigenschaften von Verbindungen mit zwei Ferrocenyl-Gruppen[301,148,387]: 384–87. – α-Pyridylferrocen und 1,1′-Bis-[α-pyridyl]-ferrocen[355,130]: 634f. – Infrarot-Absorptionsspektren der Stereoisomeren von Lithiumpropenyl[57,285,87]: **148** ('63) 1312f. – Absorptionsspektren einiger Ferrocen-Derivate[160,190,456]: **149** ('63) 111–13. – Ligandenaustausch in Ferrocen[442,54]: 615–18. – Photolyse von α-Pyridylferrocen-Salzen[355,130,354]: 1354f. – Diazo-Verbindungen des Ferrocens[102,355]: **150** ('63) 102–04. – Ferrocenazide[102,355]: 321–24. – Phenyldimethylsulfoxonium-Salze[154,413]: **151** ('63) 1339–42. – Synthese von 1-Ferrocenoyl-2-methoxycarbonyläthylen[436,190]: **152** ('63) 627f. – Über Pentaäthanodiferrocene[190,308,114]: 875–78. – Alkylierung von Ferrocenylamin[355,340]: 1358f. – Diphenyl-o,o-diphenylenammonium-Salze[413,145]: **153** ('63) 608–11. – Substitution von Halogen im Bromferrocen durch aromatische und heterozyklische Radikale[355,102]: **154** ('64) 158f. – Reduktion von Cyclopentadienylmangantricarbonylketonen und Dehydratisierung der sekundären Alkohole[14,193,385]: 391–94. – Acylierung von Cyclopentadienylrheniumtricarbonyl[14,193,28]: 646f. – Reaktion von Cyclopentadienylmangantricarbonylketonen mit Normans Reagens[14,193,385]: 871–73. – Zirkoniumcyclopentadienyl-Verbindungen, die eine Zr-O-Zr-Gruppierung enthalten[63,125]: 1113–15. – Zerfall von α-Ferrocenylcarbonium-Ionen zu Fulvenen[355,102]: 1393f. – Kinetik der Acidolyse symmetrischer aromatischer und aliphatischer Hg-Verbindungen[57,353]: **155** ('64) 603–06. – Redoxpotentiale von heteroannularen disubstituierten Ferrocenen[301,148,387]: 857–60. – Photolyse von Ferrocen-Derivaten[355,340,336,460]: 1130–33. – Alkylierung von Ferrocen[190,438,56,209]: **156** ('64) 99–101. – Gemischte Organobimetall-Derivate von Rheniumcarbonyl[14,193,74]: 383–85. – Bimetall-Derivate der Chrom-, Wolfram- und Molybdäncarbonyle[14,193,449]: 612–15. – Bestimmung der Struktur einiger isomerer disubstituierter Ferrocene auf Grund ihrer IR-Spektren[105,361,162]: 873–76. – Chlormethyl- und Alkoxymethylcyclopentadienylmangantricarbonyl[14,429]: **157** ('64) 622–25. – Derivate von Ferrocenylamin[355,340]: 922–25. – Isomerisation von 2-Hydroxypentin-(4)-yl-(2)-cyclopentadienylmangantricarbonyl und 2-Hydroxy-2-phenyl(methyl)-pentin-(4) zu den entsprechenden Enonen[14,193,252]: **158** ('64) 163–66. – Synthese von 1,2,3-Triazolen mit Elektronenakzeptor-Substituenten[347]: 408–10. – Zweikernige Molybdän-, Wolfram-, Mangan- und Rheniumcarbonyl-Derivate[14,193,45]: **159** ('64) 377f. – Ferrocenylsulfone. Ferrocenylmesitylsulfon unter den Bedingungen der Smiles-Umlagerung[102,355]: 591–94. – Eigenschaften und Struktur von Dicyclopentadienquecksilber[105,190,260,361]: 847–50. – Transannulare Elektroneneffekte im Ferrocenylkern. Dissoziationskonstanten substituierter Ferrocencarbonsäuren[148,144,301]: 1075–78. – Einige Eigenschaften von Ferrocendiazo-Verbindungen[102,355,320]: 1334–37. – 1,1-Dialkylkobalticinium-Salze[260,190,89]: **160** ('65) 137f. – α-Ferrocenylcarbonium-Salze[355,102,336]: 355–58. – Absorptionsspektren von einigen Ferrocen-Derivaten[160,456,190]: 837–40. – Reaktionen des Triferrocenylphosphinoxids[228,436,190,370,284]: 1090–92. – Ligandenaustausch in substituierten Ferrocenen[442,374]: 1327–30. – IR-Spektren einiger Cyclopentadienyl-Verbindungen des Titans[105,361,283,233,103]: **161** ('65) 603–06. – Diferrocenylamin[355,340]: 1085–88. – Substitution eines Protons durch ein Halogen in Ferrocenhalogeniden[228,275,370,301]: 1349–51. – Reaktion von Chlormethylcyclopentadienylmangantricarbonyl mit einigen nukleophilen Reagenzien[14,429]: **162** ('65) 112–15. – PMR-spektroskopische Untersuchung der Art der Titan–Cyclopentadienyl-Bindung in Mono- und Dicyclopentadienyl-Derivaten des Titans[114,308,103,283,233]: **163** ('65) 659–62. – Die Isomerisation tertiärer β-Acetylenalkohole, der Derivate des Cyclopentadienylmangantricarbonyls und Ferrocens[14,193,252]: 1159–62. – Synthese und Eigenschaften von Eisencarbonyl-π-allyl-Komplexen[216,114]: **164** ('65) 1058–61. – Massenspektren einiger Titan-monocyclopentadienyl-Derivate[103,283,49]: **165** ('65) 125f. – Geometrische Isomere von Alkenyl-Verbindungen des Germaniums[57,285]: 333–36. – Einführung aromatischer und heterozyklischer Gruppen in Ferrocen. Reaktion zwischen Bromferrocen und Organomagnesium-Verbindungen[355)102)]: 575–77. – Substitueneneinfluß auf die Geschwindigkeit des Wasserstoff-Isotopenaustausches in Ferrocen-Derivaten[275)228)370)301)]: **166** ('66) 374–77. – Reaktion von Ferrocen und substituierten aromatischen Verbindungen[442)54)]: 607–10. – NMR-Spektren von Cyclopentadienyl-Verbindungen des Quecksilbers[105)419)260)361)]: 868–70. – Photochemische Reaktion von π-$C_5H_5Fe(CO)_2 \cdot C_6H_5$ [71)244)313)256)]: 1125–28. – Die Reaktion der β-Aroyläthylensulfonate mit dem Azid-Ion[347)]: 1362–65. – Eine neue Synthese der 4-Aroyl-1,2,3-triazole[347)]: **167** ('66) 109–11. – Das Acylieren der Äther der mercurierten Essigsäure[250)124)]: **169** ('66) 117–19. – Phosphorylierung von Ferrocen-Derivaten[436)255)]: 351–54. – cis-trans-Isomere von Magnesium- und Bor-propenyl-Derivaten[57)289)]: 602–05. – Frequenzen und integrale Intensitäten der Carbonylvalenzschwingung in den IR-Spektren von Cyclopentadienyl-Komplexen gemischter Metallcarbonyle[105)361)193)14)]: 843–46. – Protonenmagnetische Resonanzspektren von disubstituierten Ferrocenen [105)319)361)162)]: 1083–86. – γ-Kernresonanz in Eisenkomplexverbindungen mit Derivaten von 1,2,3-Triazol[403)136)253)61)190)347)]: **170** ('66) 354–57. – Einfluß der austretenden Gruppe bei der Substitution. Reaktion β substituierter Phenylvinylketone mit dem Azid-Ion[347)]: 600–03. – Wanderung der Aryl-Gruppe vom Übergangsmetallatom zum Cyclopentadienyl-Ring bei Molybdän- und Wolfram-Verbindungen[71)244)178)256)]: **171** ('66) 637–40. – Röntgenographische Untersuchung bimetallischer Carbonyl-Derivate und der Bindungslänge Metall-Metall in ihren Molekülen[401)14)290)193)]: **172** ('67) 107–10. – Kinetik der Acidolyse ungesättigter quecksilberorganischer Salze[57)353)]: 1093–95. – Bimetallische Derivate des Äthylens[57)285)]: 1329–32. – Photolyse von Trialkylferrocenylammonium-Kationen und anderer Ferrocen-Derivate. Ammoniumcyclopentadienylide[355)340)320)460)48)166)]: **173** ('67) 589–92. – Disubstituierte Organometall-Derivate des Äthylens[57)]: **174** ('67) 96–99. – Integrale Intensitäten der Carbonylbanden in den IR-Spektren und die NMR-Spektren von ringsubstituierten Mangan- und Rheniumcyclopentadienyltricarbonylen[105)328)361)193)14)]: 368–71. – Die Salze des N,N-Diphenylphenthiaziniums und des N,S-Diphenylphenthiaziniums[413)145)177)]: 856–59. – Elektroneneffekte der Substituenten in Eisenkomplexen mit Metall–Kohlenstoff-σ-Bindung[71)93)244)313)]: 1342–44. – Meta- und Para-phthaloyl- und Phenylen-bis-[mangancarbonyle] und -[rheniumcarbonyle] [14)193)153)]: **175** ('67) 358–60. – Die Beweglichkeit des Haloids im Benzolring des Chlorbenzol-Cyclopentadienyleisens[442)54)]: 606–09. – Synthese von π-(β-Chlorvinylketon)-eisentetracarbonyl-Komplexen[2)346)347)425)]: 1070–72. – Reaktion von Dialkylphosphorigsäurecarbonsäureanhydriden mit Ketenen[327)129)]: 1073–75. – Synthese der halogenhaltigen σ-aromatischen Derivate der Carbonyle des Mangans und Rheniums[14)193)153)]: 1293–96. – Beweglichkeit des Halogens am Cyclopentadienyl-Ring im Chlorcyclopentadienylbenzoleisen[442)154)]: **176** ('67) 106–09. – Bis-[π-allyl]-eisendicarbonyl[216)425)114)]: 341–43. – Derivate des Chlorferrocens. 2-Chlorferrocenyl-(1)-silber[355)354)]: 598–601. – Organogermanium-Derivate des Mangancarbonyls[14)193)16)]: 844–47. – Übertragung des Substituenteneinflusses über das Metallatom in Cyclopentadienylmangantricarbonyl-Derivaten, $RC_5H_4Mn(CO)_3$ [14)244)193)254)]: 1082–85. – α-Ferrocenylcarbonium-Salze. Die Reaktion mit Carbeniat-Ionen[355)462)]: 1317–19. – Neue Darstellungsweise für Alkylcobalticinium-Salze[260)190)236)]: **177** ('67) 131–33. – Alkyl-Derivate von Cyclopentadienylthallium [260)114)190)308)115)236)]: 586–88. – Thermische Beständigkeit von Tri-tert.-butyl- und Tetra-tert.-butylferrocen[118)11)98)12)]: 859–61. – Synthese von Säuren in der Arencyclopentadienyleisen-Reihe[442)377)95)]: 1110–12. – Silber- und wismutorganische Verbindungen des Chlorferrocens[355)354)310)]: 1352–54. – Einfluß von tertiären Butylgruppen auf die Reaktionsfähigkeit von Ferrocen[370)179)190)228)]: **178** ('68) 119–22. – NMR-Spektren einiger Alkylferrocene[190)114)236)308)]: 362–64. – Transannulare Elektroneneffekte im 1.1'-Ferrocenylkern. Geschwindigkeitskonstanten der Protodemercurierung heteroannularer substituierter Quecksilber-Ferrocen-Derivate[301)148)210)]: 616–19. – Heterozyklische Chloronium- und Bromoniumsalze mit Schwefel im Ring[413)242)123)85)]: 860–63. – NMR-Spektren von Quecksilber-β-chlorvinyl-Derivaten und Eigenschaften des cis-β-Chlorvinylquecksilberchlorids[57)114)304)332)]: 1094–96. – Metallierung von Cyclopentadienyltricarbonylrhenium[14)193)254)]: 1335–37. – NQR-Spektren und Struktur von 4,5-Dichlor-2-methylimidazol und seinen Derivaten[214)463)185)363)]: **179** ('68) 102–05. – Heterozyklische Jodoniumsalze mit Schwefel im Ring[413)242)]: 604–07. – γ-Resonanz- und IR-spektroskopische Untersuchung der Elektroneneffekte und der zwischenmolekularen Koordinaten in p-substituierten Triäthylzinnphenolaten und -thiophenolaten[136)82)334)214)293)335)]: **181** ('68) 921–24. – [Synthese und Eigenschaften von π-Komplexen des Acetylens mit Übergangsmetallen der V. Gruppe, 2:] Zweikerniges Bis-(cyclopentadienylniobcarbonyltolan) und Bis-(cyclopentadienyltantalcarbonyltolan)[14)193)297)]: 1142–45. – Synthese von Eisenkomplexen mit stickstoffhaltigen heterozyklischen Liganden – mit 4-Acyltriazolen und mit 3,5-Dimethylpyrazol [347)190)23)405)]: 1397–99. – Synthese und Eigenschaften von Acetylen-π-Komplexen der Übergangsmetalle der V. Gruppe. Cyclopentadienylvanadindicarbonyltolan, -carbonyl-2-tolan, -dicarbonyl-tetraphenylcyclobutadien

[14][193][297]): **182** ('68) 112–15. – Valenzschwingungsfrequenz Metall–Ring in Titan-monocyclopentadienyl-Derivaten[283][244][103]): 844–47. – Über die Reaktion von Benzylbromid und verwandten Verbindungen mit Eisennonacarbonyl[216][460][425][22][428]): 1091–94. – Weiteres über die Stereochemie der Austauschreaktionen am olefinischen Kohlenstoffatom[57][285][114]): **183** ('68) 118–21. – Struktur von Cyclopentadienyl-Derivaten von Nichtübergangsmetallen der fünften und sechsten Periode[115][260][114][190]): 356–59. – Reaktionsfähigkeit von Benzol-[aminocyclopentadienyl]-eisen-tetrafluoborat[442][154]): 606–08. – Relative Beweglichkeit des Chlors im sechs- und fünfgliedrigen Ring von Aren-[cyclopentadienyl]-eisen[442][154][54]): 834–37. – ^{19}F-NMR-Untersuchung der innermolekularen Koordination von metallorganischen o-Bromphenol-Derivaten[214][114][230][293][137]): 1098–101. – Infrarotspektren von Benzol-[cyclopentadienyl]-eisen-Derivaten[244][442][54][154]): **184** ('69) 358–61. – Reaktionen des Cyclopentadienylvanadindicarbonyltolans[297][14][193]): **185** ('69) 610–13. – Zur Frage der Allyl-Umlagerung in der Reihe der β-Ferrocenylvinylcarbinole[355][320][239][161]): **189** ('69) 555–58. – Metallierung des Dibenzolchroms und einiger seiner Homologe[162][240]): **190** ('70) 118–21. – Reaktion des Benzol-[cyclopentadienyl]-eisen-fluoborats mit Natriumnaphthalid[442][374]): 354–56. – Photodisproportionierung von Aren-cyclopentadienyl-Derivaten des Eisens[442][374]): 857–59. – Homoannulare Homologe des Ferrocens und der Kobalticinium-Salze[236][190][139]): **191** ('70) 1070–73. – Elektronenabsorptionsspektren einiger Polyferrocene[160][5][190]): **192** ('70) 350–52. – Einlagerung von $GeCl_2$ in die Eisen-Kohlenstoff-Bindung[193][14][92]): 813–16. – ^{79}Br- und ^{81}Br-NMR-Spektren einiger bromhaltiger titanorganischer Verbindungen[363][283][103][24][65]): **194** ('70) 101–04. – Reaktionen der Cyclopentadienylmangantricarbonyl-borsäure mit Kupfersalzen[355][357]): 825f. – Photolyse des 2-(Chlor)-α-pyridylferrocen-jodmethylats[355][116]): 1332f. – Photochemische Reaktionen von Komplexen des Typs $R_3MFe(CO)_2C_5H_5$ (M = Ge, Sn, Pb) mit 1,3-Butadien[193][381][14][115]): **195** ('70) 368–71. – Untersuchung der metallotropen Übergänge in quecksilberorganischen Derivaten von Pyrazolen mittels NMR-Spektroskopie[214][115][300]): **196** ('71) 110–13. – Innermolekulare Wechselwirkung der Liganden in heterozyklischen Zweiringsystemen[193][381][14]): 606–08. – Vinylphenyljodonium-Salze[413][302]): **197** ('71) 1337–40. – Darstellung von Phenyl-ω-styryljodonium-Salzen über styrylzinnorganische Verbindungen[413][395][431][302]): **198** ('71) 115–17. – Cyclopentadienylmangantricarbonylsilber[355][357]): 590–92. – Innere Ferricinium-Salze (Zwitterionen)[355][48]): 848–50. – Einwirkung von Halogenen auf Qecksilber-Derivate des Ferrocens[301][235][7][144]): 1099–101. – Salze des O-Phenyl-S-oxophenoxathiiniums und des O-Phenyl-S,S-dioxophenoxathiiniums[413][242][292]): **199** ('71) 107–10. – Zwischenmolekularer Ligandenaustausch an Cyclopentadienyl-Verbindungen des Quecksilbers[190][115][260]): 361–64. – Reaktionen von Tetraarylammonium-Salzen mit Metallen[413][145][395][288]): 610–13. – Einwirkung von Halogenen auf Ferrocenylgoldtriphenylphosphin[301][235][144]): 832–34. – Synthese und ^{19}F-NMR-Spektren einiger Fluoraryl-Derivate des Zinns und des Bleis[214][230][114][75]): 1078–81. – Triferrocenylphosphin – ein neuer Ligand an Carbonyl-π-Komplexen des Chroms und Mangans[228][370][436][26][219][134]): 1336–38. – Eisentetracarbonyl-Komplexe mit fünfgliedrigen stickstoffhaltigen Heterozyklen[23][190][276]): **200** ('71) 601–04. – Über die Ferrocenylvinylcarbonium-Ionen[320][239][407][355]): 858–61. – Isomerie in Komplexen des Eisens mit Benzotriazol[23][190][273][38][115]): 1112–15. – Einige Eigenschaften innerer Ferricinium-Salze[355][48][96]): 1365–68. – Komplexe des Ferrocenylgoldtriphenylphosphins mit Salzen des einwertigen Golds[301][235][144]): **202** ('72) 93–96. – Cyclopentadienylmangantricarbonylkupfer [355][357]): 362f. – Zur Frage des Mechanismus der Photolyse von α-Pyridylferrocen-jodmethylat[116][355]): 613–16. – NQR-Spektren chlorsubstituierter Aren-cyclo-pentadienyl-Kationen des Eisens[363][77][65][442][377]): 854–56. – Über die Fähigkeit des Eisens, sich mit Bruchstücken aromatischer Ringe zu koordinieren[216]): 1079–82. – Elektronenabsorptionsspektren von Kobalticinium-Salzen[160][190][5]): **203** ('72) 120–22. – Goldhaltige Thioferrocenol-Komplexe[301][235][144]): 1320–23. – Monosubstituierte Pyridinium-N-methylcyclopentadienylide [355][116][67]): **204** ('72) 616–18. – Untersuchung der Übertragung der Elektronenwirkungen in einigen Cyclopentadienyl-Derivaten des Titans durch ^{1}H-, ^{19}F- und ^{13}C-NMR-Methoden[283][114][103][230][308]): **205** ('72) 857–60. – Die Reaktion des Bis-π-allylnickels mit Durochinon[154][245][428][276]): 1362–65. – Reaktion von Ferrocenyl- und Phenyl-(triphenylphosphin)-gold mit elektrophilen Reagenzien[301][235][30][391][144]): **206** ('72) 883–86. – [n-Tolyl-(triphenylphosphin)-gold]-triphenylphosphingold-fluoborat[144][30][301]): 1355–58. – Cymanthrenylferrocen-Derivate[357][355][60]): **207** ('72) 617–20. – Decamethylferrocen aus Ferrocen[190][428][220]): 868–70. – Nickelorganische Derivate des Cyclopentadienyltricarbonylmangans und des Ferrocens[301][78][237]): **209** ('73) 869–71. – Die Synthese und einige Eigenschaften zinnorganischer Derivate des Cymanthrens und des Ferrocens[413][203]): 1113–16. – O,S-Umlagerung von Arylphenoxathiinium-Salzen[413][242][292]): 1350–53. – cis- und trans-β-Chlorvinylquecksilberchloride; Vergleich der Reaktionsfähigkeit und ihre gegenseitigen Umwandlungen[323][110][57][286]): **211** ('73) 1354f. – Synthese von Ferrocenophanen durch Zyklisierung von Dinitrilen[347][405][312]): **212** ('73) 105–07. – Photo-

chemische Reaktion von [π-$C_5H_5Fe(CO)_2]_2$ mit Tolan[193)381)276)14)379)]: **213** ('73) 848–51. – Dicymanthrenylkupfersilber[355)357)60)441)]: 1099–102. – ^{13}C-NMR-Spektren von Acylferrocenen in Protonensäuren[405)347)308)]: **215** ('74) 599–602. – ^{13}C- und ^{1}H-NMR-Spektren von [5]-Ferrocenophanen[405)308)333)347)]: 865–68. – Dialkylferrocenylcarbonium-Ionen[355)407)212)]: 1128–31. – Tris-(cyclopentadienyltricarbonylmangan)-phosphin und seine Derivate[14)429)]: **216** ('74) 106–09. – Die Natur der Liganden und die integralen Intensitäten νCO [der Infrarotabsorptionsbanden der CO-Valenzschwingungen] bei einigen π-Allyleisencarbonyl-Komplexen[216)20)21)]: 567–69. – ^{13}C-{^{1}H}-NMR-Spektren und Struktur einiger π-Komplexe des Nickels, des Palladiums und des Platins[114)115)154)245)308)]: 816–18. – Einige Eigenschaften des elektroneutralen Benzolcyclopentadienyleisens[442)303)207)93)]: **217** ('74) 104–06. – Synthese von σ-organischen Derivaten des Cyclopentadienyleisendicarbonyls über Metallcarbonyl–Onium-Verbindungen[256)313)]: 360f. – Dimerisierung und Fragmentierung von α-Ferrocenylcarbonium-Ionen[407)355)]: 840–42. – Koordination einer Cyclopentadienylmangandicarbonyl-Gruppe mit einer Doppelbindung von Vinylferrocenen[405)202)347)]: 1091–94. – Neue Methode der Synthese von Dibenzbromolium-Salzen[242)413)]: 1328–31. – Die Kristallstruktur des Diphenylbromoniumbromids und -jodids[77)348)413)154)]: **218** ('74) 140–42. – Einige Eigenschaften des Cymanthrenylferrocens[357)355)239)338)]: 356–58. – Synthese von 10-Carboxydibenz-(b,f)-jodepinium[?]-Salzen[413)302)117)17)]: 855–58. – Untersuchung von Ferrocenophanen mittels der ^{13}C- und ^{1}H-NMR-Methode[405)347)]: 1107–10. – Zweikernige Eisencarbonyl-Komplexe mit Pyrazolen[23)190)276)38)375)]: 1368–70. – Elektronenabsorptionsspektren von Ferrocen-Lösungen bei 77 °K [160)190)5)446)]: **219** ('74) 123–25. – Zur Frage des Zusammenhangs der Struktur metallorganischer Verbindungen vom Sandwich-Typ mit ihren Elektronenabsorptionsspektren[160)190)456)128)5)]: 361–63. – Carboxymethylferrocenylcarbonium-Ionen [407)355)453)]: 614–16. – Reaktionen des Äthyl-(triphenylphosphin)-nickel-acetylacetonats[154)245)192)]: 877–80. – α-Komplexe des Mangans mit Acetylenen, die Elemente der Gruppe IVB enthalten[193)16)14)]: **220** ('75) 105–08. – Zur Frage der Stereochemie der σ,π-Kopplung [48)114)216)115)]: 1336–38. – Abscheidung von Metallocenen mit Hilfe von Einschlußverbindungen mit Thioharnstoff[405)347)]: **221** ('75) 624–26. – Reaktionsfähigkeit zweikerniger Komplexe von Übergangsmetallen. Isotopenaustausch von Wasserstoffatomen des Cymanthrenylferrocens mit Säuren[228)370)114)308)357)441)]: 854–57. – Vollständig substituierte zinnorganische Derivate des Cymanthrens und des Ferrocens[413)203)158)]: 1337–40. – – Alle Arbeiten russ.

Experientia, Suppl. Réactivité double et tautomérie[163)]: **2** ('55) 49–68.

Izvest. Akad. Nauk SSSR, [bis Juni 1963:] **Otdel. chim. Nauk** [seit Juli 1963:] **Ser. chim.** Aus dem Gebiet der Organoquecksilberverbindungen, 19 (= Aus dem Gebiet der Organomagnesiumverbindungen, 1): Reaktion des Grignard-Reagens mit ω-Halogenmercuriacetophenon[298)]: **1941**, 67–74; ~ 22: Quecksilberorganische Verbindungen der Triphenylmethan-Reihe[112)]: **1942**, 116–25 [m. engl. Zusammenfassg.]; ~ 25: Über einige Additionsprodukte von Quecksilbersalzen mit Kohlenwasserstoffen, die eine olefinische Bindung besitzen, und mit Diolefinen[250)]: 366–71; ~ 26: Reaktion symmetrischer quecksilberorganischer Verbindungen mit Aluminium und die Synthese von aluminiumorganischen Verbindungen[465)]: 372–82; ~ 27: Über heterozyklische Additionsprodukte von Quecksilbersalzen mit Diolefinen mit offener Kette[250)]: **1943**, 296–304 [m. engl. Zusammenfassg.]; ~ 28: Weiteres über die Konstitution der Additionsprodukte von Metallhalogeniden mit ungesättigten Verbindungen[125)57)]: **1945**, 137–45 [~]; ~ 29: cis-β-Chlorvinylquecksilberchlorid[57)]: 146–49; ~ 30: Synthese von Quecksilber-Derivaten des Acetylens vom Typ $C_2H_2 \cdot HgClX$ [125)]: 150–53; ~ 32: Über die Erhaltung der geometrischen Konfiguration der Chlorvinylgruppe bei Umsetzungsreaktionen[57)150)]: 639–46 [m. engl. Zusammenfassg.]; ~ 33: Die Synthese zweier stereoisomerer Chloride des Di-β-chlorvinylzinns, ausgehend von den Stereoisomeren des Di-β-chlorvinylquecksilbers[57)1)]: **1946**, 647–50; ~ 34: Die Synthese von Halogenquecksilberacetaldehyden und Halogenquecksilberacetonen, 1 [250)435)]: **1947**, 63–69; ~ 36: Über die Umlagerung stereoisomerer metallorganischer Verbindungen der Äthylen-Reihe bei Bestrahlung mit ultraviolettem Licht[57)1)]: 289–93; ~ 38: Über die Besonderheiten des chemischen Verhaltens von β-Aminoalkylquecksilber-Salzen[190)125)]: 347–52; ~ 39: Reaktion von β-Chlorvinyl-Verbindungen des Quecksilbers mit Basen[188)125)]: 657–59; ~ 40: Synthese aromatischer quecksilberorganischer Salze mittels Arylazocarbonium-Salzen[332)]: **1948**, 316–20; ~ 42: Anlagerung von Sublimat an Acetylenalkohole[189)]: **1949**, 76–82; ~ 43: Quasikomplexe Verbindungen von Phenyläthinylmethylketon und Quecksilber[189)]: 305–10; ~ 44: Eigenschaften der Halogenacetylenide des Quecksilbers und die Konjugation einfacher Bindungen[189)]: 587–91; ~ 45: Herstellung von Monohalogenquecksilberketonen und Monohalogenquecksilberaldehyden über Enolacetate und ihre C- und O-Alkylierung und -Acylierung[250)418)]: 601–06; ~ 46: Anlagerung von Sublimat an Acetylencarbonsäuren und ihre Ester[189)91)]: **1950**, 77–83. – Aus dem Gebiet der magnesiumorganischen Verbindungen, 2:

Über die Reaktion des Grignard-Reagens mit Oxo-Verbindungen[355]): **1941**, 499–519; ∼ 3: o-Oxyphenylmagnesiumbromid und seine Verwendung zur Synthese anderer Verbindungen [298]): **1943**, 317f. – Über die Reaktion von Diazoessigsäureäthylester mit Zinnchlorid und Eisenchlorid[359]): **1942**, 8–13 [m. engl. Zusammenfassg.]. – Addition von Jodtrichlorid an Acetylen und die Konstitution von β-Chlorvinyl-jodidchlorid[125]): **1943**, 152–55. – Synthese metallorganischer Verbindungen nach der Diazonium-Doppelsalz-Methode, 16 (= Antimonorganische Verbindungen, 1): Synthese antimonorganischer Verbindungen [187]): **1944**, 416–31 [m. engl. Zusammenfassg.]; ∼ 17: Synthese von Tetraphenylblei durch Reaktion von Bleipulver mit Phenyldiazoniumborfluorid ($C_6H_5N_2BF_4$) [274])[187]): **1945**, 522–24; ∼ 18: Über ein wismutorganisches Derivat aus der Benzolsulfamid-Reihe, $(NH_2SO_2C_6H_4)_3Bi$ [274])[187]): 524–26. – Antimonorganische Verbindungen, 2: Synthese und Konstitution der Additionsprodukte aus Antimonpentachlorid und Acetylen[57]): 251–60 [m. engl. Zusammenfassg.]. – Metallorganische Quasikomplexverbindungen: 239–50 [∼]. – Abbau und Bildung von Onium-Salzen und die Synthese elementorganischer Verbindungen durch Onium-Verbindungen, 1: Zwei Arten des Abbaus von Diphenyljodonium-Salzen[256]): 617–26; ∼ 2: Zwei Arten des Abbaus von Diazonium-Salzen[256]): **1947**, 213–18; ∼ 8: Zersetzung von Benzoldiazoniumborfluorid in Säurenitrilen[256]): **1954**, 1019–23. – Synthese und Konstitution von Bis-(chlorvinyl)-jodonium- und Phenyl-(chlorvinyl)-jodonium-Salzen[125])[63]): **1945**, 647–54 [m. engl. Zusammenfassg.]. – Quasikomplexe Blei-Verbindungen[125])[188]): **1948**, 127–33. – Kaliumfluorid als Basenanalogon in den Reaktionen organischer Verbindungen. Die Decarboxylierungs- und die Decarbonylierungsreaktion [298])[424]): 240–45. – Quasikomplexe Thallium-Verbindungen[125])[188]): 445–50. – Über Quasikomplexverbindungen, Hyperkonjugation und Tautomerie[355])[231])[218]): **1949**, 422–38. – Ramanspektren von Chlorvinyl-Derivaten des Quecksilbers und Antimons[29])[57]): 567–69. – Synthese stereoisomerer zinnorganischer Verbindungen der Äthylen-Reihe aus quecksilberorganischen cis-trans-Isomeren und ihre Umlagerung im ultravioletten Licht[57])[1]): 570–77. – Umwandlung von trans-β-chlorvinylmetallorganischen Verbindungen des Quecksilbers und Zinns in ihre cis-Isomere unter der Einwirkung von Peroxiden[57])[436]): 578–81. – Di-(cis-β-chlorvinyl)-thalliumchlorid[57])[367]): 582–86. – Über den Einfluß der Strukturfaktoren bei den Erscheinungen der Konjugation, 1: Beweglichkeit der Wasserstoffatome in zyklischen Ketonen verschiedener Konstitution[228])[298])[296]): 592–97; ∼ 2: Beweglichkeit der Wasserstoffatome im Acetylaceton und in den Acetylacetonaten des Kobalts und Aluminiums[228])[389])[296]): 598–600; ∼ 5: Acidolyse der C–C-Bindung bei einigen die Triphenylmethyl-Gruppe enthaltenden Verbindungen [301])[442])[351]): **1951**, 692–98; ∼ 6: Inaktivierung der mehrfachen Bindung bei einigen die Triphenylmethylgruppe enthaltenden Verbindungen[442])[301]): 699–707. – Die Einführung der Trichlormethyl-Gruppe in den aromatischen Kern durch Decarboxylierung der Trichloressigsäure in Gegenwart aromatischer Kohlenwasserstoffe[298])[424]): **1949**, 607–10. – Untersuchung des Zerfalls arylazocarbonsaurer Salze[332]): 611–22. – 1,6-Anlagerung von Mesitylmagnesiumbromid an das Acetat von Dimethylvinylcarbinol[125])[188]): 623–30. – Einwirkung von Brom auf Alkylchlorcarbonate[125])[283]): 631–35. – Umsetzung von Titantetrachlorid mit Alkoholen in Gegenwart von Ammoniak und Pyridin[283])[125]): **1950**, 327–30. – Neue Synthese von Pyrazolen[189])[347]): 350–56. – Einwirkung von Magnesium auf β-Bromäthylmethylanilin[125])[167]): 531–35. – Erwiderung an G. V. Čelincev auf die Arbeit „Nochmals über Quasikomplexverbindungen und die Hyperkonjugation": 541–50. – Anlagerung magnesiumorganischer Verbindungen an das Acetat von α,α-Dimethylvinylcarbinol[125])[188]): **1951**, 273–79. – Über die Umsetzung von β-Chlorvinylketonen mit Alkoholen[189])[347]): 395–401. – Synthese und Eigenschaften einiger Polyhalogen-Derivate des Propans und Propylens, die die Trichlormethyl-Gruppe enthalten[125])[121]): 505–11. – Synthese von o-Allyläthern der Oxime[188])[125]): 512–17. – Einwirkung von Chlor und Brom auf Alkylorthotitanate[125])[283]): 518–23. – Über die Umsetzung von β-Chlorvinylketonen mit aliphatischen Diazo-Verbindungen[189]): 686–91. – β,β'-Dibromsubstituierte Äther[355])[432]): 708–13. – Eine neue Methode der Synthese von Trialkoxytitanchloriden[283])[125]): **1952**, 74–77. – Stereoisomere Natriumenolate[355])[432]): 78–86. – Synthese von Isoxazolen auf der Basis von β-Chlorvinylketonen[189])[362]): 87–92. – Über die „Kontaktbindungen" und die „neue Strukturtheorie": 196–200. – Gewinnung von Alkoxytitantrichloriden aus Titantetrachlorid und Alkoholen[125])[283]): 1037–40. – Anwendung des Salzes $(C_6H_5N_2Cl)_2SbCl_3$ bei der Synthese antimonorganischer Verbindungen mittels Diazonium-Doppelsalzen[132])[256])[271]): **1953**, 298–302. – Synthese von 2-Alkylnaphtho- und 2-Alkylbenzo-pyrylium-Salzen auf der Basis von β-Chlorvinylketonen[189])[347]): 479–83. – Untersuchung optisch-aktiver quecksilberorganischer Verbindungen, 1: Gewinnung von diastereomeren L-Menthylestern der α-Bromquecksilberphenylessigsäure[332])[311]): 649–54; ∼ 2: Über den Mechanismus der elektrophilen Substitution am gesättigten Kohlenstoffatom[332])[311]): 850–59. – Synthese von quecksilberorganischen Verbindungen aus organischen Halogen-Verbindungen und metallischem Quecksilber[332]): 655–64. – Dem

Mitglied der Akademie Nikolaj Dmitrievič Zelinskij zum Gedenken[416)174)404]: 765–74. – Abspaltung von Chlorwasserstoff aus α,α,α,ω-Tetrachloralkanen und α,α,α-Trichloralkanen[448]: 988–90. – Synthese von α,α,α-Trichlor-ω-aminoalkanen und α,α-Dichlor-ω-aminoalkanen[448)125]: **1954**, 34–40. – Methoden zur Gewinnung gemischter Alkylorthotitanate der Struktur $(RO)_3TiOR'$ und $(RO)_2Ti(OR')_2$ [283]: 41–46. – Synthese schwefelhaltiger Polyhalogen-Derivate und ω,ω'-Thiodicarbonsäuren[448)305]: 253–57. – Einige Reaktionen von 1,1,1-Trichlorpropen und 1,1,3-Trichlorpropen-(1) [448)206)125]: 258–65. – Gewinnung von Tetraphenyl- und Tetra-p-tolylblei durch Zersetzung von Aryldiazoniumborfluoriden mit einer Blei-Natrium-Legierung[256]: 380. – Synthese von Arylstibinsäuren über Diazonium-Doppelsalze des fünfwertigen Antimons[332)183]: 410–17. – Über die Umlagerung von β-Phenoxyvinylketonen[189) 347]: 418–26. – Allylumlagerung in der Reihe der Polychlorbutensäuren und über Fehler in den Arbeiten von Auwers und Wissebach[448) 206)125]: 604–09. – Untersuchungen auf dem Gebiet der (Derivate von) ungesättigten Phosphonsäuren, 1: Synthese von β-Alkoxy- undPhenoxy-vinylphosphonsäurechloriden[14]: 610–13; ~ 2: β-Alkoxy- und Phenoxy-vinylthiophosphon- und β-Arylvinylthiophosphonsäurechloride[14)193]: 796–98; ~ 3: β-Alkoxyäthoxyvinylphosphon- und β-Alkoxyäthoxyvinylthiophosphonsäurechloride [14)193]: 799–802; ~ 5: β-Äthoxyvinylphosphon-, β-n-Propoxyvinylphosphon-, β-n-Butoxyvinylphosphon- und β-n-Hexyloxyvinylphosphonsäureester[14)193]: **1955**, 240–48; ~ 6: Ester der β-Isopropoxyvinyl-, β-Isobutoxyvinyl- und β-Isoamyloxyvinylphosphonsäure[14)193]: 425–31; ~ 7: Ester der β-Phenoxyvinylphosphonsäure[14)193]: 432–34; ~ 8: Tetraalkyldiamide von β-Alkoxy- und Phenoxyvinylphosphonsäuren[193]: 665–68; ~ 9: Ester von β-Alkoxy- und Phenoxy-vinylthiophosphonsäuren[14)193]: 669–71; ~ 10: Dithioester von β-Alkoxy- und Phenoxy-vinylphosphonsowie von β-Alkoxy- und Phenoxy-vinylthiophosphonsäuren[14)193]: 823–26; ~ 11: β-Alkoxyäthoxyvinylphosphonsäureester[14)193]: 827–33; ~ 12: Tetraalkyldiamide von β-Alkoxyäthoxyvinylphosphonsäuren[14)193]: 834–37; ~ 13: β-Alkoxyäthoxyvinylphosphonsäurethioester und β-Alkoxyäthoxyvinylthiophosphonsäure[14)193]: 999–1002; ~ 14: β-Phenylvinylphosphonsäureester [14]: 1003–05; ~ 15: β-Phenyl-β-chlorvinylphosphonsäure- und β-Phenylacetylenylphosphonsäureester[14]: 1006–08; ~16: Ester der Indenyl-(2)-phosphonsäure[14]: **1956**, 16–18; ~ 17: Derivate der β-Phenylvinylphosphonsäure[14]: 19–22; ~ 18: Alkylmercaptovinylphosphonsäurechloride und ihre Derivate[14)193]: 23–26. – Synthese von Aryl-β-chlorvinylketonen[189) 347]: **1954**, 741f. – Absorptionsspektren von Pyrylium-Salzen[175)189)347]: 784–95. – Umsetzung von Alkylorthotitanaten und Titantetrachlorid im Piperidin-Medium[125)63]: 987–91. – Synthese stereoisomerer quecksilberorganischer Verbindungen über lithiumorganische Verbindungen[57)442]: 992–1001. – Alkylierung und Acylierung des Chlorquecksilberacetaldehyds[301]: 1002–07. – Untersuchung von Additionsprodukten aus Quecksilber-Salzen und zweifachsubstituierten Acetylenen [57)436]: 1008–18. – Gewinnung und Dissoziationskonstanten von Carbonsäuren der Konstitution $CCl_3(CH_2)nCOOH$ und $Cl_2C{=}CH(CH_2)nCOOH$ [448)125]: **1955**, 40–47. – Über Reaktionen magnesiumorganischer Verbindungen mit Kaliumborfluorid und Triäthyloxoniumborfluorid[355)241)106]: 48–53. – β-Aminovinylketone, 3: Synthese von Alkyl-β-aminovinylketonen[189)100]: 179–81; ~ 4: Synthese von Ketonen der Pyridin-Reihe[189) 100)31)371]: **1956**, 172–76; ~ 5: Alkylierung von β-Dialkylaminovinylketonen; neue Synthese von Oxymethylenketonen[189)156]: 676–80. – Über die Synthese von Tetraphenylbornatrium [355]: **1955**, 187. – ω-Chlorcarbonsäuren und einige ihrer Umwandlungen[448]: 224–32. – Chlorierung und Dehydrochlorierung von Polychlor-Derivaten, die reaktionsfähige Gruppen enthalten[125)206]: 233–39. – Einige Reaktionen von Alkyl-β-phenoxyvinylketonen[189)347)422]: 649–56. – Synthese von Decandicarbonsäure-(1,10) und von Tetradecandicarbonsäure-(1,14) [448)205]: 657–64. – Über die Umsetzung von Alkyl-β-chlorvinylketonen mit Acetessigester[189)222]: 809–16. – Über die Umsetzung von β-Chlorvinylketonen mit Anthracen[347)189]: 817–22. – Synthese von Bromalkoxytitanen und Chloralkoxypolytitanoxanen[63)125]: 838–43. – Über einige Reaktionen von Fenchon mit magnesium- und lithiumorganischen Verbindungen[355)260]: 988–92. – Kondensation von 1,1,1-Trichlorpropen mit aromatischen Verbindungen[125)362]: 993–98. – Austauschreaktionen stereoisomerer Quecksilber-Derivate des Stilbens[57)442]: **1956**, 162–71. – Über die Kondensation von Ferrocen mit Aldehyden[216]: 253f. – Über die Spaltung der C–C-Bindung in Verbindungen, die die Triphenylmethylgruppe enthalten[232) 386)301]: 309–12. – Gewinnung von Hexaalkoxydititanoxanen $(RO)_3Ti{-}O{-}Ti(OR)_3$ [283) 125]: 373–75. – Spaltung des Ferrocenkerns durch Hydrierung und Einwirkung von Halogeniden[301)138)281)376]: 739–41. – Synthese von Alkenyl-β-chlorvinylketonen[189)80)143]: 1053–58. – Kondensation von β-Chlorvinylketonen mit Benzol und seinen Homologen[347)189]: 1197–201. – Chlorierung von ungesättigten Polychlor-Derivaten in saurem Medium[125)206]: 1202–07. – Austauschreaktionen von Zirkoniumtetraacetylacetonat[125)63]: **1957**, 43–47. – Darstellung von DL-Prolin und DL-Ornithin aus 1,1,1,5-Tetrachlorpentan[125)305]: 451–58. – Über die Reaktionsfähigkeit von Mono-

und Bis-(p-nitrophenyl)-ferrocen und Diacetylferrocen[301)138)376)467)]: 638–40. – Synthese von gemischten arsenorganischen Verbindungen vom Typ ArAr′AsX und ArAr′Ar″As über Diazonium-Doppelsalze[332)66)35)]: 929–41. – Anlagerung von Quecksilber-Salzen an Vinyläther und Vinylester in alkoholischer Lösung [250)79)]: 942–48. – Zyklische Acetale von β-Ketoaldehyden und ihre Anwendung in der Synthese von Alkylnaphthalinen[189)279)]: 949–55. – Synthese von Arylpyrazolen[189)466)266)]: 1181–85. – Über magnesiumorganische Verbindungen des Selenophens[355)102)]: 1389–91. – Synthese und Eigenschaften von Trichlormethyl- und γ,γ-Dichlorallylquecksilber-Verbindungen[125)434)]: **1958**, 40–46. – Synthese von α-Halogencarbonsäuren, die in ω-Stellung reaktionsfähige Gruppen enthalten[206)433)125)]: 152–56. – Umsetzung von Ferrocen mit Olefinen[190)]: 242. – ω,ω′-Iminodicarbonsäuren und einige ihrer Derivate[432)125)]: 836–40. – Amine, die eine CCl_3-Gruppe enthalten, und ihre Basizität[448)125)]: 841–45. – Eine Reaktion in der Reihe der Zirkonium-Chelatverbindungen, die umgekehrt wie die Disproportionierung verläuft[63)125)]: 937–40. – Homolytische Isomerisierung von 1,1,1-Trichlor-2-brompropen[125)206)]: 1199–204. – Bromierung von 1,1,1-Trichlorpropen[125)206)]: 1205–07. – Synthese von quecksilberorganischen Verbindungen aus Hydrazonen, 1: Umsetzung von Aldehyd- und Ketonhydrazonen der aliphatischen Reihe mit Quecksilberacetat[332)247)81)]: 1315–26; ∼ 2: Umsetzung von Aldehyd- und Ketonhydrazonen der alizyklischen und aromatischen Reihe mit Quecksilberacetat[332)247)81)]: **1959**, 50–61. – Über die Stereochemie der Reaktion symmetrischer quecksilberorganischer Verbindungen mit Quecksilberhalogeniden[332)421)248)]: **1958**, 1327–30. – Synthese metallorganischer Verbindungen des fünfwertigen Antimons durch Arylierung von antimonorganischen Verbindungen des Typs $ArSbX_2$ und Ar_2SbX mit Diazo-Verbindungen [332)326)90)]: 1435–44. – Vinyl-Verbindungen von Schwermetallen[57)353)140)]: 1490f. – Heterozyklische bororganische Verbindungen[355)102)]: **1959**, 163–66. – Austauschreaktionen von Isopropenyl-Verbindungen des Quecksilbers, Thalliums und Zinns[57)285)]: 259–62. – Synthese von zinnorganischen Verbindungen aus quecksilberorganischen Verbindungen und Salzen des zweiwertigen Zinns in inerten Lösungsmitteln[57)285)289)]: 263–66. – Über die Möglichkeit der Synthese von zinnorganischen Verbindungen durch Reduktion von thalliumorganischen Verbindungen mit Salzen des zweiwertigen Zinns[57)285)]: 644–46. – o,o′-Diphenylenphenyloxonium-Salze[413)]: 647–51. – Synthese aromatischer Verbindungen vom Typ $ArCH_2CH{=}CCl_2$ und $Ar(CH_2CH{=}CCl_{22})$ [125)362)]: 652–56. – Umsetzung von 1,1,1-Trichlorpropen mit Sulfenylchloriden und Schwefeldichlorid[125)305)410)]: 657–62. – Synthese von DL-α-Aminocarbonsäuren aus Verbindungen, die eine $Cl_2C{=}CH$-Gruppe enthalten[125)206)433)]: 826–30. – Derivate von Ferrocen-1-carboxy-1′-sulfonsäure[332)]: 926–29. – Heterolytische und homolytische Umlagerungen bei chemischen Umwandlungen von 1,1,1-Trichlor-2-methylpropen[125)37)]: 1028–33. – Anlagerung von Triäthylaluminium an Tolan[57)353)]: 1034–36. – Beibehaltung der Konfiguration des Radikals beim Austausch von Metall in metallorganischen Propenyl-Verbindungen[57)285)]: 1216–24. – Über die zeitliche Änderung des Assoziationsgrades von Alkoxyl-Derivaten des Titans in Benzollösung[283)103)]: 1496–98. – Darstellung von α,α,ω-Trichloralkenen aus α,α,α,ω-Tetrachloralkanen[362)]: 2119–21. – Synthese von α-Chlorcarbonsäuren durch Anlagerung von Chlor an Verbindungen mit einer $CCl_2{=}CH$-Gruppe in Ameisensäure[206)373)125)]: 2122–24. – Bildung von magnesiumorganischen Verbindungen bei der Zersetzung von Aryldiazoniumborfluoriden mit Magnesium [256)]: 2241–44. – Austauschreaktionen von Eisenchelaten[125)63)]: **1960**, 59–62. – Eine neue Methode zur Darstellung von Zirkoniumalkoholaten[63)125)]: 63–67. – Geometrische Isomere von Propenyl-Verbindungen des drei- und fünfwertigen Antimons[57)285)]: 147. – Reaktion freier Radikale mit unsymmetrischen quecksilberorganischen Verbindungen [57)208)140)]: 148. – Synthese von 15-Hydroxypentadecan- und 16-Hydroxyhexadecansäure [448)205)125)]: 211–16. – Darstellung und Eigenschaften von α-merkuriertem Phenylacetaldehyd[250)79)]: 217–20. – Darstellung einiger Fluorchlor-Derivate aus 1,1,1,3-Tetrachlorpropan [206)448)125)]: 447–51. – Synthese einiger Ferrocenylcarbinoläther[301)425)374)]: 554f. – Anlagerung von Bromwasserstoff an 1,1-Dichlorpropen-(2) in Gegenwart von Dibenzoylperoxid[125)81)]: 658–61. – Thermische Telomerisation von Olefinen mit Silanen[125)86)168)]: 662–68. – Vinyl-Verbindungen des drei- und fünfwertigen Antimons[57)285)]: 952. – Chemische Umwandlungen der Dialkoxytitanoxide[283)43)223)]: 1206–14. – Darstellung aromatischer Selen-Verbindungen über Aryldiazoniumborfluoride[437)256)]: 1710f. – Synthese von Dicarbonsäuren des Typs $HOOC(CH_2)_mC_6H_4(CH_2)_nCOOH$ [125)362)]: 1969–73. – Reaktion von Ferrocen-Derivaten mit Aryldiazonium-Salzen[301)376)281)330)]: **1961**, 77–82. – Einige Reaktionen des Methyl-β,β-dichlorvinylketons[332)149)]: 240–64. – Einige Arencarbonyle des Chroms[442)]: 367f. – Synthese von Dialkoxy- und Aryloxytitanoxiden durch Umätherung von Di-n-propoxytitanoxid[283)103)]: 437–41. – Darstellung von Tetraacyloxy-Derivaten des Zirkoniums[63)125)]: 608–12. – Propenyl-Stereoisomere des drei- und fünfwertigen Antimons [57)285)]: 612–17. – Eine Reihe, in der Reste nach der Geschwindigkeit ihrer Abspaltung vom Quecksilberatom mit Chlorwasserstoffsäure aufgeführt sind[57)353)218)]: 726f. – Verbindungen des Typs $(RCH{=}CR')_3Sb(C_2H_5)_2$ [57)285)]: 730. – Mono-π-cyclopentadienyl-Derivate des Titans[283)43)]: 804–07. – Anlagerungsprodukte von Quecksilber-Salzen an zweifach substituierte Acetylene[57)353)289)]: 1249–52. – Synthese von β-Aroylacrylsäuren und ihren Amiden[347)346)]: 1292–96. – Anlagerung von Thiophenol an β-Cyanvinylketone[346)347)]: 1451–53. – Isopropenyl- und Vinyl-Verbindungen des drei- und fünfwertigen Antimons [57)285)]: 1578–82. – Reaktion freier Radikale mit asymmetrischen quecksilberorganischen Verbindungen[57)140)208)]: 1582–89. – Darstellung von Äthylcyclopentadienyltricarbonylmangan[14)429)]: 1780–83. – Umsetzung von magnesiumorganischen Verbindungen mit (Ferrocenylmethyl)-trialkylammonium-Salzen [301)374)]: 1982–85. – Synthese von α-Chlor-ω-sulfocarbonsäuren[125)198)]: 1985–89. – Synthese von 3,3,3-Trichlorpropen-(1) [125)]: 2102. – Acyl- und Alkoxy-Derivate von Dicyclopentadienyltitan und das Refraktionsinkrement der Gruppe $-C_5H_5Ti$ [283)43)133)352)]: 2146–51. – Anlagerung nukleophiler Reagenzien an β-Cyanvinylketone[347)346)]: 2152–59. – Kinetik der Zersetzung symmetrischer quecksilberorganischer Verbindungen[57)353)]: 2241f. – Über den Einfluß der Carboxyl- und Carbomethoxy-Gruppe auf die Substitution von Halogen in Ferrocen-Verbindungen[355)102)]: **1962**, 45–47. – Über den Mechanismus der Bildung von Ferrocen bei elektrophilen und homolytischen Reaktionen von Jodferrocen und Ferrocen-Quecksilber-Derivaten[301)277)]: 47–52. – Synthese aromatischer Germanium-Verbindungen durch Reaktion von Diarylquecksilber mit Germaniumdijodid[106)437)256)]: 53–59. – 1,2-Diferrocenyl-1,2-diphenyläthan und 1,1-Diferrocenyl-1,2-diphenyläthan[216)]: 352–54. – Arylquecksilber-Derivate von Ketoenolen und Phenolen[214)]: 431–38. – Über einige chemische Eigenschaften von Eisenbutadientricarbonyl[14)193)]: 722–24. – Synthese und Umlagerung von β-Azidovinylketonen[347)]: 816–20. – Alkenylarsen-Derivate [57)58)]: 1199–203. – Propenyl-Stereoisomere des Phosphors[57)1)]: 1258–61. – Alkylierung von Bis-[cyclopentadienyl]-titandichlorid, $(C_5H_5)_2TiCl_2$ [283)406)]: 1314. – Einige Angaben über den Charakter der Bindung Titan–Cyclopentadienyl-Ring in $C_5H_5Ti(OC_2H_5)_3$ und $(C_5H_5)_2Ti(OCOCH_3)_2$ [283)103)]: 1481–83. – Quecksilber-Derivate von Cyclopentadienyl- und Methylcyclopentadienyl-mangantricarbonyl[14)429)]: 1683f. – Aminomethylierung von Phenyl-, Tolyl- und Chlorferrocen[301)374)]: 1767–72. – Direkte Cyanierung von Ferrocen-Derivaten[301)162)144)]: 1772–77. – Über die Anwendung der Adsorptionschromatographie bei der Arbeit mit Ferrocen-Derivaten[216)15)]: 1777–83. – Untersuchung des Wasserstoffaustauschs nichtbenzoider (cenischer) aromatischer Systeme, 1: Wasserstoffaustausch zwischen Ferrocen, Mono- oder Diacetylferrocen und Säuren[228)370)179)190)]: 1932–36. – o-Carboxy- und o-Hydroxy-benzoylferrocene und ihre Derivate[190)436)361)366)402)]: 1990–96. – Ferrocenylmethylierung mit Hilfe von N,N-Dimethylaminomethylferrocen und seines Jodmethylats[301)374)411)]: 1997–2001. – Reaktion von Acetylcyclopentadienylmangantricarbonyl mit Grignard-Reagens und dem Iocič-„Komplex" [14)193)252)]: 2072f. – Reaktion von Boronsäuren des Ferrocens mit Kupferphthalimid[355)130)263)]: 2073f. – Reaktion von Ferrocencarbonsäurenitril mit metallorganischen Verbindungen und Darstellung von Di- und Triferrocenylmethyl-Verbindungen[301)162)93)]: 2241–43. – Alkylierung von Bis-[cyclopentadienyl]-titandichlorid mit Acetylchlorid[283)103)]: 2254. – Eine neue Methode zur Synthese von Cyclopentadienyltricarbonylrhenium(I) [14)193)28)]: **1963**, 193f. – Diphenylstibin[57)285)]: 194. – Manganrheniumdecacarbonyl $(CO)_5Mn{-}Re(CO)_5$ [14)193)195)]: 194. – Diferrocenyle und Terferrocenyle[102)355)340)323)282)]: 667–74. – Reaktion freier Radikale mit asymmetrischen quecksilberorganischen Verbindungen[57)140)208)]: 822. – Cyclopentadienyläthoxytitanobis-(8-hydroxychinolinat) [283)]: 831–35. – Synthese von Aryl-β-nitrovinylketonen und Reaktionen dieser Verbindungen mit nukleophilen Reagenzien[347)346)]: 899–906. – Fehler in der vorläufigen Mitteilung über die Alkylierung von Bis-[cyclopentadienyl]-titandichlorid[283)406)103)]: 1699. – Synthese von Cyclopentadienyl- und Methylcyclopentadienyl-mangantricarbonyl[14)193)]: 1880f. – Reaktionsfähigkeit von Verbindungen, die die Ferrocenylmethyl-Gruppe enthalten, 1: Hydrolytische Spaltung von quartären Ammonium-Salzen[301)425)]: 1036–45; ∼2: Reduktion quartärer Ammonium-Salze mit Ferrocenylmethyl-Gruppe nach Emde mit Natriumamalgam[301)425)]: 1045–49; ∼4: Reaktion von Ferrocenylmethyllithium[301)425)]: 1967–72; ∼5: Darstellung von lithiumorganischen Verbindungen mit α-Ferrocenylalkyl-Gruppen[301)425)]: 1972–77; ∼6: Sterische Effekte bei der Alkylierung mit quartären Ammonium-Salzen [301)425)426)]: 1977–85; ∼8: Wittig-Umlagerungen in der Reihe der Ferrocenylcarbinoläther [425)301)]: **1964**, 70–73. – Darstellung von Cyclopentadienyl-Metall-Verbindungen über Cyclopentadienylthallium[260)190)]: **1963**, 1334–36. – Derivate von Manganpentacarbonyl[14)193)]: 1348–50. – Synthese von Ferrocen-Derivaten aus Ferrocencarbonsäurenitrilen[301)162)144)]: 1377–80. – Triallylstibin[57)285)]: 1506f. – Wismutalkenyle[57)289)]: 1507–09. – Die Synthese phosphorhaltiger Derivate des Ferrocens [436)190)294)]: 2051f. – Chlormethylierung von Cyclopentadienylmangantricarbonyl[14)429)]: 2233f. – Kondensation von Ferrocenylamin mit Nitrosobenzol[281)301)]: **1964**, 197–99. – Infrarotspektren von Diphenylhalogenonium- und Triphenyloxonium-Salzen im Bereich 400–750 cm^{-1} [109)154)413)175)]: 613–18. – Phosphorylierung von Cyclopentadienylmangantricarbonyl[14][429]: 763f. – Sulfonierung und Mercurierung von Cyclopentadienylrheniumtricarbonyl[193][14][28]: 1135. – Trialkenyldialkyl- und -diaryl-Derivate des Antimons[57][285]: 1197–202. – Pentaalkenyl-Derivate des Antimons[57][285]: 1202–09. – Homologe desCyclopentadienylmangantricarbonyls[14][193][458]: 1326f. – Derivate des Manganpentacarbonyls[14][193]: 1356. – Elektrophile Substitution in Cyclopentadienyl-Zirkonium-Verbindungen[125][63][268]: 1417–21. – Untersuchung der Reaktionsprodukte der Cyanierung von Methyl- und Äthylferrocen[301][162][165]: 1897–99. – Synthese von heteroannularen Alkylferrocenylcarbinolen[301][331][144]: 1901–03. – Synthese einiger heteroannular substituierter Ferrocencarbonsäuren[301][144]: 1903–05. – Bildung von Ferrocenylcarbinoläthern und ihre adsorptionschromatographische Hydrolyse[216]: 2160–65. – Synthese von Cyclopentadienylmangantricarbonyl aus Manganpentacarbonylchlorid und Cyclopentadienylthallium[14][193]: 2220. – Heterozyklische Derivate von Manganpentacarbonyl[14][193]: 2247. – Protolyse quecksilberhaltiger Ferrocen-Derivate[210][148][301]: **1965**, 580. – Über die Stabilität einiger Ferricinium-Salze[162][260][131]: 731–33. – Isotopenaustausch der Wasserstoffatome des Cyclopentadienylrheniumtricarbonyls [228][370][179][193][14]: 762. – Organometall-Derivate von Äthylen[57][285]: 763. – Untersuchung der Reaktionsprodukte der Cyanierung von Phenylferrocen[301][162]: 907–09. – Redoxpotentiale und Absorptionsspektren im ultravioletten und sichtbaren Bereich von einigen homoannularen disubstituierten Ferrocenen[301][162][148]: 909–11. – Polymetallverbindungen des Zinns mit Metallcarbonylen[193][449]: 1122. – Acetylierung von N-Acylaminoferrocenen[102][355]: 1205–08. – Reaktion von Chloropentacarbonylmangan mit Trichlorgerman[14][193][16]: 1309. – Arylierung von π-$C_5H_5Fe(CO)_2Na$ durch Onium-Salze[71][256]: 1310f. – Reaktion von Aryl-β-nitrovinylketonen mit Anilin[347][346]: 1382–88. – Kondensation von Acetylcyclopentadienylmangantricarbonyl zu 2-Butenon-(4)-yl-2,4-bis-[cyclopentadienylmangantricarbonyl][252][193][14]: 1496f. – Photolyse von 1,1'-Ferrocendicarbonsäure[355][340][460]: 1694f. – Ferrocenylmethylmercaptan und Methyl-(ferrocenylmethyl)-sulfid[301][237][425]: 1696f. – Die Synthese der 1,2-disubstituierten Ferrocene [301][237][425]: 1882–84. – Eigenschaften von α-Ferrocenylcarbonium-Ionen[355][102][336][462]: 2061–63. – Verhalten von m- und p-Ferrocenylhydrazobenzolen unter den Bedingungen der Benzidinumlagerung[301][281][229]: 2120–24. – Wirkung von Salzsäure auf Azoderivate des Ferrocens[301][281][229]: 2124–28. – Synthese einiger substituierter Ferrocenylcarbinole[331][159][301]: 2196–98. – Isotopenaustausch des Wasserstoffs in Alkylferrocenen[228][370][275]: 2218–20. – Phenylgermyl-Derivate von Manganpentacarbonyl[14][193][16]: **1966**, 160–62. – Phenylgermyl- und Phenylstannyl-Derivate von Rheniumcarbonyl[193][14][74]: 163f. – Phenyl-[thienyl-(2)]-bromonium-Salze[413][154]: 166–68. – Übergang der π-Allyl-Gruppe vom Palladium zum Eisen[342][148]: 194. – N-(α-Ferrocenylalkyl)-pyridinium-Salze[301][331]: 335–37. – Basizitätskonstanten von Ferrocenylaminen[340][355]: 357f. – Acetylierung von Ferrocenen durch den Komplex $2CH_3COOH \cdot BF_3$ [148][368]: 384. – Protolyse von Quecksilber-Derivaten des Cyclopentadienylmangantricarbonyls[210][148]: 387. – Das Triferrocenylchlormethanhydrochlorid[301][237][425]: 556–58. – Reaktionen des Triferrocenylchlormethanhydrochlorids[301][237][425]: 558f. – Gaschromatographische Trennung von Ferrocen-Derivaten[162][190][438]: 560–62. – Zur Stabilisierung intermediärer α-Carbonium-Ionen im Cyclopentadienylmangantricarbonyl[14][193][458]: 729f. – Darstellung einer Reihe γ-substituierter Bis-(acetylacetonato)-palladium-Verbindungen[342][148][270]: 739–41. – [Synthese und Eigenschaften von π-Komplexen des Acetylens mit Übergangsmetallen der V. Gruppe, 1:] Cyclopentadienylniobdicarbonyltolan[14][193][297]: 774; ~ 3: Cyclopentadienylniobcarbonylditolan und -tritolan[14][193][297]: **1969**, 100–105. – Elektronischer Einfluß des Ferrocenyl-Restes als Substituent[301][144][455][148]: **1966**, 832–39. – Zyklisierung von o-Carboxybenzylferrocen[436][190]: 938–40. – Isotopenaustausch der Wasserstoffatome von Cyclopentadienylmangantricarbonyl und Cyclopentadienylrheniumtricarbonyl in alkalischem Medium[228][370][179][193][14]: 944. – Bis- und Polymetallverbindungen mit Fe–Sn-Bindung und ihre Derivate[14][193][381]: 1292. – Synthese von Phenylferrocencarbonsäurenitrilen[301][162][142]: 1467–69. – Mössbauer-Untersuchungen von Aren- und Cyclopentadienylareneisen-Komplexen [403][442][136]: 1472–74. – Kinetik der β-Eliminierungsreaktion von cis- und trans-β-Chlorvinylquecksilberchlorid zu Acetylen[57][353]: 1498. – Spaltung der zyklischen Äther von 1,1'-Bis-(α-hydroxyäthyl)- und 1,1'-Bis(α-hydroxybenzyl)-ferrocen durch Li in Tetrahydrofuran [301][425][325][409][88]: 1646–48. – Spaltung des zyklischen Äthers von 1,1'-Bis-(hydroxymethyl)-ferrocen[88][425][301]: 1648–50. – Synthese und Eigenschaften von 1-Brom- und 4-Brom-camphenilon[216]: 1652f. – Reaktion von metallischem Quecksilber mit π-Allylpalladium-Verbindungen[148][342][93]: 1680. – Die Bestimmung der Konfiguration der Stereoisomeren des Phenyl-β-cyanvinylketons[347][346][366][384][295]: 1758–64. – Reaktionen von Trialkyl-[β-acylvinyl]-ammonium-Salzen mit nukleophilen Reagenzien[347]: 1764–72. – Spaltung der Fe–C-Bindung bei der CO-Ligandenaustauschreaktion in $C_5H_5Fe(CO)[P(OC_6H_5)_3] \cdot C_6H_5$ mit Triphenylphosphit[71][425]: 1870f. – Stabiles Eisenhydrid $C_5H_5Fe[P(OC_6H_5)_3]_2H$ [71][425]: 1871. – Metallierung von Alkylferrocenen[301)411)148)]: 1938–43. — Synthese und Eigenschaften der 1,3,3-Trimethylcyclohexanon-2-carbon- und der Kamphenonsäuren[216)]: 2013f. — α-Ferrocenylcarbonium-Salze[355)462)154)]: 2017–19. — Diferrocenoyl und 1,2-Diferrocenyläthylen[301)84)]: 2209–11. — Photochemische Reaktion von Cyclopentadienyltetracarbonylniob[14)193)297)]: 2231–33. — Aminomethylierung des Äthylferrocens[374)301)278)]: 2239f. — Synthese von π-Cyclopentadienyldicarbonyleisentrichlorgerman und Bis-[π-cyclopentadienyldicarbonyleisen]-dichlorgerman[14)193)92)]: 2246. — H-Isotopenaustauschreaktion alkylsubstituierter Cyclopentadienylmangantricarbonyle in saurem Medium[228)370)179)194)458)14)]: **1967**, 30–33. — Synthese di- und trisubstituierter Ferrocene aus Mono- und Bis-(N,N-dimethylaminomethyl)-äthylferrocenen[301)374)]: 167–69. — Mono- und Bis-(N,N-dimethylaminomethyl)-methylferrocene[301)374)315)]: 171–75. — Isomerie von Eisenkomplexen mit Cyclopentadienyl-Liganden[71)]: 223f. — Reaktion von Di-n-butylstannan mit Tri-n-butyläthinylstannan[57)]: 226. — Synthese von bimetallorganischen Verbindungen mit Fe–Si-Bindungen[14)193)381)]: 264. — Hauptprodukte und Charakter des Zerfalls von π-Allylcarbonyleisen-Komplexen[216)224)243)]: 418f. — Diferrocenylmethan-Derivate[301)237)120)]: 464–66. — Isomerenverhältnis bei der Cyanierung von Methyl-, Äthyl- und Phenylferrocen[162)301)]: 578–82. — Umsetzung von Diazomethan mit Triferrocenyl- und Diferrocenyl-(phenyl)-carbonium-Salzen[301)237)425)]: 681f. — Reaktion von Ferricinium-Salzen mit Fettsäureanhydriden[301)162)]: 694–96. — Komproportionierungs- und Umesterungsreaktionen in der Reihe der Monocyclopentadienyltitan-Derivate[283)233)103)]: 808–14. — Reaktionsfähigkeit von Diphenylstibin[57)285)]: 815–18. — Cyanierung von Ruthenicinium-Salzen[249)162)148)301)]: 935–37. — Synthese von [Cyanocyclopentadienyl]-mangantricarbonyl und [Cyanocyclopentadienyl]-rheniumtricarbonyl[193)14)254)]: 953. — Synthese und Struktur von Phenylmercuri-Derivaten von 4-Arylsulfonylaminopyridinen[214)]: 1024–30. — Protodemercurierung heteroannularer Quecksilber-Derivate von Halogenferrocenen[210)148)73)301)]: 1139f. — Bimetall-Derivate des Äthylens[57)430)]: 1141f. — Oxydation von Alkyl-Derivaten des Arencyclopentadienyleisens[442)377)]: 1170f. — Die Reaktionen der Ketone des Cyclopentadienylmangantricarbonyls mit Phosphortrichlorid und -pentachlorid und mit Dialkylphosphiten[193)458)14)]: 1362–64. — Reaktionen von $SnCl_4$ und $C_6H_5SnCl_3$ mit Natrium-Salzen der Carbonyle und Cyclopentadienylcarbonyle von Metallen der Gruppen VI, VII und VIII[14)193)74)]: 1395. — Einfluß sterischer Faktoren auf die Reaktion von Arylquecksilberhydroxiden mit N-Säuren, 1: Phenylquecksilber-Derivate von Nitroanilinen, Amiden und Nitrophenylhydrazonen[214)]: 1487–94; ∼ 2: Phenylquecksilber-Derivate von Sulfamiden, zyklischen Amiden und einigen Heterozyklen[214)]: 1741–47. — Synthese und Struktur der Phenylquecksilber-Derivate von Thioamiden und analogen Verbindungen[214)]: 1747–54. — Die Metallisierung des Methoxy- und des 1,1'-Dimethoxyferrocens[30)144)]: 1867–69. — Die Synthese von Verbindungen, die die Bindung Ge–Co enthalten[14)193)74)]: 1879f. — Die Synthese bimetallorganischer Verbindungen, die die Bindung Ge–Mo und Ge–W enthalten[14)193)449)]: 1880. — Einfluß des organischen Radikals auf die Reaktionsfähigkeit von Komplexen mit Eisen–Kohlenstoff-σ-Bindung[71)]: 2075–77. — IR-Spektren der Phenylgermanium- und Germaniumhalogenid-Derivate des Mangancarbonyls[105)423)193)14)16)]: 2241–46. — Die Synthese bimetallorganischer Verbindungen mit der Bindung Fe–Si[14)193)381)]: 2364. — Die Synthese heteroannularer Quecksilber-Derivate des Acetoxy- und Methoxy-ferrocens[210)]: 2574f. — C-Oxovinylierung, 2: β-Oxovinylierung in der Ferrocen-Reihe[347)202)227)]: 2642–48; ∼ 3: Oxovinylierung des Cyclopentadienid-Anions[347)202)]: 2649–52. — Bestimmung der Basizität von Ferrocenylcarbinol[331)301)]: 2746–48. — [Metallorganische Verbindungen mit Fe-Ge-Bindung, 1:] Bis-(π-cyclopentadienyleisendicarbonyl)-germaniumchlorid und verwandte Verbindungen[14)193)92)]: **1968**, 142–45; [∼ 2:] Umsetzung von $GeCl_2$ mit einem π-Cyclopentadienyleisendicarbonyl-Komplex, der eine Fe–Halogen-Bindung enthält[14)193)92)]: **1969**, 1520–24; ∼ **3**: Die Einwirkung von Grignard-Reagenzien auf π-$C_5H_5(CO)_2FeGeCl_3$[14)193)92)]: **1971**, 2287–90. — Über die Umsetzung des π-Allyleisentricarbonylhalogenids mit Dimethylsulfoxid[216)22)]: **1968**, 192–94. — Reaktion von Aryldiazoniumborfluoriden mit substituierten Jodbenzolen[413)242)]: 194f. — Kinetik der β-Eliminierung des Acetylens aus cis- und trans-β-Chlorvinylquecksilberchlorid unter der Einwirkung von Kaliumjodid[57)353)]: 286–89. — Synthese und Konstitution der Triphenylblei- und Triphenylzinn-Derivate der Nitrosophenole[8)214)244)]: 296–306. — Chlorsubstituierte σ-aromatische Derivate von Mangan- und Rheniumcarbonylen[14)193)153)]: 395f. — Dicarbonyl-(cyclopentadien)-phenylazowolfram[71)427)256)]: 449. — Monocyclopentadienyl-alkoxy-titanhalogenide[283)103)]: 527–34. — α-Mercurierte Sulfone[214)113)306)]: 534–41. — Protodemercurierung heteroannularer Quecksilber-Derivate von Methoxy-, Acetoxy- und Carbomethoxyferrocen[301)148)210)]: 654f. — Metallierung des Cyclopentadienylmangantricarbonyls[14)193)254)]: 686. — Mössbauer-Spektren zinnorganischer Derivate einiger Mercapto- und Hydroxypyridine[136)82)334)214)335)]: 793–801. — Einwirkung von Brom und Chlor auf Cyclopentadienylmangantricarbonyl und Acetylcyclopentadienylmangantricarbonyl[14)193)458)]: 898–901. — Synthese und einige Eigenschaften fluorierter Ketone von Cyclopentadienylmangantricarbonyl[14][193][458]: 901f. – NQR-Untersuchung der Koordinationsbindungskraft der Mangan- und Rheniumatome in Cyclopentadienylmangan- bzw. -rheniumtricarbonylen[363][65][14][193][254][77]: 929. – Metallorganische Derivate einiger Mercapto- und Oxy-N-heterozyklen[214][335]: 1035–45. – Über die Molekulargewichte von Titanalkanolat-Derivaten[283][103]: 1045–48. – Umsetzung von $GeCl_2$ mit π-Cyclopentadienyleisendicarbonyl-Komplexen mit Fe–CH_3-Bindung[14][193][92]: 1419f. – Synthese des Aminocyclopentadienylrheniumdicarbonyls[14][193][254]: 1421f. – Photochemische Reaktionen von Cyclopentadienyleisendicarbonylarylen mit verschiedenen Phosphinen[71][313][256]: 1628f. – Kernquadrupolresonanz und Koordinationsbindungskraft in Kristallen metallorganischer Derivate von 2,6-Dichlorphenol[214][463][113][335][363]: 1703–08. – Aromatische Derivate von Mangan- und Rheniumcarbonylen mit Metall–Kohlenstoff-σ-Bindung[14][193][153]: 1892–914. – Stereoisomeres cis- und trans-β-Chlorvinyldiphenylantimondichlorid[57]: 1922f. – Kernquadrupolresonanz von ^{55}Mn, ^{187}Re, ^{185}Re und ^{35}Cl in Cyclopentadienylmangan- bzw. -rheniumtricarbonylen[363][65][24][14][193][254]: 1953–58. – Synthese von Heterozyklen, die als Substituenten die Cyclopentadienylmangantricarbonyl-Gruppe enthalten[458][193][14]: 2127f. – Synthese von Ferrocenylborsäure und 1,1′-Ferrocenylendiborsäure[355][354]: 2371f. – N-Ferrocenylisoindoline und einige ihrer Eigenschaften[320][355][99]: 2372–74. – Reaktion von Ferricinium-tetrafluoborat mit Ammoniumthiocyanat und von Ferrocen mit Dirhodan[301][162]: 2406f. – Besonderheiten von Aminen der Arencyclopentadienyleisen-Reihe[442][54][154]: 2416. – Infrarot- und NMR-Spektren von σ-aromatischen Derivaten von Mangan- und Rheniumcarbonylen[244][14][193][153]: 2447–53. – Metallierung von Benzolchromtricarbonyl[193][14][254]: 2665. – Photochemische Substitution von Triphenylphosphin in Vanadin- und Niob-Komplexen durch Tolan und Kohlenmonoxid[14][193][297]: 2814f. – Cyclopentadienyltantalcarbonylditolan[297][14][193]: **1969**, 183–85. – (Jodcyclopentadienyl)-rheniumtricarbonyl und Bis-(cyclopentadienylrheniumtricarbonyl)[193][14][254]: 357–59. – Einige Eigenschaften gemischter bimetallorganischer Verbindungen, die Bindungen zwischen Molybdän oder Wolfram und einem Element der IVb-Gruppe enthalten[193][449][244][14]: 529–35. – Dissoziationskonstanten 2-substituierter Ferrocencarbonsäuren[30][144][425][148][301]: 721–23. – Einwirkung nukleophiler Agenzien auf Benzolcyclopentadienyleisentetrafluoborat[442][374]: 726. – IR-Spektren von π-Cyclopentadienyleisendicarbonyl-Derivaten mit einer Fe–Ge-Bindung[14][244][193][92]: 758–63. – Einfluß von sterischen und elektronischen Faktoren auf Zerfall und Umlagerung von β-Azidvinylketonen[347][176]: 866–70. – Synthese von RAr_2SbCl_2 und $Ar'Ar_3SbCl_2$ durch Austausch von Ar_2SbCl_3 gegen HgR_2 oder $HgAr_2$[57]: 939f. – Synthese von antimonorganischen Verbindungen aus vollsubstituierten Hg-Verbindungen und $SbCl_5$[57]: 974f. – Darstellung von Nickelocen über Cyclopentadienylthallium[260][190][251]: 975. – Umsetzung des Ferrocens mit Carbonyl-Verbindungen[162][280]: 1096–100. – Ligandenaustauschreaktion in σ-β-Ketovinyl-π-cyclopentadienyleisendicarbonylen[347][346][164][425][239]: 1100–03. – Reduktion von p-Dimethylaminodiphenylferrocenyl- und p-Dimethylaminotriphenylmethyl-Kationen[462][355]: 1171–74. – Über Komplexe von β-Chlorvinylketonen mit Eisencarbonylen[346][347][147][239][425]: 1242–48. – Synthese von Cyclopentadienyl- und Alkylcyclopentadienyl-Derivaten des Siliciums, Zirkoniums und Hafniums[260][63][190]: 1323–26. – Reaktion von Ferrocen-borsäuren mit o-Phenylendiamin[355][354][196]: 1352f. – Reaktion von π-$C_5H_5Fe(CO)_2$Hal mit metallischem Quecksilber[256][437]: 1398. – Über den induktiven Einfluß der $(CO)_3MnC_5H_4$-Gruppe[148][458][387]: 1405. – Synthese disubstituierter Derivate des Aren-cyclopentadienyleisens[377][442]: 1524–29. – Dissoziationskonstanten para-substituierter Säuren der Aren-cyclopentadienyleisen-Reihe[377][442]: 1605f. – Einwirkung von Brom auf Cyclopentadienylrheniumtricarbonyl[193][254][14]: 1826f. – 1-(1′-Bromferrocenyl)-silber[354][355][265]: 1827–29. – Ferriciniumchloraurat und seine Derivate[144][30][204][301]: 1829–31. – Kernquadrupolresonanz von ^{35}Cl, ^{79}Br, ^{81}Br und ^{127}J in halogenidhaltigen quecksilberorganischen Verbindungen[286][65][64][214][113][137][363]: 1928–36. – Kernquadrupolresonanz von ^{59}Co in einigen bimetallorganischen Carbonyl-Komplexen, die die Bindungen Ge–Co und Sn–Co enthalten[363][65][14][193][74]: 1936–39. – IR-Spektren von Ferrocenylcarbinolen[331][301]: 1939–44. – Spektroskopische vergleichende Untersuchung der Eigenschaften der Cyclopentadienyltricarbonyle des Mangans und des Rheniums[244][193][254][14]: 1945–50. – Einführung von $SnCl_2$ in zweikernige Carbonyl-Komplexe von Mo, W, Mn und Re[14][193][74]: 1950–54. – Die Geschwindigkeiten der Acidolyse von cis- und trans-β-Chlorvinylquecksilberchlorid mit Chlorwasserstoff in wäßrigem Dioxan[57][353]: 1954–57. – Übertragung der Elektroneneffekte der Substituenten in Mangancarbonyl-Derivaten vom Typ $XMn(CO)_5$[153][16][244][193][14]: 1957–65. – Nukleophile Reaktionen von Carbonsäureestern, Trialkylphosphaten und einigen quecksilberorganischen Verbindungen mit Onium-Salzen[256][437]: 1966–69. – Darstellung und Dissoziationskonstanten von 1,2- und 1,3-Äthyl-(carboxy)-cyclopentadienylmangantricarbonyl[144][30][425][301]: 1969–73. – Addition von Diaryl- und Dialkylarsin an monosubstituiertes Acetylen[57][225]: 1973–76. – cis-trans-trans-Tri-(β-chlorvinyl)-dichlorstibin[57][114][19]

[401]: 1977f. — Synthese antimonorganischer Verbindungen durch Austauschreaktionen zwischen quecksilberorganischen Verbindungen und Antimonhalogeniden[57,285]: 1978–82. — Synthese von σ-(β-Acylvinyl)-pyridinato-cobaloxim-Komplexen[347,317]: 1982–86. — Ketovinylierung von Barenyl-Anionen[347,202,171]: 1986–91. — Borsäuren und Halogen-Derivate von Cyclopentadienylmangan- bzw. -rheniumtricarbonyl[193,254,14]: 1992–96. — Bimetallische Derivate der Äthylen-Reihe[57,285]: 2028f. — Ferrocenylgoldtriphenylphosphin[301,235,204,144]: 2030f. — Triphenylphosphingoldcyclopentadienylmangantricarbonyl[144,30,204,301]: 2032f. — Reaktionen von Komplexen des Typs $R_3M{-}Fe(CO)_2C_5H_5$-π mit Butadien[193,14,381]: 2859. — PMR-Spektren von „Onium"-Verbindungen: Diphenylchloronium-, Diphenylbromonium-, Diphenyljodonium-, Triphenyloxonium- und Triphenylsulfonium-Kationen[369,425,413,242]: **1970**, 154–56. — Einwirkung von Lithiumaluminiumhydrid auf Butadienyleisentricarbonylketone[14,252]: 715–17. — Cyclopentadienyldicarbonyl-(π-cyclopentadien)-niob[14,193,297]: 727. — Synthese von cis-β-Chlorvinyl-Verbindungen des Quecksilbers[57,285]: 857–60. — Borfluoride von π-Cyclopentadienyldicarbonylnitrosyl-Mn- bzw. -Re-Kationen und einige ihrer Umsetzungen[14,193,213]: 860–65. — Synthese von Ketovinyl-Derivaten des Quecksilbers[347,317]: 946–48. — Acetylierung des 2,3-Dimethylbutadieneisentricarbonyls[14,252]: 959. — Photochemische Umsetzungen von σ-Benzyl-π-cyclopentadienyleisendicarbonyl[72,22,216]: 1187f. — Austausch des Aren-Liganden an Naphthalincyclopentadienyleisenborfluorid[442,374]: 1206. — Di-n-butyldiäthinylzinn[57,408]: 1445. — Derivate des α-Pyridylferrocens[355,116]: 2133–35. — Die Stabilität der Ferrocenylcarbonium-Ionen[170,331,175,301]: 2804–06. — Homologe des Nickelocens und der Cobalticinium-Salze[236,190,68,264]: **1971**, 106–10. — Synthese zweikerniger Komplexe der Übergangsmetalle, 2: Umsetzung von σ-β-Ketovinyl-Derivaten des π-Cyclopentadienylwolframtricarbonyls mit Eisennonacarbonyl[346,347,164]: 348–52; ~ 4: Synthese eines σ,π-Zweikern-Komplexes auf der Basis von σ-Styryl- und σ-Cinnamoyl-π-cyclopentadienyleisendicarbonyl[346,347,164,308]: 2733–38. — Austauschreaktion der Metallcarbonyl-Gruppen in $R_3EM(CO)_nL$-Komplexen (E = Si, Ge, Sn, Pb; M = Mo, W, Mn, Re, Co, Fe; L = π-Cyclopentadienyl-, CO)[14,193,74]: 462. — Synthese des π-Cyclopentadienyleisendicarbonyl-σ-ferrocenyls[256,437]: 892. — Komplexe der 3,6-Diarylpyridazine mit Eisencarbonylen[346,347,18,147,308]: 1574–76. — Ketovinylierung des Rheniumpentacarbonyl-Anions[164,346,308,347]: 1576–78. — Reaktionen von Decacarbonyldirhenium und Brompentacarbonylrhenium mit Kaliumhydroxid[14,193,153]: 1838. — Einführung von Quecksilber in die Fe–Halogen-Bindung von $C_5H_5Fe(CO)_2Hal$ und in die Fe–Fe-Bindung von $[C_2H_5Fe(CO)_2]_2$[256,437]: 1984–87. — Zerfall des Phenyl-β-azidovinylketons in Gegenwart von Eisennonacarbonyl[347,307,308]: 1988–91. — Addition von Antimonpentachlorid an Acetylen[57]: 2103. — Allylierung von Übergangsmetallen mit Allylquecksilberhalogeniden[342,148,155,445]: 2359. — Synthese von Aroxy-Derivaten des Cyclopentadienyl- und Bis-(cyclopentadienyl)-titans und von Fluoroacylaten des Mono- und Bis-(cyclopentadienyl)-titans[283,233,103,244]: 2482–88. — Reaktion von Ferrocenborsäuren mit Kupfertetraphenylborat[355,48,357]: 2583f. — Untersuchung der Übertragung der Elektroneneffekte der Liganden in Mono- und Biscyclopentadienyltitan-Derivaten in verschiedenen Lösungsmitteln[283,103,230,308,233]: 2729–33. — π-Komplexe des α,β-Dibenzoyläthylens mit Eisencarbonylen[346,347,147,308]: 2739–43. — Einführung von Quecksilber in die M–Halogen-Bindung von $C_5H_5M(CO)_3Hal$ und in die M–M-Bindung von $[C_5H_5M(CO)_3]_2$ (M = Mo, W)[256,437]: **1972**, 122–24. — Reaktionen des σ-Benzyl-π-cyclopentadienyleisendicarbonyls[88,151,301]: 570f. — Der Einfluß der Natur eines Phosphor-Liganden auf den Charakter der Umsetzung zwischen Zentralatom und den Liganden seiner Umgebung in σ-Arylcyclopentadienyleisencarbonyl-Komplexen[256,313]: 607–09. — Triphenylphosphin-Komplexe des Benzyl- und Vinylgolds[301,217,204,144,391]: 653f. — Ferrocenylcyclopentadienylmangantricarbonyl[355,357,181]: 735f. — Die Verwendung von Aryldiazoniumtetrafluoboraten zur Synthese aromatischer Tellur-Verbindungen[256,437]: 983. — Umsetzung von π-Allylpalladium-Verbindungen mit Ge(II)- und Sn(II)-Halogeniden[148,342,445]: 1368–72. — Umsetzung einiger metallorganischer Monohydride mit Äthinylferrocen[57,285]: 1372–75. — Reaktionen des GeJ_2 mit $[\pi\text{-}C_5H_5M(CO)_n]_2Hg$[256,437]: 1449. — Synthese und Eigenschaften des π-Cyclopentadienyleisendicarbonyl-σ-ferrocenyls[256,437]: 1600–04. — Neue Methode der Synthese von σ-β-Ketovinyl-Derivaten des Cyclopentadienyleisendicarbonyls[347,307,317]: 1646f. — NQR-Spektren einiger Cyclopentadienyltitanchloride[65,9,283,103]: 1671. — Substitutionsreaktionen in Ruthenocen[249,148]: 1823–27. — Synthese einiger substituierter Vinylferrocene[301,235,7,144]: 1869–71. — Triphenylphosphingold-aceton[144,391,301]: 2375. — Darstellung von fluorphenylsubstituierten π-Allylpalladium-Verbindungen[342,445,148]: 2538–41. — Symmetrisierungsreaktion von $\pi\text{-}C_5H_5M(CO)_n \cdot HgJ$ (M = Fe, Mo, W)[256,437]: 2605. — Reaktionen von $\pi\text{-}C_5H_5M(CO)_nHgHal$ und $[\pi\text{-}C_5H_5M(CO)_n]_2Hg$ (M = Fe, Mo, W) mit Halogenen[256,437]: 2796f. — Reaktionen von $\pi\text{-}C_5H_5M(CO)_nHgJ$, $[\pi\text{-}C_5H_5M(CO)_n]_2Hg$ und $\pi\text{-}C_5H_5W(CO)_3HgCl$ mit HCl[256,437]: 2798f. — Reaktionen der σ-Phenylcarbonyl-Derivate des Molybdäns und des Wolframs mit Triphenylphosphin und Triphenylphosphit[427,51]

[256]: **1973**, 62–67. – Umsetzung der Salze des Triferrocenylmethyl-Kations mit nukleophilen Reagenzien[301,237]: 142–45. – Darstellung von Bis-aren-chrom-Komplexen aus 1,4-Diphenylbutan[162,452,273,428]: 165–67. – Bromierung des Pentamethylcyclopentadienyltitantribromids[283,101,244]: 406–10. – Einwirkung von Halogenen auf goldorganische Derivate der Ferrocen-Reihe[144,235,4,301]: 887–90. – Die Temperaturabhängigkeit der Ferrocen-Alkylierungsreaktion in Gegenwart von Reduktionsmitteln[190,428,220]: 945f. – Synthese von 4,4-Diphenyl-7-oxodibenzodihydro-1,4-diazepinium-Salzen[413,145,173]: 1096–101. – ^{13}C-NMR-Spektren von Alkylferrocenen[308,115,114,392,190]: 1362f. – S,N-Umlagerung in Anhydro-S-phenylphenothiaziniumhydroxid[413,145,177]: 1678f. – Chemische Umwandlungen von β-Chlorvinylquecksilberchloriden [323,110,57,286]: 1814–16. – Untersuchung von Pentaalkylantimon-Verbindungen[57,285,114,308]: 1833–35. – Über die β-Chlorvinyl-Derivate des Silbers [323,57]: 1922. – Ketovinyl-Komplexe des Eisens und des Rheniums[347,164,317,307]: 2087–89. – Aren-Derivate des Molybdäns und des Wolframs, 1: Anisoltricarbonyl-Komplexe des Molybdäns und des Wolframs[346,164,217,347]: 2090f. – Neue Methode zur Darstellung von o,o′-Diphenylenbromonium-Salzen[242,413]: 2164f. – Reaktionen des Tetrakis-(tri-fluormethyl)-allens mit Natrium-Derivaten von Eisen- und Rheniumcarbonylen[193,459,14,458,27]: 2168. – Acetylacetonat-Derivate des Rheniumcarbonyls[153,193,14]: 2388–90. – Nitrierung des Bis-2,2′-diphenylenammonium-Kations[413,425,272,395]: 2632–35. – Triphenylphosphin-Komplex von Cyclopentadienyl-(mangandicarbonyltriphenylphosphin)-gold[301,30,144]: 2641f. – Oxydation von 1,1′-Diäthylcobalticiniumhexafluorophosphat [236,190,344,69]: 2791–93. – Synthese von σ-Ferrocenyl- und σ-Ferrocenoyl-Derivaten von Cyclopentadienyleisen- und -wolframcarbonylen[256,437]: 2796–98. – Synthese und Untersuchung einiger Eigenschaften von Triphenylsilicium-, -germanium-, -zinn- und -blei-Derivaten der π-Cyclopentadienyltricarbonyle des Mangans und des Rheniums[14,193,254]: 2815–17. – Infrarotspektren einiger Mono- und Bis-cyclopentadienyltitanacylate[244,103,283]: **1974**, 90–93. – Reaktionen des Bis-(durochinon)-nickels mit nukleophilen Reagenzien und Reduktionsmitteln[154,299,383]: 158–64. – Austausch von Quecksilber gegen Gold in quecksilberorganischen Verbindungen[301,4,144]: 484. – Tris-(triphenylphosphingold)-oxonium-Salze[144,97,235,301]: 740f. – Reaktionen von π-Cyclopentadienylniobtetracarbonyl mit Acetylenen, die Silicium, Germanium und Zinn enthalten[193,16,14,76]: 859–63. – Präparative Synthese von Arenmolybdäntricarbonyl-Komplexen[217,164,347]: 863–66. – Goldorganische Komplexe von Cyclopentadienylmangancarbonyl-Verbindungen[301,30,144]: 866–69. – Substitution der CO-Gruppe in $(CO)_3MnC_5H_4Ni \cdot (PPh_3)C_5H_5$-$\pi$ durch andere Liganden[301,237,78]: 938f. – Goldorganische Komplexe[301,144,235]: 1124–37. – Direkte Aurierung von Ketonen[144,97,235,301]: 1206. – Tris-(triphenylphosphingold)-oxonium-Salze[301,235,97,144]: 1661–63. – β-Chlorvinylgermanium- und -zinn-Verbindungen[57]: 1667f. – Umsetzung organischer Verbindungen des fünfwertigen Antimons mit Polyhalogeniden[57,180]: 1672. – Dimeres des Benzolcyclopentadienyleisens [442,303]: 2159f. – (1-p-Brombenzyl) (2-brom-5-methylencyclohexen-2-enyl-4,5,6)-h^4-4,5,6,7-eisentricarbonyl – ein neuer Trimethylenmethan-Komplex[460,239,216]: 2388. – π-Cyclopentadienyl-(σ-ferrocenoylmethyl)-eisendicarbonyl[301,237,111,146]: 2645–47. – Reaktion von Cyclopentadienylmangantricarbonyl mit Phosphortrichlorid in Gegenwart von Aluminiumchlorid[14,429]: 2790–93. – Synthese von Oxo-Derivaten des Dibenzolchroms[162,240,452]: 2865–67. – Synthese aurierten Acetaldehyds[301,97,144]: 2872. – Reaktion des Komplexes Cyclopentadienylmangandicarbonyl-C_4H_8O mit Phenylacetylen[16,193,14]: 2873f. – – Alle Arbeiten russ.

Izvest. Akad. Nauk SSSR, Otdel. techn. Nauk Eröffnungsansprache auf der Jahresversammlung der Akademie der Wissenschaften der UdSSR am 1. Februar 1952: **1952**, 329–33 [russ.]. – Dem Helden der Sozialistischen Arbeit, dem Akademiemitglied Ivan Pavlovič Bardin zum 75. Geburtstag[416,47]: **1958**, Nr. 11, I f. [~]. – Dem Akademiemitglied Aleksandr Mitrofanovič Terpigorev zum 85. Geburtstag [416,47]: V [~]. – Dem zweifachen Helden der Sozialistischen Arbeit, dem Akademiemitglied Andrej Nikolaevič Tupolev zum 70. Geburtstag[416,47]: S. 3. [~].

Izvest. Akad. Nauk SSSR, Ser. biol. Über die Arbeit und die Aufgaben der Abteilung für biologische Wissenschaften der Akademie der Wissenschaften der UdSSR im Lichte der Beschlüsse des Dezember-Plenums des Zentralkomitees der KPdSU[416,107]: **1959**, 316–19 [russ.].

J. organometallic Chem. [Amsterdam] Arylation of sodium salts of cyclopentadienyliron-dicarbonyl hydride by onium compounds[71,313,256]: **7** ('67) 329–37. – Cyclopentadienyl complexes of iron with triphenyl phosphite ligands[71,425]: **9** ('67) 345–53. – Synthesis of π-(β-chlorovinylketone)tetracarbonyliron complexes[2,346,347,425]: **10** ('67) 121–26. – Protodemercuration of some mercury derivatives of ferrocene and cyclopentadienylmanganese tricarbonyl[301,148,210]: **11** ('68) 577–86. – Reactions of metallic mercury with π-allyl compounds of nickel, palladium, and platinum[342,234,148]: **12** ('68) 187–98. – Some views on the structure and chemistry of iron π-allyl complexes[216]: **14** ('68) 387–94. – Proton magnetic resonance spectra and structure of iron π-allyl complexes[425)216)356)]: 395–403. – On the stereochemistry of exchange at olefinic carbon[57)285)114)]: **15** ('68) 279–85. – The reaction of π-allyl compounds of nickel, palladium and platinum with iron nonacarbonyl[148)342)]: **16** ('69) 163–75. – Effect of ligand structural changes on the reversible reduction of areneironcyclopentadienyl cations[93)148)442)377)54)]: **20** ('69) 169–76. – Nuclear magnetic resonance spectra of arenecyclopentadienyliron compounds[239)425)377)54)154)442)]: **22** ('70) 689–96. – Effect of the reaction conditions on the interaction of $C_5H_6Fe(CO)_2Ar$ with phosphines and phosphites[256)313)]: 707–12. – Synthesis of a stable σ-phenylmolybdenum derivative[256)427)]: **23** ('70) 517–23. – Reaction of (bromomethyl)-naphthalenes with iron nonacarbonyl. A novel route to the trimethylenemethane complexes[216)460)239)425)]: **30** ('71) 103–14. – [Synthesis of binuclear complexes of transition metals, 3:] σ,π-Binuclear complexes of transition metals coordinated in the monoolefin[347)346)164)308)]: **31** ('71) 257–67. – NMR study of some cyclopentadienylironcarbonyl derivatives[239)313)425)256)]: **37** ('72) 159–65. – A ^{19}F NMR study of electronic effects in organomercury, -tin and -lead derivatives of some fluorophenols and fluorothiophenols[214)230)335)293)137)144)]: **38** ('72) 307–18. – Electronic effects in metallocenes[190)236)114)308)]: **39** ('72) 173–77. – Synthesis of benzoyl derivatives of Mo and W cyclopentadienyl tricarbonyls[256)427)51)]: **46** ('72) 105–08. – Binuclear complexes of transition metals with a common unsaturated ligand[347)346)164)]: **47** ('73) 1–32. – A comparative ^{19}F NMR study of electronic effects in some fluoroaryl compounds of antimony and bismuth and in their carbon and nitrogen analogues[214)230)314)114)]: 367–74.

Kommunist [Moskva] Die Aufgabe der Naturwissenschaft und der technischen Wissenschaften im 5. Fünfjahrplan[416)]: **1953**, Nr. 9, 46–62 [russ.]. – Erfolge und Aufgaben der Naturwissenschaften und der technischen Wissenschaften: **1954**, Nr. 6, 60–77 [~]. – Wissenschaft und Produktion: **1956**, Nr. 2, 33–48 [~]. – Wissenschaft und Aufbau des Kommunismus: **1959**, Nr. 1, 53–69 [~].

Kul'tura i Žizn' Ein neuer wertvoller Beitrag zur fortschrittlichen Wissenschaft: **1949**, Nr. 10 [russ.]. – Hochmolekulare Verbindungen: **1958**, Nr. 8, 23–28 [~]. – Die Aufgaben der sowjetischen Wissenschaft im Lichte des Siebenjahrplans der Entwicklung der Volkswirtschaft der UdSSR: **1959**, Nr. 2, 16–20 [~]. – Neue Erfolge der sowjetischen Wissenschaft und Technik: Nr. 6, 26–28 [~]. – Beginn einer neuen Ära: **1961**, Nr. 6, 10f. [~].

Magyar kém. Folyóirat Die Einführung der Trichlormethyl-Gruppe in den aromatischen Kern durch Decarboxylierung der Trichloressigsäure in Gegenwart aromatischer Kohlenwasserstoffe[298)424)]: **56** ('50) 210–12. – Doppelte Reaktionsfähigkeit und Tautomerie[163)], 1: **62** ('56) 177–84; ~ 2: 212–16; ~ 3: 252–55; ~ 4: 281–87. – – Alle Arbeiten ungar.

Molodoj Bol'ševik Neue Erfolge der sowjetischen Wissenschaft und Technik: **1950**, Nr. 13, 22–32 [russ.].

Molodoj Kommunist Wissen – das heißt siegen: **1958**, Nr. 4, 43–47 [russ.] (m. Bildn.).

Nauka i Techn. [Moskva-Leningrad] Wir können nicht auf wohltätige Gaben der Natur warten: **1961**, Nr. 3, 3–5 [russ.].

Nauka i Žizn' Stalinpreisträger – die Neuerer in Wissenschaft und Technik: **1950**, Nr. 4, 21–25 [russ.]. – Die Wissenschaft und der Kampf für den Frieden: **1954**, Nr. 2, 1f. [~]. – Auf der Nahtstelle der Wissenschaften: **1958**, Nr. 3, 1f. [~]. – Ein Triumph des menschlichen Genies: Ein erfüllter Traum [Zur sowjetischen Mondrakete]: **1959**, Nr. 11, zwischen S. 3 und 7 [~].

Neftechimija Antiklopfwirksamkeit einiger organischer Mangan-Verbindungen[451)14)238)193)318)252)]: **5** ('65) 892–96 [russ.].

Novoe Vremja Die Bewegung der Millionen [Die Weltfriedensbewegung]: **1952**, Nr. 45, 8–10 [russ.]. – Die Rolle und die Aufgaben der Wissenschaft. Interview: **1958**, Nr. 48, 5f. [russ.; deutsch, engl. bzw. französ. in den fremdsprachlichen Ausgaben „Neue Zeit", „New Times" bzw. „Temps nouveaux"]. – Wissenschaft und Wohlstand. Interview: **1959**, Nr. 42, S. 22 [~].

Ogonek Die zweite Universität: **1949**, Nr. 43, S. 19 [russ.]. – Zwerge besiegen nicht Riesen: **1950**, Nr. 28, S. 4 [~] (m. Bildn.). – Ein neues Jahr sowjetischer Wissenschaft: **1954**, Nr. 1, S. 12 [~]. – Die Wissenschaft im Dienste des sechsten Fünfjahrplans: **1956**, Nr. 7, 4f. [~] (m. Bildn.).

Optika i Spektroskopija Elektronenabsorptionsspektren des Ferrocens und seiner Derivate[456)160)u.a.)]: **26** ('69) 945–49 [russ.].

Organic Syntheses Mercury di-β-naphthyl[191)]: **12** ('32) 46f. – β-Naphthylmercuric chloride: 54–56.

Priroda [SSSR] Die Umgestaltung der Natur: **1952**, Nr. 1, 3f. – Die Wissenschaft dem Volke: Nr. 4, 3–6. – Die Aufgaben der Akademie der Wissenschaften der UdSSR im Lichte der Beschlüsse des 19. Parteitages der KPdSU: **1953**, Nr. 3, 7–18. – Große Erfolge der sowjetischen Naturwissenschaft: **1957**, Nr. 11, 9–22. – 40 Jahre sowjetische Wissenschaft: S. 107. – Eröffnungsansprache auf der Jahresversammlung der Akademie der Wissenschaften der UdSSR am 25. März 1958: **1958**, Nr. 5, 105f. – Über die Beschleunigung der Entwicklung der chemischen Industrie und besonders der Produktion synthetischer Materialien und der Erzeugnisse aus ihnen für die Befriedigung der Bedürfnisse der Bevölkerung und der Volkswirtschaft und über die dabei der Akademie der Wissenschaften der UdSSR zufallenden Aufgaben: Nr. 9, 3–14. – Eröffnungsansprache auf dem Unionskongreß über philosophische Fragen der modernen Naturwissenschaft, Moskva 1958: **1959**, Nr. 4, 53f. – S. I. Vavilov zum 70. Geburtstag: **1961**, Nr. 5, 37–42. – Das Problem der Synthese von Nahrung[36]: **1965**, Nr. 9, 13–23. – – Alle Arbeiten russ.

Proc. chem. Soc., London The centenary of N. D. Zelinsky: **1961**, 441f.

Proc. roy. Soc. London, Ser. A Substitutions in the ferrocene nucleus: **246** ('58) 495–503.

Pure and appl. Chem. Développements récents de la chimie organique du ferrocène: **17** ('68) 211–34.

Quarterly Rev., Chemical Soc., London Tetra- and trichloroalkanes and related compounds[125][448]: **10** ('56) 330–70.

Reakcionnaja Sposobnost' org. Soedinenij Verwendung von Korrelationsgleichungen im Falle des Wasserstoffisotopenaustauschs in der Ferrocen-Reihe[275][370][301][228]: **2** ('65) 69–83 [russ.]. – Verwendung von Korrelationsgleichungen zur Beschreibung des Wechselwirkungscharakters der Substituenten mit dem Ferrocenyl-Kern[301][148]: **3** ('66) 68–88 [russ. m. engl. Zusammenfassg.].

Smena [Moskva] Zwei Universitäten[461]: **1949**, Nr. 19, S. 12 [russ.].

Sowjetwissenschaft Neue Synthese der Pyrazole: **1951**, 389–95. – In der Wissenschaft der Welt den ersten Platz einnehmen: **1953**, 152–57. – Erfolge und Perspektiven der Koordinationsarbeit: **1954**, 777–88. – Grußadresse der Akademie der Wissenschaften der UdSSR an die Deutsche Akademie der Wissenschaften zu Berlin[416]: **1955**, 125f. – Die Anwendung der Atomenergie zu friedlichen Zwecken und die sowjetische Wissenschaft: **1956**, 99–102. – Wissenschaft und Produktion: 513–32.

Synthesis inorg. and metal-org. Chem. Cyanoethylation of ferrocene: **1** ('71) 279–85. – Synthesis of 1,1'-bis-(β-cyanovinyl) and 1,1'-bis-(cyanoethyl) ferrocenes[405][200][312][347]: **3** ('73) 83–92.

Technika – Molodeži Ein Palast der Wissenschaft: **1951**, Nr. 7, 1–3 (m. Bildn.). – Für den ersten Platz in der Wissenschaft der Welt!: **1953**, Nr. 3, 1–3. – Einige Probleme der sowjetischen Wissenschaft: **1955**, Nr. 1, 3–8; Nr. 2, 17–23. – Um die Wissenschaft unserer Tage voranzutreiben, muß man auch auf Gebieten beschlagen sein, die demjenigen benachbart sind, dem man sein Leben gewidmet hat: **1957**, Nr. 7, 2f. (m. Bildn.). – 40 Jahre sowjetische Wissenschaft: Nr. 12, 3f. – Chemie - die Wissenschaft des Überflusses. Hochmolekulare Verbindungen: **1958**, Nr. 8, 8f. – Dem jungen Menschen, der sich mit der Wissenschaft zu beschäftigen beginnt: Nr. 10, 10f. – Das Heute und das Morgen unserer Wissenschaft: **1960**, Nr. 5, 16f. – – Alle Arbeiten russ.

Teoretičeskaja i ěksper. Chim. Untersuchung von Ferrocen-Derivaten durch Kern-γ-Resonanz[403][148][136][253]: **2** ('66) 805–11 [russ.].

Tetrahedron Heterolytic decomposition of onium compounds (diphenylhalogenonium and triphenyloxonium salts)[256][413]: **1** ('57) 145–57. – Stereochemistry of electrophilic and homolytic substitution at the olefinic carbon[57]: 158–68. – Homolytic isomerization of 1,1,1-trichloro-2-bromopropene[125][206]: 241–47. – Thermal telomerization of silanes with olefins[125][86]: 248–52. – The rearrangement of polyhaloalkyl radicals in solution with 1,2-chlorine atom migration[125][206][81]: **16** ('61) 94–105. – Addition, substitution, and telomerization reactions of olefins in the presence of metal carbonyls or colloidal iron[125][86][305][37]: **17** ('62) 61–68. – Synthesis of α-chlorocarboxylic acids by chlorinating compounds containing the CCl_2 : CH group in acid medium [125][206][433][198]: 69–77. – Reaction of free radicals with unsymmetrical organomercury compounds[57][140][208]: **18** ('62) 683–89.

Tetrahedron Letters Hydroxyferrocene[355][102]: **1959**, Nr. 17, 13–15. – Azoferrocene[301][281]: **1960**, Nr. 1, 1f. – Reactions of free radicals and unsymmetrical organomercuric compounds[57][208][140]: Nr. 3, 25f. – Geometrical isomers of stibinous and stibinic propenyl compounds[57][285]: Nr. 8, 23f. – Hydrogen exchange of ferrocene and its derivatives[228][370][179][190]: **1961**, Nr. 2, 41f. – The interaction of ferrocene and its derivatives with aromatic compounds[442][54]: **1963**, 1725–29. – Cleavage of the C_5H_5–palladium bond in cyclopentadienylallylpalladium[148][342][447]: **1964**, 2881–87. – Electronic properties of ferrocenyl as a substituent[301][148][144][210]: **1966**, 2381–87. – Structure of cyclopentadienyl derivatives of non-transition metals of periods V and VI [115][260][114][180]: **1968**, 3753–58. – Nuclear quadrupole resonance of manganese-55, rhenium-185, and rhenium-187 in cyclopentadienylmanganese (or -rhenium) tricarbonyls [363][65][24][14][193][254]: 3987–92.

Tetrahedron, Suppl. Electrophilic addition to 1,1,1-trichloropropene[125][448][206][305][37][410]: **3** ('59) 235–41. – Effect of substituents on P.M.R. spectra of cyclopentadienyl sandwich compounds[114][283][190][103][308]: 8 I ('66) 389–98.

Trudy Chim. i chim. Technol. Zusammenhang zwischen der Konstitution von Polyhalogenidalkyl-Radikalen und ihrer Umlagerungsfähigkeit in Lösung[125][206][81][373][305][410]: **1961**, Nr. 1, 106–15 [russ.].

Trudy Inst. Istorii Estestvoznanija i Techn. Pierre Curie, 50. Todestag: **19** ('57) 7–9 [russ.]

Trudy Komissii po Spektroskopii, Akad. Nauk SSSR Absorptionsspektren einiger Ferrocen-Derivate [160])[456])[190]): **3** ('64) 350–54 [russ.].

Uč. Zap. mosk. gos. Univ. Über die Reihe der „Elektronegativität" der organischen Radikale[187]): **8** ('34) 283–89 [m. deutscher Zusammenfassg. S. 323]. – Zur Frage nach dem Mechanismus der Bildung von quecksilberorganischen Verbindungen über Diazo-Verbindungen: 291–96 [~ S. 324]. – Synthese aromatischer zinkorganischer Verbindungen mit Substituenten im Benzolkern[187])[321]): 305–11 [~ S. 324]. – Konjugation von Einfachbindungen: **132** ('50) 5–32. – Umwandlung von metallorganischen trans-β-Chlorvinyl-Verbindungen des Quecksilbers und des Zinns in ihre cis-Isomeren unter dem Einfluß von Peroxiden[57])[436]): 33–38. – Di-cis-β-chlorvinylthalliumchlorid[57])[367]): 38–43. – Darstellung α-mercurierter Aldehyde und Ketone aus Enolacetaten[250])[418]): 44–50. – Eigenschaften von Quecksilberhalogenidacetyleniden[189]): 51–55. – Über den Einfluß von Strukturfaktoren auf die Konjugationserscheinungen, 1: Beweglichkeit der Wasserstoffatome in zyklischen Ketonen verschiedener Konstitution [228])[298])[296]): 56–61; ~ 2: Beweglichkeit der Wasserstoffatome im Acetylaceton und in Kobalt- und Aluminiumacetylacetonat[228])[389])[296]): 62–65; ~ 4: Reaktionsfähigkeit des α-CH-Glieds von Ketonen verschiedener Konstitution[298])[413]): 66–72. – Synthese stereoisomerer zinnorganischer Verbindungen der Äthylen-Reihe aus quecksilberorganischen cis-trans-Isomeren und Umlagerung dieser Verbindungen im ultravioletten Licht[57])[1]): 73–81. – 1,6-Addition von Mesitylmagnesiumbromid an Dimethylvinylmethanolacetat[125])[188]): 82–92. – Raman-Spektrum von Chlorvinyl-Derivaten des Quecksilbers und des Antimons [29])[57]): 93–96. – Einwirkung von Brom auf Alkylchlorcarbonate[125])[283]): 97–102. – Einwirkung von Magnesium auf β-Bromäthylmethylanilin[125])[167]): 103–08. – Abbau und Bildung von Onium-Salzen und die Synthese elementorganischer Verbindungen über Onium-Verbindungen[256]): 109–16. – Über den Abbau von Arylazocarbonsäuren[332]): 117–30. – Einführung der Trichlormethyl-Gruppe in den aromatischen Kern durch Decarboxylierung der Trichloressigsäure in Gegenwart aromatischer Kohlenwasserstoffe[298])[424]): 131–35. – Darstellung von α-mercurierten Ketonen durch Decarboxylierung von Quecksilbersalzen von β-Ketosäuren[250])[10]): 136–43. – Anlagerung von Sublimat an Acetylensäuren und ihre Ester[189]): 158–65. – Neue Synthese von Pyrazolen[189])[347]): 166–73. – Grußbotschaft an das Akademiemitglied N. D. Zelinskij zum 90. Geburtstag[324])[378]): **151** ('51) 5f. – Quecksilberdistyryl und die daraus erfolgende Synthese von Styryl-Derivaten des Zinns und des Thalliums[226]): 57–62. – Zur Frage der Existenz von Triäthylyttrium[112]): 63–67. – Die Arbeiten des Akademiemitglieds N. D. Zelinskij und seiner Schule auf dem Gebiet der Chemie der Kohlenwasserstoffe und der organischen Katalyse[174])[309]): **175** ('56) 5–54. – Synthese metallorganischer Verbindungen von Elementen der V. Gruppe des Periodensystems über Diazo-Verbindungen[332]): 55–69. – Synthese heterozyklischer Verbindungen auf der Basis von β-Chlorvinylketonen[189]): 85–95. – – Alle Arbeiten russ.

Ukrainskij chim. Ž. Probleme synthetischer Nahrungsmittel: **31** ('65) 748f. [russ.].

Usp. Chim. Organische Quecksilber-Verbindungen: **3** ('34) 34–82. – Charakteristische Entwicklungslinien der organischen Chemie in der UdSSR seit 25 Jahren: **12** ('43) 17–48. – Elementorganische Verbindungen und Periodensystem der Elemente: **14** ('45) 261–81. – Die sowjetische Chemie zum 30. Jahrestag der Großen Sozialistischen Oktoberrevolution[25])[42]): **16** ('47) 513–32. – Die Entwicklungstendenzen der Arbeiten des Akademiemitglieds N. D. Zelinskij[174])[309]): **20** ('51) 18–53. – Untersuchung der chemischen Umwandlungen von Polychlorkohlenwasserstoffen und ihnen verwandten Verbindungen[125])[448]): **25** ('56) 665–704. – 40 Jahre sowjetische organische Chemie[163]): **26** ('57) 1241–94. – Metall-Cyclopentadienyl- und verwandte Verbindungen[301]): **27** ('58) 3–56. – Periodensystem der Elemente und organische Chemie: **28** ('59) 1164–200. – Orientierung des nukleophilen Angriffs an der aktivierten Doppelbindung[347])[346]): **36** ('67) 1089–116. – β-Ketovinylierung[347])[189]): **38** ('69) 961–1008. – – Alle Arbeiten russ.

Usp. fizič. Nauk S. I. Vavilov – hervorragender Gelehrter und Organisator der sowjetischen Wissenschaft: **75** ('61) 205–13 [russ.].

Vestn. Akad. Nauk SSSR Unter der Fahne des Großen Oktober: **1947**, Nr. 11, 95f. – Die Chemie quasikomplexer metallorganischer Verbindungen und die Erscheinungen der Tautomerie[125])[57]): Nr. 12, 41–43. – Zur Verteidigung des Friedens. Ansprache: **1950**, Nr. 10, 8–10. – Ansprache nach der Wahl zum Präsidenten der Akademie der Wissenschaften der UdSSR: **1951**, Nr. 3, 28f. – Ansprache auf der Versammlung zum Gedenken an S. I. Vavilov im Haus der Wissenschaftler in Moskau am 28. März 1951: Nr. 5, 18–22. – Eröffnungsansprache auf der Sitzung der Abteilung Gesellschaftswissenschaften der Akademie der Wissenschaften der UdSSR anläßlich des Jahrestages der Veröffentlichung des Werkes „Marxismus und Fragen der Sprachwissenschaft" von I. V. Stalin, Juni 1951: Nr. 7, 5–9. – Ansprache auf der 3. Unionskonferenz der Anhänger der Friedensbewegung: Nr. 12, 8–12. – Eröffnungsansprache des Präsidenten des Rates für die Koordinierung der wissenschaftlichen Tätigkeit der Akademien der Wissenschaften in den Unionsrepubliken auf der 10. Sitzung des Rates am 6. Dezember 1951: **1952**, Nr. 1, 13–15. – Eröffnungsansprache des Präsidenten auf der Jahrestagung der Akademie der Wissenschaften der UdSSR am 1. Februar 1952: Nr. 2, 12–16; ~ Februar 1954: **1954**, Nr. 3, 15–22; ~ Februar 1955: **1955**, Nr. 3, 12–18; ~ Februar 1956: **1956**, Nr. 3, 8–15; ~ März 1958: **1958**, Nr. 5, 4–8; ~ März 1959: **1959**, Nr. 4, 5–9; ~ Februar 1960: **1960**, Nr. 4, 63–69; ~ Februar 1961: **1961**, Nr. 3, 4–11. – Ansprache anläßlich der Enthüllung einer Gedenktafel für S. I. Vavilov: **1952**, Nr. 2, 74–76. – Die große Kraft der schöpferischen Gemeinschaft: Nr. 3, 3–21. – Ansprache anläßlich der Enthüllung des Vavilov-Denkmals: **1953**, Nr. 2, S. 90. – Die Aufgaben der Akademie der Wissenschaften der UdSSR im Lichte der Beschlüsse des 19. Parteitags der KPdSU: Nr. 3, 3–29 [Diskussion S. 30–51]. – Mitteilung des Präsidenten auf der Jahresversammlung der Akademie der Wissenschaften der UdSSR am 2. Februar 1953: Nr. 3, 79. – Eröffnungsansprache auf der Festversammlung der Akademie der Wissenschaften der UdSSR anläßlich des 410. Todestages von Kopernikus: Nr. 6, 25f. – Ein hervorragender Wissenschaftler und Patriot [N. D. Zelinskij] [416])[174])[258])[410])[404]): Nr. 8, 61f. – Ein neues riesiges Zentrum sowjetischer Wissenschaft und Kultur (Zur Eröffnung der neuen Gebäude der Moskauer Universität am 1. September 1953): Nr. 9, 5f. – Eröffnungsansprache auf der allgemeinen Versammlung der Akademie der Wissenschaften der UdSSR, Oktober 1953: Nr. 11, 3–6. – Erfolge und Perspektiven der Koordinationsarbeit: **1954**, Nr. 4, 13–16. – Einige Probleme der sowjetischen Wissenschaft: Nr. 5, 3–25. – Der 300. Jahrestag der Wiedervereinigung der Ukraine mit Rußland. Ein Feiertag der sowjetischen Wissenschaft und Kultur: Nr. 6, 3–7. – Der 5. Jahrestag der Gründung der Chinesischen Volksrepublik. Ein großer Feiertag des chinesischen Volkes: Nr. 10, 5–7. – Einige Resultate und Aufgaben der Koordination: **1955**, Nr. 4, 22–33. – Die Anwendung der Atomenergie für friedliche Zwecke und die sowjetische Wissenschaft: Nr. 7, 3–5. – Eröffnungsansprache auf der Festsitzung im Bolšoj-Theater anläßlich des 100. Geburtstags von I. V. Mičurin: Nr. 11, 5–7. – Wissenschaft und Produktion: **1956**, Nr. 2, 3–19. – Eröffnungsansprache auf der Festsitzung am 17. Januar 1956 anläßlich des 250. Geburtstags von Benjamin Franklin: 63f. – Eröffnungsansprache auf der Festsitzung anläßlich des 50. Todestags von Pierre Curie: Nr. 5, 49f. – Über die Aufgaben der Akademie der Wissenschaften der UdSSR im Lichte der Beschlüsse des 20. Parteitags der KPdSU: Nr. 6, 3–24. – Über die grundlegenden Tendenzen der Arbeit der Akademie der Wissenschaften der UdSSR: **1957**, Nr. 2, 3–42. – 40 Jahre sowjetische Wissenschaft: Nr. 11, 17–36. – Die Gründung eines bedeutenden wissenschaftlichen Zentrums in Sibirien: Nr. 12, S. 8. – Zum Aufstieg der ersten künstlichen Erdtrabanten: **1958**, Nr. 1, 5–7. – Über die Beschleunigung der Entwicklung der chemischen Industrie und besonders der Produktion synthetischer Materialien und der Erzeugnisse aus ihnen für die Befriedigung der Bedürfnisse der Bevölkerung und der Volkswirtschaft und über die dabei der Akademie der Wissenschaften der UdSSR zufallenden Aufgaben: Nr. 8, 4–26. – Eine große Errungenschaft der sowjetischen Wissenschaft [Zum Jahrestag des ersten Sputnik-Starts]: Nr. 11, 3–9. – Eröffnungsansprache auf der 17. Sitzung des Rates für die Koordinierung der wissenschaftlichen Tätigkeit der Akademie der Wissenschaften der Unionsrepubliken und der Filialen der Akademie der Wissenschaften der UdSSR: **1959**, Nr. 6, 66–77. – Frédéric Joliot-Curie. Zum Jahrestag seines Todes: Nr. 8, 42–44. – Der Flug zum Mond: Nr. 10, 3–5. – Aufgaben und Möglichkeiten der modernen Wissenschaft bei der Überwindung der ökonomischen Rückständigkeit einiger Länder und bei der allgemeinen Erhöhung des Wohlstands der Völker: Nr. 12, 3–15. – Eröffnungsansprache auf der Sitzung der Akademie der Wissenschaften der UdSSR anläßlich des 90. Geburtstags von V. I. Lenin: **1960**, Nr. 6, 5f. – Der Morgen einer neuen Ära [Zum Weltraumflug Ju. A. Gagarins]: **1961**, Nr. 4, I–III. – Wissenschaftliche Probleme der Entwicklung der Chemie. Das Plenum des Zentralkomitees der KPdSU im Dezember 1963 und die Aufgaben der sowjetischen Wissenschaft: **1964**, Nr. 4, 98–105. – Synthetische Nahrung und monomere Kost (Zu dem vorstehenden Aufsatz von A. M. Ugolev) [36]): **1966**, Nr. 7, 51f. – Künstliche und synthetische Nahrung[36])[339])[384])[138])[414]): **1969**, 27–44. – Einige Merkmale der Vervollkommnung der organischen Chemie: **1971**, Nr. 8, 25–41. – – Ferner Mitautor zahlreicher Nekrologe. – – Alle Beiträge russ.

Vestn. Inženerov i Technikov Für weiteren technischen Fortschritt der Produktion: **1949**, Nr. 3, 81f. [russ.].

Vestn. mosk. Univ. Dem Akademiemitglied N. D. Zelinskij zum 90. Geburtstag: **6** ('51) Nr. 2, 3–5. – Ein neues riesiges Zentrum der sowjetischen Wissenschaft und Kultur. Zur Eröffnung der neuen Gebäude der Moskauer Universität: **8** ('53) Nr. 9, 11f. – Über die Reaktionen magnesiumorganischer Verbindungen mit Kaliumborfluorid und Triäthyloxoniumborfluorid[355]): **9** ('54) Nr. 6, S. 148. – Über den Reaktionsmechanismus der elektrophilen Substitution am gesättigten Kohlenstoffatom[332]): **10** ('55) Nr. 4/5, 133–43. – Ansprache auf der Festsitzung im Bolšoj-

Theater anläßlich des 200. Jahrestages der Gründung der Moskauer Universität: Nr. 6, 30–32; [auch:] Nr. 7, 30–32. — — Alle Arbeiten russ.

Vestn. mosk. Univ., Ser. 2 A new type of organogold compounds[301][144][235][30][4]: **28** ('73) 387–99 [russ. m. engl. Zusammenfassg.].

Vestn. vysšej Školy Größere Aufmerksamkeit den Technischen Hochschulen an der Peripherie!: **1946**, Nr. 3/4, 19f. — Die Entwicklungsperspektiven der Moskauer Universität: **1948**, Nr. 5, 14–19. — Die Moskauer Universität im neuen Studienjahr: **1950**, Nr. 10, 5–11. — Für den ersten Platz in der Wissenschaft der Welt!: **1952**, Nr. 12, 7–18. — Ein neues riesiges Zentrum der sowjetischen Wissenschaft und Kultur. Zur Eröffnung der neuen Gebäude der Moskauer Universität: **1953**, Nr. 9, 6f. — Die wechselseitige Verbindung der Wissenschaften: **1958**, Nr. 7, S. 88. — Unersättliches Interesse für die Erkenntnis wecken!: **1959**, Nr. 1, 18–20. — — Alle Arbeiten russ.

Vopr. Filos. Eröffnungsansprache auf dem Unionskongreß über philosophische Fragen der modernen Naturwissenschaft, Moskva 1958: **1959**, Nr. 2, 59–61 [russ.].

Vopr. Istorii Estestvoznanija i Techn. Frédéric Joliot-Curie zum Gedenken[380][44]: Nr. **9** ('60) 18–27 [russ.].

Vysokomolekuljarnye Soedinenija Synthese von Polymeren aus β-Chlorvinylketonen[347][384]: **2** ('60) 526–28 [russ. m. engl. Zusammenfassg.].

Ž. neorg. Chim. Darstellung von Wolframcarbonyl durch Umsetzung von Eisenpentacarbonyl mit Wolframhexachlorid[14][267][443][429]: **4** ('59) 249–52. — Synthese von Molybdäncarbonyl mit Molybdänpentachlorid[267][14][443][429]: 503–05. — Synthese von Chromhexacarbonyl durch Umsetzung von Chromtrichlorid mit Lithiumaluminiumhydrid und Kohlenmonoxid unter Druck[14][443][126][267][262]: 1827f. — Untersuchung der Kinetik des chemischen Abbaus fester Metallcarbonyl-Verbindungen[215][40][358][193][14]: **8** ('63) 1806–08. — — Alle Arbeiten russ.

Ž. obščej Chim. Arylierung von Quecksilberoxid mittels aromatischer Jod-Verbindungen[256]: **3** ('33) 257–61. — Einfache quecksilberorganische Derivate des Phenols[417]: **4** ('34) 664–68. — Die Synthese aromatischer quecksilberorganischer Verbindungen mit negativen Substituenten im Kern mittels der Diazo-Methode[135][108][122]: 713–20. — Über die Reaktion von aliphatischen Diazo-Verbindungen mit Quecksilber-Salzen[322]: 958–61. — Reaktionen des Austausches von Zinn, Blei, Arsen und Antimon in ihren organischen Verbindungen gegen Quecksilber[187]: 1102–13. — Neue Methode zur Synthese von Carbonsäurefluoriden[167]: 1243–46. — Formylfluorid[167]: 1247–49. — Die Umsetzung von Phenylarsin mit den Organo-Verbindungen des Quecksilbers, Bleis und Zinns[125]: **5** ('35) 53–59. — Arylierung von quecksilberorganischen Hydroxiden mittels organischer Verbindungen des Zinns[125][187]: 1171–75. — Derivate von kernmercurierten Phenolallyläthern[350]: 1268–72. — Über die Darstellung von 2- und 4-Arylresorcinen und ihre Umwandlung in 1-Chlorquecksilbermethyl-1,2-dihydroxybenzofuran[454]: **6** ('36) 140–43. — Über Doppelsalze von Aryldiazoniumchloriden und Schwermetallchloriden[187]: 144–60. — Synthese zinnorganischer Verbindungen über die Diazonium-Verbindungen[187][182]: 167–71. — Doppelsalze aus Bleihalogeniden und Phenyldiazoniumhalogeniden und ihre Zerlegung[187][132]: 172–75. — Die Untersuchung der Struktur der Anlagerungsprodukte von Quecksilber-Salzen an ungesättigte Verbindungen durch Arylieren[125]: **7** ('37) 43–50. — Reduktion quecksilberorganischer Verbindungen mit aliphatischen zinnorganischen Verbindungen als Methode zur Synthese von im aromatischen Kern oxy- und aminosubstituierten zinnorganischen Verbindungen[187][329]: 118–27. — Über die Umsetzung von Diazomethan mit Äthanolquecksilberbromid und die Konstitution der Anlagerungsprodukte aus Quecksilber-Salzen und Olefinen[125][412]: 262–66. — Cadmiumdiphenyl[256]: 2649–53. — Aus dem Gebiet der organischen Quecksilber-Verbindungen, 15: Konstitution der Produkte der Anlagerung von Quecksilber-Salzen an Styrol und α-Methylstyrol[125]: 2748–53; ∼ 17: Synthese von quecksilberorganischen Verbindungen der Pyridin-Reihe nach der Diazo-Methode[250]: **11** ('41) 382–86. — Aus dem Gebiet der Synthese in der Reihe der 7-Oxycumarin-Derivate[444][454][388]: **7** ('37) 2767–73. — Zinnorganische Verbindungen des Typs Ar_2SnX_2 mit Carbäthoxy-Gruppe im Benzolkern[112][187]: **8** ('38) 35–41. — Darstellung von Diazo-Verbindungen über metallorganische Verbindungen[256]: **9** ('39) 771–79. — Über die Reaktion der Nitroso-Verbindungen mit Stickoxid[152]: **11** ('41) 392–401. — Erwiderung an E. A. Šilov [Zur Hypothese des quasikomplexen Zustands und angrenzender Fragen der Theorie organischer Umwandlungen]: **21** ('51) 2093–100. — Zweifache Reaktionsfähigkeit und Tautomerie[163]: **25** ('55) 41–87. — Einwirkung nukleophiler Reagenzien auf Verbindungen der Struktur $CCl_3CH{=}CRR'$[125][448][37]: **26** ('56) 1070–82. — Diarylbromonium- und Diarylchloronium-Salze[218][260][413]: 2211–18. — A. A. Stepicheeva † [184][365][464][382][197][94][337]: 3224–27. — 2,2′-Diphenylenhalogenonium-Salze[413][154]: **27** ('57) 1547–51. — Synthese von ω-Aminocarbonsäuren aus $\alpha,\alpha,\alpha,\omega$-Tetrachloralkanen[125][448][432][206][433]: 2418–22. — Vinylester von Sulfonsäuren[250][79][103]: **29** ('59) 2817–20. — Abspaltung des Hydridwasserstoffs aus organischen Verbindungen durch Azobenzol[138]:

31 ('61) 1067–76. – Über die Reaktion von Keten mit quasikomplexen Verbindungen des Quecksilbers[124][450][250]: **33** ('63) 1927–33. – Zur Arbeit von V. F. Martynova: „Reaktion von Bis-[p-aminophenyl]-, Dibenzyl-, Bis-[p-methoxyphenyl]- und Bis-[p-tolyl]-quecksilber mit Metallen (Fe, Cu, Al, Zn), 12“ [57][1]: 3113f. – Darstellung quecksilberorganischer Verbindungen durch Zersetzung von Arylazoniumchlorid–Sublimat-Doppelsalzen in Wasser [256][313]: **35** ('65) 681–83. – Reaktion von α-mercurierten Carbonyl-Verbindungen mit dimerem Keten[172][250]: 1447–53. – β-Ketovinylierung des π-Cyclopentadienyleisendicarbonyl-Anions[346][347][425]: **37** ('67) 1587–91. – Arylierung des $C_5H_5Fe(CO)_2J$ durch aromatische Quecksilber-Verbindungen[313][244][71][256]: 2015–17. – [Synthese zweikerniger Komplexe der Übergangsmetalle, 1:] Reaktion von σ-(β-Ketovinyl)-π-cyclopentadienyleisendicarbonyl mit Eisennonacarbonyl[346][347][164][425][239]: **38** ('68) 1471–76. – π-Komplexe von β-Ketovinylsulfonen mit $Fe_2(CO)_9$ [346][347][147][239][425]: 1476–80. – Komplexe des β-Benzoylacrylsäuremethylesters mit Eisencarbonylen[346][347][147][239][425]: **39** ('69) 2091–98. – Einfluß einer β-Substituierung auf die Komplexbildungsfähigkeit von RCOCH=CHX [347][346][147]: **41** ('71) 2020–25. – Geometrische Isomerie bei β-Ketovinyl-Derivaten des Quecksilbers[347][317][308]: **42** ('72) 1587–93. – Umsetzung des Triphenylphosphins mit Eisencarbonyl-Komplexen β-substituierter α,β-ungesättigter Ketone[346][147][308][347]: 2473–77. – Umsetzung aktiver organischer Halogenide mit Dieisennonacarbonyl. Synthese von Ketonen[460][22][216][157]: **43** ('73) 2007–12. – Über nukleophile Substitutionsreaktionen der Metallcarbonyl-Gruppen in Komplexen vom Typ $Ph_3MM'(CO)L$ [193][74][14]: **44** ('74) 313–17. – Synthese von Eisentetracarbonyl-Komplexen von Maleinsäurehydraziden. Zyklisierung eines komplex gebundenen Liganden[347][346][18]: 604–13. – Komplexe, die die Bindung Ge–Co oder Sn–Co enthalten, 1: Synthese und chemische Eigenschaften von Verbindungen vom Typ $Q_nM[Co(CO)_4]_{4-n}$ [14][193][74]: 1287–93; ~2: Darstellung und Eigenschaften von Triphenylphosphin-Derivaten[14][193][74]: 1079–85; ~ 3: Reaktionen von Komplexen des Typs $Q_{4-n}M[Co(CO)_4]_n$ mit substituierten Acetylenen[14][193][74]: 317–22. – Eisencarbonyl-Komplexe von Ferrocen-Analogen des Chalkons [405][346][147][347][308][333]: 2032–41. – Reaktionen von Methyl- und Phenylmagnesiumhalogeniden mit π-Cyclopentadienylrheniumdicarbonyldibromid[193][254][14]: 2222–27. – – Alle Arbeiten russ.

Ž. org. Chim. S-Ketovinylierung. Synthese und Eigenschaften von Salzen der β-Aroyläthylensulfonsäuren[347]: **2** ('66) 978–84. – Kinetik der Addition von Methanol an Phenyl-β-cyanvinylketon[346][347]: 985–91. – Kinetik der Umsetzung von Phenyl-β-nitrovinylketon mit Methanol[346][347]: 991–98. – Umsetzung des Phenyläthinylketons mit dem Azid-Ion in verschiedenen Medien[347]: 2081–86. – Synthese von Komplexverbindungen aus 4-Butyroyl- und 4-Benzoyl-1,2,3-triazol-Anionen mit Fe(II), Fe(III), Ni(II) und Co(II) [361][190][347][366][260]: **3** ('67) 403–09. – β-Ketovinylierung [,1]: Synthese und Abbau von 3,3-Diaryl-3-oxypropenyltrimethylammonium-Salzen[347][202]: 781–85; S-Ketovinylierung, 5: Umsetzung von Lithiumfluorid mit ketovinylierenden Mitteln[347][202]: **7** ('71) 550–54. – Anionotrope Umlagerung von tertiären α-Acetylenalkoholen des Cyclopentadienylmangantricarbonyls[14][193][252]: **3** ('67) 1149–53. – Anionotrope Umlagerung von tertiären β-Acetylenalkoholen[252][193][14]: 1349–53. – Umwandlungen von 3,3-Diaryl-3-hydroxypropenyltrimethylammonium-Salzen. Synthese von 3-Phenylindenyl-1-trimethylammonium [347][202]: 1627–30. – Untersuchung der Stereochemie der β-Ketovinylierung[347][176]: **4** ('68) 921–29. – Dmitrij Nikolaevič Kursanov zum 70. Geburtstag: **5** ('69) Nr. 5, I–VII. – Umsetzung von Ferrocen-Derivaten mit Brom und Jod[190][260][294][221][393]: **9** ('73) 378–80. – – Alle Arbeiten russ.

Ž. strukturnoj Chim. ^{13}C-NMR-Spektren und das Problem der Abschirmung der Kerne eines Liganden in π-Komplexen von Übergangsmetallen[114][115][308]: **13** ('72) 1033–42 [russ.]. – ^{13}C-NMR-Spektren und Elektroneneffekte in π-Cyclopentadienyl-Derivaten des Eisens, 1: Der homoannulare Effekt des Substituenten in monosubstituierten Derivaten des Ferrocens[308][115][333][114]: **14** ('73) 49–57 [~].

Ž. vses. chim. Obšč. im. Mendeleeva Synthese makrozyklischer Lactone und Oxalactone aus Äthylen und Tetrachlorkohlenstoff [125][39][168][390][397][287][432][448][372]: **5** ('60) 371–76. – Chemie des Ferrocens: **7** ('62) 249–63. – Ylide als stabilisierte Carbeniat-Ionen: **12** ('67) 42–52. – Zum 75. Geburtstag des Akademiemitglieds S. I. Vol'fkovič[457][184][u.a.]: **17** ('72) 108f. – – Alle Arbeiten russ.

Weitere Veröffentlichungen von Ansprachen, Vortragsthesen und Diskussionsbeiträgen in Konferenzberichten usw. sowie sehr zahlreiche Artikel in Tages- und Wochenzeitungen.

Mit: 1) A. N. Abramova; 2) Ch. Achmed; 3) A. N. Achramovič; 4) O. V. Afanasova; 5) E. I. Afrina; 6) G. V. Aleksandrova; 7) V. P. Alekseev; 8) L. Al'fonso; 9) I. M. Alymov; 10) S. N. Anančenko; 11) B. Ja. Andreev; 12) B. G. Andreev; 13) I. G. Andrianova; 14) K. N. Anisimov; 15) T. V. Antipina; 16) A. B. Antonova; 17) M. U. Arinbasarov; 18) A. V. Arutjunjan; 19) I. S. Astachova; 20) N. P. Avakjan; 21) V. G. Avakjan; 22) G. M. Babachina; 23) V. N. Babin; 24) T. A. Babuškina; 25) A. A. Balandin; 26) N. K. Baraneckaja; 27) M. D. Bargamova; 28) L. I. Baryšnikov; 29) M. I. Batuev; 30) T. V. Baukova; 31) A. V. Baženova; 32) I. M. Bažin; 33) A. A. Beer;

[34]) Z. A. Bejnoravičute; [35]) I. P. Beleckaja; [36]) V. M. Belikov; [37]) A. B. Beljavskij; [38]) Ju. A. Belousov; [39]) V. N. Belov; [40]) N. A. Belozerskij; [41]) N. K. Bel'skij; [42]) B. M. Berkengejm; [43]) A. M. Berlin; [44]) J. Bernal; [45]) A. S. Besčastnov; [46]) M. A. Besprozvannyj; [47]) A. A. Blagonravov; [48]) V. A. Blinova; [49]) V. N. Bočkarev; [50]) G. P. Bočkareva; [51]) L. V. Bogatyreva; [52]) L. G. Bogomolova; [53]) A. P. Bokovoj; [54]) I. N. Bolesova; [55]) T. N. Bolotnikova; [56]) V. B. Bondarev; [57]) A. E. Borisov; [58]) A. I. Borisova; [59]) L. M. Borisova; [60]) L. S. Borodina; [61]) B. V. Boršagovskij; [62]) V. A. Bracev; [63]) Ė. M. Brajnina; [64]) V. I. Bregadze; [65]) E. V. Brjuchova; [66]) Ju. G. Bundel'; [67]) S. A. Busev; [68]) S. M. Butjugin; [69]) N. V. Byčkov; [70]) Cao-I; [71]) Ju. A. Čapovskij; [72]) T. B. Čenskaja; [73]) I. G. Černov; [74]) V. N. Chandožko; [75]) T. S. Chazanova; [76]) O. M. Chitrova; [77]) T. L. Chocjanova; [78]) L. I. Chomik; [79]) R. M. Chomutov; [80]) A. Ja. Chorlin; [81]) M. Ja. Chorlina; [82]) V. V. Chrapov; [83]) V. M. Čibrikin; [84]) T. T. Ciskaridze; [85]) S. V. Coj; [86]) E. C. Čukovskaja; [87]) N. A. Čumaevskij; [88]) S. S. Čuranov; [89]) L. A. Curgozen; [90]) P. A. Curkan; [91]) V. M. Dašunin; [92]) F. S. Denisov; [93]) L. I. Denisovič; [94]) V. A. Derevickaja; [95]) V. V. Derjabin; [96]) S. G. D'jačenko; [97]) V. P. Djadčenko; [98]) L. M. Djagileva; [99]) V. A. Dobrjak; [100]) Ja. V. Dombrovskij; [101]) G. I. Drogunova; [102]) V. N. Drozd; [103]) V. A. Dubovickij; [104]) A. A. Dulov; [105]) G. G. Dvorjanceva; [106]) L. I. Emel'janova; [107]) V. A. Ėngel'gardt; [108]) P. F. Epifanskij; [109]) L. M. Ėpštejn; [110]) N. S. Ėrdyneev; [111]) S. A. Eremin; [112]) I. T. Ėskin; [113]) B. A. Fajngor; [114]) Ė. I. Fedin; [115]) L. A. Fedorov; [116]) V. E. Fedorov; [117]) I. I. Fedotova; [118]) G. I. Feklisov; [119]) N. P. Filimonova; [120]) O. F. Filippov; [121]) V. I. Firstov; [122]) A. I. Flegontov; [123]) S. E. Fokina; [124]) V. L. Foss; [125]) R. Ch. Frejdlina; [126]) A. Ė. Fridenberg; [127]) A. N. Frumkin; [128]) N. P. Gambarjan; [129]) T. Ch. Gazizov; [130]) A. V. Gerasimenko; [131]) B. Ja. Getnarskij; [132]) N. K. Gipp; [133]) A. S. Giršovič; [134]) L. A. Gluščenko; [135]) N. F. Glušnev; [136]) V. I. Gol'danskij; [137]) L. S. Golovčenko; [138]) R. V. Golovnja; [139]) L. Ja. Golovleva; [140]) E. I. Golubeva; [141]) A. Gonsales; [142]) G. N. Gosteeva; [143]) B. P. Gottich; [144]) K. I. Grandberg; [145]) A. V. Grib; [146]) O. V. Grigor'eva; [147]) N. T. Gubenko; [148]) S. P. Gubin; [149]) A. S. Gudkova; [150]) A. N. Gus'kova; [151]) I. Š. Guzman; [152]) S. T. Ioffe; [153]) A. A. Ioganson; [154]) L. S. Isaeva; [155]) A. S. Ivanov; [156]) M. G. Ivanova; [157]) G. G. Jakobson; [158]) A. N. Jarkevič; [159]) L. M. Jaryševa; [160]) B. M. Javorskij; [161]) O. P. Jurčenko; [162]) L. P. Jur'eva; [163]) M. I. Kabačnik; [164]) V. S. Kaganovič; [165]) L. N. Kakurina; [166]) R. M. Kaljanova; [167]) Ė. I. Kan (Kahn); [168]) Š. A. Karapetjan; [169]) M. Ja. Karpejskij; [170]) L. I. Kazakova; [171]) A. V. Kazancev; [172]) M. A. Kazankova; [173]) Ch. A. Kazanova (J. A. Casanova); [174]) B. A. Kazanskij; [175]) L. A. Kazicyna; [176]) T. G. Kelechsaeva; [177]) S. R. Kirgizbaeva; [178]) A. V. Kisin; [179]) N. V. Kisljakova; [180]) N. G. Kizim; [181]) L. S. Klimenko; [182]) V. A. Klimova; [183]) P. G. Knol' (Knoll); [184]) I. L. Knunjanc; [185]) P. M. Kočergin; [186]) –; [187]) K. A. Kočeškov; [188]) A. K. Kočetkov; [189]) N. K. Kočetkov; [190]) N. S. Kočetkova; [191]) E. D. Kohn; [192]) V. S. Kolesov; [193]) N. E. Kolobova; [194]) N. S. Kolobova; [195]) I. S. Kolomnikov; [196]) R. I. Komarova; [197]) A. A. Konkin; [198]) B. V. Kopylova; [199]) V. V. Koršak; [200]) A. A. Koridze; [201]) I. I. Korilskaja; [202]) L. M. Korneva; [203]) V. V. Korol'kov; [204]) A. N. Kosina; [205]) T. A. Kost; [206]) V. N. Kost; [207]) L. S. Kotova; [208]) A. I. Kovredov; [209]) E. I. Kovšov; [210]) A. G. Kozlovskij; [211]) Z. S. Krajc; [212]) V. M. Kramarov; [213]) L. L. Krasnoslabodskaja; [214]) D. N. Kravcov; [215]) O. D. Kričevskaja; [216]) I. I. Krickaja; [217]) V. V. Krivych; [218]) N. V. Kruglova; [219]) A. I. Krylova; [220]) Ju. K. Krynkina; [221]) V. I. Ksenzenko; [222]) L. I. Kudrjašov; [223]) Ju. P. Kudrjavcev; [224]) R. V. Kudrjavcev; [225]) L. V. Kudrjavceva; [226]) T. A. Kudrjavceva; [227]) M. P. Kumpolova; [228]) D. N. Kursanov; [229]) N. I. Kuznecova· [230]) B. A. Kvasov; [231]) E. B. Landor; [232]) V. F. Lavrušin; [233]) N. A. Lazareva; [234]) L. A. Lejtes; [235]) D. A. Lemenovskij; [236]) E. V. Leonova; [237]) L. I. Leont'eva; [238]) M. O. Lerner; [239]) I. F. Leščeva; [240]) S. N. Levčenko; [241]) G. S. Liberman; [242]) I. N. Lisičkina; [243]) Ju. I. Ljachoveckij; [244]) B. V. Lokšin; [245]) L. N. Lorens; [246]) –; [247]) A. S. Loseva; [248]) Lu Czin-Čžu; [249]) A. A. Lubovič; [250]) I. F. Lucenko; [251]) R. V. Luk'janova; [252]) G. K. Magomedov; [253]) E. F. Makarov; [254]) Ju. V. Makarov; [255]) A. I. Makarova; [256]) L. G. Makarova; [257]) I. L. Malygina; [258]) Ju. G. Mamedaliev; [259]) G. T. Martirosjan; [260]) R. B. Materikova; [261]) L. A. Matov; [262]) A. V. Medvedeva; [263]) V. G. Medvedeva; [264]) I. S. Mejsner; [265]) L. M. Meschi; [266]) O. B. Michajlova; [267]) E. P. Micheev; [268]) M. Ch. Minačeva; [269]) L. M. Minakova; [270]) Z. B. Mitrošina; [271]) K. K. Mozgova; [272]) V. I. Mstislavskij; [273]) E. I. Mysov; [274]) M. M. Nad'; [275]) M. N. Nefedova; [276]) Ju. S. Nekrasov; [277]) O. A. Nesmejanova; [278]) V. A. Nefedov; [279]) Ė. E. Nifant'ev; [280]) O. T. Nikitin; [281]) T. V. Nikitina; [282]) L. A. Nikonova; [283]) O. V. Nogina; [284]) Ju. N. Novikov; [285]) N. V. Novikova; [286]) O. Ju. Ochlobystin; [287]) E. A. Ogorodnikova; [288]) L. Ė. Orlova; [289]) M. A. Osipova; [290]) O. O. Osipova; [291]) G. B. Ovakimjan; [292]) N. S. Ovčarova; [293]) V. M. Pačevskaja; [294]) N. P. Palicyn; [295]) V. S. Papkov; [296]) Z. N. Parnes; [297]) A. A. Pasynskij; [298]) K. A. Pečerskaja; [299]) T. A. Peganova; [300]) A. S. Peregudov; [301]) Ė. G. Perevalova; [302]) A. V. Petrakov; [303]) V. A. Petrakova; [304]) V. S. Petrosjan; [305]) R. G. Petrova; [306]) L. I. Petrovskaja; [307]) E. A. Petrovskaja; [308]) P. V. Petrovskij; [309]) A. F. Platė; [310]) V. N. Pljuchina; [311]) S. S. Poddubnaja; [312]) A. A. Pogrebnjak; [313]) I. V. Polovjanjuk; [314]) S. I. Pombrik; [315]) A. A. Ponomarenko; [316]) S. V. Ponomarev; [317]) T. V. Popova; [318]) A. P. Poreckaja; [319]) S. L. Portnova; [320]) V. N. Postnov; [321]) V. I. Potrosov; [322]) G. S. Povch; [323]) A. K. Prokof'ev; [324]) M. A. Prokof'ev; [325]) N. S. Prozorova; [326]) O. A. Pticyna; [327]) A. N. Pudovik; [328]) Ž. P. Pustyl'nik; [329]) V. P. Puzyreva; [330]) P. D. Rešetov; [331]) M. D. Rešetova; [332]) O. A. Reutov; [333]) V. I. Robas; [334]) V. Ja. Ročev; [335]) E. M. Rochlina; [336]) N. A. Rodionova; [337]) Z. Rogovin; [338]) I. S. Rogožin; [339]) S. V. Rogožin; [340]) V. I. Romanenko; [341]) I. M. Rossinskaja; [342]) A. Z. Rubežov; [343]) A. M. Rubinštejn; [344]) N. N. Ruchljada; [345]) G. A. Rudenko; [346]) L. V. Rybin; [347]) M. I. Rybinskaja; [348]) V. V. Saatsazov; [349]) –; [350]) R. Ch. Šackaja; [351]) I. F. Šalavina; [352]) G. V. Šatalov; [353]) I. S. Savel'eva; [354]) N. S. Sazonova; [355]) V. A. Sazonova; [356]) G. A. Ščembelov; [357]) N. N. Sedova; [358]) L. D. Segal'; [359]) A. E. Segalevič; [360]) T. I. Šejn; [361]) Ju. N. Šejnker; [362]) N. A. Semenov; [363]) G. K. Semin; [364]) V. A. Semion; [365]) M. M. Šemjakin; [366]) L. B. Senjavina; [367]) R. I. Šepeleva; [368]) I. P. Šepilov; [369]) N. M. Sergeev; [370]) V. N. Setkina; [371]) E. S. Severin; [372]) N. N. Ševjakova; [373]) T. T. Sidorova; [374]) L. S. Šilovceva; [375]) S. Ju. Sil'vestrova; [376]) N. A. Simukova; [377]) E. I. Sirotkina; [378]) N. S. Šiškin; [379]) V. F. Sizoj; [380]) D. V. Skobel'cyn; [381]) V. V. Skripkin; [382]) S. M. Skuratov; [383]) A. A. Slinkin; [384]) G. L. Slonimskij; [385]) I. B. Slotina; [386]) T. M. Šmaeva; [387]) S. A. Smirnova; [388]) D. D. Smolin; [389]) T. A. Smolina; [390]) E. K. Smoljaninova; [391]) E. I. Smyslova; [392]) Ch. Šnajders (H. Schneiders); [393]) T. S. Soboleva; [394]) S. D. Sokolov; [395]) N. F. Sokolova; [396]) I. A. Solov'eva; [397]) N. P. Solov'eva; [398]) S. L. Sosin; [399]) V. I. Spicyn; [400]) A. A. Strepicheev; [401]) Ju. T. Stručkov; [402]) M. I. Stručkova; [403]) R. A. Stukan; [404]) N. I. Šujkin; [405]) G. B. Šul'pin; [406]) T. P. Surikova; [407]) B. A. Surkov; [408]) G. N. Švedova; [409]) T. I. Tatašina; [410]) A. B. Terent'ev; [411]) V. D. Tjurin; [412]) F. A. Tokareva; [413]) T. P. Tolstaja; [414]) B. V. Tolstoguzov; [415]) V. N. Topčibaševa; [416]) A. V. Topčiev; [417]) E. M. Toropova; [418]) Z. M. Tumanova; [419]) K. F. Turčin; [420]) M. F. Turčinskij; [421]) U Jan-Cej; [422]) Ė. V. Uglova; [423]) T. N. Ul'janova; [424]) G. Ja. Ureckaja; [425]) Ju. A. Ustynjuk; [426]) L. A. Ustynjuk; [427]) N. A. Ustynjuk; [428]) A. M. Vajnberg; [429]) Z. P. Valueva; [430]) Van Si-Chua; [431]) V. N. Varfolomeeva; [432])

E. I. Vasil'eva; [433]) T. T. Vasil'eva; [434]) F. K. Veličko; [435]) N. I. Vereščagina; [436]) V. D. Vil'čevskaja; [437]) V. N. Vinogradova; [438]) S. V. Vitt; [439]) V. V. Voevodskij; [440]) S. I. Vol'fkovič; [441]) Ju. V. Volgin; [442]) N. A. Vol'kenau; [443]) V. L. Volkov; [444]) A. F. Vompe; [445]) L. I. Vorončichina; [446]) N. S. Vorošilova; [447]) B. L. Winch; [448]) L. I. Zacharkin; [449]) M. Ja. Zacharova; [450]) M. A. Žadina; [451]) V. A. Zajcev; [452]) N. N. Zajceva; [453]) T. A. Zajmovskaja; [454]) T. S. Zarevič; [455]) N. A. Žarikova; [456]) G. B. Zaslavskaja; [457]) N. M. Žavoronkov; [458]) I. B. Zlotina; [459]) G. K. Znobina; [460]) G. P. Zol'nikova; [461]) K. A. Zubov; [462]) G. I. Zudkova; [463]) A. P. Žukov; [464]) B. M. Bogoslovskij; [465]) N. N. Novikova; [466]) E. D. Chomutova; [467]) O. V. Starovskij.

VI **NEUJMIN**, Grigorij Nikolaevič. Astron. — 1912–21 Adjunkt-Astronom, '24–43 Leitender Astronom, '25–31, '36–39 Dir., '32–43 Prof., Observat. Simeiz, Krim (Abteilg. d. Hauptobservat. Pulkovo) ['41–43 evakuiert nach Kitab, Uzbek. SSR]; '44–46 Dir., Hauptobservat. Pulkovo. — '45 Rotbannerorden (UdSSR); 3 Preise (Russ. Astron. Ges.) u. 6 Medaillen (Astron. Soc. Pacific). (⊠) *1886, Jan. 3 (1885, Dez. 22), Tiflis; †1946, Dez. 17, Leningrad.

Entdeckungen 6 Kometen, darunter „Neujmin I" (1913) und „Neujmin II" (1916); 63 Kleine Planeten, darunter „1129 Neujmina"; zahlreiche Veränderliche.

Nekr. N. I. Idel'son, Astronomičeskij Kalendar' **1947**, 138–47. — G. Kuzmin, Tartu tähetorni Kalender **25** ('49) 61–65. — B. Ju. Levin, Priroda [SSSR] **1948**, Nr. **3**, 86f. (m. Bildn.). — G. A. Šajn, Izvest. krymsk. astrofizič. Observat. **2** ('48) 136–38 (m. Bildn.). — Izvest. glavn. astron. Observat. v Pulkove **17** ('48) Nr. 6 (= Nr. 141) 1–3 (m. Bildn.).

Ue. Ch. Šepli, Galaktiki [H. Shapley, Galaxies] (Moskva–Leningrad '47) 226 S.

Astronomičeskij Kalendar' Die Abteilung Simeiz des Hauptobservatoriums Pulkovo, 1908–1933: **1934**, 115–37 [russ.]. — Kleiner Planet 944 Hidalgo: **1936**, 124–27 [~]. — Die Internationale Astronomische Union: **1937**, 129–34 [~].

Astronomičeskij Ž. On the accounting of perturbations of higher orders in computing special perturbations: **11** ('34) 140–43 [russ. m. engl. Zusammenfassg.]. — Résultats et perspectives du service des petites planètes à l'Observatoire de Simeis: 504–14 [russ. m. französ. Zusammenfassg.]. — Der periodische Komet Neujmin II und seine bevorstehende Rückkehr zum Perihel im Jahre 1943: **20** ('43) 34–40 [russ.].

Astronomische Nachr. Über die Erscheinungen im Schweif des Kometen 1936a (Peltier): **260** ('36) 173f.

Cirkuljary glavn. astron. Observat. v Pulkove On a method of discovering short-period variables with rapid changes in brightness: Nr. **4** ('32) 22–24. — Two new short-period variables: Nr. **6** ('33) 28. — Photographic observations of the minor planets at Simeis: Nr. **8** ('33) 30f.; Nr. **9** ('33) 37; Nr. **10** ('34) 28–32; Nr. **11** ('34) 12–15; Nr. **14** ('35) 45f.; Nr. **15** ('35) 29–35; ~[2]): Nr. **19** ('36) 21–28; ~: Nr. **24** ('38) 63–75; Nr. **25** ('39) 50–56; Nr. **28** ('39/40) 82–85; Nr. **29** ('40) 89–93. — On the identity of planet 787 Moskva and 1317 (1934 FD): Nr. **25** ('39) 46f. [m. russ. Zusammenfassg.]. — Photographic observations of comet 1939a (Kozik-Peltier) at Simeis[1]): Nr. **29** ('40) 83f. [engl. u. russ.]. — Die Erforschung der Bahn des Kometen Neujmin II, 2: Nr. **32** ('41) 25–61 [russ.].

C.R. (Dokl.) Acad. Sci. URSS The elements of the orbit of the "Neujmin II" comet as computed from the connection between its appearances in 1916 and 1927: **15** ('37) 173–75. — Retour au périhélie de la comète périodique de Neujmin II en 1937: **16** ('37) 439–41.

Izvest. glavn. astron. Observat. v Pulkove Genaue Positionen von Kleinen Planeten und Kometen nach Simeizer Platten[1]): **13** ('34) Nr. 5, 1–17; **14** ('35) Nr. 4, 17–26. — Untersuchung der Bahn des Kometen Neujmin II, 3 u. 4: **17** ('48) Nr. 6 (= Nr. 141) 6–23 [russ.]. — Genaue Örter Kleiner Planeten nach photographischen Aufnahmen in Simeiz 1940–1941 [1]): 23–26 [~].

Mirovedenie Die Astronomie der Kleinen Planeten: **26** ('37) 320–25 [russ.].

Peremennye Zvezdy Fünf neue kurzperiodische Veränderliche Sterne: **4** ('32/33) Nr. 2 (= Nr. 38) 41–43. — Zwei neue kurzperiodische Veränderliche: Nr. 4 (= Nr. 40) 117–19.

Trudy krymsk. naučno-issled. Inst. Verbesserung der Bahnelemente des periodischen Kometen Neujmin II (1916): **3** ('32) Nr. 2, 39–42 [russ.].

Uč. Zap. kazansk. gos. Univ. Arbeitskatalog außergalaktischer Sternhaufen als Anhang des Katalogs schwach leuchtender Sterne: **100** ('40) Nr. 4, 86–127 [russ.].

Weitere Beobachtungsmitteilungen.

Mit: [1]) M. N. (Neujmina-)Abramova; [2]) P. T. Šajn.

VI von **NEUMANN**, Johann (John) Ludwig. Math. — 1930–31 Lecturer, '31–33 Prof. Mathematical Physics, Princeton Univ., Princeton, N.J.; '33–57 Research Prof. Math., '45–57 Dir. of Electronic Computer Project, Inst. for Advanced Study, Princeton, N. J.; '50– Adviser,

Univ. of Los Andes, Colombia; '51–53 Pres., Amer. Math. Soc. — '47 Hon. D. Sc. (Princeton Univ., Princeton, N.J.); '49 Hon. D. Sc. (Univ. of Pennsylvania, Philadelphia, Pa.); '49 Hon. D. Sc. (Harvard Univ., Cambridge, Mass.); '52 Hon. D. Sc. (Case Inst. of Technol., Cleveland, O.); '52 Hon. D. Sc. (Univ. of Maryland, College Park, Md.); '52 Dr. h. c. (Istanbul Univ.); '53 Dr. h. c. (Univ. München). — '37 Bocher Prize (Amer. Math. Soc.); '47 Medal for Merit (Presidential Award), Distinguished Civilian Service Award, '56 Medal of Freedom (Pres. of USA); '56 A. Einstein Commemorative Award; '56 Enrico Fermi Award (U.S. Atomic Energy Commiss.). (⊠)

*1903, Dez. 28, Budapest;

†1957, Febr. 8, Washington, D.C.

Nekr. H. Behnke, H. Hermes, J. v. Neumann, ein großes Mathematikerleben unserer Zeit: Mathematisch-physikalische Semesterber., Göttingen **5** ('57) 186–90. — S. Bochner, Biographical Mem., Nation. Acad. Sci. USA **32** ('58) 438–57 (m. Bildn., Faks., Schr.-verz. 124 Nrn.). — H. Freudenthal, Jaarb. koninkl. nederl. Akad. Wet. **1957/58**, 232–38. — H. H. Goldstine, E. P. Wigner, Scientific work of J. v. N.: Science [USA] **125** ('57) 683f. — W. G. Penney, Nature [London] **179** ('57) 510. — F. Smithies, J. London math. Soc. **34** ('59) 373–84 (m. Schr.verz.-Auswahl 30 Nrn.). — C. B. Tompkins, Mathematical Tables and other Aids Computat. **11** ('57) 127f. — Chemical and Engng. News **35** ('57) 62. — Elektronische Rechenanlagen **1** ('59) 57. — Matematikai Lapok **8** ('57) 1–7, 210 (m. Schr.verz.). — Versl. gewone Vergad. Afd. Natuurkunde, Koninkl. nederl. Akad. Wet. **66** ('57) 46.

Zur Biogr. B. Szőkefalvi-Nagy, J. v. Neumann's work in the theory of operators: Matematikai Lapok **8** ('57) 185–210 [ungar.]. — R. Tarján, The work of J. v. N. concerning electronic computing machines: ibid. **9** ('58) 6–18 [∼]. — A. Hajnal, The work of J. v. N. in the axiomatic set-theory: ibid. **10** ('59) 5–11 [∼]. — L. Rédei, J. v. N.'s work in algebra and number theory: ibid. 226–30 [∼]. — National cyclopaedia of American biography **46** (New York '63) 356f.

Gedenkheft Bull. amer. math. Soc. **64** ('58) Nr. **3**, Pt. 2, 5 + 129 S.; darin: Bildn. vor S. 1; 1–49: S. Ulan, Biogr. u. Schr.verz.; 50–56: G. Birkhoff, J. v. Neumann and lattice theory; 57–60: F. J. Murray, Theory of operators, 1: Single operators; 61–85: R. Kadison, ∼ 2: Operator algebras; 86–94: P. R. Halmos, J. v. N. on measure and ergodic theory; 95–99: L. v. Hove, J. v. N.'s contribution to quantum theory; 100–22: H. W. Kuhn, A. W. Tucker, J. v. N.'s work in the theory of games and mathematical economics; 123–29: C. E. Shannon, J. v. N.'s contributions to automate theory.

MHZ. Annals Math. **35** ('34) ff..

Gesammelte Werke Collected works (A. H. Taub) **1**: Logic, theory of sets and quantum mechanics (Oxford–London–NewYork–Paris '61) 10 + 654 S.; **2**: Operators, ergodic theory and almost periodic functions in a group ('61) 10 + 568 S.; **3**: Rings of operators ('61) 9 + 574 S.; **4**: Continuous geometry and other topics ('62) 10 + 516 S.; **5**: Design of computers, theory of automata and numerical analysis ('63) 9 + 784 S., darin S. 775–83: Biogr.; **6**: Theory of games, astrophysics, hydrodynamics and meteorology ('63) 10 + 538 S.

S. The works of the mind (R. B. Heywood) (Chicago, Ill. '47, Cambridge '48) 180–96: The mathematician. — Contributions to the theory of games (H. W. Kuhn, A. W. Tucker) (Princeton, N. J. '50) (Annals Math. Studies, 24) 73–79: Solutions of games by differential equations[6]; **2** ('53) (∼ 28) 5–12: A certain zero-sum two-person game equivalent to the optimal assignment problem; 13–50: Two variants of poker[11][21]; (A. W. Tucker, R. D. Luce) **4** ('59) (∼ 40) 13–42: On the theory of games of strategy. — Automata studies (C. E. Shannon, J. McCarthy) (Princeton, N.J. '56) (∼ 34) 43–98: Probabilistic logics and the synthesis of reliable organisms from unreliable components. — Problems of cosmical aerodynamics. Proc. of the Symposium on the motion of gaseous masses of cosmical dimensions, Paris 1949 (Dayton, Ohio '51) 75–84: Discussion on the existence and uniqueness or multiplicity of solutions of the aerodynamical equations. — Proc. of the Symposium on Monte Carlo method, Los Angeles, Cal., 1949 (Washington, D.C. '51) (U.S. National Bureau of Standards, Applied mathematics series, 12) 36–38: Various techniques in connection with random digits. — Cerebral mechanism in behavior. The Hixon symposium, Pasadena, Cal., 1948 (L. A. Jeffress) (New York '51, London '52) 1–31: General and logical theory of automata (Diskussion S. 32–41). — A. T'juring, Možet li mašina myslit'? [A. M. Turing, Can the machine think ?] (Moskva '60) 59–101: General and logical theory of automata [russ.].

W. Mathematische Grundlagen der Quantenmechanik (Berlin '32) 262 S. (Grundlehren der mathematischen Wissenschaften in Einzeldarstellungen, 38), ('43), ('68) 5 + 262 S.; span.: Fundamentos matemáticos de la mecánica cuántica (Madrid '49) 6 + 351 S. (Monografías de matemática, 1); französ.: Les fondements mathématiques de la mécanique quantique (Paris '46) 336 S.; engl.: Mathematical foundations of quantum mechanics (Princeton, N. J. '55) 12 + 445 S. (Investigations in physics, 2); russ.: (Moskva '64) 367 S. — Charakterisierung des Spektrums eines Integraloperators (Paris '35) 20 S. (Actualités scientifiques et industrielles, 229. Exposés mathématiques, 13). — Geometry of complex domains, a seminar 1935–36 (m. O. Veblen) (Princeton, N.J. '37) 231 S.; ²('55) 3 + 259 S. — Theory of games and economic behavior (m. O. Morgenstern) (Princeton, N.J. '44) 18 + 625 S., ²('47), ³(London–Princeton, N.J. '53), ⁴('65) 20 + 642 S.; deutsch: Spieltheorie und wirtschaftliches Verhalten (Würzburg '61, '63) 24 + 668 S.; russ.: (Moskva '70) 707 S. — Solution of linear systems of high order (m. V. Bargmann, D. Montgomery) (Princeton, N.J. '46) 86 S. (Institute for Advanced Study). — Report on the mathematical and logical aspects of an electronic computing instrument, 1: Preliminary discussion of the logical design of an electronic computing instrument (m. A. W. Burks, H. H. Goldstine) (Princeton, N.J. '47) 6 + 42 S.; 2: Planning and coding of problems for an electronic computing instrument (m. H. H. Goldstine) ('48) 69 + 88 + 23 S. — Functional operators, 1: Measures and integrals (Princeton, N.J. '50) 7 + 261 S. (Annals Math. Studies, 21); 2: The geometry of orthogonal spaces ('50) 3 + 107 S. (~ 22). — The computer and the brain (New Haven, Conn.–London '58, '63) 14 + 82 S. (Mrs. Hepsa Ely Silliman memorial lecture); deutsch: Die Rechenmaschine und das Gehirn (München–Wien '60, '70) 80 S. — Continuous geometry (Princeton, N.J. '60) 11 + 299 S. (Princeton mathematical series, 25). — Theory of self-reproducing automata (Urbana, Ill. '66) 19 + 388 S.; russ.: (Moskva '71) 382 S.

Annals Math. Über adjungierte Funktionaloperationen: (2) **33** ('32) 294–310. — Über einen Satz von Herrn M. H. Stone: 567–73. — Einige Sätze über meßbare Abbildungen: 574–86. — Zur Operatorenmethode in der klassischen Mechanik: 587–642, 789–91. — Die Einführung analytischer Parameter in topologischen Gruppen: **34** ('33) 170–90. — On an algebraic generalization of the quantum mechanical formalism[16])[36]): **35** ('34) 29–64. — On compact solutions of operational-differential equations, 1[4]): **36** ('35) 255–91. — On inner products in linear, metric spaces[16]): 719–23. — On a certain topology for rings of operators: **37** ('36) 111–15. — On rings of operators[23]): 116–229. — The logic of quantum mechanics[2]): 823–43. — On some analytic sets defined by transfinite induction[19]): **38** ('37) 521–25. — On the transitivity of perspective mappings[14]): **41** ('40) 87–93. — On rings of operators, 3: 94–161; ~ 4[23]): **44** ('43) 716–808; ~ [5]: Reduction theory: **50** ('49) 401–85. — Minimally almost periodic groups[36]): **41** ('40) 746–50. Operator methods in classical mechanics, 2 [13]): **43** ('42) 332–50. — On some algebraic properties of operator rings: **44** ('43) 709–15. — Cross-space of linear transformations, 2 [27]): **47** ('46) 608–30; ~ [3 ?] [27]): **49** ('48) 557–82. — A theorem on unitary representations of semi-simple Lie groups[29]): **52** ('50) 509–17. — Significance of Loewner's theorem in the quantum theory of collisions [36]): **59** ('54) 418–33. — On the permutability of self-adjoint operators[9])[24]): **62** ('55) 199–203. — The non-isomorphism of certain continuous rings: **67** ('58) 485–96.

Annals math. Statistics The mean square successive difference[17])[1])[15]): **12** ('41) 153–62. — Distribution of the ratio of the mean square successive difference to the variance: 367–95. — A further remark concerning the distribution of the ratio of the mean square successive difference to the variance: **13** ('42) 86–88. — Note to: B. I. Hart, Tabulation of the probabilities for the ratio of the mean square successive difference to the variance: 207–14.

Astrophysical J. The statistics of the gravitational field arising from a random distribution of stars, 1: The speed of fluctuations[7]): **95** ('42) 489–531; ~ 2: The speed of fluctuations; dynamical friction; spatial correlations [7]): **97** ('43) 1–27; ~ 3[7]): **99** ('44) 25–46; ~ 4[7]): 47–53.

Bull. amer. math. Soc. Numerical inverting of matrices of high order[12]): **53** ('47) 1021–99.

Communications pure and appl. Math., New York Univ. Blast wave calculation[12]): 8 ('55) 327–53.

Compositio math. Zum Haarschen Maß in topologischen Gruppen: **1** ('34) 106–14. — On infinite direct products: **6** ('38) 1–77.

Econometrica [USA] Communication on the Borel notes: **21** ('53) 124–27.

Ergebn. eines math. Kolloquiums Über ein ökonomisches Gleichungssystem und eine Verallgemeinerung des Brouwerschen Fixpunktsatzes: 8 ('37) 73–83.

Fortune Can we survive technology ?: **51** ('55) Juni-Nr.

Fundamenta Math. [Warszawa] The determination of representative elements in the residual classes of a Boolean algebra[30]): **25** ('35) 353–78.

Izvest. naučno-issled. Inst. Mat. i Mech. tomsk. gos. Univ. Some matrix-inequalities and metrization of matrice-space: **1** ('37) 286–300.

J. appl. Physics [USA] A method for the numerical calculation of hydrodynamic shocks [26]): **21** ('50) 232–37.

Matematičeskij Sborn. On an algebraic generalization of the quantum mechanical formalism, 1: (N.S.) **1** ('36) 415–84 [m. russ. Zusammenfassg.]. – The uniqueness of Haar's measure: 721–34 [∼].

Matematikai és term. Értesitő Über die Grenzen der Koordinationsmessungs-Genauigkeit in der Diracschen Theorie des Elektrons: **50** ('34) 366–85 [ungar. m. deutscher Zusammenfassg.].

Mathematical Tables and other Aids Comput. Statistical treatment of values of first 2,000 decimal digits of e and of π calculated of the ENIAC [22])[25]): **4** ('50) 109–11. – A numerical study of a conjecture of Kummer[12]): **7** ('53) 133f. – Continued fraction expansion of $2^{1/3}$ [34]): **9** ('55) 23f. – A study of a numerical solution to a two-dimensional hydrodynamical problem[3])[22])[32])[33]): **13** ('59) 145–84.

Mathematische Nachr. Eine Spektraltheorie für allgemeine Operatoren eines unitären Raumes: **4** ('50/51) 258–81.

Naval Res. Logistics Quarterly A numerical method to determine optimum strategy: **1** ('53/54) 109–15.

Portugaliae Math. Approximative properties of matrices of high finite order: **3** ('42) 1–62.

Proc. amer. math. Soc. Numerical inverting of matrices of high order, 2[12]): **2** ('51) 188–202.

Proc. nation. Acad. Sci. USA Proof of the quasi-ergodic hypothesis: **18** ('32) 70–82. – Dynamical systems of continuous spectra[18]): 255–63. – Physical applications of the ergodic hypothesis: 263–66. – The Dirac equation in projective relativity[32])[35]): **20** ('34) 383–88. – On normal operators: **21** ('35) 366–69. – Continuous geometry: **22** ('36) 92–100. – Examples of continuous geometries: 101–08. – On regular rings: 707–13. – Algebraic theory of continuous geometries: **23** ('37) 16–22. – Continuous rings and their arithmetics: 341–49, 593.

Review econ. Studies A model of general economic equilibrium: **13**, 1 ('45) 1–9.

Tellus [Stockholm] Numerical integration of the barotropic vorticity equation[8])[10]): **2** ('50) 237–54.

Trans. amer. math. Soc. Almost periodic functions in a group, 1: **36** ('34) 445–92; ∼ 2[4]): **37** ('35) 21–50. – On complete topological spaces: 1–20. – On rings of operators, 2[23]): **41** ('37) 208–48. – Fourier integrals and metric geometry[28]): **50** ('41) 226–51.

Veröff. Arbeitsgemeinsch. Forsch. des Landes Nordrhein-Westfalen Entwicklung und Ausnutzung neuerer mathematischer Maschinen: **45** ('54/55) 7–27 [Diskuss. S. 47–65].

Ferner 2 Arbeiten für U.S. Proving Ground, Aberdeen, Md.: „The estimation of the probable error from successive differences" (m. R. H. Kent) ('40) 19 S. und „On the theory of stationary detonation waves" ('48) 26 S., sowie Wiedergabe eines Vortrags „The future of high-speed computing" ('51) 13 S.

Mit: 1) H. R. Bellinson; 2) G. Birkhoff; 3) A. Blair; 4) S. Bochner; 5) –; 6) G. W. Brown; 7) S. Chandrasekhar; 8) J. G. Charney; 9) A. Devinatz; 10) R. Fjørtoft; 11) D. B. Gillies; 12) H. H. Goldstine; 13) P. R. Halmos; 14) I. Halperin; 15) B. I. Hart; 16) P. Jordan; 17) R. H. Kent; 18) B. O. Koopman; 19) C. Kuratowski; 20) –; 21) J. P. Mayberry; 22) N. C. Metropolis; 23) F. J. Murray; 24) A. E. Nussbaum; 25) G. Reitwiesner; 26) R. D. Richtmyer; 27) R. Schatten; 28) I. J. Schoenberg; 29) I. E. Segal; 30) M. H. Stone; 31) –; 32) A. H. Taub; 33) M. Tsingou; 34) B. Tuckerman; 35) O. Veblen; 36) E. P. Wigner.

VI **NEVANLINNA,** Frithiof Edvard Henrik. Math. – 1923–50 Doz., '50–62 Prof., '62– Prof. em., Univ. Helsinki.
*1894, Aug. 16, Joensuu.

S. Treizième congrès des mathématiciens scandinaves, Helsinki 1957 (Helsinki '58) 178–97: Über absolute Analysis.

W. Johdatus lukuteoriaan ja algebraan (Porvoo '44); verkürzte Neubearbeitung in deutscher Sprache u. d. T.: Einführung in die Algebra und die Theorie der algebraischen Gleichungen (Basel–Stuttgart '65) 218 S. (Lehrbücher und Monographien aus dem Gebiete der exakten Wissenschaften, Mathematische Reihe, 29). – Absolute Analysis (m. R. Nevanlinna) (Berlin–Göttingen–Heidelberg '59) 7 + 259 S. (Die Grundlehren der mathematischen Wissenschaften in Einzeldarstellungen mit besonderer Berücksichtigung der Anwendungsgebiete, 102).

Acta math. Über die Integration eines Tensorfeldes[1]): **98** ('57) 151–70.

Suomalaisen Tiedeakatemian Toimituksia, Sarja AI Das Poisson-Stieltjessche Integral und seine Anwendung in der Spektraltheorie des Hilbertschen Raumes[2]): **207** ('55) 38 S. – Über die Umkehrung differenzierbarer Abbildungen: **245** ('57) 14 S.

Mit: 1) R. Nevanlinna; 2) T. Nieminen.

III–VI **NEVILL,** Edmund Neville (früher **Neison,** Edmund). Astron. – 1888–1912 Governm. Chemist, Official Assayer and Governm. Astronomer, Natal; 1912–40 in retirement in Eastbourne, Engl.
*1849, Aug. 27, Beverley, Yorkshire;
†1940, Jan. 14, Eastbourne, England.

Nekr. W. Bragg, Proc. roy. Soc. London, Ser. A **177** ('40/41) 5. – H. S. Jones, Obituary Notices Fellows roy. Soc. London **3** ('39/41) 345–53 (m. Bildn., Faks.); Monthly Notices roy. astron. Soc. **101** ('40/41) 137–39. – Nature [London] **145** ('40) 339f.

V,VI **NEVILLE,** Eric Harold. Math. — 1919–54 Prof., Univ. of Reading; '23–54 Librarian, '34 Pres., Math. Assoc.; '28–30 Vice-Pres., London Math. Soc.; '32–39 British Representative on the Central Committee of the Int. Commission on the Teaching of Math.; '31–47 Chairman of Math. Tables Committee, '50 Pres. of Sect. A, British Assoc. Advancem. Sci.
*1889, Jan. 1, London;
†1961, Aug. 21, Reading.

Zur Biogr. Nature [London] **173** ('54) 1168f.

Nekr. T. A. A. Broadbent, J. London math. Soc. **37** ('62) 479–82 (m. Schr.verz.-Auszug 6 Nrn.). — T. A. A. Broadbent, R. L. Goodstein, Mathematical Gaz. **48** ('64) 131–45 (m. Bildn.). — R. Rado, Nature [London] **191** ('61) 1345f.

H. (Mitautor) The teaching of geometry in schools; a report prepared for the Mathematical Association [3](London '29, '34); [4]('44).

S. Verhandlungen des Internationalen Mathematiker-Kongresses, Zürich 1932, **2** (Zürich–Leipzig '33) 125f.: Iterative interpolation.

W. Jacobian elliptic functions (Oxford–New York '44) 13 + 331 S., [2](Oxford '51) 14 + 345 S. — The Farey series of order 1025. Displaying solutions of the Diophantine equation $bx - ay = 1$ (Cambridge '50) 27 + 405 S. (Royal Society mathematical tables, 1). — Rectangular-polar conversion tables (Cambridge '56) 32 + 109 S. (∼ 2). — Elliptic functions; a primer (W. J. Langford) (Oxford '71) 13 + 198 S.

Advancement Sci. Mathematical notation: **7** ('50) 119–30.

Canadian J. Math. The elliptic integrals of the third kind: **11** ('59) 175–94.

Enseignement math. The training of mathematics teachers in England: **32** ('33) 178–83.

J. indian math. Soc. Iterative interpolation: **20** ('33) 87–120. —Bipolar and trigeminal coordinates on a line: (N.S.) **2** ('36) 173–85.

J. London math. Soc. Expansion of Jacobian functions in powers of the moduli: **15** ('40) 113–15. — The isoptic point of a quadrangle: **16** ('41) 173f. — Andrew Russell Forsyth, 1858–1942: **17** ('42) 237–56. — Jacobian elliptic functions: **18** ('43) 177–91. — The genesis of the Codazzi function: **19** ('44) 23–27. — On restricted cubics: **27** ('52) 359–62. — Structural schemes for elliptic integrals[1]): (2) **4** ('71) 284–90.

Mathematical Gaz. The numerical evaluation of a derivative: **16** ('32) 348f. — Continued fractions and series: **17** ('33) 200. — A bibliographical note (A. M. Legendre "Exercices de calcul intégral", "Traité des fonctions elliptiques"): 200f. — The teaching of geometry: 307–12. — A familiar equation: 319f. — The vector triple product: 320f. — The central point and parameter of the generator of a ruled surface: 321f. — Congruence and parallelism: **18** ('34) 23–29. — Legendre again: 195f. — Stop. Caution. Go: 196–98. — Sir Thomas Muir: 257. — The tracing of cubic curves: 258–66. — Bernoulli's differential equation: 321. — The food of the gods: **19** ('35) 5–17. — Inverted practice: an extension of "Russian peasant" multiplication: 40f. — Cajori's edition of Newton: 134f. — Why use tables?[2]): 213–15. — Bieberbach's trisection: **20** ('36) 138. — Numerical equations with complex coefficients: 178–81. — A focus-sharing set of three conics: 182f. — Two inequalities used in the theory of the gamma function: 279f.; **21** ('37) 55f. — The focus-sharing conics again: 56. — A theorem on three conics derived from a conic and a triangle: 159f. — The influence of the university on school geometry: 339–43. — Notation for the quarterperiods of Jacobian elliptic functions: **22** ('38) 78. — A curious rectangle: 288–90. — A question in conics: 290f. — Interpolation extraordinary: 295. — The evaluation of definite integrals in terms of inverse functions: 377f. — The contact of a variable circle with two fixed circles: 378–80. — The identity in note 1310 [by W. R. Andress, Mathematical Gaz. **22** ('38) 380]: **23** ('39) 81f. — Conics, 1: The orthoptic locus: 463f.; ∼ 2: Radial measures and the orthoptic constant: **24** ('40) 51–; ∼ 3: How many Pascal lines has a six-point?: 277–; ∼ 4: The conic as a locus of ideal points: 348–; ∼ 5: Theorems as constructions: 350–; ∼ 6: Divagations from a problem: **25** ('41) 53–; ∼ 7: Bifocal distances: **26** ('42) 99–; ∼ 8: Phantom powers and Frégier: **27** ('43) 132–; ∼ 9: Bobillier's theorem: 179–; ∼ 10: Fontene's theorem: **28** ('44) 56–; ∼ 10bis: The invariants: **30** ('46) 22–; ∼ 11: Gaskin's theorem: 23–; ∼ 12: What was Pascal's own proof of his theorem?: 151–; ∼ 13: The pedal property of the auxiliary circle: **34** ('50) 118–; ∼ 14: An analytical proof of Pascal's theorem: **35** ('51) 123–; ∼ 15: Oblique eccentricity: 255–; ∼ 16: Bicircular generation and tangential properties: 256–; ∼ 17: Salmon's theory: **38** ('54) 125–; ∼ 18: The theorems of Laguerre: **39** ('55) 37–41; ∼ 19: The asymptotic involution of the ellipse: 226–; ∼ 20: The distance quadratic in pure geometry: **40** ('56) 278; ∼ 21: The oblique pedals of the focus: **41** ('57) 58f. — A misquoted title: **23** ('39) 464–. — The fundamental property of a Farey series: **24** ('40) 58–. — A note on implicit functions: 275–. — The potential of a rod: 277–. — Products of vectors: 357–. — The expression of an arbitrary elliptic function in terms of the

Weierstrassian function: **25** ('41) 243–. — Analytical proof of Pascal's theorem: 248–. — On Note 1520: **26** ('42) 58–. — On Note 1551: 133–. — Confocal co-ordinates in space: **27** ('43) 199–205. — An analytical verification of Feuerbach's theorem: **28** ('44) 116–. — Inversion of order in the second derivative: 192–. — Rough pegs, and a problem in algebra hanging on them: 193–. — A puzzle in notation: **29** ('45) 24. — A simple interpolation formula: 24–. — On Note 1719: 25–. — Indefinite integration by means of contours: 81–. — On Notes 1542, 1610, 1684, 1801: 225–. — Farey's series: **30** ('46) 24–. — A problem in integration: 46–. — On Note 1862: **31** ('47) 104–. — The Brocard angle: 169–. — A sensational descent: 243–. — Acute or obtuse?: 244–. — The evaluation of F(a, b, c, 1,): **32** ('48) 83–. — The tricircular generation of a focus-sharing triad of conics: 184–86. — On Note 1999: The projection of a conic into a circle: 206–. — Iterative determination of a familiar particular integral: **34** ('50) 70–. — The equation of a Pascal line: 203–05. — The digits in the decimal form of π: **35** ('51) 44–. — Involution: **37** ('53) 199–202. — An experiment in notation: **38** ('54) 35–. — A new proof of the multinomial theorem: 134. — Oblique pedals: 166–71. — Products of lengths of tangents and normals: 192–. — On Note 2383: Pythagorean triangles: 204–. — An elementary application of homography: **39** ('55) 134–. — An even distribution of numbers: 224–. — The power of a point for a curve: **40** ('56) 11–14. — Schur's inequality: 216. — A conditional algebraic identity: 278–. — Schur's inequality and Watson's identities: 288–91. — A problem on cubic equations: **42** ('58) 44–. — MXCCLI: 46–. — Tuchey's proof of Feuerbach's theorem, and yet another: 56–. — Partial fractions: Rationalizing the denominator: 261–66. — When found, make a Note of: **43** ('59) 187f. — The 9-point conic of a convex quadrangle: **44** ('60) 214–. — An example of tripolar root-squaring: **45** ('61) 125–.

Mathematics Student Two determinants: **3** ('36) 3 S. — The twisted straight line: **6** ('38/39) 156. — Indefinite integration by means of residues: **13** ('45) 16–25. — Gaskin's theorem and the orthoptic constant: 2 S. — A note on linear differential equations: **15** ('47) 33. — The bicircular generation of a conic: 71–78. — A short proof of Feuerbach's theorem: **25** ('57) 171f.

Nature [London] British Association mathematical tables: **134** ('34) 778. — Vector maps as positive evidence in crystal analysis: **142** ('38) 994f. — The vector map of the cyclol C_2 molecule: **143** ('39) 803. — J. J. Thomson †: **146** ('40) 357. — Srinivasa Ramanujan: **149** ('42) 292–. — A. R. Forsyth †: **150** ('42) 236. — J. W. Nicholson †: **176** ('55) 1197.

Philosophical Mag. and J. Sci. The mutual inductance of two circles: a problem in approximation: (7) **30** ('40) 340. — Exercises on a tightrope: **35** ('44) 414–19. — Ill-conditioned sets of linear equations: **39** ('48) 35–48.

Proc. Cambridge philos. Soc. A trigonometrical inequality: **47** ('51) 629–32. — The codifying of tree-structure: **49** ('53) 381–85.

Proc. London math. Soc. The structure of Farey series: (2) **51** ('49) 132–44.

Quarterly J. Math., Oxford Ser. Multipolar and multiglobular coordinates: **9** ('38) 294–309.

Rep. annu. Meeting, Brit. Assoc. Advancement Sci. Computational labour in modifications of Newton's method of approximation: **108** ('38) 392f.

Scripta math. [USA] Time and the mathematician: **5** ('38) 171–75.

Mit: [1]) T. A. A. Broadbent; [2]) E. A. Guggenheim.

VI **NEVILLE,** Harvey Alexander.
Chem. — 1918–20 Instructor, Princeton Univ., Princeton, N.J.; '21–24 Instructor, '24–27 Assoc., Univ. of Illinois, Chicago, Ill.; '27–32 Assist. Prof., '32–38 Assoc. Prof., '38–64 Prof., '38–52 Head of Departm. of Chem. and Chem. Engng., '45–60 Dir. of the Inst. of Research, '49–56 Dean of Graduate School, '56–61 Provost and Vice Pres., '61–64 Pres., '64 Prof. Emer., Lehigh Univ., Bethlehem, Pa. — '52 Hon. LL. D. (Randolph-Macon College, Ashland, Va.); '62 Hon. L.H.D. (Moravian College, Bethlehem, Pa.); '62 Hon. LL. D. (Lafayette College, Easton, Pa.); '65 Hon. LL. D. (Philadelphia College of Textiles and Sci., Philadelphia, Pa.); '65 Hon. D. Sc. (Cedar Crest College, Allentown, Pa.); '65 Hon. D. Sc. (Lehigh Univ., Bethlehem, Pa.).

*1898, Febr. 18, Millwood, Va.

American Dyestuff Reporter Wetting agents in textile processing, 1: Structure and surface activity[12]): **22** ('33) 541–43; ~ 2: Absorption of wetting agents by wool[12])[13]): 565f.; ~ 3: Influence of wetting agents upon the absorption of acid and basic dyes by wool[12]): 618, 621. — Iodine number of wool; a method for determining the action of various reagents on wool and other proteins[7])[6]): **23** ('34) 323–26. — Selective adsorption from soap solutions[7]): **24** ('35) 312–14. — Surface chemistry and dyeing: **25** ('36) 267–. — Emulsions and their applications to textiles: **34** ('45) 534–36.

American Silk and Rayon J. Emulsifying agents for technical use: **51** ('32) 45f., 78, 80, 82.

Bur. Standards J. Res. Iodine number of wool: a method for determining the action of various chemical reagents on wool and other proteins[7])[6]): **12** ('34) 803–09.

J. Res. nation. Bur. Standards Selective adsorption from soap solutions[7]): **14** ('35) 765–70.

Food Technol. Chocolate bloom[3])[1]): **4** ('50) 439–41.

Industrial and Engng. Chem. Dilatometric measurement of hydration[14]): **24** ('32) 837f. – Catalytic methods for increasing the unsaturation of long-chain fatty compounds. Dehydration of castor oil[4]): **32** ('40) 555–58. – Liquid film formation. A criticism of the balanced layer theory[10]): **33** ('41) 1084–86.

Industrial and Engng. Chem., Analyt. Edit. Wijs iodine values for conjugated double bonds. Influence of sample-reagent ratio[4]): **12** ('40) 72–74.

Industrie Plast. modernes Résines phénol-formaldéhyde modifiées aux 1,2 epoxy[8])[11]): **6** ('54) Nr. 10, 52–54.

J. chem. Educat. New models of old molecules[10]): **12** ('35) 128–32.

J. physic. Chem. Some experiments with wetting agents[12]): **37** ('33) 1001–08. – The effect of evaporation upon the stability of liquid films[10]): **41** ('37) 545–51. – Liquid drops on liquid surfaces[10]): 1205–14. – Cybotaxis at interfaces[10]): **44** ('40) 592–600.

J. Polymer Sci. Water content of hydrophilic phenol-formaldehyde resins; vapor pressure – temperature relationships[2]): **4** ('49) 673–88. – Effects of the ionizable components in cast phenoplasts[8]): **10** ('53) 19–28.

Modern Plastics Modified phenol–formaldehyde resins [,1][8])[11]): **31** ('53/54) 136–40, 220–23; ∼ 2: Modification by epichlorohydrin[8])[5]): 146–50, 226.

Rayon and synthet. Yarn J. Standardizing of sulfonated oils: **13** ('32) Nr. 7, 38f.

Rheology Leaflet Measurement of thixotropy: **1940**, 11 S. [auch erschienen als: Lehigh University publication **15** ('41) Nr. 1].

Mit: [1]) L. R. Bartron; [2]) R. W. Bentz; [3]) N. R. Easton; [4]) W. C. Forbes; [5]) G. J. Frisone; [6]) W. C. Fritz; [7]) M. Harris; [8]) T. G. Harris; [9]) –; [10]) T. H. Hazlehurst (jr.); [11]) R. H. Horning; [12]) C. A. Jeanson III; [13]) A. L. Smith; [14]) E. R. Theis.

IV-VI **NEWALL,** Hugh Frank. Astrophysik. – 1909–28 Prof., '13–28 Dir. of Solar Physics Observat., '28 Prof. Emer., Univ. of Cambridge; '07–09 Pres., Roy. Astron. Soc.; '14–16 Pres., Cambridge Philos. Soc. (☒)

*1857, Juni 21, Gateshead-on-Tyne;
†1944, Febr. 22, Cambridge.

Nekr. W. C. Dampier, Proc. physic. Soc. **56** ('44) 215f. – E. A. Milne, Nature [London] **153** ('44) 455–57; Obituary Notices Fellows roy. Soc. London **4** ('42/44) 717–32 (m. Bildn., Faks., Schr.verz.). – F. J. M. Stratton, Monthly Notices roy. astron. Soc. **105** ('45) 95–102.

Monthly Notices roy. astron. Soc. Aristarch Belopolsky: **95** ('34/35) 338f.

Nature [London] G. E. Hale: **132** ('33) 1–6. – G. E. Hale †: **141** ('38) 502f.

Obituary Notices Fellows roy. Soc. London A. A. Michelson: **1** ('32) 18–25. – George Ellery Hale, 1868–1938: **2** ('39) 523–29.

V,VI **NEWBERY,** Edgar. Chem. (physikal.). – 1916 D. Sc., Victoria Univ., Manchester; '19–49 Prof., Univ. van Kaapstad, Rondebosch, Cape Province, South Africa; '58 Pres., Roy. Soc. of South Africa.

*1883, März 27, Presteigne, Radnorshire.
†1969, Aug. 2, Fish Hoek, Cape Province.

Metal Industry [London] Electrolytic refining of mercury[3]): **43** ('33) 415–18.

Proc. roy. Soc. London, Ser. A Electrolytic valve action and electrolytic rectifiers: **137** ('32) 134–45.

Trans. electrochem. Soc. The electrolytic refining of mercury[3]): **64** ('33) 189–200. – Metallized-glass hydrogen electrodes: 209–20. – Metallized-glass quinhydrone electrodes: **65** ('34) 227–33. – Motor-electrolytic current as a factor in corrosion: **67** ('35) 7 S. – Some physico-chemical properties of mercurous perchlorate solutions: **69** ('36) 611–28. – Motor-electrolytic potential[5]): **73** ('38) 261–84.

Trans. Faraday Soc. A cathode ray oscillograph for detection of low-voltage D.C. signals [2])[1])[4]): **43** ('47) 123–27. – Reversible overvoltage: 127–38.

Trans. roy. Soc. South Africa A simple form of slit ultra-microscope: **29** ('42) 255–59. – Improved universal buffer solutions: **30** ('44) 175–82. – A universal temperature scale[2]): **31** ('48) 79–82. – Gaseous equilibria at constant pressure: **33** ('51) 25–28. – Residual currents: **34** ('54) 25–41. – Reminiscences of chemistry and physics teaching over sixty years (Presidential address): **35** ('59) 331–40.

Mit: [1]) J. L. N. Besseling; [2]) R. Guelke; [3]) S. M. Naudé; [4]) A. Semmelink; [5]) G. A. Smith.

VI **NEWBERY,** George. Chem. (pharmakol.). — 1918–47 Research Chemist and Assist. Dir. of Research, May & Baker Ltd., Dagenham, Essex.

*1893, Juli 8, Brighton;

†1947, Juni 14, Shenfield, Essex.

Nekr. R. W. E. Stickings, J. chem. Soc., London **1948**, 255f.

J. chem. Soc., London Chemotherapeutic comparison of the trypanocidal action of aromatic diamidines[1][2][4][7]): **1942**, 103–16. — Compounds related to penicillin acid, 1: Ethyl β-propionylacrylate and its formylation product[6][8]): **1946**, 451–54. — New chemotherapeutic amidines, 8: Some aliphatic monoamidines[8]): **1947**, 738–42; Search for chemotherapeutic amidines, 10: Substituted 4,4′-diamidino-α,ω-diphenoxyalkanes and -diphenyl ethers[3]): **1949**, 642–48. — The chemistry of synthetic antimalarials, 8: Aromatic carbinolamines[5]): 1133–37.

Mit: [1]) J. N. Ashley; [2]) H. J. Barber; [3]) S. S. Berg; [4]) A. J. Ewins; [5]) D. W. Mathieson; [6]) J. S. Moffatt; [7]) A. D. H. Self; [8]) W. Webster.

VI **NEWELL,** Lyman Churchill. Chem., Geschichte d. Chem. — 1904–32 Prof., Boston Univ., Boston, Mass. (⊠)

*1867, Sept. 18, Pawtucket, R. I.;

†1933, Dez. 13.

Zum 65. Geb.tag T. L. Davis, Industrial and Engng. Chem. **24** ('32) 1082f.

Nekr. C. A. Browne, J. chem. Educat. **11** ('34) 66f.

J. chem. Educat. Chemical education in America from the earliest days to 1820: **9** ('32) 677–95. — Peter Procupine's persecution of Priestley: **10** ('33) 151–59. — Chemistry in the service of Egyptology: 259–66. — Chemistry in old Boston: **11** ('34) 387–99.

Nucleus [USA] A new portrait of Joseph Priestley: **10** ('33) Nr. 5, 4 S.

V,VI **NEWKIRK,** Burt Leroy. Mechanik. — 1898–1900 Assist. Astronomer, '07–20 Assist. Prof., '20–21 Assoc. Prof. Math. and Mech., Univ. of Minnesota, Minneapolis, Minn.; '03–04 Assist., '04–06 Instructor, Univ. of California, Berkeley, Calif.; '06–07 Assist., Lick Observat., Mount Hamilton, Calif.; '21–36 Research Engr., '28–33 in Charge of Sect. of Mech. Investigations, Research Labor., General Electric Co., Schenectady, N.Y.; '36–38 Consulting Engr.; '38–50 Prof., '50 Prof. Emer., Rensselaer Polytechnic Inst., Troy, N.Y.

*1876, Mai 1, Ellenville, N.Y.;

†1964, Dez. 15, Schenectady, N.Y.

Zur Biogr. Mechanical Engng. **76** ('54) 785–.

S. Proc. General discussion on lubrication and lubricants, London 1937, Group I: Journal and thrust bearings (London '38): Instability of oil films and more stable bearings. — Proc. 5th International Congress for applied mechanics, Cambridge, Mass., 1938 (London '39) 625–30: On the mechanism of the fluid oil film in bearings with perfect lubrication [2][4]). — Proc. Conference on lubrication and wear, London 1957 (London '57): Journal bearing instability: a review.

W. An investigation of disturbances due to oil films in journal bearings (m. J. F. Lewis) (Troy, N.Y. '54) 3 + 48 S. (Rensselaer Polytechnic Institute, Department of Aeronautical Engineering, Technical report TR AE 5411 = WADC Technical report Nr. 54-188).

Trans. amer. Soc. mech. Engr. Oil-film whirl - a non-whirling bearing[1]): **56** ('34) 607–15. — Discussion to: H. Poritsky, Contribution to the theory of oil whip: **75** ('53) 1160. — Discussion to: George Sines, The dynamics and lubrication of a miniature turbine rotor on porous bushings: **76** ('54) 326. — Oil-film whirl - an investigation of disturbances due to oil films in journal bearings[3]): **78** ('56) 21–27. — Varieties of shaft disturbances due to fluid films in journal bearings: 985–88.

Mit: [1]) L. P. Grobel; [2]) G. B. Karelitz; [3]) J. F. Lewis; [4]) S. J. Needs.

VI **NEWMAN,** Frederick Henry. Physik. — 1911–14 Stud., '13–14 Assoc., Roy. College of Sci., South Kensington; '14–15 Lecturer, Univ. College of Wales, Aberystwyth; '19–22 Lecturer, Roy. Albert Memorial College → '22–52 Prof., '31– Dir. of Washington Singer Labor., at last Acting Principal, Univ. College of the South West of England, Exeter, Devonshire; D.Sc. and Ph.D., Univ. of London; '49–52 Sci. Adviser on Civil Defence, South Western Region. — '49 Commander of the Order of the British Empire (King George VI). (⊠)

*1891, Juni 8, Bath;

†1952, Apr. 15.

Nekr. H. T. S. Britton, Proc. physic. Soc., Sect. A **65** ('52) 1064f.; ~ Sect. B **65** ('52) 1005f. — V. H. L. Searle, Nature [London] **169** ('52) 820f.

W. Recent advances in physics (non-atomic) (London–Philadelphia, Pa. '32) 9 + 378 S. — The general properties of matter (m. V. H. L. Searle) ²(London–New York '33)

388 S.;...[4](New York '48, London '49);[5](London '57) 11 + 428 S.

American Physics Teacher Note on cathode sputtering: **1** ('33) 27–.

British J. appl. Physics The effect of oxide impurities upon the initiation of arcs: **2** ('51) 303f.

Nature [London] Induced radioactivity and transmutation[1]): **134** ('34) 64. — Induced positron radioactivity[1]): 288f. — Induced radioactivity[1]): 537. — Radioactivity of potassium[1]): **135** ('35) 98. — Radioactivity of rubidium[1]): 508.

Philosophical Mag. and J. Sci. The cold electric arc in vacuum: (7) **14** ('32) 712–18. — A spectroscopic investigation of some metal electrodes in vacuum arcs: 718–25. — The cold cathode vacuum arc: 788–94. — Note on cathode sputtering: 1047–49. — Probe measurements in the sodium arc: **15** ('33) 601–10. — A sodium glow-lamp: **16** ('33) 1109–14. — The cathode fall in the hydrogen arc: **17** ('34) 830–33. — The molecular refractivity of sodium chloride: 1072–75. — Note on the electric arc: **18** ('34) 365–68. — The mercury arc at liquid air temperature: 607–10. — Induced radioactivity and particle emission[1]): **19** ('35) 661–93. — The radioactivity of potassium and rubidium[1]): 767–73. — Note on cosmic ray ions and the shower producing radiation[1]): **20** ('35) 263–66. — Air afterglow: 777–81. — The air-carbon arc in high vacuum: **22** ('36) 403–05. — The carbon arc in vacuum: **23** ('37) 181–86. — A glow discharge: 239–41. — Note on the oxidation of the arc cathode: **26** ('38) 187f. — Note on the electrical discharge in argon: 719–22. — Electric glow between carbon electrodes: **28** ('39) 544–47. — Relative intensity of spectrum lines: 584–87.

Mit: [1]) H. J. Walke.

VI **NEWMAN,** Maxwell Herman Alexander. Math. — 1923–45 Fellow of St. John's College, '27–45 Lecturer, Univ. of Cambridge; '45–64 Prof., '64 Prof. Emer., Victoria Univ. of Manchester; Visiting Prof.: '64–65, '67 Austral. Nation. Univ., Canberra, '65–66 Univ. of Wisconsin, Madison, Wis., and Rice Univ., Houston, Tex.; '50–51 Pres., London Math. Soc.; '60 Pres., Math. Assoc. — '68 Hon. D. Sc. (Univ. of Hull). — '58 Sylvester Medal (Roy. Soc. London); '62 de Morgan Medal (London Math. Soc.). (☒)

*1897, Febr. 7, London.

Zur Biogr. C. Hinshelwood, Proc. roy. Soc. London, Ser. A **249** ('59) Xf. — Nature [London] **182** ('58) 1633.

S. University studies, Cambridge, 1933 (H. Wright) (London '33) 33–66: Mathematics. — Proc. International congress of mathematicians, Djursholm 1962 (Stockholm '63) 139–46: Geometrical topology.

W. Elements of the topology of plane sets of points (NewYork-London '39) 8+221 S.; [2](London '51, '52) 6+214 S.; Neuaufl.: (New York-Cambridge '61, London '62) 6+214 S.

Annals Math. On theories with a combinatorial definition of "equivalence": (2) **43** ('42) 223–43. — The engulfing theorem for topological manifolds: **84** ('66) 555–71.

Biographical Mem. Fellows roy. Soc. Alan Mathison Turing (1912–1954): **1** ('55) 253–63. — John Henry Constantine Whitehead (1904–1960): **7** ('61) 349–63. — Luitzen Egbertus Jan Brouwer† [4]): **15** ('69) 39–63.

British Assoc. Refrigerat. Proc. Topology and continuous groups: **99** ('32) 341.

British med. J. A note on electric automatic computing machines: **1949**, 1133.

Bull. amer. math. Soc. The engulfing theorem for locally tame sets: **72** ('66) 861f.

Compositio math. On the ultimate boundedness of the solution of certain differential equations: **8** ('50) 142–56.

J. London math. Soc. Note on an algebraic theorem of Eddington: **7** ('32) 93–99, 272. — On the products $C_h C_k$ and $C_h \times C_k$ in topology: 143–47. — A characterisation of Boolean lattices and rings: **10** ('41) 250–72. — Relatively complemented algebras: **17** ('42) 34–47. — On a string problem of Dirac: 173–77. — Axioms for algebras of Boolean type: **19** ('44) 28–31. — Fixed point and coincidence theorems: **27** ('52) 135–40. — Hermann Weyl: **33** ('58) 500–11.

J. symbol. Logic A formal theorem in Church's theory of types[1]): **7** ('42) 28–33.

Mathematical Gaz. The course as seen from the university: **21** ('37) 325–29. — The teaching of algebra in sixth forms: **42** ('58) 205–09. — What is mathematics? New answers to an old question: **43** ('59) 161–71. — Modern mathematics and the school curriculum: **45** ('61) 288–99.

Nature [London] "The relativity of time": **144** ('39) 1046f.

Proc. amer. math. Soc. Local connection in locally compact spaces: **1** ('50) 44–53.

Proc. Cambridge philos. Soc. Stratified systems of logic: **39** ('43) 69–83.

Proc. London math. Soc. Path-length and linear measure: (3) **2** ('52) 455–68.

Proc. nation. Acad. Sci. USA Boundaries of NLC sets in Euclidean n-space: **34** ('48) 193–96.

Proc. roy. Soc., London, Ser. A A discussion on computing machines: General principles of the design of all-purpose computing machines: **195** ('49) 271–74. – On the division of Euclidean n-space by topological (n–1)-spheres: **257** ('60) 1–12.

Quarterly J. Math. Oxford Ser. On the group of a certain linkage[3]): 8 ('37) 14–21.

Usp. mat. Nauk John Henry Constantine Whitehead. (On the fifth anniversary of his death)[2]): **20** ('65) Nr. 4, 109–13 [russ.].

Mit: [1]) A. M. Turing; [2]) B. Whitehead; [3]) J. H. C. Whitehead; [4]) G. Kreisel.

VI **NICHOLLS,** John Ralph. Nahrungsmittel- und Drogen-Chem. – 1911–36 Chemist, '36–46 Superintending Chemist, '46–54 Deputy Governm. Chemist, '54–57 still active after retirement, Governm. Chemist's Departm., London; '38–39, '44–45, '49–50, '54– Vice Pres., '51–53 Pres., Soc. Analytical Chem. – '41 Hon. D. Sc. (Univ. of London). – '38 Streatfeild Memorial Medal (Roy. Inst. Chem.); '49 Commander of the Order of the British Empire (King George VI).

*1889, Okt. 19, Ashton Keynes, Wiltshire;

†1970, Febr. 17, Finchley, North London.

Nekr. H. Egan, Chemistry and Industry **1970**, 469 (m. Bildn.). – B. A. Ellis, Proc. Soc. analyt. Chem. **7** ('70) 134.

W. (Bearb.) C. G. Moor, W. Partridge' Aids to the analysis of food and drugs [5](London '34) 8+322 S.; 6. u. 7. Aufl. unter seinem Namen [6]('42) 7+424 S.; [7]('52) 7+516 S. (Students' aids ser.). – Opium (London '38) 35 S. (Streatfeild memorial lecture 21). – The determination of alcohol (London '48) 26 S. (Tatlock memorial lecture 3).

Analyst The determination of benzoyl peroxide in flour: **58** ('33) 4–7. – Determination of quinine: **59** ('34) 277. – The determination of cocaine alkaloids in mixtures with other alkaloids and local anaesthetics: **61** ('36) 155–59. – Mannich's method for the determination of morphine: **62** ('37) 440–43. – Water and fat in English cheeses: **66** ('41) 265–86. – Vitamin B 1 (aneurine) assay in wheat flour[2])[3])[1])[4]): **67** ('42) 15–17. – Methods of analysis for the purposes of the cake and flour confectionery order: **68** ('43) 48–50. – Sir Jack Drummond: **78** ('53) 3. – Address of the retiring president: 271–80. – Applications of the newer techniques in analytical chemistry: **79** ('54) 251. – The use of sound in analytical chemistry: **80** ('55) 81. – Some applications of modern techniques in analytical chemistry: 166. – Andrew More †: 783.

Chemistry and Industry Deterioration of shells when stored in oak cabinets: **10** ('34) 1077 f. – Organo-phosphorus insecticides: **1954**, 528.

Science Progr. [London] Verfälschung von Lebensmitteln: **31** ('36) 258–67 [engl.]. – Some newer techniques in analytical chemistry: **37** ('49) 31–41.

Mit: [1]) A. J. Amos; [2]) R. G. Booth; [3]) D. W. Kent-Jones; [4]) H. H. Ward.

VI **NICHOLS,** James Burton. Chem. (physikal.). – 1927–42 Research Chemist, '42–45 Head of Physics Sect., '45–53 Head of Polymer Characterizat., '53–67 Supervisor of Physic. and Analytic. Divis., Exper. Station, E. I. Du Pont de Nemours & Co., Wilmington, Del.

*1902, Febr. 25, Danbury, Conn.

S. T. Svedberg, K. O. Pedersen, The ultracentrifuge (London '40) 416–31: The sedimentation behaviour of some linear high polymers[2]); deutsch: T. Svedberg, K. O. Pedersen, Die Ultrazentrifuge; Theorie, Konstruktion und Ergebnisse (Dresden–Leipzig '40) (Handbuch der Kolloidwissenschaft in Einzeldarstellungen, 7) 380–402: Organische Kolloide (mit Ausnahme der Proteine), 1: Untersuchung einiger nichtglobularer linearer hochpolymerer Stoffe mit der Ultrazentrifuge[2]). – Colloid chemistry, theoretical and applied **6** (New York '46) 1077–88: Colloid aspects of nylon. – Technique of organic chemistry (A. Weissberger) **1**: Physical methods of organic chemistry [2](New York '49) 627–730, [3]('59) 1007–37: Determinations with the ultracentrifuge[1]).

Advances Colloid Sci. Elmer O. Kraemer – a biography[5]): **2** ('46) XIII–XXIV.

Industrial and Engng. Chem. Structure–property relationships for neoprene type W [4]): **43** ('51) 154–57.

Industrial and Engng. Chem., Analyt. Edit. The ultracentrifuge and its field of research: **4** ('32) 12–17.

J. amer. chem. Soc. Structure of neoprene, 1: Molecular weight distribution of neoprene type GN [4])[3]): **70** ('48) 2185–90; ∼ 3: The molecular weight distribution of neoprene type CG [4]): **71** ('49) 3435–38.

J. appl. Physics [USA] x-Ray and infrared studies on the extent of crystallization of polymers: **25** ('54) 840–47.

J. physic. Chem. The particle size and constitution of colloidal ferric oxide, 1[2])[1]): **36** ('32) 326–39; ∼ 2: Dialysis and aging[2])[1]): 505–14. – Particle size and optical properties of emulsions[1])[2]): **40** ('36) 1149–55.

Lait L'effet du chauffage préliminaire sur la dispersion du caséinate de calcium dans le lait écrémé[1][8][7][6]: **12** ('32) 748–54.

Scientific American Seeing the ultracentrifuge operate: **147** ('32) 106f.

Mit: [1]) E. D. Bailey; [2]) E. O. Kraemer; [3]) C. J. Mighton; [4]) W. E. Mochel; [5]) E. B. Sanigar; [6]) E. F. Deysher; [7]) G. R. Greenbank; [8]) G. E. Holm.

III–VI **NICHOLS,** Edward Leamington. Physik. — 1887–1919 Prof. and Head of the Departm. of Physics, '19 Prof. Emer., Cornell Univ., Ithaca, N.Y.; 1885 Pres., Kansas Acad.; 1907–09 Pres., Amer. Physic. Soc.; '07 Pres., Amer. Assoc. Advancem. Sci.; '08 Pres., Nation. Soc. Sigma Xi. — Elliott Cresson Medal (Franklin Inst., Philadelphia, Pa.); '28 Rumford Medal (Amer. Acad. Arts and Sci., Boston, Mass.); '29 Frederic Ives Medal (Optic. Soc. America). (⊠)

*1854, Sept. 14, Leamington, England; †1937, Nov. 10, West Palm Beach, Fla.

Nekr. E. G. Merritt, Biographical Mem., Nation. Acad. Sci. USA **21** ('40) 343–66 (m. Bildn., Faks., Schr.verz.); Physical Rev. **53** ('38) 1f. (m. Bildn., Faks.); Proc. amer. Acad. Arts and Sci. **72** ('37/38) 374–76; Science [USA] **86** ('37) 483–85. — C. C. Murdock, J. opt. Soc. America **28** ('38) 31f. — W. D. W., Nature [London] **141** ('38) 66f. — Scientific Monthly **46** ('38) 286 (m. Bildn.).

American Physics Teacher Sidelights on the era of Young and Fresnel: **1** ('33) 61–.

J. opt. Soc. America On temperature crests in cando-luminescence[2]): **22** ('32) 170–89. — Relation between certain types of luminescence[4]): 357–68. — Thermal behavior of certain solid solutions[1]): 456–65. — Sidelights on the era of Young and Fresnel: **23** ('33) 1–6. — The hydrogen effect in certain oxides[3]): **26** ('36) 91–98.

Mit: [1]) M. A. Ewer; [2]) H. L. Howes; [3]) C. L. Stanford; [4]) F. G. Wick.

VI **NICHOLS,** Melvin Lorrel. Chem. (analyt.). — 1918–22 Instructor, '22–35 Assist. Prof., '35–62 Prof., '62 Prof. Emer., Cornell Univ., Ithaca, N.Y.

*1894, Nov. 30, Dayton, O.

W. Laboratory manual of advanced quantitative analysis (Ann Arbor, Mich. '32) 81 S. — Laboratory manual of introductory qualitative analysis (m. C. W. Morse) (Ithaca, N.Y. '34) 11+98 S.

Analytical Chem. Artificial color standards for methyl yellow and methyl orange[3]): **20** ('48) 1188–91. — Photo-electric titrimeter[4]): **22** ('50) 781–84. — Titrations with a photoelectric titrimeter[4]): 785–90. — x-Ray investigation of several contaminated barium sulfate precipitates[11][9]): **25** ('53) 306–10. — Colorimetric determination of fluoride[1]): **26** ('54) 703–07.

Industrial and Engng. Chem., Analyt. Edit. Note on the micro-Dumas method (for determination of nitrogen): **5** ('33) 149. — Determination of perchlorates: **7** ('35) 39. — The germanium - germanium dioxide electrode[2]): 350–52. — Potentiometric titrations with the germanium - germanium dioxide electrode[2]): 353–55. — A simple method for preparing glass electrodes[8]): **10** ('38) 286. — Separation and determination of aluminum and beryllium using tannin[8]): **11** ('39) 278–80. — Decomposition temperatures of some analytical precipitates: Calcium carbonate and lead sulfate[12]): **13** ('41) 251–56; ∼: Barium carbonate[5]): **14** ('42) 481–85. — Determination of fluorine in organic compounds with cerous nitrate[6]): **15** ('43) 342–46. — Determination of small amounts of molybdenum in plants and soils[7]): **16** ('44) 137–40.

J. amer. chem. Soc. Reactions of Nessler's solution[13]): **56** ('34) 769–74. — The reduction of silver salts with hydroxylamine: 841–45. — The thickness of a surface film of copper: **57** ('35) 267–69.

J. physic. Chem. Coprecipitation with barium sulfate[10]): **45** ('41) 411–21.

Mit: [1]) A. C. Condo, jr.; [2]) S. R. Cooper; [3]) B. L. Ingram; [4]) B. H. Kindt; [5]) R. H. Lafferty; [6]) J. S. Olsen; [7]) L. H. Rogers; [8]) J. M. Schempf; [9]) H. A. Scheraga; [10]) E. C. Smith; [11]) C. A. Streuli; [12]) B. E. White; [13]) C. O. Willits.

V,VI **NICHOLSON,** John William. Physik, Astrophysik, Math. — 1912–21 Prof. Math., King's College, Univ. of London; '21–30 Fellow and Tutor and Dir. of Studies in Math. and Physics, Balliol College, Univ. of Oxford; '10–20 Secretary, '20–30 Chairman, Brit. Assoc. Math. Tables Committee; Pres., Röntgen Soc.; Vice Pres., Physic. Soc. London; '30–55 Invalided. — '07 Smith's Prize (Univ. of London); '13, '19 Adams Prize (Univ. of Cambridge).

*1881, Nov. 1, Darlington;
†1955, Okt. 3.

Nekr. W. Wilson, Biographical Mem. Fellows roy. Soc. **2** ('56) 209–14 (m. Bildn., Faks., Schr.verz.); Nature [London] **176** ('55) 1051. — E. H. Neville, ibid. 1197.

VI **NICHOLSON,** Seth Barnes. Astron. — 1915–57 Astronomer, Mt. Wilson Observat., Carnegie Instn., Pasadena, Calif.; '35 Pres., Astron. Soc. Pacific. — '49 Hon. LL. D. (Drake Univ., Des Moines, Ia.).

*1891, Nov. 12, Springfield, Ill.;
†1963, Juli 2, Pasadena, Calif.

Zur Biogr. Nature [London] **180** ('57) 360.

Nekr. L'Astronomie (BSAF) **77** ('63) 372. — Observatory **83** ('63) 192. — Physics today **16** ('63) 106. — Populär astron. Tidskr. **44** ('63) 184. — Publ. astron. Soc. Pacific **75** ('63) 305–07. — Sky and Telescope **26** ('63) 63.

HZ. Publ. astron. Soc. Pacific **55** ('43) – **67** ('55).

Annual Rep. Board Regents Smithsonian Instn. The satellites of Jupiter: **1940** ('41) 131–38. — Large sunspots: **1947** ('48) 173–76.

Astronomical J. The satellite VIII of Jupiter[10]): **44** ('34) 32. — The satellites VI–VIII of Jupiter[10]): **45** ('36) 199f. — Discovery of the tenth and eleventh satellites of Jupiter and observations of these and other satellites: **48** ('39) 129–32. — Positions of Jupiter's satellites[10]): **49** ('40) 9–11. — Positions of Jupiter's satellites VI–XI, Saturn's satellite IX (Phoebe), and Pluto[10]): **50** ('43) 163f. — Short-period fluctuations in solar activity: **60** ('55) 174.

Astronomičeskij Cirk. Erster Neujminscher Komet (1948f): Ephemeride: **82** ('49) 5 [russ.].

Astrophysical J. Measurements of the radiation from variable stars[8]): **78** ('33) 320–53. — Radiation from the planet Mercury[8]): **83** ('36) 84–102. — Orbit of the ninth satellite of Jupiter: **100** ('44) 57–62.

Beob.-Zirk. Astronomische Nachr. Jupitermond IX: Ephemeride: **22** ('40) 60.

Circulaire, Union astron. int. [København] The two new satellites of Jupiter: **722** ('38) 1 S. — The satellite IX of Jupiter: Ephemeris: **817** ('40) 1 S.

Contributions Mount Wilson Observat. Measurements of the radiation from variable stars[8]): **478** ('33) 34 S. — Radiation from the planet Mercury[8]): **533** ('36) 19 S.

Harvard Announcement Card The satellite VIII of Jupiter: **293** ('34) 1 S.; **453** ('38) 1 S. — Two new satellites of Jupiter: **455** ('38) 1 S. — The satellites X and XI of Jupiter: **456** ('38) 1 S.; **458** ('38) 1 S.; **460** ('38) 1 S.; **461** ('38) 1 S.; **462** ('38) 1 S.; ~ [7]): **465** ('38) 1 S. — The satellite IX of Jupiter: Ephemeris **529** ('40) 1 S. — The new little planet 1566 Icarus[9]) [4]): **1096** ('50) 1 S.

J. geophys. Res. The diurnal variation of irregular geomagnetic fluctuations [,1][12]): **60** ('55) 389–94; ~ 2[12]): **63** ('58) 803–06. — The diurnal variation of K indices of geomagnetic activity on quiet days in 1940–1948[12]): **66** ('61) 1139–44. — The diurnal variation of K indices of geomagnetic activity on disturbed days in 1940–1948[12]): 2399–404; ~ 1949–1957[12]): **67** ('62) 4593–99.

J. opt. Soc. America George Ellery Hale†: **29** ('39) 306.

J. roy. astron. Soc. Canada The nature of the solar cycle[1]): **26** ('32) 278. — The satellites of Jupiter: **35** ('41) 415–20.

Leaflet, Astron. Soc. Pacific The tides: **73** ('35) 8 S. — The satellites of Jupiter: **275** ('52) 8 S. — Comets of recent years: **338** ('57) 8 S. — The solar cycle: **348** ('58) 8 S. — The Trojan asteroids: **381** ('61) 8 S. — Jupiter: **408** ('63) 8 S.

Papers Mount Wilson Solar Observat. Magnetic observations of sunspots 1917–1924[3]): **5** ('38) Nr. 1, 91 S.; Nr. 2, 692 S. (= Publ., Carnegie Instn. Washington **498** ('38) Nr. 1.2).

Physical Rev. A possible influence of the moon on recurrent geomagnetic activity[12]): **73** ('48) 1204f.

Proc. nation. Acad. Sci. USA The nature of the solar cycle[1]): **19** ('33) 371–75.

Publ., Amer. astron. Soc. The variations of energy in *o* Ceti[8]): **45** ('33) 194f. — The new sunspot cycle: (N. S.) **8** ('35) 121. — Jupiter's satellites X and XI: **9** ('39) 162.

Publ. astron. Soc. Pacific Sunspot activity during 1931[11]): **44** ('32) 59–61; ~ 1933[11]): **46** ('34) 62–64; ~ 1934[11]): **47** ('35) 57–59; ~ 1935[11]): **48** ('36) 23f.; ~ 1936[11]): **49** ('37) 28–31; ~ 1937[11]): **50** ('38) 59f.; ~ 1938[11]): **51** ('39) 51–53; ~ 1939[11]): **52** ('40) 32f.; ~ 1940[11]): **53** ('41) 32f.; ~ 1941[11]): **54** ('42) 8–10; ...; ~ 1947: **60** ('48) 98–101; ~ 1949: **62** ('50) 5–8; ~ 1951: **64** ('52) 67–70; ~ 1953: **66** ('54) 55–57. — Sunspots and the weather: **44** ('32) 230–37. — The present phase of the solar cycle[11]): 257. — The area of a sunspot and the intensity of its magnetic field: **45** ('33) 51f. — Sunspots[11]): 52, 94, 152, 191, 259, 308. — Magnetic polarities of sunspots in the new cycle[11]): **46** ('34) 225f. — Comparison between the radiation from the Moon and from Mercury[8]): **47** ('35) 215. — The present state of solar activity[11]): **49** ('37) 221. — The Zeeman effect in molecular spectra of sunspots: **50** ('38) 224. — Two new satellites of Jupiter: 292f. — Magnitudes of Jupiter X and Jupiter XI: 350. — The satellites of Jupiter: **51** ('39) 85–94. — A prominence with large Doppler displacements: 175. — The great magnetic storm of March 24, 1940: **52** ('40) 169–71. — The transit of Mercury, November 11, 1940, Mount Wilson[9])[6])[5]): 409–13. — The time of second contact at the transit of Mercury on November 11, 1940[9]): **53** ('41) 18–20. — Jupiter satellite XI: Ephemeris: 292. — Sunspots and magnetism: 305–14. — Comet 1925

II Schwassmann-Wachmann 1: **59** ('47) 30f. – On the identification of the solar M-regions associated with terrestrial magnetic activity[12]): **60** ('48) 37–53. – Recurrent geomagnetic activity and lunar declination[12]): 259–62. – The production of geomagnetic activity. The activity of the years 1941 and 1942 [12]): **61** ('49) 166–74. – Solar flares and moderate geomagnetic activity[12]): **62** ('50) 202–10. – An unidentified object near Jupiter, probably a new satellite: **63** ('51) 297–99. – The role of quiet days in the mechanism of geomagnetic activity[12]): **64** ('52) 265–70. – Solar flares and geomagnetism [2]): **65** ('53) 201f. – Temperatures on the bright and dark sides of Venus[8]): **67** ('55) 293–303. – A sunspot group in exceptionally high latitude: **69** ('57) 80–82. – A new Trojan asteroid, (1647) Menelaus: **72** ('60) 359. – Award of the Bruce Gold Medal to Dr. Rudolph Minkowski: **73** ('61) 85–87. – F. E. Ross, 1874–1960: 182–84.

Science Diurnal variation of K indices of geomagnetic activity on disturbed days[12]): **134** ('61) 1434.

Sky and Telescope The current sunspot cycle: **6** ('47) Nr. 12, 3–6. – Jupiter XII: **11** ('52) 79–81.

Terrestrial Magnetism and atmospher. Electr. Provisional solar and magnetic character-figures, Mount Wilson Observatory, October, November, and December, 1931 [11]): **37** ('32) 83f.; ~ January, February, and March, 1932 [11]): 187f.; ~ April, May, and June, 1932 [11]): 411f.; ~ July, August, and September, 1932 [11]): 488f.; ~ October, November, and December, 1932 [11]): **38** ('33) 63f.; ~ January, February, and March, 1933 [11]): 146f.; ~ April, May, and June, 1933 [11]): 265f.; ~ July, August, and September, 1933, and Note on values for December, 1929, and January, 1930 [11]): 340f.; ~ October, November and December, 1933 [11]): **39** ('34) 77f.; ~ January, February, and March, 1934 [11]): 163f.; ~ April, May and June, 1934 [11]): 242f.; ~ July, August, and September, 1934 [11]): 351f.; ~ October, November, and December, 1934 [11]): **40** ('35) 115f.; ~ January, February, and March, 1935 [11]): 218f.; ~ April, May and June, 1935 [11]): 332f.; ~ July, August, and September, 1935 [11]): 454f.; ~ October, November, and December, 1935 [11]): **41** ('36) 83f.; ~ January, February, and March, 1936 [11]): 205f.; ~ April, May, and June, 1936 [11]): 313–15; ~ July, August and September, 1936 [11]): 402–04; ~ October, November, and December, 1936 [11]): **42** ('37) 91f.; ~ January, February, and March, 1937 [11]): 209–11; April, May, and June, 1937 [11]): 311–13; ~ July, August, and September, 1937 [11]): 409–11; ~ October, November, and December, 1937 [11]): **43** ('38) 81–83; ~January, February, and March, 1938 [11]): 180–82; ~ April, May, and June, 1938 [11]): 331–33; ~ July, August, and September, 1938 [11]): 489f.; ~ October, November, and December, 1938 [11]): **44** ('39) 99–101; ~ January, February, and March, 1939 [11]): 213f.; ~ April to September, 1939 [11]): 484–87; ~ October to December, 1939 [11]): **45** ('40) 104–06; ~ January to March, 1940 [11]): 218–20; ~ April to June, 1940 [11]): 377f.; ~ July to September, 1940 [11]): 519–21; ~ October to December, 1940 [11]): **46** ('41) 135–37; ~ January to March 1941 [11]): 252–54; ~ April to June, 1941 [11]): 364–66; ~ July to September, 1941 [11]): 471f.; ~ October to December, 1946: **52** ('47) 65f.; ~ January to March, 1947: 268; ~ April to September, 1947: 451f.; ~ October to December, 1947: **53** ('48) 26. – Comments on sunspot observations, Mount Wilson Observatory: **41** ('36) 209f. – Terrestrial influence in the lunar and solar tidal motions of the air[12]): **52** ('47) 175–82. – Revised form of solar and magnetic data from Mount Wilson Observatory: 267f.

Trans. amer. geophysic. Union The great sunspot of January 1938: **1** ('38) 203f.

Mit: [1]) W. S. Adams; [2]) T. Cragg; [3]) G. E. Hale; [4]) R. G. Harrington; [5]) J. O. Hidox; [6]) E. R. Hoge; [7]) E. Hubble; [8]) E. Pettit; [9]) R. S. Richardson; [10]) M. L. Richmond; [11]) E. E. Sternberg (= E. S(ternberg) Mulders); [12]) O. R. Wulf.

V,VI **NICLOUX,** Maurice. Chem. (biol.). – 1893–99 Préparateur de la Chaire de Physiol. gén., 1908–19 Sous-Dir. du Labor. de Physiol. gén., Muséum d'Histoire Naturelle, Paris; 1899–1907 Chef de Labor., Clinique Tarnier, Paris; '07– Prof. agrégé Chim. méd., Univ. de Paris; 1919–39 Prof. tit. et Dir. de l'Inst. Chim. biol., Fac. de Méd., Univ. de Strasbourg; '39–44 Prof., Fac. de Méd. et de Pharm., Univ. de Marseille. – '14–20 Prés., Soc. Chim. biol.; '20– Vice-prés., Soc. Biol. – '34 Prix Paul Marguerite de la Charlonie, '34 Médaille Berthelot (Acad. Sci. Paris).

*1873, Sept. 19, Paris;
†1945, Jan. 5, Annecy.

Nekr. M. Javillier, C. R. hebd. Séances Acad. Sci., Paris **220** ('45) 153–56. – J. Roche, Bull. Soc. Chim. biol. **27** ('45) 136–39 (m. Bildn.).

S. Traité de physiologie normale et pathologique (G. H. Roger, L. Binet) **9**, 1 (Paris '33) 495–558: Anesthésie générale (Etude biochimique). – Le VIe Congrès de chimie biologique, Lyon 1937 (R. Fabre) (Lons-le-Saunier '37) 347–55: L'eau des tissus chez les animaux aquatiques; expériences nouvelles confirmant l'hypothèse d'une eau liée aux protéides.

Annales Fermentat. Microdosage, submicrodosage, identification de l'alcool éthylique, 1: Microdosage de l'alcool éthylique: **1** ('36) 449–67; ~ 2: Submicrodosage de l'alcool éthylique: 513–29; ~3: Identification de l'alcool éthylique: 530–40; ~ 4: ≈: 596–613.

Annales Méd. légale, Criminol. et Police sci. Dosage de l'alcool dans le sang et les tissus putréfiés. Application à l'étude de l'évolution de l'alcool dans le sang en voie de putréfaction, ainsi que chez le cadavre d'un mammifère (souris) inhumé ou non: **16** ('36) 113–15.

Annales Physiol. et Physicochim. biol. La combustion de l'alcool dans l'organisme: **8** ('32) 372. — Diffusion de l'alcool dans l'organisme et eau liée: **10** ('34) 887–99. — Eau liée et eau libre dans les tissus: **14** ('38) 613–16.

Bull. Acad. Méd. L'eau dans les tissus: **111** ('34) 498–501. — Les secours d'urgence aux asphyxiés[8]): **112** ('34) 652–67. — L'eau des tissus: **119** ('38) 363–72.

Bull. Soc. Chim. biol. Marc Bridel (1883–1931): **14** ('32) 197–206. — Recherches sur l'alcool éthylique, 3: Combustion de l'alcool chez un homéotherme (souris) placé au point de neutralité thermique: 861–72; ~ 4: Hypothèse sur la répartition de l'alcool dans les tissus de l'organisme: l'eau, facteur prépondérant: **16** ('34) 330–37; ~ 5: Diffusion de l'alcool éthylique, a: In vitro, dans des liquides organiques placés dans des sacs de collodion; b: In vivo, chez le poisson; rôle de l'eau des tissus[2]): 338–54. — L'origine de la Société de Chimie Biologique: 788–92. — L'eau des tissus [,1]: Possibilité de mettre en évidence une eau imperméable à l'alcool éthylique; sa fixation par les protéides; sa mesure, ses variations: 822–64; ~ 2: Nouvelle contribution à l'étude d'une "eau liée" aux protéides: **20** ('38) 981–1032. — Microdosage, dans le sang et les tissus, de quantités d'alcool éthylique comprises entre 0,1 et 0,5 mg [4])[1]): **16** ('34) 1314–32. — Microdosage et submicrodosage de l'alcool méthylique. Application au sang et aux tissus: **17** ('35) 194–202. — La Société de Chimie Biologique depuis 1919: 396–402. — L'alcool dans le sang putréfié et chez le cadavre: Microdosage; étude chimique; néoformation: **18** ('36) 318–51. — Andrée Roche (1900–1936): 1888–94. — L'eau des tissus; expériences confirmant l'hypothèse d'une "eau liée" aux protéides: **19** ('37) 1446f. — Titrage final de l'ammoniaque dans le microdosage de l'azote par la méthode de Kjeldahl: **21** ('39) 483–88.

Bull. Soc. chim. France L'eau dans les tissus des organismes vivants: (5) **6** ('39) 1142f.

C. R. hebd. Séances Acad. Sci., Paris La combustion de l'alcool chez l'homéotherme: **194** ('32) 1390f. — Sur l'oxydation de l'hydrosulfite de sodium par l'oxygène libre: **196** ('33) 616–18. — Diffusion de l'alcool dans l'organisme et eau liée: **198** ('34) 983–85. — Coefficient d'éthyloxydation et métabolisme de base chez quelques espèces homéothermes[4])[5]): **200** ('35) 1133–35. — Sur l'identification de l'alcool éthylique: **203** ('36) 16–19. — Diffusion de l'alcool éthylique chez les animaux marins et hypothèse d'une eau liée: **204** ('37) 832–34. — La teneur en alcool de l'eau des plasmas interstitiels et de l'eau protoplasmique, chez un animal aquatique, est celle du milieu extérieur dans lequel il est plongé. Démonstration expérimentale pour la grenouille: 1532–35. — Méthode générale de détermination de l'eau de cristallisation d'un sel au sein même de l'eau mère qui lui a donné naissance: **213** ('41) 758–61.

C. R. (hebd.) Séances (et Mém.) Soc. Biol. La combustion de l'alcool chez un homéotherme (souris) placé au point de neutralité thermique: **109** ('32) 1287–89. — Considérations générales sur la fixation d'une substance étrangère à l'organisme par les tissus. Cas particuliers du chloroforme et de l'alcool éthylique, ce dernier du point de vue théorique: **112** ('33) 1096–99. — Dialyse de l'alcool en solution diluée à travers une membrane le séparant de liquides biologiques, sang, sérum, lait, etc. . . [2]): 1100f. — Répartition de l'alcool dans les tissus du poisson plongé dans un milieu alcoolisé[2]): 1102–04. — Possibilité de suivre la fermentation de petites quantités de glucose par le dosage de l'alcool produit[3]): **115** ('34) 1280–83. — Diffusion de l'alcool éthylique dans les tissus chez le poisson. Différenciation par son imperméabilité à l'alcool d'une eau liée aux protéides: 1284–86. — Mesure d'une eau liée aux protéides imperméable à l'alcool; ses variations dans certaines conditions expérimentales: 1287–90. — Méthode de dosage de quantités d'alcool de l'ordre du dixième de milligramme[4])[1]): **116** ('34) 79–81. — Dosage de l'alcool dans le sang et les tissus putréfiés: **120** ('35) 1301–03. — Sort de l'alcool dans de sang en voie de putréfaction in vitro: 1304–06. — Sort de l'alcool dans le cadavre d'un mammifère alcoolisé. Néoformation d'alcool chez les animaux témoins non alcoolisés: 1306–09. — Néoformation d'alcool éthylique dans le cadavre humain en voie de putréfaction: **121** ('36) 975–78. — Réponse aux notes de M. G. Fontès: 1470f.; **124** ('37) 363f. — Perméabilité totale envers l'alcool de tous les tissus, peau comprise, chez la grenouille intacte: **125** ('37) 453–56. — Observations à propos de la note de MM. Fontès et Lindenberg: 458. — L'identité des teneurs en alcool de l'eau de l'organisme d'un animal aquatique et du milieu extérieur; argument en faveur de l'hypothèse d'une "eau liée" aux protéines: **126** ('37) 459–61. — Sur le titrage final de l'ammoniaque dans la microméthode de Kjeldahl: **129** ('38) 1171–73.

Leçons Jeudi Soir, Clinique Tarnier Passage des gaz et des vapeurs de la mère au foetus: 12 ('35) 25–41.

Trav. Membres Soc. Chim. biol. L'eau des tissus, 3: Recherches sur la diffusion de l'alcool éthylique chez les algues marines dans ses rapports avec l'hypothèse d'une "eau liée": 23 ('41) 1194–202; ~ 4: L'eau de cristallisation et l'eau liée: 24 ('42) 1001–09; ~ 5: La diffusion de l'alcool éthylique et de l'eau liée chez des algues et mousses aquatiques et terrestres: 1010–15.

Mit: [1]) A. Dontcheff; [2]) G. Gosselin; [3]) P. Grabar; [4]) E. Le Breton; [5]) G. Schaeffer; [6]) R. Legendre.

VI **NICOLESCU,** Miron. Math. – 1928–33 Lehrbeauftragter, '33–40 Prof., Univ. din Cernăuţi; '40–73 Prof. m. Lehrstuhl, '73 Prof. emer., Univ. din Bucureşti; '46–48 Generalsekretär u. Staatssekretär, Rumän. Unterrichtsministerium; '63–73 Dir. d. Inst. f. Math., '66–75 Präs., Akad. d. Sozialist. Republ. Rumänien; '74 Vizepräs., Int. Union d. Mathematiker. – '54 Staatspreis I. Klasse, '56 Orden d. Arbeit I. Kl., '63 Staatstitel „Verdienter Wissenschaftler", '66 Orden f. wiss. Verdienste, '71 Staatstitel „Held d. Sozialist. Arbeit", '73 Orden „Sieg des Sozialismus" (Rumän. Regierung); '70 Goldmedaille (Soc. d. Encouragem. pour la Recherche et l'Invent.); einige weitere Orden u. Medaillen.

*1903, Aug. 27, Giurgiu;

†1975, Juni 30, Bucureşti.

Zum 60. Geb.tag Festgabe: Revue roumaine Math. pures et appl. 9 ('64) (m. Bildn.). – Analele Acad. Republ. popul. romîne 14 ('64) 435. – N. Dinculeanu, C. Foiaş, S. Marcus, Gazeta mat. şi fizică, Ser. A 15 (68) ('63) 538–55 (m. Bildn. u. Schr.verz. 112 Nrn.).

Zum 70. Geb.tag Festgabe: Revue roumaine Math. pures et appl. 18 ('73) Nr. 10 (= S. 1465–600) (m. Bildn.).

Nekr. Ş. Cioculescu, România literară 8 ('75) Nr. 27, S. 3. – S. Marcus, Revue roumaine Math. pures et appl. 21 ('76).

MHZ. Revue (roumaine) Math. pures et appl. 1 ('56) – .

S. Verhandlungen des Internationalen Mathematiker-Kongresses, Zürich 1932, 2 (Zürich–Leipzig '33) 329f.: Extension du théorème de Liouville-Picard aux intégrales de l'équation de Fourier. – Omagiu lui Ion I. Nistor, 1912–1937 (Cernăuţi '37) 560–62: Über das Experiment in der Mathematik [rumän.]. – Academia Republicii Populare Romîne. Lucrările sesiunii generale ştiinţifice din 2–12 iunie 1950 (Bucureşti '51) 187–: Erweiterung des Begriffs „monogen" [rumän.]. – Trudy 3-go Vsesojuznogo matematičeskogo s-ezda [Arbeiten des 3. Mathematischen Unionskongresses] 1956, 4 (Moskva '59) 183: Das Problem der Analytizität von Funktionen mehrerer reeller Veränderlicher [russ.]. – General topology and its relations to modern analysis and algebra. Proc. of the symposium, Praha 1961 (NewYork–Praha '62) 287–91: Problème de l'analyticité par rapport à un opérateur linéaire dans une algèbre normée. – Probleme actuale de matematică. Conferinţe, Săcele 1962 (Bucureşti '64) 3–20: Funktion, Stetigkeit [rumän.]. – Seminari 1962/63 di analisi, algebra, geometria e topologia, 1 (Roma '65) 29–36: Le rôle des valeurs moyennes dans l'étude des fonctions sousharmoniques et souscaloriques; 37–56: Contributions à l'analyse attachée à un opérateur linéaire dans une algèbre normée. – Atti VII Congresso dell'Unione Matematica Italiana, Genova 1963 (Roma '65): Sopra le medie sferiche d'ordine negativo di una funzione (2 S.). – Matematica şi cunoaşterea ştiinţifică. Culegere (Bucureşti '65) 109–14: Einige Schlußfolgerungen [rumän.].

W. Curs elementar de geometrie analitică (m. A. Nicolescu) (Bucureşti '35, '46). – Les fonctions polyharmoniques (Paris '36) 54 S. (Actualités scientifiques et industrielles, 331. Exposés sur la théorie des fonctions, 4). – Calculul diferenţial şi integral, 1 (Bucureşti '49) 412 S. – Curs de analiză matematică (Teoria funcţiilor reale) (Bucureşti '50) 197 S. – Analiză matematică, 1 (Bucureşti '57) 400 S., ab 2. Aufl. m. N. Dinculeanu u. S. Marcus . . ., [3]('66) 768 S., [4]('71); 2 ('58) 536 S.; 3 ('60) 300 S. – Funcţii reale şi elemente de analiză funcţională (Bucureşti '62) 152 S. – Manual de analiză matematică (m. N. Dinculeanu, S. Marcus) 1 (Bucureşti '62) 735 S., [2]('63), [3]('66), [4]('71) 783 S.; 2 ('64) 344 S., [2]('71) 400 S. – Funcţii reale şi elemente de topologie (Bucureşti '68) 247 S.

Analele Acad. Republ. popul. romîne Die Errungenschaften und Perspektiven in den mathematischen Wissenschaften: 14.1964 ('65) 295–303 [rumän.].

Analele Acad. Republ. socialiste România Hundert Jahre Tätigkeit der Akademie in Rumänien: 16.1966, Anexă ('67) 23–39. – Schlußansprache auf der abschließenden Plenarsitzung der wissenschaftlichen Generalversammlung: 361–76. – Eröffnungsansprache auf der Generalversammlung der Akademie der Sozialistischen Republik Rumänien vom 2.–4. Februar 1967: 17.1967 ('68) 13–15; ~ vom 29. Februar bis 2. März 1968: 18.1968 ('70) 15–17. – Arbeitsplan der Akademie der Sozialistischen Republik Rumänien für das Jahr 1967: 17.1967 ('68) 39–83; ~ 1968: 18.

1968 ('70) 43–72, 171–75. — Festansprache für das Akademiemitglied Octav Onicescu [zum 75. Geburtstag]: 273f. — Festansprache für das Akademiemitglied Constantin Daicoviciu [zum 70. Geburtstag]: 335. — Begrüßungsansprache bei der Jubiläumsfeier anläßlich des zwanzigjährigen Bestehens der Filiale Iaşi der Akademie: 19.1969 ('73) 11f. — Begrüßungsansprache bei der 20-Jahr-Feier der Filiale Cluj der Akademie: 37f. — Eröffnungsansprache bei der wissenschaftlichen Konferenz des Instituts für Ethnographie und Folklore anläßlich dessen zwanzigjährigen Bestehens: 123f. — — Alle Arbeiten rumän.

Analele Acad. Republ. popul. romîne, Ser. A Le problème biharmonique pour un demiplan: 2 ('49) 425–42 [rumän. m. französ. Zusammenfassg.].

Analele Univ. "C. I. Parhon", Ser. Şti. Naturii Les opérations élémentaires avec les fonctions mesurables: Nr. 25 ('60) 9–15 [rumän. m. russ. u. französ. Zusammenfassg.].

Annales sci. Ecole norm. sup. Recherches sur les fonctions polyharmoniques: (3) 52 ('35) 183–220.

Annali Mat. pura ed appl. Sur un type de problème bilocal pour les équations aux dérivées partielles: (4) 49 ('60) 129–38.

Atti Accad. nazion. Lincei, Rend. Sur un théorème de moyenne de M. Mauro Picone: (8) 34 ('63) 40–44. — Sur certaines applications linéaires et continues de l'espace des fonctions continues en lui-même: 37 ('64) 374–76. — Représentation de Poisson et problème de Cauchy pour l'équation de la chaleur[2]): 38 ('65) 466–76; ~ 2[2]): 621–26. — Sur l'unicité du problème de Cauchy pour l'équation de la chaleur[2]): 40 ('66) 785–91 [m. italien. Zusammenfassg.].

Atti Accad. Sci. Ist. Bologna, Cl. Sci. fisiche, Rend. Composizione di operatori lineari in un'algebra normata: (11) 10 ('62/63) No. 2, 83–90.

Buletin şti., Acad. Republ. popul. române, A Sur la notion de nombre naturel: 1 ('49) 205–12 [rumän. u. französ.]. — Über die additiven Eigenschaften einer Menge und ihre Anwendungen: 719–24 [rumän. m. russ. u. französ. Zusammenfassg.].

Buletin şti., Acad. Republ. popul. române, Ser. Mat., Fiz., Chim. Über das Kompaktheitskriterium von A. Kolmogorov: 2 ('50) 407–15 [rumän. m. russ. u. französ. Zusammenfassg.]. — Die direkte Lösung eines Randwertproblems für die in einem hypersphärischen Bereich definierten biharmonischen Funktionen: 453–59 [~]. — Bestimmung einer Funktion von zwei Veränderlichen unter hyperbolischen Grenzbedingungen: 687–92 [~]. — Approximation von global-stetigen Funktionen durch Pseudopolynome: 795–98 [~].

Buletin şti., Acad. Republ. popul. române, Secţ. Şti. mat. şi fizice La différentielle totale directe du second ordre: 3 ('51) 507–16 [rumän. m. russ. u. französ. Zusammenfassg.]. — Fonctions polyharmoniques presquepériodiques: 5 ('53) 273–83 [~].

Buletinul Fac. Şti. Cernăuţi Fonctions de Green d'ordre p: 5.1931 ('32) 206–11. — Sur quelques propriétés élémentaires de la mesure au sens de Jordan: 6.1932 ('33) 222–24. — Sur une propriété caractéristique des fonctions harmoniques d'ordre p et sur l'existence des laplaciens de divers ordres: 7.1933 ('34) 235–43. — Résolution effective directe de quelques problèmes de frontière concernant les fonctions harmoniques et biharmoniques dans le cas des domaines hypersphériques: 9 ('35) 9–15. — Sur la meilleure approximation d'une fonction donnée par les fonctions d'une famille donnée: 12.1938 ('39) 120–28.

Buletinul Politehn. "Gh. Asachi" Iaşi Remarque sur le potentiel newtonien: 1 ('46) 256–58.

Buletinul Şedinţelor, Soc. română Şti., Secţ. Mat. Über analytische Funktionen mehrerer reeller Variablen: 1 ('36) Nr. 1, 8f. — Biharmonische Funktionen im vierdimensionalen Raum: 13. — Mathematik im Jahre 1936: Nr. 3, 5–9. — Mittelwertseigenschaften harmonischer Funktionen beschränkt auf einer Halbebene oder auf einem Rechteck: 2 ('37) Nr. 1, S. 13. — Über isolierte singuläre Punkte von polyharmonischen Funktionen: 3 ('38/39) Nr. 1, 18f. — — Alle Arbeiten rumän.

Bull. Cl. Sci., Acad. roy. Belgique Remarques sur un théorème de moyenne de M. Luigi Amoroso: (5) 18 ('32) 59–67. — Sur quelques points de géométrie finie directe: 19 ('33) 738–54.

Bull. Math. et Physique pures et appl. Ecole polytechn. Bucarest Sur un lemme de M. Pompeiu: 10.1938/39 ('40) 22–36.

Bull. math. Soc. roumaine Sci. Sur l'équation de Laplace: 35 ('33) 185–87. — Sur l'unicité de la représentation des fonctions harmoniques d'ordre p, au moyen des fonctions harmoniques d'ordre un: 37 ('35/36) Nr. 1, 83–87. — Nouvelles contributions dans la théorie des fonctions polyharmoniques: Nr. 2, 79–95. — Sur quelques propriétés des fonctions biharmoniques: 38 ('36) Nr. 1, 39–47. — Familles normales de fonctions polyharmoniques: 49–52; Nr. 2, 101–03. — Sur un nouveau théorème de moyenne pour les fonctions polyharmoniques: 113–16. — Fonctions harmoniques bornées dans un demi-plan ou dans un angle: 39 ('37) Nr. 1, 19–42. — Familles de fonctions convexes et de fonctions doublement convexes: 41 ('39) Nr. 1, 91–98. — Sur les suites doubles, 1: 42 ('40) Nr. 1, 53–56. — Sur le théorème fondamental de convergence de

Pringsheim pour les suites doubles: **47** ('45/46) Nr. 1/2, 3–9.

Bull. math. Soc. Sci. math. et physiques Républ. popul. roumaine Sur quelques problèmes liés à l'opérateur itéré de la chaleur: (N. S.) **1** ('57) 327–36. – Note sur l'équation de la chaleur: **10** ('66) 31–33.

Bull. Sci. math. Sur une classe d'équations fonctionnelles: (2) **56** ('32) 45–55. – Sur les fonctions mesurables (J): **57** ('33) 276–81. – Deux remarques sur l'unicité de la solution du problème de Dirichlet pour les équations différentielles linéaires du second ordre: **58** ('34) 207–11.

Bull. Sect. sci., Acad. roumaine Sur quelques familles de fonctions polyharmoniques: **22.** 1939/40 ('40) 478–83.

Bull. Soc. math. France Sur les fonctions de n variables, harmoniques d'ordre p: **60** ('32) 129–51.

Cahiers Linguist. théor. et appl. [Bucureşti] Problème de dictionnaire axiomatique: **5** ('68) 173–76.

Commentarii math. helvet. Sur l'équation de la chaleur: **10** ('37) 3–17.

Comunicările Acad. Republ. popul. romîne Sur l'équation de la chaleur: **1** ('51) 747–51 [rumän. m. russ. u. französ. Zusammenfassg.]. – Extensions de la notion de continuité pour les fonctions de plusieurs variables: **2** ('52) 9–11 [~]. – Les différentielles polydimensionnelles, de différents ordres, des fonctions de plusieurs variables: 181–84 [~]. – Une propriété caractéristique de moyenne des solutions régulières de l'équation de la chaleur: 677–79 [~]. – Sur une propriété caractéristique de moyenne des fonctions polycaloriques: **4** ('54) 551–54 [~].

Contemporanul Mathematik – die Wissenschaft der Wissenschaften: **1963**, Nr. 47, S. 7 [rumän.]. – Die rumänische mathematische Forschung im Lichte des Entwurfs der Direktive: **1965**, Nr. 25, S. 8 [~]. – Das Prestige [Fortschritte auf dem Gebiete der Mathematik in Rumänien]: **1968**, Nr. 38, S. 1 [~].

C. R. hebd. Séances Acad. Sci., Paris Sur le problème de Ruiquier: **194** ('32) 682f. – Extension d'un théorème de M. F. Riesz aux fonctions sous-harmoniques d'ordre p: 1211–13. – Sur quelques points de géométrie finie directe: **196** ('33) 1861f. – Représentation des fonctions continues de plusieurs variables par des séries uniformément convergentes de fonctions polyharmoniques: **199** ('34) 114–16. – Sur une classe de fonctions non monogènes de deux variables complexes: **228** ('49) 1323–25. – Sur un théorème de M. J.Hadamard: **243** ('56) 13–15.

C. R. Séances Acad. Sci. Roumanie Sur l'inversion des fonctions non analytiques: **1** ('36/37) 273–76. – Sur les fonctions biharmoniques: **2** ('37/38) 104–08. – Sur quelques propositions d'analyse infinitésimale pluridimensionnelle: 228–34. – Sur les suites doubles: 234–36. – Sur une équation fonctionnelle: 440–43. – Sur les suites de fonctions également continues à l'infini: 444–49. – Suites de fonctions également continues: 608–10. – Sur certains ensembles des fonctions, 1: **3** ('39) 139–43; ~ 2: 144–50. – Sur un critère d'harmonicité de Volterra et Vitali: **7** ('43/45) 16–19.

Disquisitiones math. et physicae [Bucureşti] Nouvelles recherches sur les fonctions polyharmoniques, Introduction: **1** ('40/41) 43f.; ~ 1: Sur le développement d'Almansi d'une fonction polyharmonique autour d'un point: 44–49; ~ 2: Formules et théorèmes préliminaires: 49–56; ~ 3: Les fonctions polyharmoniques non décomposables: 173–84; ~ 4: Extension du théorème de la "séparation des croissances" aux fonctions polyharmoniques: 184–87; ~: Remarques: 189f. – Le problème de Lauricella pour les domaines hypersphériques: 321–38.

Forum [Bucureşti] Gr. Moisil zum Gedenken: **16** ('74) Nr. 2, 46f.

Gazeta mat. [Bucureşti] Fragen der Dreiecksgeometrie: **38** ('32/33) 163–68. – Über die Fibonaccischen Reihenfolgen: **39** ('33/34) 299–302. – Über eine spezielle Klasse periodischer Funktionen: **41** ('35/36) 68–70. – Die Gleichheit zweier konvexer Vielecke: **51** ('45/46) 38–41. – Die Berechnung bestimmter Integrale mit Hilfe einfacher Funktionen: **54** ('48/49) 345–54. – – Alle Arbeiten rumän.

Gazeta mat. şi fizică, Ser. A Unser Kampf gegen den Kosmopolitismus in der mathematischen Wissenschaft: **1** (**55**) ('49/50) Nr. 3, 15–28. – Der Methodik der mathematischen Ausbildung imHochschulunterricht muß mehr Bedeutung beigemessen werden!: Nr. 11/12, 38–43. – Der Unterricht in Analysis an den physikalisch-mathematischen Fakultäten: **7** (**61**) ('55/56) 31–36. – Der Begriff Äquivalenz und seine Bedeutung in der Mathematik: **8** (**62**) ('56) 337–45. – – Alle Arbeiten rumän.

Gazeta mat. [Bucureşti], Ser. A Rumänische Mathematiker: **69** ('64) 121–28 [rumän.]. – Über die rumänische mathematische Forschung: **70** ('65) 396–98 [~]. – S. Stoilow in memoriam: **76** ('71) 283–86 [~].

Magyar tudományos Akad. mat. Kutató Intezetének Közleményei La structure des solutions des équations aux dérivées partielles du type elliptique ou du type parabolique: **1** ('57) 465–79 [m. ungar. u. russ. Zusammenfassg.].

Matematikai Lapok Über die Tätigkeit des Mathematischen Instituts der Rumänischen Akademie und des Lehrstuhls für Analysis an der Universität Bukarest: **7** ('56) 18–25 [ungar.].

Mathematica [Cluj] Extension du théorème de Liouville aux fonctions harmoniques d'ordre p: **9** ('35) 209f. — Séries de "puissances harmoniques" dans un domaine borné: 211–14. — Sur les fonctions conjuguées: **14** ('38) 18–20. — Sur la seconde formule de la moyenne: **22** ('46) 182–203. — Sur les moyennes généralisées successives d'une fonction²): (N.S.) **4** ('62) 107–21.

Mathematische Ann. Über eine Mittelwertseigenschaft der Potentialfunktionen: **114** ('37) 614–16.

Mathematische Z. Sur la décomposition des polynômes différentiels en facteurs du premier ordre: **35** ('32) 612–17.

Natura [București] Die Mathematik in Zeit und Raum: **22** ('33) Nr. 8, 28–31; Nr. 9, 24–29 [rumän.].

Nouvelle Rev. int. La science et les savants dans le pays socialistes: **12** ('69) Nr. 3, 51–57.

Pozitiva [București] Ein elementares Schließungsproblem im Zusammenhang mit den oskulierenden Kurven einer Ellipse: **1** ('40/41) 201–04 [rumän.].

Progresele Ști. Die Rolle des Mathematischen Instituts der Akademie der Sozialistischen Volksrepublik Rumänien bei der Entwicklung der rumänischen mathematischen Wissenschaft: **7** ('71) 1–3 [rumän. m. engl., französ., russ. u. deutscher Zusammenfassg.].

Rend. Mat. e Appl., Univ. Roma Approssimazione delle funzioni armoniche in più variabili mediante polinomi armonici: (5) **6** ('47) 410–23. — Sur les théorèmes de Harnack et de Liouville-Picard: (6) **3** ('70) 89–96.

Rend. Semin. mat., R. Univ. Roma Funzioni poliarmoniche in un semi-piano: (4) **1** ('37) 271–76.

Revista Filos. [București] Von Euklid zu Descartes: **22** ('37) 401–08 [rumän.].

Revista Învățămîntului sup. Traian Lalescu (1882–1929): **6** ('64) Nr. 11, 57f.

Revista Pedagogie Mathematik und die Kooperation zwischen den verschiedenen Unterrichtsfächern: **20** ('71) Nr. 1, 10–13 [rumän.].

Revista Univ. "C. I. Parhon" și Politehn. București Propriétés de décomposition des fonctions de plus variables réelles et en particulier des fonctions polyharmoniques: **4/5** ('54) 53–63 [rumän. m. russ. u. französ. Zusammenfassg.].

Revue (roumaine) Math. pures et appl. [București] Propriétés de moyenne des fonctions harmoniques bornées dans un demi-plan ou dans un angle droit: **1** ('56) Nr. 2, 43–50. — Le problème de l'analyticité des fonctions réelles: **2** ('57) 53–59. — Über konvergente Folgen polyharmonischer Funktionen: **5** ('60) 467–71 [russ.]. — Sur les moyennes généralisées successives d'une fonction: **6** ('61) 429–41. — Sur quelques propriétés de structure des solutions des équations métaharmonique et métacalorique: **11** ('66) 609–20.

Revue math. Union interbalkan. Continuité et dérivation polydimensionnelle et laplacienne des suites: **3** ('40) 1–16.

Revue roumaine Histoire Cent ans d'activité académique en Roumanie: **5** ('66) 905–23.

Soobšč. Akad. Nauk Gruz. SSR Über einige Eigenschaften der subharmonischen Funktionen höherer Ordnung: **29** ('62) 393–400 [grusin., russ.].

Știința și Tehnică Die rumänische Mathematik im Wettlauf um die Weltgeltung: **21** ('69) Nr. 8, S. 12 [rumän.].

Studia math. [Polonia] Problème de l'analyticité par rapport à un opérateur linéaire: **16** ('58) 353–63.

Studii și Cercetări mat., Acad. Republ. popul. romîne, București Contributions à une analyse du plan, de type hyperbolique: **3** ('52) 7–52 [rumän. m. russ. u. französ. Zusammenfassg.]. — L'équation itérée de la chaleur: **5** ('54) 243–332 [~]. — Sur les suites convergentes de fonctions polyharmoniques: **11** ('60) 287–91 [~].

Studii și Cercetări Mat., Acad. Republ. popul. romîne, Filiala Cluj L'activité mathématique du professeur Tiberiu Popoviciu⁶)⁴)³)⁵)¹)⁷): **8** ('57) 7–19 [rumän.].

Trudy tbilissk. mat. Inst. im. Razmadze Contributions à l'analyse attachée à un opérateur linéaire dans une algèbre normée: **28** ('62) 143–57.

Viitorul social Die Rolle und die Perspektiven der mathematischen Forschung: **1** ('72) 307–12 [rumän.].

Mit: ¹) L. Bal; ²) C. Foiaș; ³) G. Gergely; ⁴) D. V. Ionescu; ⁵) L. Németi; ⁶) G. Pic; ⁷) F. Radó.

VI **NICOLET,** Ben Harry. Chem. — 1928–47 Senior Chemist, Bur. of Dairy Industry, U.S. Departm. of Agriculture, Beltsville, Md.; '37 Pres., Chem. Soc. of Washington. — '43 Hillebrand Prize (Chem. Soc. of Washington); '45 Borden Award (Amer. Chem. Soc.). (☒)

*1890, Juli 30, Kansas City, Mo.;
†1959, Mai 15, Washington, D.C.

Nekr. Capital Chemist **9** ('59) 163 (m. Bildn.).

J. amer. chem. Soc. β-Sulfhydryl-β-phenylpropiophenone: **54** ('32) 1998–2000. — The formation of unsymmetrical acid amides: **57** ('35) 1064f. — Some derivatives of α,α-bisbenzoylaminopropionic acid: 1073. — The addition of mercaptans to certain double bonds: 1098f. — The action of periodic acid on α-amino-alcohols⁵): **61** ('39) 1615. — Determination of methylpentoses in the presence of pentoses⁵): **63** ('41) 1456–58. — Determination of the hydroxy-amino-acids of insulin[5]): 1486. — Addition reaction of alkali-treated silk, involving a new synthesis of cystine[5]): 2284f.

J. biol. Chemistry The mechanism of sulfur lability in cysteine and its derivatives, 2: The addition of mercaptan to benzoylaminocinnamic acid derivatives: **95** ('32) 389–92. — The preparation of optically active thiohydantoins and the racemization of amino acids as their azlactones[2]): **99** ('32) 213–16. — An extension and a limitation of the thiocyanate method for the preparation of 2-thiohydantoins: 429–33. — The preparation of esters of α,α'-bis-acetylaminopropionic acid: **100** ('33) 287–89. — The determination of threonine by the use of periodate[5]): **138** ('41) 91–96. — Hydroxy amino acids of silk proteins[4]): **139** ('41) 477f. — Determination of serine by the use of periodate[5]): 687–92. — Special lability of serine and threonine towards alkali, when in peptide combination[5]): **140** ('41) 685f. — Does hydroxyglutamic acid occur in milk proteins? [5]): **142** ('42) 139–46. — Lability towards alkali of serine and threonine in proteins, and some of its consequences[5])[4]): 609–13.

J. Dairy Sci. Hydroxyamino acids of milk proteins[5])[4]): **25** ('42) 680. — Methods for prolactin assay including data on the anterior pituitary prolactin content of dairy and beef cattle and female rabbits in several physiological conditions[3]): 703f.

J. Washington Acad. Sci. Biochemistry by analogy: the sulfur of cystine: **28** ('38) 84–93.

Organic Syntheses, Collective Vol. Anhydride of 3-nitrophthalic acid[1]): **1** ('32) 402.

Science [USA] The special reactivity of peptides: **81** ('35) 181f.

Mit: [1]) J. A. Bender; [2]) F. A. Csonka; [3]) S. R. Hall; [4]) L. J. Saidel; [5]) L. A. Shinn.

VI **NICOLLE,** Maurice. Chem. (biol., med.). — Prof., Inst. Pasteur, Paris. (☒)
*1862, März 1, Rouen;
†1932, Aug. 20, Paris.

Zur Biobibliogr. J. Magrou, L'œuvre scientifique de M. Nicolle (Paris '34) 150 S. (m. Schr.verz. S. 141–47).

Zum 100. Geb.tag P. Nicolle, The life, personality and work of Maurice Nicolle (1862–1932): Bull. Soc. Pathol. exotique **55** ('62) 188–200 [französ.]; J. Tréfouël, The role of M. Nicolle in the chemotherapy of antitrypanosomal drugs: ibid. 200–07 [~].

VI **NIEDERL,** Joseph Berthold. Chem. — 1925–28 Instructor, '28–33 Assist. Prof., '33–46 Assoc. Prof., '47– Prof., Washington Square College of Arts and Sci., New York Univ., New York; später einige Jahre Prof., Univ. de Buenos Aires. — Weitere Daten nicht bekannt. (☒)
*1899, Aug. 14, Eggenberg b. Graz, Steiermark.

W. Micromethods of quantitative organic elementary analysis (m. V. Niederl) (New York–London '38) 16+271 S.; 2. Aufl. u. d. T.: Micromethods of quantitative organic analysis [2]('42, '47, '52) 13+347 S. — Microanálisis elemental orgánico (m. J. A. Sozzi) (Buenos Aires '58) 285 S.

American J. Bot. The identification and estimation of ethylene in the volatile products of ripening bananas[6])[15]): **25** ('38) 357–61.

Industria y Quím. Alkylsulfate des quaternären Ammoniums. Zusammensetzungen und interessante Möglichkeiten innerhalb eines weiten Bereiches der Technik und Industrie[29]): **15** ('53) 62f., 76 [ ].

Industrial and Engng. Chem. Diisobutylphenol. Synthesis - structure - properties - derivatives: **30** ('38) 1269–74.

Industrial and Engng. Chem., Analyt. Edit. Simplified microanalytical determination of carbon and hydrogen[37]): **6** ('34) 272–74. — Recent advances in applied microchemistry: **7** ('35) 214–18. — Microvaporimetric determination of molecular weight[54])[33]): **8** ('36) 252–55. — Quantitative organic elementary microanalysis without a microbalance[32])[30])[4]): **11** ('39) 412–14. — Micro-Carius halogen and sulfur determination[2])[26])[18]): **12** ('40) 428–31.

J. amer. chem. Soc. The synthesis of thymol, chlorothymol and homologs of thymol by the intramolecular rearrangement of metacresyl ethers[31]): **54** ('32) 1063–70. — The isolation of pure, anhydrous ethyl alcohol from non-alcoholic human and animal tissues[11])[4]): 1476–85. — The rearrangement of alkenyl phenyl and cresyl ethers and the synstheses of isopropenyl phenols and their reduction products[53]): **55** ('33) 284–94. — The synthesis of diisobutyl mono-, di- and tri-hydroxyphenols[31])[3]): 2571–75. — The synthesis of phenolic long chain fatty acids[23]): 3025f. — The addition of phenols to the ethylenic linkage. The action of phenols on alkylene halides[50]): 4151–53. — A new synthesis for alkyl and aryl substituted coumaranes[53]): 4549–55. - The synthesis of hydroxyphenyl- and hydroxymethylphenyldihydrochaulmoogric acids[58]): **56** ('34) 1966–68. — The addition of phenols to arylenes. The synthesis of phenylthymol and its isomers[36]): 2412–14. — Studies in the synthesis of certain alkyl and aryl cryptophenols[27]): **57** ('35) 2625–27. — Alkylated phenolic hydroxy indenes and indanes. Their synthesis involving the condensation of diacetone alcohol or of pinacol with phenols[32])[35]): **58** ('36) 657–59. — Thiazoline-phenols. Their synthesis and structure proof[13][43]): 707f. — The synthesis of long chain substituted isocyclics and similarly substituted adipic acids. The preparation of γ-t-octylcyclohexanol, hexene, hexanone, hydroxylamine, amine, phenol and β-t-octyl adipic acid[50]): **59** ('37) 715–17. — The synthesis of long chain substituted isocyclics and similarly substituted acids. The preparation of α-t-octylcyclohexanone and a method of indirect structure proof for ortho and para alkylphenols[58]): 717f. — Monohydroxyphenylxanthenes[13]): 719f. — Equimolar condensations of aldehydes with phenols. The preparation of primary saturated alkylphenols[32][44][27]): 1113–15. — p-Methoxyphenylmalonic acid and its derivatives[37][33]): 1901–03. — o-Methoxyphenylmalonic acid and its derivatives[37]): **60** ('38) 2140f. — Condensation of ketones with phenols[27][32]): **61** ('39) 345–48. — Simultaneous multiple alkylation of phenols. The synthesis of a phenolic coumarane involving the condensation of diethyl ketone with resorcinol[32]): 348–50. — Sugar–phenol condensations. The condensation of D-glucose with phenol[28]): 1005–10. — Thiazolinephenols. 5-Methyl- and 5,5-dimethylthiazolinephenols, by-products and derivatives[13]): 1145–48. — Steric hindrance in ketone–phenol condensations: The synthesis of cyclo-alkyl coumaranes[32]): 1785–88; ~: Condensation of guaiacol with cyclic ketones[32][12]): **62** ('40) 320–22. — Steric hindrance in ketone–naphthol condensation[32][7]): 322f. — Spirochromans[30]): 324f. — Disproportionation in aryloxymalonic acid syntheses[37]): 1154–56. — Flavans[59]): 1157f. — Aldehyde-resorcinol condensations[55]): 2512–14. — Indanoindanes[30]): 3070–72. — Syntheses in the naphthalene and anthracene series[30]): **63** ('41) 307f. — Coumaranocoumarans[30]): 580f. — Thiazoline-m-cresol. Functional derivatives and substitution products[13]): 945–47. — Condensation of diketones with phenol[30]): 1235–37. — Invert soaps: Quaternary ammonium salts of derivatives of long-chain phenols[9]): 1475f.; ~: Quaternary morpholinium salts[27]): 1476. — Diaryl- and dicycloalkyl-ethanolamines[20]): 1498f. — Blocking effects in condensation reactions[26]): 1731–33. — Phenolic invert soaps[1]): 2024. — Invert soaps of naphthalene[56]): 3534f. — Unsymmetrical cyanostilbenes[59]): **64** ('42) 885f. — Phenylmercaptothiazolines[13]): 2487f. — Indirect phenol–aldehyde condensations[26]): **65** ('43) 629–31; ~ [39]): **67** ('45) 1176f. — Double invert soaps: Symmetrical dimorpholinium salts[16]): **66** ('44) 840f.; ~: Symmetrical dipiperidinium salts[19]): 844f. — New phenolic mercurials[46]): 844. — Invert soaps: Thiomorpholinium salts[13]): 1610; ~: Quaternary salts of long-chain morpholine ethers[60][49]): **67** ('45) 1227f. — Thiamorpholines, oxides and dioxides[13]): **68** ('46) 714f. — Some phenol–chloral condensations[5]): **69** ('47) 1172f. — Bactericidal properties of symmetrical morpholinium alkylsulfates[40][45]): **70** ('48) 618. — Synthetic estrogens: Phenyl and benzylhexestrols and dienestrols[48]): 619f.; ~: Tetra-alkyl-substituted analogues of dienestrol and hexestrol[57]): 2894–96. — Nitrogen analogues of hexestrol. Synthesis of 1,2-di-(p-hydroxyphenyl)-N,N′-dimethylethylenediamine and derivatives [thereof][9]): 3071–73. — Preparation of 3,4-bis(3-methyl-4-hydroxy-5-allyl-phenyl)-2,4-hexadiene[57]): **71** ('49) 1134f. — Estracatechol[55]): 2566–68. — Pinacols derived from the xylenols[57]): 2647–49. — Acridines derived from p-(1,1,3,3-tetramethylbutyl)-phenol[61]): **72** ('50) 4071f.

J. chem. Educat. The teaching of microchemistry. Quantitative organic microanalysis: **13** ('36) 254–56.

J. org. Chemistry Bactericidal phenolic invert soaps[47][52]): **13** ('48) 584–91. — Synthetic estrogens. Cyclohexyl-dienestrol [3,4-di-(4′-hydroxy-3′-cyclohexylphenyl)hexa-2,4-diene] and -hexestrol [3,4-di-(4′-hydroxy-3′-cyclohexylphenyl)hexane][48]): **14** ('49) 10–13. — Diaryldiaminoalkanediols[34]): 27–30. — Unsymmetrical morpholinium and thiamorpholinium alkyl sulfates[27][13]): 579–82. — Carboxymethyl ether of epinephrine[21]): **17** ('52) 1617–20.

Manufacturing Chemist The quaternary morpholinium alkyl sulphates[13][27]): **22** ('51) 143–46.

Mikrochemie Isolation, identification and determination of ethyl alcohol normally present in human and animal tissues[11][4]): **11** ('32) 167–99. — Micromethod for determination of vapor density, 1: Determination of molecular weight[41]): 237–50; ~ 2: Determination of boiling points[38]): 251–73. — The quantitative microanalytical determination of carbon and hydrogen in an atmosphere of nitrogen[58]): 274–300. — A microtitrimetric dry combustion method for carbon[42]): **24** ('38) 59–64. — A micromethod for the identification and estimation of ethylene in ripening fruits[6]): 134–45.

Mikrochemie verein. Mikrochimica Acta Standard solutions in quantitative organic microanalysis[32][10]): **25** ('38) 143–50. — Simplified combustion tube filling for microdeterminations of carbon and hydrogen[32]): **26** ('39) 28. — Molecular weight determination by isothermic microdistillation[14][17][34]): **34** ('49) 132–41. — Micro-Kjeldahl determination with a microbalance[25]): **35** ('50) 98–101. — Kipp generator for the micro-Dumas determination[8]): 132–34. — 25 Jahre Unterricht in der quantitativen organischen Mikroanalyse an der Universität New York: **36/37** ('51) 91–93.

Mikrochimica Acta [Wien] Reconocimiento de nicotina en una hebrita de tabaco[24]): **1956**, 948–54 [m. engl., deutscher u. französ. Zusammenfassg.]. — Lassaigne test for carbon[51]): 1512–14 [m. deutscher u. französ. Zusammenfassg.]. — New micro-chemical tests for carbon and nitrogen[51]): **1957**, 496–500 [m. deutscher, französ., span. u. italien. Zusammenfassg.]. — Pyrylium colors from nicotine[24]): 724f. [m. deutscher, span. u. französ. Zusammenfassg.]. — Emich's contribution to qualitative organic elementary microanalysis[51]): **1960**, 693–96 [m. deutscher, französ. u. span. Zusammenfassg.].

Monatsh. Chem. Über die Struktur der Aceton-Kresol-Kondensationsprodukte: **60** ('32) 150–58.

Publicaciones, Inst. Investigac. Microquím., Univ. nacion. Litoral A spot test for carbon[51]): **22** ('56) Nr. 20, 31–36 [span. m. engl. Zusammenfassg.].

Science [USA] Friedrich Emich, 1860–1940: **91** ('40) 376f. — Molecular weight by isothermic distillation[22]): **92** ('40) 225f.; ~[14]): **100** ('44) 228.

Z. analyt. Chem. Chemische Analyse organischer Stoffe, 1: Elementaranalyse: **89** ('32) 57–71.

Mit: [1]) F. A. Abbruscato; [2]) H. Baum; [3]) E. M. Beekman; [4]) A. A. Benedetti-Pichler; [5]) A. A. Bothmer-By; [6]) M. W. Brenner; [7]) J. Charney; [8]) D. L. Clegg; [9]) M. I. Dexter; [10]) E. Eitingon; [11]) A. O. Gettler; [12]) J. Grumer; [13]) W. F. Hart; [14]) D. R. Kasanof; [15]) J. N. Kelley; [16]) E. J. Kenney; [17]) G. K. Kisch; [18]) J. A. Kuck; [19]) A. E. Lanzilotti; [20]) R. Lay; [21]) S. J. Lederer; [22]) A. M. Levy; [23]) C. Liotta; [24]) P. Luis; [25]) C. H. McBeth; [26]) J. S. McCoy; [27]) M. E. McGreal; [28]) R. K. Maurmeyer; [29]) A. Muruzabal de Westerkamp; [30]) R. H. Nagel; [31]) S. Natelson; [32]) V. Niederl; [33]) A. A. Plentl; [34]) D. S. Rao; [35]) S. Reznek; [36]) C. H. Riley; [37]) R. T. Roth; [38]) I. B. Routh; [39]) I. W. Ruderman; [40]) W. W. Salzberg; [41]) W. J. Saschek; [42]) R. B. Schmitt; [43]) J. V. Scudi, [44]) S. Shapiro; [45]) J. J. Shatynski; [46]) A. J. Shukis; [47]) G. M. Sieger, jr.; [48]) R. M. Silverstein; [49]) E. Slobodiansky; [50]) R. A. Smith; [51]) J. A. Sozzi; [52]) F. E. Stirn; [53]) E. A. Storch; [54]) O. R. Trautz; [55]) H. J. Vogel; [56]) H. Weingarten; [57]) P. Weiss; [58]) J. B. Whitman; [59]) A. Ziering; [60]) M. Wolf; [61]) M. B. Hundert.

VI **NIELSEN,** Axel Vilfred. Astron., Geschichte d. Astron. — 1927–58 Assist., '58–70 Abteilungsleiter, Ole Rømer Observat., Århus.

*1902, Dez. 13, Hellerup;

†1970, Febr. 24, Århus.

Bildn. Årsberetning, Aarhus Univ. **1969/70** ('71) 21.

S. Seksten Århusrids. Tilegnede Svend Unmack Larsen. 23. september 1953 (V. Dybdahl, B. Jensen, E. Sejr) (Århus '53) 205–23: Das Triduum Ole Rømers in der Astronomie des 18. Jahrhunderts [dän.]. — Beretning om den 2. Nordiske fysik-, kemi- og matematiklærer kongres, Århus 1954 (K. G. Hansen) (København '56) 140–50: Ole Rømer [dän.]. — Vistas in astronomy (A. Beer) **10** (London-NewYork '68) 105–12: Ole Rømer and his meridian circle.

W. Ole Rømer. En skildring af hans liv og gerning (Århus '44) 187 S. — Tyge Brahe (Hellerup [København] '46) 24 S. (Faglig læsning, 182). — Hvad ved astronomen om verden - år 1950 ? (København '50) 4 S. (Ledetråd ved folkelig universitetsundervisning, 265). — Det store univers (København '50) 4 S. (~ 271). — Om iagttagelse af ildkugler (Århus '58) 8 S. (Ole Rømer Observatoriet). — Helligtrekongersmindet - astronomisk belyst (Århus '59) 12 S. (~). — Tycho Brahes julevejr (Århus '64) 11 S. (~). — Træk af verdensbilledets historie (m. M. Schrøder, O. Pedersen, M. Pihl) (København '67) 87 S.

Aktuelle Medd. astron. Selsk., København Mitteilung über einen eventuellen Meteorschauer vom Kometen Giacobini-Zinner in der Nacht vom 9. zum 10. Oktober 1953 [4]): Nr. **360** ('53) [dän.]. — Possible meteor shower: Nr. **402** ('58) [ ]. — Nova Hassel[3])[2])[5]): **410** ('60) [ ].

Årbøger, Historisk Samfund Århus Stift Das Ole-Rømer-Observatorium - sein Ursprung und sein erster Leiter: **55** ('62) 35–87 [dän.].

Årbog, Købstadsmuseet "Den gamle By" Die Sonnenuhr - der Zeitmesser des sonnenhellen Tages: **53** ('54) 16–52 [dän.].

Astronomische Nachr. The period of the variable star T Vulpeculae: **244** ('31/32) 331–36. — Über den Sternschnuppenfall vom 9. Oktober 1933 [1]): **250** ('33) 140; ~: 142. — Occultations of stars by the moon observed during the years 1928–32: **251** ('34) 3–8. — Über das Meteor 1934 Okt. 11: **257** ('35) 49–54. — Über das Meteor 1935 Febr. 6: **258** ('36) 81–84. — RU Camelopardalis: **260** ('36) 377–84. — Über zwei Meteore (1936 März 12 und Dez. 1): **265** ('38) 353–66. — Über das Meteor 1914 März 29: **270** ('39/40) 44–48. — Beobachtungen von Veränderlichen, angestellt von Mitgliedern der nordischen „Astronomisk Selskab" und auf der Kopenhagener Sternwarte, 63: 42f.; ~ 64: 289–96; ~ 65: **271** ('41) 219–24; ~ 66: **272** ('41/42) 149f.; ~ 67: 220–27; ~ 68: **273** ('43) 269–71; ~ 69: **274** ('43/44) 105–13; ~ 70: 191f.

Centaurus [København] Contributions to the history of the Hertzsprung-Russel diagram: **9** ('63) 219–53. — A note on a sundial from about 1200 A. D.: **12** ('68) 303f.

Folkeskolen Aufforderung zu gelegentlichen Beobachtungen von Feuerkugeln: **50** ('33) 298f. [dän.].

Himmelswelt Über einen in der Nacht 1935 Aug. 7–8 beobachteten Meteorstrom: **46** ('36) 34f.

Irish astron. J. A rapid spectral variation in an A2 star [BD +31°1048]: **7** ('65) 14.

J. brit. astron. Assoc. The visual magnitude of Uranus: **65** ('55) 283f.

Meddelelser Ole Rømer-Observat., Aarhus CE Herculis: Nr. **7** ('36) 49–52. — Miscellaneous papers on variable stars, 1: Nr. **10** ('37) 145–59; ~ 2: Nr. **11** ('38) 161–76; ~ 3: Nr. **14**

('39) 189–96; ∼ 4: Nr. **15** ('40) 197–204; ∼ 5: Nr. **16** ('41) 205–16. — Tables for facilitating the determination of the perturbations of meteors by the earth: Nr. **12** ('38) 177–84. — The velocity of the Pultusk meteor: Nr. **17** ('43) 217–28. — On three bright meteors: Nr. **18** ('43) 229–43. — A note on the determination of the velocities of large meteors: Nr. **19** ('47) 245–51. — Occultations 1928–42: Nr. **20** ('47) 253–56. — On two bright meteors, 1: The detonating meteor of 1948 May 19th: Nr. **21** ('50) 257–62; ∼ 2: The bright meteor of 1909 August 19th: 262–64. — H. C. Schumacher and the observatory at Altona during the war of 1848–50: Nr. **22** ('51) 39 S. — The path and orbit of the Århus meteorites: Nr. **23** ('53) 32 S. — Determinations of the periods of four variable stars of the cepheid type (VZ Cygni U Sagittarii, U Vulpeculae, and W Virginis): Nr. **24** ('54) 337–50. — The paths of two bright meteors: Nr. **25** ('56) 351–65. — The meteor of 1954 October 21st: Nr. **26** ('58) 11 S. — Nr. **30** ('63) [siehe Centaurus **9**) ('63) 219–53]. — Nr. **38** ('68) [siehe Vistas in astronomy **10** (London–NewYork '68) 105–12]. — Catalogue of bright meteors: Nr. **39** ('68) 16+91 S.

Naturens Verden Die Nebel im Sternbild Orion: **16** ('32) 49–62 [dän.].

Nordisk astron. Tidsskr. Übersicht über die Beobachtungen von veränderlichen Sternen, ausgeführt von Mitgliedern der Astronomisk Selskab: **13** ('32) 27f.; **14** ('33) 145f.; **16** ('35) 102f.; **18** ('37) 112f.; **20** ('39) 100f.; **22** ('41) 92f.; **1943**, 91–93; **1948**, 34f.; **1949**, 140–42; **1953**, 96f.; **1955**, 106f.; **1958**, 22; **1960**, 60. — Über die Meteore vom 9. und 13. August 1931: **13** ('32) 62–67. — Über 3 Meteore (1932 Aug. 31, Sept. 27, Okt. 24): **14** ('33) 99–107. — RR-Lyrae-Sterne mit kurzer Periode: **15** ('34) 103–05. — Über die Möglichkeit, eventuelle Fixsternplaneten nachweisen zu können: 147–51. — Die Lichtkurve für Nova Lacertae: **17** ('36) 93. — Eine Übersicht über die gegenwärtige Kenntnis der Periodenänderungen lang-periodischer Cepheiden: **18** ('37) 62–68. —Gamma Cassiopeiae: 151f. — Die Lichtkurven dreier Cepheiden: **19** ('38) 20–22. — Die Bahnen von 4 Feuerkugeln aus den Jahren 1934–1936: **20** ('39) 19–23. — Der Komet Giacobini-Zinner und seine Meteorschwärme: 63–67. — Über die Sektion „Beobachtungen veränderlicher Sterne" der Astronomisk Selskab: 112f. — Ein Farben-Helligkeits-Diagramm für die Sterne in Praesepe: 149–51. — Über ein Meteor vom 14. Januar 1941: **22** ('41) 94f. — Zehn-Jahres-Lichtkurve für Z Ursae Majoris. Ein Beitrag zur Erläuterung des Problems des persönlichen Fehlers bei Lichtstärkebeobachtungen: 122–29. — Die Häufigkeit von Sonnenflecken: **23** ('42) 61–63. — Wann hat Ole Rømer seine Abhandlung über die Geschwindigkeit des Lichtes der Akademie zu Paris vorgelegt?: **1944**, 60f. — Ein Gemälde von Ole Rømer: **1946**, 73. — Mondbedeckungen und ihre Anwendung in der Astronomie der Neuzeit: **1947**, 114–25. — Professor H. C. Schumacher und die Sternwarte in Altona während des Aufstands 1848–50: **1949**, 8–21, 41–52. — Unsere große Chance: 60–63. — Die Untersuchungen der Leidener Sternwarte über die Plejaden: **1950**, 1–7. — Eine kleine parallaktische Vorrichtung: 29f. — Eine kleine Astrokamera: 65–67. — Die Sternwarte in Altona zur Zeit Schumachers: 91–95. — Die totale Sonnenfinsternis am 28. Juli 1851: **1951**, 63–70. — Krüger 60B: **1952**, 29f. — Eine Aufforderung an die Mitglieder der Astronomischen Gesellschaft: 67–71. — Einiges aus Kommissions-Sitzungen während der letzten UAI-Tagung: 138–41. — Die Bahn der Århus-Meteoriten: **1953**, 56–60. — Das Triduum Ole Rømers und die ersten Eigenbewegungen: 81–86. — Die totale Sonnenfinsternis am 30. Juni 1954: **1954**, 8–12. — Die mittelalterliche Sonnenscheibe der Klosterkirche Vestervig: 12–15. — R. Andersen, 1892 Jan. 14 - 1955 April 30: **1955**, 59f. — S. A. Kierulff, 1877 - 1955 Nov. 6: 139f. — Leuchtende Nachtwolken: **1957**, 1–6. — Christian Horrebows Beobachtungen des Venusdurchgangs im Jahre 1761: 47–50. — Pater Hell und der Venusdurchgang 1769: 77–97. — Sterne am Tageshimmel: 142–44. — Nova S Andromedae (1885) - die Supernova im Andromedanebel: **1958**, 73–82. — Ein Meteor von 1910: 119–22. — Die Natur der Sternschnuppen: **1959**, 8–11. — Über die Entdeckung des Neptun: 93–100. — Der Meteorstrom im Jahre 1913: **1960**, 54–59. — Totale Sonnenfinsternisse: **1961**, 63–66. — Hundert Jahre Astronomie auf dem Østervold: 77–89, 113–24; **1962**, 9–24, 37–49. — J. F. Steffensen, † 1961 Dez. 20: 32. — Ramus' Beschreibung von Rømers Meridiankreis: 134–39. — Das Hertzsprung-Russel-Diagramm: **1963**, 78–113. — Aus dem Grenzgebiet der Meteorastronomie: **1967**, 96–99. — Der Zyklop unter den astronomischen Instrumenten aus dem 19. Jahrhundert: 124–27. — — Alle Arbeiten dänisch.

Sky and Telescope Ejnar Hertzsprung - measurer of stars: **35** ('68) 4–6.

Vjschr. astron. Ges., Leipzig SV Vulpeculae: **68** ('33) 383–87.

Ferner zahlreiche kurze Beobachtungsmitteilungen.

Mit: [1]) R. Andersen; [2]) P. Darnell; [3]) O. Hassel; [4]) K. Lundmark; [5]) J. Trier.

VI **NIELSEN,** Jakob. Math., Mech. — 1925–51 Prof. Mech., Polytekn. Læreanstalt (→ Danmarks Tekn. Højskole), København; '51–56 Prof. u. Dir. d. Math. Inst., Københavns Univ.; '46–59 Generalsekretär, Kgl. Danske Vid. Selskab; '54–

55 Vizepräs., Organisat. Europ. pour la Recherche Nucléaire (CERN).
*1890, Okt. 15, Mjels, Insel Alsen;
†1959, Aug. 3, Helsingør, Insel Seeland.

Zum 60. Geb.tag Festskrift til Jakob Nielsen: Matematisk Tidskr., B **1950**, Nr. 1/4, 151 S. (m. Bildn., Faks.).

Nekr. W. Fenchel, Acta math. **103** ('60) VII–XIX (m. Schr.verz.); Festskr. Københavns Univ. **1960**, November, 98–103 (m. Bildn.); Nordisk mat. Tidskr. **8** ('60) 5–10 (m. Bildn.), 63 (engl. Zusammenfassg.). — B. Jessen, Oversigt Selsk. Virksomhed, Kgl. danske Vid. Selsk. **1959/60**, 109–16 (m. Bildn., Faks.). — E. B. Schieldrop, Kongel. norske Vid. Selsk. Forh. **33**.1960 ('61) 15–20 (m. Bildn., Faks.).

S. C. R. Congrès international des mathématiciens, Oslo 1936, **1** (Oslo '37) 128–39: Einige Methoden und Ergebnisse aus der Topologie der Flächenabbildungen. — Studies and essays presented to R. Courant on his 60th birthday, January 8, 1948 (New York '48) 117–28: On discontinuous groups of isometric transformation of the non-Euclidean plane[2]). — Den 11. Skandinaviska matematikerkongress, Trondheim 1949 (Oslo '52) 61–70: Einige grundlegende Begriffe bezüglich diskontinuierlicher Gruppen von linearen Substitutionen in einer komplexen Veränderlichen [dän.]. — Beretning om den 2. Nordiske fysikkomi og matematiklærer kongres, Århus 1954 (K. G. Hansen) (København '56) 45–57: Die internationale Zusammenarbeit in der Naturwissenschaft [dän.].

W. Forelæsninger over rationel mekanik **1**: Statik og kinematik (København '33) 222 S.; **2**: Dynamik ('34) 400 S.; deutsch: Vorlesungen über elementare Mechanik (Berlin '35) 10+500 S. (Die Grundlehren der mathematischen Wissenschaft in Einzeldarstellungen, 44); ab 2. Aufl. u. d. T.: Lærebog i rationel mekanik **1**: Statik ²('43) 234 S., ³('50), ⁴('61), ⁵('64), ⁶('67) 4+150 S., [7] ('72); **2**: Dynamik ²('45) 367 S., ³('52), ⁴('58), ⁵('60), ⁶('62), ⁷('67), ⁸('72) 378 S.; **3**: Vektoranalyse, Potentialteori, Kontinuerlige medier, Strømninger, Komplekst potential ('52) 206 S.

Acta math. Untersuchungen zur Topologie der geschlossenen zweiseitigen Flächen, 3: **58** ('32) 87–167. — Abbildungsklassen endlicher Ordnung: **75** ('42) 23–115.

Acta Sci. math. [Szeged] Einige Sätze über topologische Flächenabbildungen: **7** ('34/35) 200–05.

Enseignement math. Topologie des transformations des surfaces: **35** ('36) 269–87.

Festskr. Københavns Univ. Harald Bohr†: **1951**, November, 95–100.

Matematisk Tidsskr., A Carl Christian Hansen (1876–1935): **1935**, 1 f. [dän.]. — Über den Tensorbegriff: **1937**, 1–16 [~].

Matematisk Tidsskr., B Über reguläre Riemannsche Flächen: **1932**, 1–18 [dän.]. — Über die Struktur eines Vektormoduls mit endlicher Basis. Mit Anwendung auf diophantische Approximationen: 29–42 [~]. — Topologischer Beweis eines Satzes von Wiman: **1936**, 11–24 [ ]. — Das Äquivalenzproblem für periodische Transformationen: **1937**, 33–41 [dän.]. — Die symmetrische und die alternierende Gruppe: **1940**, 7–18 [~]. — Fixpunktfreie Abbildungen: **1942**, 25–41 [~]. — Vereinfachte Beweise für einige Sätze der Oberflächentopologie[1]): **1946**, 1–16 [~]. — Die Kommutatorgruppen für das freie Produkt zyklischer Gruppen: **1948**, 49–56 [~]. — On normal subgroups with finite index in F-groups[1]): **1951**, 56–58.

Matematisk-fys. Medd., Kgl. danske Vid. Selsk. Die Struktur periodischer Transformationen von Flächen: **15** ('37) Nr. 1, 77 S. — Surface transformation classes of algebraically finite type: **21** ('44) Nr. 2, 89 S. — A study concerning the congruence subgroups of the modular group: **25** ('50) Nr. 18, 32 S.

Mathematica scandinav. A basis for subgroups of free groups: **3** ('55) 31–43.

Mitt. math. Ges. Hamburg Über Gruppen linearer Transformationen: **8** ('40/41) Teil 2, 82–104.

Norsk mat. Tidsskr. Ein Satz aus der Topologie der Flächenabbildungen: **23** ('41) 96–99 [dän.].

Oversigt Selsk. Virksomhed, Kgl. danske Vid. Selsk. Johannes Hjelmslev†: **1949/50** ('50) 89–103.

Mit: [1]) S. Bundgaard; [2]) W. Fenchel.

VI **NIELSEN,** Jens Rud. Physik. — 1913–19 Stud., Københavns Univ.; '20–22 Instructor, Polytekn. Læreanst., København; '22–23 Stud., '24 Ph. D., California Inst. of Technol., Pasadena, Cal.; '23–24 Prof., Humboldt State Teachers College, Arcata, Cal.; '24–26 Assist. Prof., '26–30 Assoc. Prof., '30–44 Prof., '44–64 Research Prof., '65 Research Prof. Emer., Univ. of Oklahoma, Norman, Okla. — '62 Distinguished Service Certificate (Univ. of Oklahoma).
*1894, Sept. 22, København.

H. Niels Bohr, Collected works, **1**: Early work (1905–1911) (Amsterdam '72); **3**: The correspondence principle (1918–1923) ('75); **4**: The periodic system (1918–1923) ('75).

Acta crystallogr. A new crystal form of fatty acids[21]): **16** ('63) 902–06.

American Physics Teacher Hans Christian Oersted – scientist, humanist, and teacher: **7** ('39) 10–22.

Discuss. Faraday Soc. Infrared and Raman spectra of 1,3,5-trifluorobenzene[27])[34]): Nr. **9.** 1950 ('51) 177–87.

Industrial and Engng. Chem., Analyt. Edit. Analysis by infrared spectroscopy applied to [ternary] mixtures of [four lowest] nitroparaffins[34]): **15** ('43) 609–15.

Analytical Chem. Phenyl- and cyclohexyleicosanes. Infrared absorption spectra[7])[36]): **21** ('49) 369–82. – Additivity of Raman spectra of dioxane–benzene mixtures[32]): 1035–37.

J. chem. Physics Raman spectrum of carbon disulfide[26])[35]): **2** ('34) 402–09. – Raman spectrum of fluorobenzene[11]): 567–71. – Raman spectrum and structure of the metaborate ion[41]): **5** ('37) 201. – Raman spectra of compounds in the gaseous and liquid states[41]): **10** ('42) 81–87. – Infrared absorption spectrum of hexafluoroethane gas[32])[28]): **16** ('48) 67–73. – A general method of obtaining molecular symmetry coordinates[4]): **17** ('49) 659–62. – Infrared and Raman spectra of fluorinated ethylenes, 1: 1,1-Difluoroethylene[34])[9]): **18** ('50) 326–31; ~ 2: 1,1-Difluoro-2,2-dichloroethylene[9])[34]): 485–89; ~ 3: Tetrafluoroethylene[9])[34]): 812–17; ~ 4: 1,1-Difluoro-2-chloroethylene[27])[34]): **20** ('52) 1090–94; ~ 5: Hexafluoropropene[9])[34]): 1916–19; ~ 6: Fluoro-trichloroethylene[17])[42]): **23** ('55) 1994–96; ~ 7: 1,1-Difluoro-2,2-dibromoethylene[38]): **26** ('57) 1374–77; ~ 8: 1,1-Difluoro-2-bromoethylene[38]): **27** ('57) 264–68; ~ 9: 1,1-Difluoro-2-chloro-2-bromoethylene[38]): **30** ('59) 98–102. – Vibrational spectra of the four lowest nitroparaffins[34])[31]): **18** ('50) 706–12. – Infrared and Raman spectra of fluorinated ethanes, 2: 1,1,1-Trifluoroethane[9]): 1471–76; ~ 3: The series CH_3–CF_3, CH_3–CF_2Cl, CH_3–$CFCl_2$, and CH_3–CCl_3 [34])[5])[43])[27]): **20** ('52) 473–86; ~ 4: The series CH_3–CH_3, CH_3–CH_2F, CH_3–CHF_2, and CH_3–CF_3 [34])[33])[16]): 847–59; ~ 5: The series CF_3–CF_3, CF_3–CF_2Cl, CF_3–$CFCl_2$, and CF_3–CCl_3 [27])[43])[34]): **21** ('53) 383–93; ~ 6: The series CF_3–CH_3, CF_3–CH_2Cl, CF_3–$CHCl_2$, and CF_3–CCl_3 [27])[34]): 1060–69; ~ 7: CCl_3–CF_2Cl and CCl_3–$CFCl_2$ [27])[34])[3]): 1070–76; ~ 8: Pentafluoroethane[9])[29]): **23** ('55) 329–33; ~ 9: 1,1,1-Trifluoro-2-chloro-2-bromoethane[38]): **27** ('57) 887–90; ~ 10: 1,1,1-Trifluoro-2-bromoethane[38]): 891–95; ~ 11: Pentafluorobromoethane[24]): **30** ('59) 1375–79; ~ 12: 1,1,2,2-Tetrafluoroethane[24]): **32** ('60) 899–907; ~ 13: 1,2-Difluoroethane[24]): **33** ('60) 1764–74; ~ 14: CF_2Cl–CHF_2 and CF_2Br–CHF_2 [24]): **34** ('61) 1819–26. – Raman spectrum of gaseous ethforane[17]): **21** ('53) 1416. – Normal coordinate analysis of CF_3–CH_3 based on a Urey-Bradley potential function[31]): 1426f. – Vibrational spectra of fluorinated aromatics, 3: 1,4-Difluorobenzene[16])[22])[34]): 1457–63; ~ 4: 1,2,4,5-Tetrafluorobenzene[16])[22])[34]): 1464–69; ~ 5: 1,3-Difluorobenzene[16])[10])[34]): 1470–74; ~ 6: Fluorobenzene[34])[16])[22]): 1475–79; ~ 7: 1,2,4-Trifluorobenzene[16])[22])[34]): 1727–30; ~ 8: 1,4-Bis(trifluoromethyl)-benzene[16])[34])[44]): 1731–35; ~ 9: p-Fluorotoluene[16])[22])[34]): 1736–40; ~ 10: p-Fluorochloro-, p-fluorobromo-, and p-fluoroiodobenzene[30])[14]): **24** ('56) 420–32; ~ 11: o-Fluorochlorobenzene[30]): 433–38; ~ 12: m-Fluorochlorobenzene[19])[30]): 1232–35; ~ 13: Benzotrifluoride[30])[38]): **27** ('57) 740–45. – Vibrational spectra and calculated thermodynamic properties of ethyl chloride and 1,1-dichloroethane[12])[27]): **22** ('54) 1293–303. – Vibrational spectra of cyclobutforene (hexafluorocyclobutene)[14])[3]): **23** ('55) 324–28. – Vibrational spectra, force constants, and calculated thermodynamic properties of methyltrifluorosilane[10]): 351–56. – Vibrational spectra of hexafluoro-1,3-butadiene[2]): **26** ('57) 370–75. – Vibrational spectra of polyethylenes and related substances[42]): 1391–400. – Raman spectrum of gaseous 1-fluoro-1-chloroethylene[2]): 1566f. – Vibrational spectra of sym-trioxane[37]): **27** ('57) 402–07. – Assignment of the fundamental vibrational frequencies and calculated thermodynamic functions for 1,1-difluoro-2,2-dibromoethylene[38]): **30** ('59) 103f. – Raman spectrum of polytetrafluoroethylene[20]): **41** ('64) 2203f.

J. molecular Spectroscopy Raman spectrum of sulfur hexafluoride in the gaseous and solid states[17])[37]): **1** ('57) 151–54. – Raman spectrum of gaseous trifluoroacetonitrile[17]): 155–57. – Vibrational spectra of gaseous vinyl chloride and vinyl bromide[17]): 158–78. – The b_{1u} methylene wagging and twisting fundamentals in crystalline polyethylene[21]): **4** ('60) 488–98. – Infrared and Raman spectra of fluorinated ethanes, 15: 1,1,2-Trifluoro-1,2,2-trichloroethane[24]): **6** ('61) 379–93; ~ 16: CF_2Br–CCl_2Br [24]): 520–27; ~ 17: CF_2Cl–CH_2Cl and CF_2Br–CH_2Br [8]): **11** ('63) 47–66; ~ 18: 1,1,1,2-Tetrafluoroethane[18]): **17** ('65) 341–47. – Dichroism and interpretation of the infrared bands of oriented crystalline polyethylene[21]): **6** ('61) 394–418. – Infrared spectra of single crystals, 1: Orthorhombic n-$C_{24}H_{50}$, monoclinic n-$C_{36}H_{74}$, and triclinic n-$C_{18}H_{38}$, and n-$C_{20}H_{42}$ [21]): **8** ('62) 383–405; ~ 2: Four forms of octadecanoic acid[21]): **9** ('62) 436–60. – Infrared spectra of normal paraffins in the hexagonal crystal form[20]): **10** ('63) 366–77. – Normal coordinate analysis of CF_3–CH_3, C_2H_6, and C_2F_6 [8]): **11** ('63) 243–52. – Vibrational spectra of lead alkyls and triethylbismuth[23]): **14** ('64) 320–41. – Vibrational spectra of 1,3,5-trifluoro-2,4,6-trichlorobenzene[6]): **17** ('65) 334–40. – Normal coordinate analysis of CF_3–CH_3 and CF_3–CD_3 [25]): **21** ('66) 175–82.

J. opt. Soc. America An infrared prism spectrometer of high resolving power[11])[34]): **37** ('47) 296–301. — Theory of condensing lenses for Raman tubes of small volume: 494–99. — The effect of alkali and alkaline earth salts on the spectrographic determination of strontium[15]): 614–22. — Aberrations in ellipsoidal mirrors used in infrared spectrometers: **39** ('49) 59–63. — Raman spectrum of 1,3-butadiene in the gaseous and liquid states[32]): **40** ('50) 438–41. — Raman spectra of cis- and trans-2-butene in the gaseous and liquid states[32]): 442–45. — A Raman apparatus for gases[9]): **43** ('53) 352–55. — Vibrational spectra and calculated thermodynamic properties of 1,1,1,2-tetrachloroethane and pentachloroethane[27])[12]): 1071–79.

J. Polymer Sci., C Raman spectra of polymers: Nr. **7** ('64) 19–35.

Nature [London] Raman spectrum of nitrous oxide[26]): **130** ('32) 92f.

Oil and Gas J. Application of spectroscopy in the petroleum industry: **40** ('42) Nr. 37, 34–36, 39.

Physical Rev. Rotational structure of the Raman band (0000)→(020±2) in linear symmetrical molecules YX_2: **44** ('33) 911–13. — Polarization and intensity measurements in the Raman spectrum of carbon dioxide[26]): **46** ('34) 1057f.

Physics today Memories of Niels Bohr: **16** ('63) Nr. 10, 22–30.

Proc. Oklahoma Acad. Sci. The infrared absorption spectra of six C_{14} hydrocarbons and their application to the study of Diesel fuels[1]): **30** ('49) 154–66.

Reviews modern Physics Absorption laws for gases in the infrared[39])[13]): **16** ('44) 307–24.

Spectrochimica Acta Raman spectrum and vibrational fundamentals of methyl phosphine[40]): **21** ('65) 1163f.

Spectrochimica Acta, Part A A Raman irradiation system for powders and polymers[20]): **23** ('67) 881–90.

Z. Physik Das Ramanspektrum wässeriger Lösungen von Natrium- und Kaliumhydroxyd: **76** ('32) 55–59.

Z. physik. Chem., Abt. B Über die Raman- und Ultrarotspektren des Kohlendioxyds[26]): **19** ('32) 35–46. — Über das Ramanspektrum des Kohlendioxyds[26]): 427–33. — Ramaneffekt von dreiatomigen Molekülen, 5: Über die Konstitution der Ionen N_3^- und NCS^- [26])[35]): **27** ('34) 100–10.

Mit: 1) N. G. Adams; 2) J. C. Albright; 3) M. Alpert; 4) L. H. Berryman; 5) G. M. Brown; 6) H. D. Brandt; 7) L. Bruner; 8) H. P. Bucker; 9) H. H. Claassen; 10) R. L. Collins; 11) F. W. Crawford; 12) L. W. Daasch; 13) E. B. Dale; 14) M. Z. El-Sabban; 15) E. Fast; 16) E. E. Ferguson; 17) C. W. Gullikson; 18) C. J. Halley; 19) F. W. Harris; 20) C. E. Hathaway; 21) R. F. Holland; 22) R. L. Hudson; 23) J. A. Jackson; 24) P. Klaboe; 25) B. Lafon; 26) A. Langseth; 27) C.-Y. Liang; 28) H. L. McMurry; 29) N. B. Moran; 30) N. A. Narasimham; 31) C.-Y. Pan; 32) C. M. Richards; 33) R. A. Saunders; 34) D. C. Smith; 35) J. U. Sørensen; 36) K. Swanson; 37) A. T. Stair, jr.; 38) R. Theimer; 39) V. Thornton; 40) J. D. Walker; 41) N. E. Ward; 42) A. H. Woollett; 43) R. M. Smith; 44) L. Mikkelsen.

V,VI **NIERENSTEIN,** Maximilian (Moses). Chem. (Gerbstoffchem.). — Stud. Wien, Bern, Leeds; 1904 Dr. phil., Univ. Bern; '09–31 Lecturer, '31–44 Reader, Univ. of Bristol.

*1878 [1877 ?], Elgava [Mitau].

†1946, Jan. 24, Bristol.

Nekr. Isis **38** ('47) 108.

W. Incunabula of tannin chemistry; a collection of some early papers on the chemistry of the tannins reproduced in facsimile and published with annotations (London '32) 5+167 S. — The natural organic tannins: history, chemistry, distribution (London '34, Cleveland, O. '35) 7+319 S.

Acta phytochim. [Tokyo] Über Oxy-chrysin (5,7,8-Trioxyflavon) bzw. nor-Wogonin: **6** ('32) 173–75.

Analyst Experiments on the quantitative separation of pilocarpine from quinine by means of gallotannin: **57** ('32) 94f. — Experimental work on tea tannin: **61** ('36) 294. — Preparation of purpurogallase[12]): **66** ('41) 492. — Application of the goldbeater's skin test to some synthetic tannins[1])[2]): **67** ('42) 135f. — Triglycylglycine as a qualitative reagent for tannins[13]): 389f. — The first chemical reagent: **68** ('43) 212f. — Micromethod for the estimation of tannin: **69** ('44) 91. — Micromethod for the estimation of ellagitannins[7]): 241f. — Chemical differentiation of galls[10]): 272f. — A macro- and micromethod for the estimation of pyrogallol tannins and catechol tannins in presence of each other[6]): 374f. — Azo dyes as quantitative precipitants of tannin[4])[14]): **70** ('45) 17f. — Use of antipyrine for the microanalysis of tannins: 132. — The so-called "Nierenstein" indicator: 213. — Tannin content of some Potamogeton species and its effect on the colour of iron-containing inland waters: 427.

Biochemical J. A biological synthesis of m-digallic acid: **26** ('32) 1093f. — The colouring matters of galls [,1] [11]): **38** ('44) 373–75; ∼ 2 [15]): **39** ('45) 481. — The distribution of myrobalanitannin[8]): 390–92.

Chemistry and Industry Guyton de Morveau and Lavoisier's execution: **51** ('32) 438f. — Guyton de Morveau: 764f. — The constitution of catechin: **55** ('36) 1007f.

Isis Helvetius, Spinoza and transmutation: **17** ('32) 408–11. — Enquiry into the authorship of "The ordinall of alchimy"[3]): **18** ('32/33)

290–321. – The identity of the manuscript entitled "Mr. Nortons worke, De lapide ph'orum" with "The ordinall of alchimy"[9]): **21** ('34) 52–56. – A missing chapter in the history of organic chemistry: The link between elementary analysis by dry-distillation and combustion: 123–30. – The discovery of lactic sugar: **24** ('35/36) 367–69. – Black's simplification of Bergman's chemical symbols: **28** ('38) 463f.

J. amer. chem. Soc. A new hydrocarbon [ellagene][14]): **67** ('45) 691f.

J. chem. Soc., London Rhatany catechin: **1932**, 2809.

J. int. Soc. Leather Trades Chemists Note on the Hottentot fig tree: **29** ('45) 168.

Nature [London] Application of the gold-beater's skin test to some synthetic tannins: **130** ('32) 813. – Johann Pharamund Rhumelius: **157** ('46) 167. – The Donzellis: **383**.

Pharmaceutical J. Rhizophora ikotoae, nov. sp.?: **150** ('43) 221. – A new hamameli tannin[5]): **151** ('43) 241. – Gum kauri. The presence of L-leucomacluringlycol ether: **153** ('44) 5. – The constitution of bismuth oxyiodogallate [14]): **154** ('45) 14. – Valerius Cordus: **155** ('45) 116.

Quarterly J. Pharm. and Pharmacol. Identity of laguncurin, kino-yellow and maclurin: **16** ('43) 11f.

Mit: [1]) N. S. Armstrong; [2]) H. Barton; [3]) P. F. Chapman; [4]) R. C. Davies; [5]) C. P. Edwards; [6]) B. S. Fuller; [7]) V. N. Norris; [8]) J. Potter; [9]) F. M. Price; [10]) K. von Stockert; [11]) A. Swanton; [12]) J. C. Thomas; [13]) I. Tryon; [14]) C. W. Webster; [15]) C. H. Welton.

VI **NIESSEN,** Karel Frederik. Physik (theoret.). – 1929–57 Theoret. Physiker, Philips' Natuurkundig Labor., Eindhoven.

*1895, Apr. 21, Velsen.

Annalen Physik Bemerkung zu einer Arbeit von Murray und einer Arbeit von van der Pol und Niessen über die Ausbreitung elektromagnetischer Wellen: **16** ('33) 810–20. – Über die entfernten Raumwellen eines vertikalen Dipolsenders oberhalb einer ebenen Erde von beliebiger Dielektrizitätskonstante und beliebiger Leitfähigkeit: **18** ('33) 893–912. – Über den von einer ebenen Erde absorbierten Teil der Strahlung eines vertikalen Dipolsenders: **22** ('35) 162–88. – Erweiterung einer früheren Formel für die Erdabsorption in der drahtlosen Telegraphie: **24** ('35) 31–48. – Erdabsorption bei vertikalen Dipolantennen in großer Höhe über ebener Erde: **25** ('36) 673–87. – Über die Wirkung eines vertikalen Dipolsenders auf ebener Erde in einem Entfernungsbereich von der Ordnung einer Wellenlänge: **28** ('37) 209–24. – Eine Verschärfung der verbesserten Sommerfeldschen Fortpflanzungsformel für drahtlose Wellen zur Ausbreitung ihres Gültigkeitsgebietes nach kleineren Abständen: **29** ('37) 569–84. – Zur Entscheidung zwischen den beiden Sommerfeldschen Formeln für die Fortpflanzung von drahtlosen Wellen: 585–96. – Über das Feld einer vertikalen Halbwellenantenne in beliebiger Höhe oberhalb einer ebenen Erde beliebiger Konstanten: **31** ('38) 522–30. – Erdabsorption bei horizontalen Dipolantennen: **32** ('38) 444–58. – Zur Entscheidung zwischen horizontalen oder vertikalen elektrischen Dipolen zwecks minimaler Erdabsorption bei gegebener Bodenart und Wellenlänge: **33** ('38) 404–18.

Applied sci. Res., Sect. B On a cavity resonator of high quality for the fundamental frequency: **1**.1947/50 ('50) 18–34. – Nodal planes in a perturbed cavity resonator, 1: 187–94; ∼ 2: Perturbation of a vibration with one nodal plane: 251–60; ∼ 3: Perturbation of a vibration with two nodal planes: 284–98. – On avoiding low frequencies in a rectangular cavity resonator used as part of a triode generator: 325–40.

Nederlandsch Tijdschr. Natuurkunde Etwas über Sommerfelds Metalltheorie, 1: **2** ('35) 71–89 [niederländ.].

Philips Res. Rep. The ratio between the horizontal and the vertical electric field of a vertical antenna of infinitesimal length situated above a plane earth: **1** ('45/46) 51–62. – On the error in the determination of the median plane of a radio beacon in a tilted airplane: 161–63. – A new method for the determination of the electric constants of the earth's surface: 465–75. – Indication of landing courses independent of weather conditions, 1: Emitters at unequal heights: **3** ('48) 1–12; ∼ 2: Extension of dipoles to antennae of finite length, ∼ 3: Emitters at equal heights: 130–39. – Relaxation in the anomalous skin effect: **4** ('49) 38–48. – Anomalous skin impedance as a function of the field strength: 143–53. – Spontaneous magnetization as a function of temperature for mixed crystals of ferrites with several Curie temperatures: **9** ('54) 197–208. – Magnetic anisotropy and van Vleck's relation for antiferromagnetics: **10** ('55) 131–40. – Condition for resonance in a nearly compensated ferrimagnetic: **11** ('56) 57–65. – Spontaneous magnetization and magnetic susceptibilities of an antiferromagnetic with foreign ions in only one sublattice: 172–82. – Spontaneous magnetization and magnetic susceptibilities of an antiferromagnetic with foreign ions in both sublattices: **12** ('57) 69–81. – On a higher approximation of the critical field strength for an antiferromagnetic: 259–69. – Influence of foreign ions on the critical field strength of an antiferromagnetic: 355–63. – Non-magnetic ions in an antiferromagnetic: **13** ('58) 327–

34. – Distribution of magnetic domains between the two phases in a single crystal flat disk of iron: **14** ('59) 101–10. – – Die meisten Arbeiten m. französ. u. deutscher Zusammenfassg.

Philosophical Mag. Symbolic calculus[3]): **13** ('32) 537–77. – A contribution to the symbolic calculus: **20** ('35) 977–97. – The electrical double layer at the interface of two liquids[4]): **28** ('39) 435–46.

Physica Bemerkung zu einem vermeint[lich]en Zusammenhang zwischen Austrittsarbeit und Elektronenpotential in einem Metall: **1** ('34) 623–26. – Das Verhältnis von Dia- und Paramagnetismus eines Elektronengases als Funktion der Feldstärke: 783–96. – Temperaturabhängigkeit der magnetischen Suszeptibilität eines Elektronengases: 979–88. – Zur Theorie der Brownschen Bewegung eines kritisch gedämpften Galvanometers: **3** ('36) 841–54. – Über die Phase des Magnetfeldes: **5** ('38) 769–74. – Einige Bemerkungen zur Theorie der Brownschen Bewegung[1]): 977–85. – Über die Empfangsimpedanz einer Empfangsantenne, 1: Strahlungswiderstand[5]): **6** ('39) 601–16; ~ 2: Reaktanz und Abbildungen[5]): 617–27. – Curiekonstante und Curietemperatur von Nickellegierungen: 1011–33. – Note on the "albedo" of a hydrogenated substance for slow moving neutrons[2]): **7** ('40) 199–204. – Berechnung der von einer Halbwellenlängeantenne oberhalb einer ebenen Erde in einem bestimmten Punkte hervorgebrachten elektrischen Feldstärke als Funktion der der Antenne sämtlich pro Sekunde zugeführten Energie, 1: 586–602; Elektrische Feldstärke als Funktion der durch die Antenne verbrauchten Energie, 2: 897–908. – Über das akustische Analogon der Sommerfeldschen Oberflächenwelle: **8** ('41) 337–43. – Zur Prüfung der Paulingschen Hypothese über die Bindung der Atome in Metallen: 377–86. – Berücksichtigung einer linearen Inhomogenität im äußeren Wechselfeld bei der Erregung eines Quarzstäbchens: 695–702. – Zur Frequenzstabilität einiger Resonatoren: 1077–93. – Mittlere Frequenzstabilität von Hohlräumen: **9** ('42) 145–57. – Über die Frequenzbeständigkeit einiger Hohlräume in einem elektrischen Kreis: 539–46. – Praktische Bemerkungen zur Frequenz-Konstanthaltung von kugelförmigen Hohlräumen: 768–72. – Über die angenäherte Erdabsorptionsformel für vertikale Dipole: 915–22. – On one of Heisenberg's hypotheses in the theory of specific heat of superconductors: **16** ('50) 77–83. – The energy of the normal electrons in a superconductor as a function of temperature and thickness of the superconducting layer on the Fermi surface: 84–94. – On the deviations between theoretical and experimental values of the specific heat of superconductors: 709–18. – On the condition determining the transition temperature of a superconductor: **17** ('51) 33–42. – Curie temperature of nickel-zinc ferrites as a function of the nickel-zinc ratio: 1033–49. – Spontaneous magnetization of nickel-zinc ferrite as a function of the nickel-zinc ratio: **18** ('52) 449–68. – Condition for vanishing spontaneous magnetization below the Curie temperature: **19** ('53) 445–50. – Ratio of exchange integrals in connection with angles between partial magnetizations in ferrimagnetic spinels: 1035–45. – Magnetic behaviour of some ferrites: 1127–32.

Physikalische Z. Über die Absorption der Debye-Falkenhagenschen Relaxationskraft in einem neutralen, teils ionisierten Gase (Plasma, Kennelly-Heaviside-Schicht): **33** ('32) 705–18.

Tijdschr. nederl. Radiogenootschap Summary of some theoretical contributions to the problem of propagation of radiowaves over the earth[3]): **7** ('35) 1–11.

Z. Naturforsch. The earth's constants from combined electric and magnetic measurements partly in the vicinity of the emitter: **3A** ('48) 552–58.

Mit: [1]) C. J. Bakker; [2]) W. de Groot; [3]) B. van der Pol; [4]) E. J. W. Verwey; [5]) G. de Vries.

VI **van NIEUWENBURG,** Cornelis Johannes. Chem. (analyt.), Chem. d. Baumaterialien. – 1920–60 Prof., '40 12 Rektor, '60 Prof. Emer., Techn. Hochsch. Delft; '34– Prés., Commission des Réactifs Nouveaux, Union Internation. de Chim.

*1889, Dez. 31, 's-Gravenhage.

Zur Emeritierung Festheft: Recueil Trav. chim. Pays-Bas **79** ('60) Nr. 6 (S. 491–657) (m. Bildn.). – H. A. J. Pieters, Chemisch Weekbl. **56** ('60) 385 (m. Bildn.). – J. W. L. van Ligten, ibid. 385–89 (m. Schr.verz. 83 Nrn.). – [Bericht von der Feier]: ibid. 510–12 (m. Bildn. [Plakette]).

MHZ. Mikrochimica Acta [Wien] **1** ('37) – **3** ('38) → Mikrochemie verein. Mikrochimica Acta **25** ('38) – **38** ('51).

S. Trabajos IX Congreso internacional de química pura y aplicada, Madrid 1934, **6** (Madrid '36) 59–62: Collaboration internationale dans le domaine de l'analyse qualitative moderne. – Atti X Congresso internazionale di chimica, Roma 1938, **3** (Roma '39) 451–54: De la necessité de reduire les pesées analytiques à une température et une pression normale. – De Technische Hogeschool te Delft 1905–1955 (A. F. Kamp) ('s-Gravenhage '55): Die Ausbildung zum Chemie-Ingenieur [niederländ.]. – Proc. of the International symposium on microchemistry, Birmingham 1958

(Oxford '60) 532–34: Compulsory microanalytical training [ ].

W. A short manual of systematical qualitative analysis by means of modern drop reactions (m. G. Dulfer) (Amsterdam '33) 88 S., [2]('35), [3]('38) 96 S.; span.: Manual de análisis cualitativa sistemática por medio de las modernas reacciones a la gota (Barcelona '34) 135 S. – Tableaux des réactifs pour l'analyse minérale; premier rapport de la Commission internationale des réactions et réactifs analytiques nouveaux de l'Union Internationale de Chimie (m. W. Böttger, F. Feigl, A. S. Komarovsky, N. Strafford) (Leipzig '38) 24+409 S. [auch deutsch u. engl.]. – Réactifs pour l'analyse qualitative minérale; deuxième rapport ~ (m. J. Gillis) (P. Wenger, R. Dukkert) (Basel '45) 16+288 S.; engl.: Reagents for qualitative inorganic analysis (NewYork–Amsterdam '48) 22+379 S. – Tableaux des réactifs pour l'analyse minérale; troisième rapport ~ (m. P. Wenger) (Paris '48) 11+204 S. [auch engl.]. – Kwalitatieve chemische analyse (Den Helder '45) 266 S., [2](Amsterdam '47); ab 3. Aufl. m. J. W. L. van Ligten [3]('51), [4]('56) 326 S.; deutsch: Qualitative chemische Analyse (Wien '59) 295 S. – (Mitbearb.) De oogst; een overzicht van het wetenschappelijk werk van prof. dr.ir. H. I. Waterman, te zamen gebracht ter gelegenheid van zijn aftreden als hoogleraar in de chemische technologie aan de Technische Hogeschool te Delft (m. anderen) (Delft '59) 124 S. – Kwantitatieve chemische microanalyse (m. J. W. L. van Ligten) (Hilversum '61) 142 S.; engl.: Quantitative chemical micro-analysis (NewYork–Amsterdam '63) 181 S. (Elsevier monographs, 32. Chemistry section). – Chemische microanalyse [Neudruck der beiden vorstehenden Werke in 1 Band] (m. J. W. L. van Ligten) (Hilversum '63) 291+142 S. – Korte geschiedenis van de chemie (Hilversum '61) 156 S. – – Ferner 1953–1961 (m. J. W. L. van Ligten) ca. 10 Anleitungen für verschiedene Gebiete der Mikro- und Halbmikroanalyse, herausgegeben von der Technischen Hochschule Delft. – Mitarbeit an Museumsführern des Museums der Arbeit, Amsterdam (Glas, Steingut).

Analyst A contemporary assessment of the place of classical methods in chemical analysis: **77** ('52) 573–77. – Modern qualitative analysis and industrial practice: **81** ('56) 450–55.

Analytica chim. Acta On the detection of aluminium by means of aluminon[9]): **2** ('48) 88–91. – Analytical chemistry and chemical analysis, now and in the near future: 419–24. – On the microscopic detection of lithium[9]): **3** ('49) 572–77. – On the absorption of carbon dioxide by baryta in an organic solvent[5]): **5** ('51) 68–70. – On the microscopic distinction of zirconium and hafnium[8]): **7** ('52) 390–92. – An improvement on Wright's method for the microdetermination of molecular weights[8]): **9** ('53) 66–69. – On the heterometric titration of small amounts of sulfates[1]): **19** ('58) 32–38. – Reduction of micro and semimicro weighings to a normal temperature and a normal pressure: **20** ('59) 127–29.

Bull. Soc. chim. France Problèmes actuels de l'analyse qualitative: **13** ('46) 188–92. – La microanalyse, son présent et son avenir: **20** ('53) C63–C65. – Réflexions sur la chimie analytique: **1958**, 117–20.

Chemické Listy Vědu a Průmysl Wozu und wann bedienen wir uns der Mikrochemie?: **31** ('37) 38–45 [tschech.].

Chemisch Weekbl. Systematische qualitative Analyse mit Hilfe vieler neuer Tüpfelreaktionen: **29** ('32) 114–19. – Die chemische Zusammensetzung der Erde: **30** ('33) 278–80. – Acidimetrische Bestimmung von Wasser mit Säurechloriden: **34** ('37) 217. – Nachweis und Bestimmung kleiner Metallmengen in organischem Material: **35** ('38) 799–802. – Woraus bestand eigentlich der Stein der Weisen?: **55** ('59) 700–. – Ein neuer Schwefelwasserstoff-Apparat[8]): **56** ('60) 550. – Aus der Frühgeschichte der chemischen Analyse: **57** ('61) 29–33. – – Alle Arbeiten niederländ.

Chimie analyt. Sur l'emploi du bioxyde de thio-urée dans la microanalyse; microdosage de l'étain[8]): **36** ('54) 41f. – L'analyse chimique de demain: **38** ('56) 423–27.

Chimie et Industrie La synthèse pneumatolytique des silicates: **38** ('37) 226–32.

Economisch-techn. Tijdschr. Brandbekämpfungsmittel: **20** ('40) Nr. 12 [niederländ.].

Mededeelingen koninkl. vlaamsche Acad. Wet., Letteren en schoone Kunsten België Die pneumatolytische Synthese von Chrysotil: **14** ('52) Nr. 3, 3–11 [niederländ.].

Mikrochemie Cerimetric titration of small amounts of iron by means of α,α'-dipyridyl as an indicator[2]): **18** ('35) 39–42. – Dipicrylamine as a micro-reagent for potassium, rubidium and caesium[6]): 175–78. – On the detection of malic acid by means of brucine[3]): Molisch-Festschrift ('36) 338–41. – Warum und wann Mikrochemie?: **21** ('37) 184–208.

Mikrochimica Acta [Wien] On the volumetric determination of small amounts of water by means of cinnamoyl chloride: **1** ('37) 71–74.

Natuurwetenschappelijk Tijdschr. Pneumatolytische Silicatsynthese: **14** ('32) Congres-Nr., 65f. [niederländ.].

Pharmacie franç. Tendances microanalytiques de l'analyse chimique: **43** ('39) März-Nr.

Recueil Trav. chim. Pays-Bas The isotherms of water from 350–480 °C and for pressures up to 600 kg/cm[2] [2]): **51** ('32) 707–14. – On the volatility of SiO_2 in super-critical steam[2]): **53** ('34) 476. – Semi-quantitative measurements of the solubility of quartz in super-critical steam[10]): **54** ('35) 129–32. – The geochemical frequency of strontium[4]): 633–38. – The geochemical frequency of barium[4]): **55** ('36) 263–66. – On the simultaneous conductometric titration of sulphuric acid and nitric acid: **57** ('38) 616–19. – On the existence of the compound $Al_2O_3 \cdot 2SiO_2 \cdot 2H_2O$ [7]): **59** ('40) 777–80.

Revue gén. Sci. appl. La synthèse pneumatolytique des silicates: **1** ('52) Nr. 3, 61–65.

South african industr. Chemist The chemical composition of the philosopher's stone: **17** ('63) 132f.

T. G. Bouwstoffen Die Grundlagen für die Prüfung von Silikatsteinen: **21** ('35) Aug.-Nr., 89– [niederländ.].

Verhandelingen koninkl. Akad. Wet., Afd. Natuurkunde, 1. Sect. Viscosity and plasticity from a technical point of view: **15** ('35) Nr. 3, 141–72. – Recent plastomers: **16** ('36/38) Nr. 4, 241–61.

Ž. analit. Chim. Mikroanalyse – die chemische Analyse der nächsten Zukunft: **15** ('60) 394–401 [russ.].

Mit: [1]) B. F. E. van Bevervoorde; [2]) H. B. Blumendal; [3]) L. M. Brobbel; [4]) R. H. Dewald; [5]) L. A. Hegge; [6]) T. van der Hoek; [7]) H. H. Koppers; [8]) J. W. L. van Ligten; [9]) G. Uitenbroek; [10]) P. M. van Zon.

VI **NIEUWLAND,** Julius Arthur. Bot., Chem. (org.). – 1904–18 Prof. Bot., '18–36 Prof. Chem. and Head of Chem. Departm., '20–23 Dean of the College of Sci., Univ. of Notre Dame, Ind.; '24–25 Secretary, '25–26 Chairman, Organic Divis. of the Amer. Chem. Soc.; '29 Vice-Pres., '34 Pres., Indiana Acad. Sci. – '33 John Motley Morehead Medal (Nation. Acetylene Assoc.); '35 Wm. H. Nichols Medal (Amer. Chem. Soc.); '35 Gregor Mendel Medal (Villanova College, Villanova, Pa.); '35 Gold Medal (Amer. Inst., New York).

*1878, Febr. 14, Hansbeke b. Gent; †1936, Juni 11, Washington, D.C.

Ehrung Julius A. Nieuwland Memorial Foundation: Science [USA] **87** ('38) 59.

Zur Biogr. Father Nieuwland (Corning, N.Y. '48) 25 S. (m. Bildn.) (Corning Glass Works. Famous names in chemical history, [6]). – O. A. Battista, Priest and scientist: Catholic World **170** ('50) 368–73. – M. T. Bogert, Science [USA] **81** ('35) 326–30. – Nichols Medal award: Industrial and Engng. Chem. **27** ('35) 847. – E. P. Burke, Father Nieuwland, the man: ibid. 847f. – E. R. Bridgwater, Practical aspects of Nieuwland's work: ibid. 848–50. – F. L. Haushalter, Inventors I have known (New York '72) 85–87 (m. Bildn.). – A. Lurié, The work of Father Nieuwland: Belgium [New York] **1942**, Nr. 9, 402–06 (m. Bildn.). – T. T. McAvoy in: Dictionary of American biography **11**, 2 (New York '58) Suppl. 2, 488f. – A. R. Matthis, Another American scientist born in Belgium: J. A. Nieuwland (1878–1936): Industrie chim. belge **26** ('61) 1515–22 [französ.]; Revue gén. Caoutchouc **37** ('60) 1283–86 (m. Bildn.). – H. Wolf, R. Wolf, Rubber; a story of glory and greed (New York '36) 376–97. – R. F. Wolf, Rich man, poor man: Scientific Monthly **1952**, Febr.-Nr., 69–75. – Ave Maria [Notre Dame, Ind.] **1942** II, 295, 327. – Chemical and Engng. News **31** ('35) 4696 (m. Bildn.). – Commonweal [New York] **21** ('34/35) 316, 429. – Literary Digest [New York] **119** ('35) 19. Jan., S. 10 (m. Bildn.); **120** ('35) 2. Nov., S. 15 (m. Bildn.). – Mendel Bull. [Villanova, Pa.] **13** ('41) 33f. – Notre Dame Alumnus **14** ('36) Nr. 9, 247f., 251. – Science [USA] **80** ('34) 610f. – Scientific American **152** ('35) 173 (m. Bildn.). – Time [New York] **27** ('36) 25. Mai, S. 68 (m. Bildn.).

Nekr. Gedenkheft: Catalyzer **14** ('36/37) Nr. 5; darin Biogr. S. 34 (m. Bildn.). – W. S. Calcott, J. chem. Soc., London **1937**, 708f. – M. W. Lyon, jr., Science [USA] **84** ('36) 7f. – F. T. McKeon, Commonweal [New York] **24** ('36) 447. – American Midland Naturalist **17** ('36) Nr. 4, I(?)–XV (m. Schr.verz.). – Catholic World **143** ('36) 492. – Commonweal [New York] **24** ('36) 244. – Industrial and Engng. Chem., News Edit. **14** ('36) 248.

HZ. (Begründer) American Midland Naturalist **1** ('09) – **15** ('34).

W. The chemistry of acetylene (m. R. R. Vogt) (New York '45) 11+219 S. (American Chemical Society monograph series, 99).

Biologist Research: **17** ('35/36) Nr. 1, 6–8.

Catalyzer Basic research possibilities in acetylene and calcium carbide: **11** ('33/34) Nr. 1/2, 14f.

Industrial and Engng. Chem. Synthesis from unsaturated hydrocarbons: **27** ('35) 850–54.

Industrial and Engng. Chem., Analyt. Edit. Determination of organic sulfur by the liquid ammonia-sodium method[15])[1]): **8** ('36) 49f. – Colorimetric estimation of peroxides in unsaturated compounds[21])[19]): 198f.

J. amer. chem. Soc. Iodination in liquid ammonia[18]): **54** ('32) 787–91. – Reaction of phenylacetonitrile[2]): 828. – Organic reactions with boron fluoride, 1: The preparation of esters[10]): 2017f.; ~ 2: The rearrangement of alkyl phenyl ethers[15])[10]): 2019–21; ~ 3: The condensation of propylene with phenol[15])[10]): 3694–98; ~ 4: Ether cleavage in the presence of organic acids[9])[10]): **55** ('33) 2857–60; ~ 5: The rearrangement of isopropylphenol o-, m-

and p-cresyl ethers[15][10]: 3402–08, 5077; ~ 6: The reaction of acetamide with alcohols and phenol [15]: 5052 f.; ~ 7: The rearrangement of isopropyl salicylate and the condensation of propylene with salicylic acid[5][15]: **56** ('34) 2054–56; ~ 8: The condensation of propylene with acids[7][15]: 2689f.; ~ 9: The alkylation of phenol with alcohols[15][9]: **57** ('35) 709–11; ~ 10: The condensation of propylene with aromatic hydrocarbons[14][15]: 1547–49; ~ 11: The condensation of propylene with m- and p-hydroxybenzoic acids[5][15]: 1549–51; ~ 12: The preparation of esters of aromatic acids[15]: **58** ('36) 271f.; ~ 14: The reaction of amides with acids and amines[15]: **59** ('37) 1202f. — Acetylene polymers and their derivatives, 14: The dihydrochloride of divinylacetylene[4][3]: **55** ('33) 2048–51. — The direct iodination of monosubstituted acetylenes[18]: 2150–53. — Organomercuri-acetylides and their use in the identification of organomercuri-halides[16][19]: 2465–68. — The preparation of some alkyl substituted phenylacetonitriles in liquid ammonia[2]: 2851–53. — Mono and disubstituted organomercury derivatives of acetylene[16][19]: 3728–31. — Melting point curves of some alkyl and acetylenic mercury derivatives[18][16]: 4206–09. — Alkyl acetylenes and their addition coms pounds, 1: Condensation of alkyl acetylene; with oxy compounds[9][11][18]: **56** ('34) 1130–32. ~ 2: The preparation of some ketals of alkyl acetylenes with methanol[11][9]: 1384f.; ~ 3: The addition of methyl alcohol to monovinyl acetylene[11][9]: 1786f.; ~ 4: The addition of some organic acids to alkyl acetylenes[9]: 1802f.; ~ 5: The preparation of some α-unsaturated ethers from 2,2-dimethoxyalkanes[11][9]: **57** ('35) 544f.; ~ 6: Addition of methyl alcohol to dialkyl acetylenes[9]: 2006f.; ~ 7: The preparation of some ketals of alkyl acetylenes with the higher alcohols[11][9]: **58** ('36) 80f.; ~ 9: The reaction of allyl bromide with acetylenic Grignard reagents[6][11]: 611f.; ~ 10: The preparation of dialkyl acetylenes from acetylenic Grignard reagents and alkyl sulfates[17][9]: 796f.; ~ 11: Bromination of some alkenyl esters[14][9]: 891f.; ~ 12: Addition of methanol to alkenyl acetylenes[11][9]: 892–94; ~ 14: The synthesis of some dioxole derivatives from alkyl acetylenes[11][9]: 1658f.; ~ 15: The reaction of butyl acetylene with hydrogen bromide[21][19]: 1806–08, 2661; ~ 16: The reaction of metal halides with acetylenic Grignard reagents[6]: 1609f., 2661; ~ 17: The synthesis of acetylenic ketones from acetylenic Grignard reagents[12]: 1861–63. — Further studies of iodination in liquid ammonia[18]: **56** ('34) 1207–09. — Oxygen addition compounds of acetylenes[21][19]: 1822f. — A rapid catalytic preparation of sodamide in liquid ammonia and some of its uses in the preparation of acetylenic materials[18][19]: 2120–22. — The reaction of ethylene oxide with acetylenic Grignard reagents[6][19]: 2790. — The preparation of a new hydroxyfluoboric acid[15][12]: **57** ('35) 454–56. — The preparation of ethers in liquid ammonia[18][19]: 510–12. — The reaction of ethylene oxide with acetylenic Grignard reagents[6][19]: 2327. — The reaction of butyl acetylene with oxygen[21][19]: **58** ('36) 55f. — Organic reactions with silicon compounds, 1: The use of silicon tetrafluoride in the formation of esters and some absorption reactions[8][15]: 786f.; ~ 2: The reaction of silicon tetrafluoride with the Grignard reagent[8][15]: 897f. — The olefin-benzene condensation with the sulfuric acid catalyst[20][15]: 1007–09. — Some reactions of dihydroxyfluoboric acid[12][15]: **59** ('37) 965–69. — Organic reactions with dihydroxyfluoboric acid[7][15]: **60** ('38) 656f.

J. amer. pharm. Assoc. The relation of some physical properties to bactericidal action of some α-phenyl-substituted acids[2]: **22** ('33) 711–16.

J. chem. Soc., London The synthesis and properties of 2-iodo-1-vinylacetylene[18]: **1933**, 741–43. — Oxygen addition compounds of acetylenes[21][19]: **1935**, 115.

J. org. Chemistry Alkyl acetylenes and their addition compounds, 8: The addition of acetyl chloride to alkyl acetylenes[12][15]: **1** ('36) 163–69; ~ 13: A proposed mechanism for mercury catalysis in acetylene addition reactions[9][19]: 159–62; ~ 19: The preparation and alkylation of metal acetylides in liquid ammonia[18][9][19]: **2** ('37) 1–22. — Organic reactions with boron fluoride, 17: Rearrangement of alkyl salicylates and the reaction of alcohols with salicylic acid[5][15]: 253–59.

Proc. Indiana Acad. Sci. The types of Linnaean genera: **42.1932** ('33) 83–87. — Studies in etherification, 1: The preparation of some higher aliphatic ethers with sulfuric acid[9][10]: 109–11. — The catalytic synthesis of glycol acetal[18]: 131–33. — The story of synthetic rubber: **44.1934** ('35) 17–21. — Catalytic esterification with dihydroxyfluoboric acid[12][15]: **46.1936** ('37) 115–17.

Scientific American Synthetic rubber from a gas: **153** ('35) 262f.

Tech Engng. News Duprene - an artifical rubber: **16** ('35) Nr. 6, 71–82.

Mit: [1] V. G. Arcadi; [2] L. H. Baldinger; [3] W. H. Carothers; [4] D. D. Coffman; [5] W. J. Croxall; [6] J. P. Danehy; [7] T. B. Dorris; [8] J. A. Gierut; [9] G. F. Hennion; [10] H. D. Hinton; [11] D. B. Killian; [12] J. W. Kroeger; [13] –; [14] S. J. Slanina; [15] F. J. Sowa; [16] R. J. Spahr; [17] S. D. Thorn; [18] T. H. Vaughn; [19] R. R. Vogt; [20] H. L. Wunderly; [21] C. A. Young.

III-VI **NIEWENGLOWSKI,** Boleslas Alexandre. Math. — 1903– Inspecteur gén., Acad. Sci. Paris.

*1846, Mai 15, Paris;
†1933, Sept. 28, Paris.

[VI] **NIEWODNICZAŃSKI,** Henryk. Physik (exper.). – 1937–39 Außerord. Prof. u. Dir. d. Inst. f. Experimentalphysik, Univ. Poznań; '39–44 außerord. Prof., Univ. Wilno; '45 außerord. Prof., Univ. Lublin u. Univ. Wrocław; '46–68 ord. Prof., '48–68 Dir. d. Physikal. Inst., Univ. Kraków; '55–68 Dir. d. Inst. f. Kernphysik, Kraków–Bronowice. – '59, '62, '64 Preise d. Poln. Nationalrats f. d. Anwendg. d. Atomenergie; '67 Preis d. Poln. Ministers f. Erziehung; Goldenes Verdienstkreuz u. Orden „Banner d. Arbeit" I. Kl. (Poln. Regierung).
*1900, Dez. 10, Wilno;
†1968, Dez. 20, Kraków.

Nekr. Gedenkheft: Acta physica polon., A **38** ('70) Nr. 4 (S. 437–700) (m. Bildn.); darin S. 439: P. E. Hodgson, Professor H. Niewodniczański [engl.]. – K. Grotowski, Problemy [Warszawa] **26** ('70) 75–80. – J. J. Hennelowie, Tygodnik powszechny **23** ('69) Nr. 14/15, S. 8. – A. Jabłoński, Professor H. Niewodniczański as investigator in the field of atomic optics: Postępy Fizyki **20** ('69) 129–34 [poln. m. engl. Zusammenfassg.] (m. Bildn.). – A. Hrynkiewicz, Professor H. Niewodniczański in the field of nuclear physics: ibid. 135–55 [~]. – A. Hrynkiewicz, Acta physica polon. **35** ('69) 3–10 [engl.] (m. Bildn. u. Schr.verz.). – J. A. Janik, Nukleonika [Warszawa] **14** ('69) 123–30 [engl.] (m. Bildn. u. Schr.verz. 128 Nrn.). – D. Kunisz, Życie i Myśl **19** ('69) Nr. 3, 135–38 (m. Bildn.). – A. Strałkowski, Nauka polska **17** ('69) Nr. 3, 164–68 (m. Bildn.).

S. Proc. Rutherford jubilee international conference on nuclear physics, Manchester 1961 (J. B. Birks) (London '61) 529f.: Elastic scattering of 13 MeV deuterons on some light nuclei[14,49,61,66]. – Jadernye reakcii pri malych i srednych ėnergijach. Trudy 2-oj vsesojuznoj konferencii [Kernreaktionen bei kleinen und mittleren Energien. Arbeiten der 2. Unionskonferenz] (Moskva '62) 111–: Polarisation der Neutronen bei der Reaktion ^{12}C (d, n) ^{13}N [russ.][8,19,49,61]. – Proc. Conference on direct interactions and nuclear reaction mechanisms, Padua 1962 (New York '63) (Nuclear physics, 1) 824–: Inelastic scattering of 12.8 MeV deuterons on ^{27}Al nuclei[49,79]. – Energia jądrowa w Polsce w latach 1955–1960 (J. Hurwic) (Warszawa '63) 35–60: Instytut Fizyki Jądrowej [poln.]. – Kollokvium po jadernoj fizike nizkich ėnergij [Kolloquium zur Kernphysik niedriger Energien], Tihany 1963 (Tihany '63): Polarization of neutrons from the D (d, n) ^{3}He reaction for deuteron energies between 5.9 and 11.3 MeV[70,71]; Studies of scattering of 25 MeV alpha particles on atomic nuclei[8,19,45,62,66,80]. – C. R. Congrès international de physique nucléaire, Paris 1964, 2 (Paris '64) 96: Some nuclear reactions on Ca induced by 12.8 MeV deuterons[49,66]; 96–: Back angle scattering of 24.7 MeV alpha particles on some nuclei[8,19,23,66,82]. – Proc. International nuclear physics conference, Gatlinburg, Tenn., 1966 (New York '67) 81–84: Resonance in the elastic scattering of alpha particles from ^{40}Ca nuclei[8,19,23,66]. – Proc. 2nd Conference on nuclear reactions with light nuclei and nuclear structure, Rossendorf 1967 (K. Müller, J. Schintlmeister) (Dresden '67) 158: Total reaction cross-section and elastic scattering of 24.7 MeV alpha particles in the region of A=60 nuclei[8,19,31,66,68,70,81]; 221: Resonances in the elastic scattering of alpha particles on ^{39}K at 24 MeV and 26.5 MeV[4,8,19,23,46,82]. – Cząstki elementarne, jądro atomove, promieniotwórczość. W hołdzie Marii Skłodowskiej-Curie (Warszawa '67) 113–56: Direkte Kernreaktionen [poln.][66].

Acta geophysica polon. Spectral isotopic analysis of lead from Polish galena deposits[15,47]: **11** ('63) 147–51 [poln. m. engl. Zusammenfassg.].

Acta physica polon. On the "forbidden" lines in the spectrum of neutral lead under high-frequency excitation: **2** ('33) 375–82 [m. poln. Zusammenfassg.]. – The transverse Zeeman effect of the "forbidden" Pb I line λ 4618. An experimental proof of the existence of magnetic dipole radiation: **3** ('34) 285–90 [~]. – Verbotene Spektrallinien: **5** ('36) 111–22 [Diskussion: 122–25]. – Intensity ratio in the "forbidden" doublet λ 2958 and λ 2972 Å.U. in the spectrum of atomic oxygen[39]: **17** ('58) 345–51 [m. russ. Zusammenfassg.]. – A high-luminosity quartz spectrograph for the far ultra-violet region λ 2300–1850 Å. U.[24]: 361–64 [~]. – Intensity ratios of spectral lines in Ca I triplets at different conditions of excitation[36]: 365–68. – Andrzej Soltan (1897–1959): **19** ('60) 125–31. – Energy levels in ^{166}Er nucleus[6,50,48,72]: **20** ('61) 257–66. – Gamma-vibrational levels in ^{166}Er[6,50,72,74,83]: 351–56. – Intensity ratios in doublets of the fine structure in the Al III spectrum[24]: 633–45. – Intensity ratios of spectral lines in the sharp series triplets of atoms of the second column of the periodic table[36]: 701–14. – Some experiments on the electric monopole transition in ^{234}U[41]: **22** ('62) 91–98. – Energy and angular distributions of the neutrons from the stripping reaction ^{12}C (d, n) ^{13}N[25,37,42,78,82]: **23** ('63) 225–34. – Apparatus for the production of thin dielectric and metallic layers with optical control of thickness in the visible and ultra-violet region[15)35)]: 255–61. – Elastic scattering of 12.8 MeV deuterons on some light nuclei[14)49)61)66)]: 619–28. – Gamma–gamma directional correlations in ^{146}Eu [6)34)50)58)67)]: **24** ('63) 131–33. – Intensity ratios of spectral lines in the visible triplet of Zn I in the temperature of liquid nitrogen[28)]: 601–09. – Coulomb excitation of rhodium nucleus [26)56)]: **26** ('64) 1133–41. – Forbidden lines in the atomic spectrum of Si I[52)]: **27** ('65) 807–13. – A photoelectric double beam spectrometer [43)52)53)]: **29** ('66) 553–61. – Newly observed gamma transitions in ^{151}Tb and ^{152}Tb decays[27)65)86)9)]: **31** ('67) 317–32. – Forbidden lines in the spectrum of Sn I [28)]: **32** ('67) 197–99. – A new method of multipole radiation excitation by the exploding wires technique[43)52)]: 1025–27. – Excited states of ^{129}I following the decay of ^{129m}Te [16)40)55)]: **34** ('68) 511–19 [russ.]. – Electrical explosion of metallic cylinders at low pressure[64)]: 747–56 [~]. – Low-energy excited states of ^{54}Mn [1)16)40)]: **35** ('69) 295–300. – Low-energy excited states of ^{65}Zn from the decay of ^{65}Ga [1)16)40)]: 301–06. – Excited states of ^{119}Sb [16)55)60)]: 453–58. – Multipole lines in the spectrum of Te I [28)]: 989–95. – A high speed photographic shutter based on the Kerr-cell principle[43)52)]: 1009–17.

Bull. Acad. polon. Sci., Sér. Sci. math., astron. et physiques Effect of thermionic emission at room temperatures in photosensitive Geiger-Müller tubes[19)21)]: **1** ('53) 105–09 [poln.], 109– [engl.]. – 3.20 MeV γ-radiation of Th D determined by the photographic emulsion technique[77)]: 293–96 [poln. u. engl.]. – Angular distribution of photo-neutrons from beryllium[77)]: **2** ('54) 23–29 [~]. – Hyperfine structure of the forbidden Cd I line λ 3141 Å.U. (5 s^2 $^1S_0$ – ^{5}s^{5}p $^3P_2$) [35)]: **5** ('57) 299–303. – The polarization of neutrons from the ^{12}C (d, n) ^{13}N reaction[8)19)49)]: **7** ('59) 583–87.

Contemporary Physics The Institute of Nuclear Physics, Cracow, and its recent investigations in nuclear reactions: **10** ('69) Nr. 1, 21–47.

C. R. hebd. Séances Acad. Sci., Paris Démonstration expérimentale de l'existence du rayonnement dipolaire magnétique: **198** ('34) 2159–61.

Fizyka i Chem. w Szkole Das Neutron: **1934**, Nr. 6, 97–107 [poln.]. – Das Positron: **1937**, Nr. 8, 143– [~]. – Lord Rutherford of Nelson: **1938**, Nr. 2 [?], 109–13 [~].

Fizyka w Szkole Zehn Jahre Physik in der Volksrepublik Polen: **1** ('55) Nr. 3, 113–22; Nr. 4, 169–76 [poln.].

Helvetica physica Acta, Suppl. Polarization of neutrons from the stripping of deuterons on ^{12}C [8)19)49)61)]: **6** ('61) 215f.

J. physic. Soc. Japan Energy dependence of the elastic scattering of α-particles on potassium-39 nucleus in the energy range from 22.1 MeV to 28.2 MeV [4)8)19)23)45)66)82)]: **24** ('67) Suppl., 313–16.

J. Physique (et Radium) La polarisation des neutrons de la réaction de stripping ^{12}C (d, n) ^{13}N [8)19)49)]: **21** ('60) 366–68 [m. engl. Zusammenfassg.]. – La polarisation de neutrons provenants de la réaction D (d, n) ^{3}He pour des deutérons d'énergie comprise entre 5,8 et 11,3 MeV [70)71)]: **24** ('63) 871–73 [~]. – Diffusion élastique et inélastique de deutérons de 12,8 MeV sur le noyau ^{28}Si et excitation du cœur dans le noyau ^{27}Al [49)66)]: **944–47** [~]. – Sur le minimum de la section efficace totale dans la région des noyaux atomiques avec A=60 pour des particules alpha de 24,7 MeV [8)19)31)66)68)70)81)]: **29** ('68) C1 (= Suppl. zu Nr. 1), S. 141.

Kosmos [Warszawa], Ser. B Andrzej Soltan (1897–1959): **6** ('60) Nr. 3, 175–79 [poln.].

Nature [London] Electrical resistance of pure aluminium at liquid helium temperatures[5)]: **135** ('35) 827f. – "Forbidden" lines in the Te I spectrum[38)]: **142** ('38) 1160.

Nauka polska Die Bedeutung der Entdekkungen von Maria Skłodowska-Curie: **2** ('54) Nr. 4, 39–49 [poln.]. – Das wissenschaftliche Werk von Irène Joliot-Curie: **4** ('56) Nr. 2/3, 233–41 [~]. – Die Forschungsarbeit am Institut für Kernphysik in Kraków: **9** ('61) Nr. 4, 123–38 [~]; engl. Übers.: Research at the Krakow Nuclear Physics Institute, Poland (Washington, D. C. '62) 21 S. (U. S. Department of Commerce, OTS 62–23442 = JPRS 12916).

Nuclear Physics Elastic and inelastic scattering of 12.8 MeV deuterons by ^{27}Al and ^{28}Si nuclei[49)66)79)57)20)]: **55** ('64) 386–96. – Partial half-lives of alpha decay of ^{151}Tb and ^{149}Tb nuclei[27)65)86)9)]: **A100** ('67) 297–304. – Excited states of the ^{155}Gd nucleus[27)65)86)9)]: **A102** ('67) 253–72. – Total reaction cross section and elastic scattering of 24.7 MeV alpha particles in the region of A=60 nuclei[8)19)31)66)68)70)81)]: **A106** ('68) 21–34. – Level scheme of ^{147}Sm and g-factors of its two lowest excited states[6)7)17)21)29)58)75)]: **A122** ('68) 184–92. – Elastic scattering of alpha particles on ^{39}K at E_α = 22.1–28.2 MeV [4)8)19)23)45)66)82)]: **A126** ('69) 361–68. – Glory effect in the optical-model analysis of ^{39}K(α,α) ^{39}K elastic scattering[8)12)13)19)23)66)]: 369–80.

Nukleonika [Warszawa] The first "large" cyclotron in Poland[84)]: **5** ('60) Nr. 1/2, Suppl. (Nr. 1), 24 S. [poln. m. russ. u. engl. Zusammenfassg.]. – Rapid identification of isobars by the large-angle scattering of low-energy alpha particles from a cyclotron[21)54)]: **10** ('65) 405–09 [m. poln. u. russ. Zusammenfassg.]. – Large permanent magnet semicircular beta-ray spectrograph[27)65)]: **11** ('66) 755–76 [~]. – Rapid separation of radioactive elements by evaporation in vacuum[16)40)55)]: **13** ('68) 635–43 [poln. m. engl. u. russ. Zusammenfassg.]. — Measurement of the intensities of gamma transitions using a toroidal beta spectrometer[16][60]: **14** ('69) 235–45 [~]. — A double magnetic coincidence beta-ray spectrometer of the Gerholm type[40]: 761–76 [m. russ. u. poln. Zusammenfassg.].

Physica On some Zeeman effect research in Eastern Europe: **33** ('67) 92–101.

Physical Rev. Forbidden lines in the arc spectrum of lead: **44** ('33) 854. — The nature of the "forbidden" lines in the Pb I spectrum[3]: **45** ('34) 64f. — ^{40}Ca (d,d), (d,d'), and (d,p) reactions with 12.8-MeV deuterons[49][66][59]: **146** ('66) 799–803.

Physics Letters Elastic scattering of 24.7 MeV alpha particles[8][19][45][62][66][80]: **11** ('64) 74–76. — Energy dependence of the elastic scattering of alpha particles on ^{40}Ca nuclei up to 179°[8][19][23][32][45][66][82]: **16** ('65) 135f.

Postępy Fizyki Spaltung schwerer Kerne durch Photonen: **1** ('49) 21–. — Spontane Kernspaltung bei den schwersten Elementen: 32–. — Über die Emission der Deuteronen aus den Atomkernen: **4** ('53) 146–50. — Die 6. Serie im Atomspektrum des Wasserstoffs: 361–68. — Polnische Physik im ersten Jahrzehnt der Volksrepublik Polen[69]: **6** ('55) Nr. 1, 3–39. — Enrico Fermi, 1901–1954: 367–73. — Die Intensitätsverhältnisse der Multiplettlinien von Atomspektren[30]: **7** ('56) 289–300. — Andrzej Soltan (1897–1959): **11** ('60) 3–10. — Alle Arbeiten poln.

Postępy Techn. jądrow. Das Institut für Kernphysik in Kraków: 8 ('64) 660–71. — Probleme der Kernphysik in den Arbeiten des Zentrums für Kernspektroskopie in Kraków[15]: **9** ('65) 651–. — Die Tätigkeit des Instituts für Kernphysik in Kraków in den Jahren 1955–1965: 1424–. — Magnetischer Isotopentrenner[6][33][51][85]: **10** ('66) 265–69. — Der Generator für schnelle Neutronen im Institut für Kernphysik[2][33][63]: 899–903. — Spektroskopie des Atomkerns[6]: **12** ('68) 249–59. — — Alle Arbeiten poln.

Prace Towarz. Przyjaciół Nauk w Wilnie On the excitation of mercury atoms by Al, Cd and Zn sparks: **7** ('32) 231–50 [poln. m. engl. Zusammenfassg.].

Problemy [Warszawa] Das erste „große" Zyklotron in Polen[84]: **15** ('59) 146–49 [poln.].

Proc. Cambridge philos. Soc. Some experiments with neutrons slowed down at different temperatures[76]: **31** ('35) 617–24.

Proc. roy. Soc. London, Ser. A The electrical resistance of aluminium at low temperatures[5]: **153** ('36) 463–75.

Rep. Inst. Fizyki jądrow. w Krakowie The polarization of neutrons from the ^{12}C (d,n) ^{13}N reaction[8][19][49]: Nr. **108** ('59). — Energy levels in ^{166}Er nucleus[6][50][72][48]: Nr. **163** ('60). — Gamma-vibrational levels in ^{166}Er[6][50][72][74][83]: Nr. [?] ('60). — Energy and angular distribution of the neutrons from stripping reaction ^{12}C (d,n) ^{13}N[25][37][42][78][82]: Nr. **200** ('62) 15 S. [m. poln. u. russ. Zusammenfassg.]. — Elastic scattering of 12.8 MeV deuterons on some light nuclei[14][49][61][66]: Nr. **203** ('62) 19 S. [~]. — Elastic and inelastic scattering of 12.8 MeV deuterons on ^{27}Al nuclei[49][79]: Nr. **204** ('62) 6 S. [~]. — Gamma–gamma directional correlations in ^{146}Eu[6][50][58][67]: Nr. **231** ('63). — Polarization of neutrons from the D (d,n) ^{3}He reaction for deuteron energies between 5.9 and 11.3 MeV[70][71]: Nr. **262** ('63) 10 S. [~]. — Elastic and inelastic scattering of 12.8 MeV deuterons on ^{28}Si nuclei and core excitation in ^{27}Al nucleus[49][66]: Nr. **263** ('63) 14 S. [~]. — Elastic and inelastic scattering of 12.8 MeV deuterons on ^{27}Al and ^{28}Si nuclei[49][66][79][20][57]: Nr. **295** ('64) 20 S. [~]. — Apparatur zur Präzisionsbestimmung des differentiellen Wirkungsquerschnitts elastisch gestreuter Alphateilchen[8][19][80][66][45][62][87]: Nr. **310** ('64) [russ.]. — A double-beam photo-electrical spectrometer[43][52][53]: Nr. **317** ('64) 19 S. [poln. m. engl. u. russ. Zusammenfassg.]. — Coulomb excitation of rhodium nucleus[26][56]: Nr. **332** ('64) 17 S. [m. poln. u. russ. Zusammenfassg.]. — Elastic scattering of 24.7 MeV alpha particles[8][19][45][62][66][80]: Nr. **347** ('64) 46 S. [~]. — Rapid identification of isobars by the large angle scattering of low energy alpha particles from the cyclotron[21][54]: Nr. **402** ('65) 10 S. [~]. — Energy dependence of the elastic scattering of alpha particles on ^{40}Ca nuclei up to 179°[8][19][23][32][45][66][82]: Nr. **403** ('65) 20 S. [~]. — Optical model ambiguities for the α-^{59}Co interaction[8][12][19][31][66][70][81]: Nr. **440** ('66) 11 S. [~]. — The ^{40}Ca (d,d), (d,d') and (d,p) reactions at deuteron energy 12.8 MeV[49][66][59]: Nr. **442** ('66) 19 S. [~]. — Large permanent magnet semicircular beta ray spectrograph[27][65]: Nr. **476** ('66) 2+41 S. [~]. — Newly observed gamma transitions in ^{151}Tb and ^{152}Tb decays[27][65][86][9]: Nr. **481** ('66) 2+31 S. [~]. — Forbidden transitions within p^2 and p^4 atomic configurations, 1: Wave-lengths of multipole transitions[10][43][52]: Nr. **488** ('66) 2+26 S. [poln. m. russ. u. engl. Zusammenfassg.]. — Excited states of ^{75}As following the decay of ^{75}Se[16][55]: Nr. **492** ('66) 18 S. [m. poln. u. russ. Zusammenfassg.]. — A resonance in the elastic scattering of alpha particles on ^{40}Ca nuclei[8][19][23][66]: Nr. **502** ('66) 5 S. [~]. — Total reaction cross-section for 24.7 MeV alpha particles in the region of A = 60 nuclei[8][19][31][66][68][70][81]: Nr. **503** ('66) 2+3 S. [~]. — Direct nuclear reactions[66]: Nr. **525** ('67) 2+70 S. [poln. m. russ. u. engl. Zusammenfassg.]. — Partial half-lives of alpha decay of ^{151}Tb and ^{149}Tb nuclei[27][65][86][9]: Nr. **535** ('67) 2+15 S. [m. russ. u. poln. Zusammenfassg.]. — Excited states of ^{155}Gd nucleus[27][65][86][9]: Nr. **546** ('67) 3+41 S. [~]. — Total reaction cross-section and elastic scattering of 24.7 MeV alpha particles in the region of A=60 nuclei[8,19,31,66,68,70,81]: Nr. **558** ('67) 2+27 S. [~]. – A new method of multipole radiation excitation by the exploding wires technique[43,52]: Nr. **564** ('67). – Rapid separation of radioactive elements by evaporation in vacuum[16,40,55]: Nr. **584** ('67) 2+16 S. [poln. m. engl. u. russ. Zusammenfassg.]. – Excited states of iodine-129 following the decay of tellurium-129m [16,40,55]: Nr. **603** ('68) 15 S. [russ. m. poln. u. engl. Zusammenfassg.]. – Elastic scattering of 25 MeV alpha particles on C, P, S, K, Fe, Cr and Zn nuclei[8,19,66,70,81]: Nr. **609** ('68). – Elastic scattering of alpha particles on ^{39}K nuclei in the energy range from 22.1 MeV to 28.2 MeV [4,8,19,23,45,66,82]: Nr. **613** ('68) 3+35 S. [m. poln. u. russ. Zusammenfassg.]. – Glory effect in the optical model analysis of the ^{39}K (α,α) ^{39}K elastic scattering[8,12,13,19,23,66]: Nr. **614** ('68) 3+23 S. [~]. – Level scheme of ^{147}Sm and g-factors of its two lowest excited states[6,7,17,21,58,29,75]: Nr. **620** ('68) 3+16 S. [~]. – Nuclear glory effect in the elastic scattering of alpha particles on ^{27}Al, ^{28}Si, ^{32}S, ^{39}K, ^{40}Ca, Ti and ^{59}Co nuclei[4,8,19,23,45,66,82]: Nr. **624** ('68) 2+15 S. [~]. – Measurements of the intensities of gamma transitions with the aid of a toroidal beta spectrometer[16,60]: Nr. **625** ('68) 2+19 S. [poln. m. russ. u. engl. Zusammenfassg.]. – Low energy excited states of ^{54}Mn [1,16,40]: Nr. **626** ('68) 2+10 S. [~]. – Low energy excited states of ^{65}Zn from the decay of ^{65}Ga [1,16,40]: Nr. **638** ('68) 2+10 S. [~]. – Excited states of ^{119}Sb [16,55,60]: Nr. **639** ('68) 3+10 S. [~]. – Production of carrier-free radioisotopes from targets irradiated with deuterons or alpha particles in the U-120 Cracow cyclotron, 1: Preparation of radioisotopes of cadmium, indium and tellurium[26,88,89]: Nr. **662** ('68); ~ 2: Preparation of radioisotopes of gadolinium, samarium and thulium from targets of samarium, neodymium and holmium[26,88,89]: Nr. **663** ('68). – A double magnetic coincidence beta-ray spectrometer of the Gerholm type[40]: Nr. **670** ('69) 4+39 S. [m. poln. u. russ. Zusammenfassg.]. – Elastic and inelastic scattering of 26.5 MeV alpha particles on ^{28}Si, ^{31}P, and ^{32}S nuclei[11,71,73,80]: Nr. **699** ('70) 25 S. [~].

Wszechświat Physik: **1954,** 263–72 [poln.].

Zeszyty nauk. Uniw. jagiellońsk. The glass spectrograph with a direct vision prism[18]: Nr. **2** ('56) 31–36 [poln. m. russ. u. engl. Zusammenfassg.].

Einige weitere Beiträge in Kongreßberichten.

Mit: 1) A. Bałanda; 2) Z. Baszkowski; 3) J. Blaton; 4) A. Bobrowska; 5) H. A. Boorse; 6) E. Bożek; 7) R. Broda; 8) A. Budzanowski; 9) A. Budziak; 10) D. Chmielewska; 11) K. Chyla; 12) A. Dudek; 13) R. Dymarz; 14) L. Freindl; 15) L. Gabła; 16) M. Gąsior; 17) J. Golczewski; 18) Z. Grabowski; 19) K. Grotowski; 20) P. E. Hodgson; 21) A. Z. Hrynkiewicz; 22) J. Huczkowski; 23) L. Jarczyk; 24) A. Kisiel; 25) N. Kolonko; 26) S. Kopta; 27) J. Kormicki; 28) T. Kornalewski; 29) R. Kulessa; 30) M. D. Kunisz; 31) J. Kuźmiński; 32) B. Łazarska; 33) S. Łazarski; 34) N. A. Lebedev; 35) F. Leś; 36) Z. Leś; 37) Z. Lewandowski; 38) F. Lipiński; 39) L. Liszka; 40) H. I. Lizurej; 41) E. Łożyński; 42) M. Makowska-Rzeszutko; 43) K. Melzacki; 44) –; 45) S. Micek; 46) A. Miski; 47) J. Mokwa; 48) Yu. V. Norseev; 49) J. Nurzyński; 50) S. Ogaza; 51) J. Pawełczyk; 52) J. Pietruszka; 53) J. Pilawa; 54) L. Pomorski; 55) A. W. Potempa; 56) B. Pudłowska; 57) J. R. Rook; 58) M. Rybicka; 59) G. R. Satchler; 60) J. Sieniawski; 61) M. Słapa; 62) J. Sliż; 63) Z. Sobczyński; 64) W. Soszka; 65) Z. Stachura; 66) A. Strzałkowski; 67) J. Styczeń; 68) S. Sykutowski; 69) S. Szczeniowski; 70) J. Szmider; 71) J. Szymakowski; 72) S. Szymczyk; 73) U. Tomza; 74) T. Walczak; 75) W. Waluś; 76) C. H. Westcott; 77) M. Wielowiejska; 78) S. Wiktor; 79) J. Wilczyński; 80) H. Wojciechowski; 81) R. Wolski; 82) Z. Wróbel; 83) I. A. Yutlandov; 84) J. Zakrzewski; 85) G. Zapalski; 86) K. Zuber; 87) I. Chwaszczewska; 88) T. Petryna; 89) I. Stroński.

IV–VI **NIJLAND,** Albertus Antonie. Astron. – 1898–1936 Ord. Prof., Univ. Utrecht.

*1868, Okt. 30, Utrecht;

†1936, Aug. 18, Utrecht.

Nekr. J. van der Bilt, Hemel en Dampkring **34** ('36) 289–94 (m. Bildn.). – J. Plassmann, Astronomische Nachr. **261** ('37) 311f. – F. de Roy, Gazette astron. **23** ('36) 91f. – J. Stein, Vjschr. astron. Ges., Leipzig **72** ('37) 135–39 (m. Bildn.). – Coelum **7** ('37) 32. – Himmelswelt **47** ('37) 28. – Popular Astron. **44** ('36) 523. – Publ. astron. Soc. Pacific **48** ('36) 345. – Sterne **16** ('36) 269.

W. De bouw van het heelal ^{2}(Haarlem '42) 8+182 S., ^{3}('50) 9+205 S.

Astronomische Nachr. Beobachtungen von langperiodischen Variablen: **259** ('36) 69–78. – Beobachtungen von V 19 = SS Cygni: 79f.

Hemel en Dampkring Zur Kalenderreform: **30** ('32) 309. – Die Sichtbarkeit der fünf hellen Planeten im Jahre 1933: 361; ~ 1934: **31** ('33) 430; ~ 1935: **32** ('34) 409; ~ 1936: **34** ('36) 24–31. – Astronomische Beobachtungen durch Amateure: **31** ('33) 383–92. – Unzweckmäßige Nomenklatur in der Astronomie: **32** ('34) 1. – Beobachtung der Leoniden: 36. – Ratschläge für Amateurbeobachter: 241; **33** ('35) 406, 435. – Eine bemerkenswerte Beobachtung am 27. März 1935 in Utrecht: 219. – Sternbeobachtungen für Amateure: 435–40. – – Alle Arbeiten niederländ.

Proc., Koninkl. Akad. Wet. Amsterdam Mittlere Lichtkurven von langperiodischen Veränderlichen, 6: R Cygni: **35** ('32) 33–39; ~ 7: S Bootis: 472–77; ~ 8: R Leonis Minoris: 931–37; ~ 9: χ Cygni: 1030–38; ~ 10: T Ursae Majoris: 1126–31; ~ 11: R Ursae Majoris: 1230–34; ~ 12: V 29 = TV Cygni: **36** ('33) 174–79; ~ 13: R Arietis: 399–405; ~ 14: R Aurigae: 470–77; ~ 15: W Andromedae: 772–78; ~ 16: T Camelopardalis: 835–41; ~ 17: S Coronae Borealis: **37** ('34) 3–9; ~ 18: R Lyncis: 206–12; ~ 19: R Camelopardalis: 481–88; ~ 20: R Aquilae: 747–52; ~ 21: Z Cygni: **38** ('35) 30–35; ~ 22: R Draconis: 230–35; ~ 23: X Aurigae: 495–502; ~ 24: R Lacertae: 709–13; ~ 25: V 20 = ST Cygni: 964–71; ~ 26: V 18 = RZ Persei: **39** ('36) 176–200; ~ 27: R Canum Venaticorum: 509–27; ~ 28: Z Ceti [1][4]): **40** ('37) 391–95; ~ 29: U Persei[1][4]): 395–400; ~ 30: S Lyncis[1][4]): 400–04. – Das empirische Fehlergesetz: **37** ('34) 472–77.

Proc., Koninkl. nederl. Akad. Wet. Mittlere Lichtkurven von langperiodischen Veränderlichen, 31: Y Cassiopeiae[1][2][4]): **41** ('38) 585–89; ~ 32: RV Pegasi[1][2][4]): 590–93; ~ 33: RZ Pegasi[1][2][4]): 594–97; ~ 34: RX Lyrae[3]): **44** ('41) 754–56; ~ 35: RW Lyrae[3]): 757–59.

Ferner Mitarbeit an einer drehbaren Sternkarte für die Niederlande, herausgegeben 1937. – Weitere Beobachtungsmitteilungen, insbesondere in: Bull. astron. Inst. Netherlands.

Mit: [1]) J. van der Bilt; [2]) M. G. J. Minnaert; [3]) A. Pannekoek; [4]) D. van Suylen.

VI **NIKIFOROV,** Pavel Michajlovič. Geophysik. – Bis 1908 Stud., Univ. Petersburg; '24–28 Leiter d. seism. Abt. d. Physikal.-Math. Inst. u. Leiter d. seism. Stationen, '28–44 Dir. d. Seismol. Inst., Akad. Wiss. UdSSR; '26–34 Prof. u. Leiter d. Lehrstuhls f. Geophysik, Staatsuniv. Leningrad; '33–34 Prof., Bergbauinst. Leningrad.

*1884, Juni 17 (5), Petersburg; †1944, Nov. 2, Moskva.

Nekr. A. F. Ioffe, Vestn. Akad. Nauk SSSR **1944**, Nr. 11/12, 102–05.

Zur Biogr. Trudy Arch. Akad. Nauk SSSR **9** ('50) 36–38.

S. Trudy Nojabr'skoj jubilejnoj sessii [Akademii nauk SSSR], posvjaščennoj pjatnadcatiletnej godovščine Oktjabr'skoj revoljucii [Arbeiten der November-Jubiläumssitzung (der Akademie der Wissenschaften der UdSSR) anläßlich des 15. Jahrestages der Oktoberrevolution], 1932 (Leningrad '33) 194–206: Die grundlegenden Probleme der sowjetischen Seismologie [russ.]. – Ljudi russkoj nauki. Očerki o vydajuščichsja dejateljach estestvoznanija i techniki [Russische Wissenschaftler. Studien über hervorragende Wissenschaftler in Naturwissenschaft und Technik] **1** (Moskva–Leningrad '48) 209–17: Boris Borisovič Golicyn, 1862–1916 [russ.].

Priroda [SSSR] Seismologie und sozialistischer Aufbau: **1933**, Nr. 3/4, 59–68 [russ.].

Socialističeskaja Rekonstr. i Nauka Die grundlegenden Probleme der sowjetischen Seismologie: **1933**, Nr. 1, 81–92 [russ.].

Vestn. Akad. Nauk SSSR Das Siesmologische Institut [der Akademie der Wissenschaften der UdSSR]: **1937**, Nr. 10/11, 47–63 [russ.].

VI **NIKITIN,** Nikolaj Ignat'evič. Holz- u. Zellulosechem. – 1925–65 Prof. u. Leiter d. Lehrstuhls f. Zellulose- u. Holzchem., Forsttechnische Akad. Leningrad; '36–41 Prof. techn. Chem., Univ. Leningrad; '37 Dr. d. techn. Wiss.; '45–64 Leiter d. Labor. f. Holzchem. im Forstinst. ('45–58) bzw. im Inst. f. hochmolekulare Verbindungen ('58–64), Akad. Wiss. UdSSR, Leningrad. – '45 Rotbannerorden (UdSSR); '54, '70 Leninorden (UdSSR); '61 Ehrentitel „Hervorragender Wissenschaftler u. Techniker der RSFSR".

*1890, März 12 (Febr. 28), Petersburg; †1975, Jan. 22, Leningrad.

Zum 60. Geb.tag F. P. Komarov, Trudy lesotechn. Akad. im. Kirova, Leningrad **69** ('50) 205–08 (m. Bildn.). – F. P. Komarov, S. D. Antonovskij, Ž. obščej Chim. **20** ('50) 557–62 (m. Bildn.). – Bumažnaja Promyšl. **1950**, Nr. 2, 6f. (m. Bildn.). – Ž. prikl. Chim. **23** ('50) 337f.

Zum 70. Geb.tag N. Ja. Solečnik, Ž. prikl. Chim. **33** ('60) 515–23 (m. Schr.verz.); davor S. 513f.: Glückwunsch der Akademie der Wissenschaften [russ.] (m. Bildn.).

Zum 80. Geb.tag Bumažnaja Promyšl. **1970** Nr. 3, S. 27 (m. Bildn.). – Izvest. vysšich učebnych Zavedenij, Archangel'sk, Lesnoj Ž. **1970**, Nr. 2, S. 175 (m. Bildn.). – Ž. prikl. Chim. **43** ('70) vor S. 225 (m. Bildn.).

Zur Biogr. Gh. Rosmarin, Celuloză și Hîrtie **7** ('58) 267–74.

Nekr. S. I. Vol'fkovič, M. M. Koton, G. A. Petropavlovskij, Ž. prikl. Chim. **48** ('75) 1421–23 (m. Bildn.).

MH. (Hauptredakt.) Sbornik lesochimičeskich rabot LTA [Sammlung holzchemischer Arbeiten der Forsttechnischen Akademie] (Leningrad '38). – (Hauptredakt.) Lesochimičeskie proizvodstva (Chimičeskaja technologija drevesiny) [Die holzchemische Industrie (Die chemische Technologie des Holzes)] (Leningrad '38); darin eig. Beiträge. – (Hauptredakt.) Materialy po istorii otečestvennoj chimii. Doklady, zaslušannye na zasedanijach Leningradskogo filiala komissii po istorii chimii [Materialien zur Geschichte der vaterländischen Chemie. Vorträge, gehalten auf den Tagungen der Leningrader Filiale der Kommission für Geschichte der Chemie] (Moskva–Leningrad '54). – (Hauptredakt.)

Raboty v oblasti ispol'zovanija drevesnych otchodov [Arbeiten auf dem Gebiet der Verwertung von Holzabfall] (Leningrad '55) (Trudy leningr. lesotechn. Akad. im. Kirova, 72). – (Mitredakt.) Ionnyj obmen i ionity. Sbornik statej [Ionenaustausch und Ionenaustauscher. Sammlung von Aufsätzen] (Leningrad '70). – Issledovanija v oblasti neorganičeskoj technologii. Soli, okisly, kisloty. Sbornik statej [Untersuchungen auf dem Gebiet der anorganischen Technologie. Salze, Oxide, Säuren. Sammlung von Aufsätzen] (Leningrad '72).

HZ. Trudy Inst. Lesa Akad. Nauk SSSR **45** ('58).

MHZ. (Hauptredakt.) Ž. prikl. Chim. 1949–1975.

S. Lesochimičeskij sbornik [Forstchemischer Sammelband] **1** (Moskva '32) 89–97: Über Darstellung und Eigenschaften des löslichen Zellulosetriacetats[31])[40])[41]) [russ.]. – V. Fuks, Chimija lignina [W. Fuchs, Die Chemie des Lignins] (Leningrad '36) 309–50: Die wichtigsten Arbeiten zur Chemie des Lignins von 1925–1935 [ ]. – Akademija nauk SSSR, Otdelenie chimičeskich nauk, Referaty naučno-issledovatel'skich rabot za 1944 god [Akademie der Wissenschaften der UdSSR, Abteilung Chemische Wissenschaften, Referate der Forschungsarbeiten 1944] (S. I. Vol'fkovič) (Moskva–Leningrad '45) 184–86: Über die Einwirkung des Acetylens auf Lignin und Holzstoff in alkalischem Milieu und über die Herstellung neuer Kunstharze aus Lignin[10])[20])[26]) [russ.]. – Issledovanija v oblasti vysokomolekuljarnych soedinenij. Doklady k 6-j konferencii po vysokomolekuljarnim soedinenijam [Untersuchungen auf dem Gebiet der hochmolekularen Verbindungen. Vorträge auf der 6. Konferenz über hochmolekulare Verbindungen] (S. S. Medvedev) (Moskva–Leningrad '49) 138–45: Physikalisch-chemische Eigenschaften mercerisierter und schwach alkylierter Zellulose[13]) [russ.]. – Bol'šaja sovetskaja ènciklopedija [Große Sowjetenzyklopädie] **25** [2](Moskva '50) 34f.: Holzchemie[19]) [russ.].

W. Kolloidnye rastvory i ėfiry celljulozy [Kolloide Lösungen und die Zelluloseester] [2](Leningrad '33) 344 S. – Konspekt po chimii lignina [Konspekt der Ligninchemie] (Leningrad '34) 68 S. [lithogr.] (Lesotechničeskaja akademija im. S. M. Kirova). – Chimija drevesiny [Die Chemie des Holzstoffes] (m. L. A. Ivanov, S. I. Vanin, V. N. Krestinskij u. a.) (Leningrad '35) 377 S. – Metodičeskoe rukovodstvo k laboratornym rabotam po kursu chimii drevesiny i celljulozy [Methodische Anleitung zur Laboratoriumsarbeit für den Lehrgang „Holz- und Zellulosechemie“] (Leningrad '38) 27 S. (Naučno-metodičeskij kabinet pri Lesotechničeskoj akademii im. S. M. Kirova). – Novye issledovanija po chimii lignina [Neuere Untersuchungen auf dem Gebiet der Ligninchemie] (Moskva '41) 43 S. – Chimija drevesiny (Moskva–Leningrad '51) 578 S.; deutsch: Die Chemie des Holzes (Berlin '55) 12+569 S.; tschech.: (Praha '56) 551 S.; ungar.: (Budapest '57) 599 S. – Na puti naučnogo rabotnika-chimika (očerki iz prošlogo) [Am Wege eines Chemikers (Skizzen aus der Vergangenheit)] (Moskva–Leningrad '55) 108 S.; [2](Leningrad '69) 207 S. – Chimija drevesiny i celljulozy (Moskva '62) 711 S.; engl.: The chemistry of cellulose and wood (Jerusalem–NewYork '66) 12+691 S.

Ber. dtsch. chem. Ges. Über die Aufschließung von Fichtenholz durch Dioxan und die Zusammensetzung des natürlichen Lignins, 1 [27]): **69** ('36) 2434–38; Beitrag zur Frage nach den Beziehungen zwischen Lignin und den Hemizellulosen, 2 [4])[27]): 2439–43.

Bumažnaja Promyšl. Die neueren Arbeiten von Hilpert über die Chemie des Lignins: **14** ('35) Nr. 6, 17–21. – Schnellmethode zur Bestimmung der Viskosität ungebleichter visköser Zellulose[22]): Nr. 12, 13–25. – Das Bleichen visköser Zellulose im Sjas'-Kombinat[14])[22]): **15** ('36) Nr. 4, 33–41. – Neue Untersuchungen auf dem Gebiet der Chemie des Holzes und der Zellulose: **22** ('47) Nr. 1, 6–13. – Die Wirkung verdünnter Lauge auf Lignin. Zur Frage einer Keto-Enol-Tautomerie[7]): **29** ('54) Nr. 5, 6–8. – Darstellung von Sulfatzellulose aus dem Holz der Daurischen Lärche [Larix dahurica][39])[11])[3]): **30** ('55) Nr. 2, 9–12. – Darstellung von Zellulose hoher Qualität aus der Lärche[3])[39])u.a.): **1970**, Nr. 8, 3–5. – – Alle Arbeiten russ.

Cellulose Chem. and Technol. [Bucureşti] Änderung der fraktionellen Zusammensetzung von Holzzellulose während der Darstellung und der Verarbeitung[7])[6]): **1** ('67) 313–26 [russ.].

Chimičeskaja Nauka i Promyšl. Moderne Vorstellungen über Chemie und Struktur des Lignins[8])[35]): **2** ('57) 408–15 [russ.]. – Niedrigsubstituierte Zelluloseester und die Aussichten für ihre Verwendbarkeit[28]): **4** ('59) 713–18 [∼].

C. R. (Dokl.) Acad. Sci. URSS Low substituted cellulose xanthates[31]): **28** ('40) 240–43.

Faserforschung u. Textiltechn. Wässerige Hydrolyse von Eichenholz[39]): **2** ('51) 455–58. – Das Verhalten von Zellulose beim Einfrieren in Wasser und wässerigen Alkalien[13]): **5** ('54) 443–46.

Gidroliznaja i lesochim. Promyšl. Extraktion und Ausnutzung der durch Wasser extrahierbaren Stoffe der Daurischen Lärche durch Hydrolyse[39])[11]): **10** ('57) Nr. 2, 3–6 [russ.]. – Verwertung des bei der Hydrierung der wasserlöslichen Substanzen der Lärche anfallenden Dulcits[3])[5])[39]): **1972**, Nr. 1, S. 10 [∼].

Izvest. Akad. Nauk SSSR, Otdel. chim. Nauk Über die Phthalsäureester der Zellulose[15]): **1940,** 245–57 [russ. m. deutscher Zusammenfassg.].

Lesochimičeskaja Promyšl. Zur Frage der Verhältnisse zwischen Hemizellulose und Lignin[4])[27]): **5** ('36) Nr. 9, 7–11 [russ.]. – Untersuchung der chemischen Zusammensetzung von Kiefernnadeln und der Verfahren zur Produktion einer Kiefernnadelfaser[27]): **8** ('39) Nr. 9, 31–36 [~].

Materialy central'n. naučno-issled. Inst. bumažn. Promyšl. Neue Untersuchungen auf dem Gebiete der Ligninchemie: **1934,** Nr. 4, 19–34.

Naučnye Trudy lesotechn. Akad., Leningrad Nikolaj Jakovlevič Solečnik zum 60. Geburtstag[17])[23])[25]): **98** ('62) 5–10 [russ.].

Nauka i Žizn' Die Chemie des Holzes: **20** ('53) Nr. 5, 22–24 [russ.].

Promyšlennost' org. Chim. Über die Mercerisation von Baumwollzellulose bei niedrigen Temperaturen[31]): **6** ('39) 398–400 [russ.].

Soobšč. o naučn. Rabot. Členov vses. chim. Obšč. im. Mendeleeva Chemische Zusammensetzung der wichtigsten Nadelholzarten des Fernöstlichen Gebietes[21])[26]): **1952,** Nr. 2, 47– [russ.].

Techničeskaja Informacija po Itogam naučno-issled. Rabot, Leningr. lesotechn. Akad. im. Kirova Darstellung von Sulfatzellulose aus dem Holz der Daurischen Lärche[39])[11])[7]): **11** ('54) 3–6 [russ.]. – Methoden zur Aktivierung chemischer Reaktionen der Zellulose: 38–42 [~].

Techničeskaja Informacija po Rezul'tatam naučno-issled. Rabot, Leningr. lesotechn. Akad. im. Kirova Darstellung von Sulfatzellulose aus dem Holz der Daurischen Lärche[12]): **38** ('56) 3f. [russ.]. – Eigenschaften niedrigsubstituierter Methylzellulose und ihrer Lösungen[28]): 5–7 [~].

Trudy Inst. Lesa, Akad. Nauk SSSR Neuere Untersuchungen auf dem Gebiet der Holz- und Zellulosechemie: **2** ('48) 34–42. – Die chemische Zusammensetzung von Eichenholz aus verschiedenen Waldarten und aus geographisch verschiedenen Gegenden[31])[39])[7]): **3** ('50) 133–46. – Möglichkeiten der Verwertung der mit Wasser extrahierbaren Substanzen und des Holzes der Daurischen Lärche[39])[11])[36]): **37** ('58) 108–19. – Besonderheiten der chemischen Zusammensetzung des Holzes der Daurischen Lärche[9])[12]): **45** ('58) 22–30. – Die Verteilung des Arabo-Galactans im Holz der Daurischen Lärche[7])[9])[12])[39])[28]): 31–49. – Untersuchung der Lokalisierung des Arabo-Galaktans in den Zellwänden von Lärchenholz mit Hilfe von Mikroschnitten[39]): 50–60. – Sulfatzellulose aus dem Holz der Daurischen Lärche[39])[11])[3]): 70–78. – Die umfassende Verwertung der Daurischen Lärche[39])[11]): 85–92. – Eigenschaften der niedrigsubstituierten Carboxymethylzellulose aus dem Holz der Daurischen Lärche[28]): 93–102. – Sulfitkochung des Holzstoffs der Daurischen Lärche[12]): 103–35. – – Alle Arbeiten russ.

Trudy Inst. lesochozjajstv. Problem, Akad. Nauk Latvijsk. SSR Methoden der Aktivierung chemischer Reaktionen der Zellulose: **8** ('55) 5–7 [russ.].

Trudy leningr. technol. Inst. im. Molotova Über die Bestimmung der Polymerisationsstufen der Zellulose mittels der spezifischen Viskosität der Lösungen ihrer Nitrate[9]): **1** ('49) 5–48 [russ.].

Trudy leningr. technol. Inst. celljulozno-bumažn. Promyšl. Darstellung und Untersuchung niedrigsubstituierter Oxyäthylzellulose[2]): Nr. **12** ('64) 193–98 [russ.]. – Acetylierung niedrigsubstituierter Oxyäthylzellulose [2]): 206–11 [~].

Trudy lesotechn. Akad. im. Kirova, Leningrad Die sowjetischen Fortschritte auf dem Gebiet der Holzchemie: **62** ('47) 60–73 [russ.].

Trudy leningr. lesotechn. Akad. im. Kirova Herstellung von Kunstharzen aus dem Lignin von Schwarzlaugen der Sulfatzellulose-Fabrikation[3]): **75** ('56) 83–96 [russ.].

Uč. Zap. leningr. gos. Univ. Zelluloseester, Methoden ihrer Produktion und ihre Eigenschaften: **1940,** Nr. 5, 79–87 [russ.].

Ž. obščej Chim. Akademiemitglied V. E. Tiščenko†: **31** ('61) 3849–54 [russ.].

Ž. prikl. Chim. Über die Naßverkohlung von Holzabfällen und Sulfitzellstoffablaugen[24]): **5** ('32) 981–90. – Über die Heizwärme und Zusammensetzung der Holzkohlen[30]): 991–97. – Über die Äthylierung der Zellulose mittels Äthylchlorid, 1 [31]): **6** ('33) 45–59; ~ 2 [31]): 716–20. – Zum Studium der Benzylzellulose, 1 [4]): 60–74; Über die Benzylierung der Zellulose unter technischen Anforderungen genügenden Bedingungen, 2 [4]): 710–15. – Über den Zellulosezerfall bei der Einwirkung von heißen konzentrierten Alkalilösungen[24]): 845–49. – Darstellung von Propyl-, Butyl- und Amylzellulose durch Einwirkung verschiedener Halogenalkyle[27]): 1093–104. – Zur Untersuchung des Arabo-Galaktans aus der Sibirischen Lärche[33]): **8** ('35) 1016–22. – Über die Einwirkung von Äthylenoxid auf Zellulose, 1 [31]): 1023–32; Über die Einwirkung von Äthylenoxid auf Holzstoff und Lignin, 2 [31]): 1176–83 [m. französ. Zusammenfassg.]. – Über die Einwirkung von Benzaldehyd auf Lignin[27]): 1402–09 [m. deutscher Zusammenfassg.]. – Über die Darstellung des Zellulosephthalesters[27]): 1410–14 [~]. – Über die Delignifizierung von Holzstoff mittels Dioxan und über die Struktur des natürlichen Lignins [,1] [27]): **9** ('36) 2210–15 [~]; Über die Beziehungen zwischen Lignin und den Hemizellulosen, 2 [4]) [27]): 2216–21 [~]; Über Lignin und die aus

Holzstoff mit Dioxan extrahierten methylierten Kohlenhydrate, 3 [27]): **12** ('39) 76–84 [m. französ. Zusammenfassg.]. – Fortschritte in der Holzchemie: **10** ('37) 1805–37. – Über die Einwirkung von Monochloressigsäure auf das Willstättersche Lignin und auf Holzstoff[31]): 1915–20 [m. französ. Zusammenfassg.]. – Über die Untersuchung des Lignins der Lärche nach der Alkalischmelzmethode[31]): **12** ('39) 72–75 [~]. – Über die Bedeutung der Quellungsvorbehandlung der Zellulose für die Darstellung ihrer Phthalsäureester[15]): **13** ('40) 743–50 [~]. – Über niedrigsubstituierte faserige Xanthogenate der Zellulose[31]): 1230–34 [~]. – Die Fortschritte der sowjetischen Chemie auf dem Gebiet des Holzes im Verlauf der letzten 30 Jahre: **20** ('47) 1083–96. – Über niedrigsubstituierte faserige Produkte der Zellulosealkylierung[29])[31]): 1185–90. – Untersuchung der chemischen Zusammensetzung des Eichenholzes in Abhängigkeit von der Waldart[31])[39])[7]): **22** ('49) 67–78. – Der Einfluß einer schwachen Alkylierung auf die Eigenschaften der Zellulosefaser[13]): **24** ('51) 296–307. – Wässerige Hydrolyse von Eichenholz[39]): 329–403. – Über die Vinylierung von Zellulose[34])[26]): 1045–51. – Über die chemische Zusammensetzung des Holzes der Daurischen Lärche[9])[21]): **25** ('52) 174–90. – Über die Menge von nicht gefrierendem Wasser in Zellulosefasern nach dem Quellen[13]): **27** ('54) 171–81. – Die chemische Zusammensetzung der Holozellulose und der Hemizellulosen des Holzes der Eiche und einiger fernöstlicher Nadelhölzer[39]): 965–74. – Die Verwendung aktivierter Zellulose für die Synthese ihrer niedrigsubstituierten Methyl- und Äthyläther[18]): **28** ('55) 402–06. – Die Eigenschaften von Lösungen niedrigsubstituierter Xanthogenate[1]): **29** ('56) 253–60. – Gewinnung und Eigenschaften von niedrigsubstituierter Methyl- und Carboxymethylzellulose, 1 [28]): 1540–49. – Die Eigenschaften der Lösungen von niedrigsubstituierter Methylzellulose[28]): 1707–16. – Nikolaj Pavlovič Fedot'ev zum 60. Geburtstag[32]): **30** ('57) 337f. – Gewinnung von synthetischen Harzen aus Lignin durch Einwirkung von Acetylen in Gegenwart von Alkali[3])[20]): 750–63. – Untersuchung der chemischen Eigenschaften des Dioxanlignins der Eiche und einiger Koniferen[7]): 1820–27; Einfluß der Vorbehandlung des Holzes auf die Ausbeute und die Eigenschaften von Dioxanlignin, 2 [7]): **32** ('59) 613–16; Über das niedrigmolekulare Dioxanlignin, 3 [7]): **34** ('61) 2733–37. – Die Eigenschaften von niedrigsubstituierten Salpetersäureestern der Zellulose[28]): **31** ('58) 1862–69. – Zur Methode der Fraktionierung von Holzzellulosen nach dem Nitratverfahren, 1 [7])[6]): **35** ('62) 2025–30; Über die Fraktionierung von Holzzellulosen und die Darstellung der Ergebnisse, 2 [7])[6]): 2031–35. – Darstellung und Acetylierung niedrigsubstituierter Hydroxyäthylzellulose[2]): **36** ('63) 1075–85. – Zur Frage der Veränderung der Fraktionszusammensetzung bei der Vorreife von Alkalizellulose aus Laubhölzern[7])[38]): 1563–66. – Die fraktionsmäßige Zusammensetzung der natürlichen und der Sulfatzellulose der Lärche[7])[6]): 1566–71. – Eigenschaften von Filmen niedrigsubstituierter Nitrate von Holzzellulosen[28])[37])[16]): 1816–21. – Über die fraktionsmäßige Zusammensetzung von Sulfitzellulosen aus der Lärche[7])[6]): 2055–60. – Über die Fraktionszusammensetzung gebleichter Lärchenzellulose[7])[38]): 2276–81. – Über die Fraktionszusammensetzung von Espenzellulose in einem dem natürlichen am nächsten kommenden Zustand und ihre Änderung bei Delignifizierung[7])[38]): **37** ('64) 1340–44. – – Alle Arbeiten russ.

Mit: [1]) E. A. Abramova; [2]) É. L. Akim; [3]) S. D. Antonovskij; [4]) M. A. Avidon; [5]) L. A. Belozerova; [6]) Ju. V. Brestkin; [7]) M. M. Čočieva; [8]) M. I. Čudakov; [9]) I. P. Cvetaeva; [10]) A. E. Favorskij; [11]) I. P. Fedoriščeva; [12]) M. K. Jur'eva; [13]) N. I. Klenkova; [14]) F. P. Komarov; [15]) F. I. Korčemkin; [16]) M. M. Krunčak; [17]) P. Ch. Laskeev; [18]) E. N. Ljubimova; [19]) K. I. Lysjak; [20]) M. A. Michajlova; [21]) M. K. Mukovnikova; [22]) I. A. Nagrodskij; [23]) L. N. Natkina; [24]) N. P. Nemcova; [25]) A. I. Novosel'skaja; [26]) N. A. Obolonskaja; [27]) I. M. Orlova; [28]) G. A. Petropavlovskij; [29]) A. M. Plechanova; [30]) D. V. Prjaluchin; [31]) T. I. Rudneva; [32]) L. K. Simonova; [33]) I. A. Solov'ev; [34]) V. V. Štiševskij; [35]) S. I. Suchanovskij; [36]) V. A. Utenkova; [37]) G. G. Vasil'eva; [38]) N. S. Višnevskaja; [39]) A. F. Zajceva; [40]) A. I. Bol'šuchin; [41]) N. Ja. Solečnik.

VI **NIKLIBORC**, Władysław. Math. — Bis 1922 Stud., Univ. Kraków; '24 Dr. phil., '27 Dr. habil. Math., Univ. Lwów; '31 Dr. habil. Mech., Techn. Hochsch. Lwów; '37–45 außerord. Prof., '45–47 ord. Prof., Techn. Hochsch. Warszawa; '47–48 ord. Prof., Univ. Warszawa.

*1899, Jan. 2, Wadowice;

†1948, März 1, Warszawa.

Nekr. W. Ślebodziński, Colloquium math. [Polonia] **1**.1947/48 ('48) 322–30 (m. Schr.-verz.); Roczn. Towarz. nauk. warszawsk. **1948**, 159–63.

H. (Bearb.) W. Stożek, Wkłady matematyki **1**: Wiadomości z arytmetyki; Wyznaczniki i równania stopnia pierwszego (Lwów '34) 126 S.; **2**: Funkcja jednej zmiennej; Granica funkcji; Ciągłość funkcji ('34) S. 127–257.

S. Encyklopedja wychowania **2** (Warszawa '36) 563–82: Didaktik der Mathematik [poln.].

W. Algebra; Dla 3 kl. gimnazjalnej (m. W. Stożek) (Lwów–Warszawa '35) 128 S.; ~ Dla 4 kl. gimnazjalnej (m. W. Stożek) (Lwów '36) 109 S. – Arytmetyka i geometria. Dla 4 klasy szkół powszechnych i stopnia. Kurs B (m. W. Stożek) (Lwów '37) 128 S. – Równania różniczkowe Cześć **1** (m. Z. Charzyński) (Warszawa–Wrocław '51) 3+176 S. (Monografie matematyczne, 25).

C. R. hebd. Séances Acad. Sci., Paris Sur les potentiels logarithmiques des doubles couches[1]): **197** ('33) 808–10.

Fundamenta Math. [Warszawa] Über die Grenzwerte des logarithmischen Potentials der Doppelbelegung[1]): **22** ('34) 109–35.

Mathematische Z. Über die Abplattung der homogenen Gleichgewichtsfiguren rotierender, gravitierender Flüssigkeiten [,1]: **34** ('31/32) 74–90; ~ 2: **36** ('32/33) 655–76. – Eine Bemerkung über die Volumenpotentiale [,1]: **35** ('32) 625–31; ~ 2: **36** ('32/33) 167–70. – Über die Lage des Schwerpunktes eines ebenen konvexen Bereiches und die Extrema des logarithmischen Flächenpotentials eines konvexen Bereiches: 161–65. – Über die Niveaukurven logarithmischer Flächenpotentiale: 643–46.

Mathesis polska L'œuvre de Léon Lichtenstein dans le domaine de la mécanique céleste: 8 ('33) 143–48 [poln.].

Studia math. [Polonia] Über die Abplattung der homogenen Gleichgewichtsfiguren rotierender, gravitierender Flüssigkeiten, 3: **5** ('35) 111–26. – Über das allgemeine Dreikörperproblem, 1: Diskussion einer Ungleichung: 8 ('39) 28–67; ~ 2: Grundlegende Formeln für die Geschwindigkeitskomponenten: 92–128.

Mit: [1]) W. Stożek.

VI **NIKODYM,** Otton Martin. Math. – 1924 Dr. fil., '27–39 Doc., Univ. Warszawa; Doc., Univ. Kraków; '44–46 Prof., Techn. Hochsch. Kraków; '47 Maître de Conférences, Inst. Henri Poincaré, Paris; '47–48 Assoc. Prof., '48–65 Prof., Kenyon College, Gambier, O.

*1887, Aug. 13, Zablotow, Polen; †1974, Mai 4; (Urne beigesetzt in Doylestown, Pa.).

S. Proc. International congress of mathematicians, Cambridge, Mass., 1950, **1** (Providence, R. I. '52) 448: On convex sets in linear spaces[1]); 478f.: Extension of measure.

W. Dydaktyka matematyki czystej w zakresie gimnazjum wyższego **1**: Liczby naturalne (Lwów–Warszawa '30) 15+359 S.; Dydaktyka matematyki czystej w zakresie wyższych klas szkoły średniej, **2**: Ułamki oraz ich algebra (Warszawa '37) 16+313 S. – Wstęp do rachunku różniczkowego. Dla użytku samouków, absolwentów szkół średnich oraz słuchaczy elementarnego kursu matematyki wyższej (m. S. Nikodymowa) (Warszawa '36) 62 S.; [2](Poznań '47) 62 S. – Teoria tensorów wraz z zastosowaniami do geometrii i fizyki matematycznej, **1**: Układ odniesienia prostoliniowy (Warszawa '38) 8+221 S.; [weitere Bände ?]. – The mathematical apparatus for quantum-theories. Based on the theory of Boolean lattices (Berlin–Heidelberg–New York '66) 10+952 S. (Die Grundlehren der mathematischen Wissenschaften in Einzeldarstellungen mit besonderer Berücksichtigung der Anwendungsgebiete, 129).

Anais Acad. brasil. Ci. Critical remarks on some basic notions in Boolean lattices, 1: **24** ('52) 113–36.

Annales Inst. Fourier, Univ. Grenoble Universal real locally convex linear topological spaces: **3**.1951 ('52) 1–21.

Annales Inst. Henri Poincaré Un nouvel appareil mathématique pour la théorie des quanta: **11** ('49) 49–112.

Annales Soc. polon. Math. Sur un théorème concernant les fonctions au carré sommable: **17** ('38) 91–96. – On Boolean fields of subspaces in an arbitrary Hilbert space, 1: 138–65. – Remarques sur les intégrales de Stieltjes en connexion avec celles de MM. Radon et Fréchet: **18** ('45) 12–24.

Archiv Math. Some theorems on divisibility of infinite cardinals[3]): **8** ('57) 96–103.

Atti Accad. nazion. Lincei, Rend. Sur l'extension des corps algébriques abstraits par un procédé généralisé de Cantor[3]): (8) **17** ('54) 334–39.

Bull. int. Acad. polon. Sci. et Lettres, Sér. A Remarque sur la note de M. Nikliborc concernant les systèmes complètement intégrables d'équations aux différentielles totales: Nr. **4/8** ('33) 137–44.

Bull. Soc. math. France Sur l'existence du potentiel uniforme sur une surface de Riemann quelconque: **61** ('33) 220–45.

C. R. hebd. Séances Acad. Sci., Paris Sur les tribus de sous-espaces d'un espace de Hilbert-Hermite: **224** ('47) 522–24. – Tribus et lieux attachés à une classe ordonnée de sous-espaces d'un espace de Hilbert-Hermite: 628–30. – Système général de coordonnées dans un espace séparable de Hilbert-Hermite: 778–80. – Remarques sur les intégrales de M. Jean-Louis Destouches considérées dans sa théorie des prévisions: **225** ('47) 479–81. – Sur les êtres fonctionoïdes [,1]: Une généralisation de la notion de fonction: **226** ('48) 375–77; ~ 2: Procédé de complétion asymptotique: 458–60; [~ 3:] Echelle spectrale et intégration des êtres fonctionoïdes: 541–43. – Tribus de Boole et fonctions mesurables: Tribu spectrale d'une fonction: **228** ('49) 37f.; ~: Transformations équimesurables: 150f. – Sur les fonctionnelles linéaires [,1]: Pseudo-topologie: **229** ('49) 16–18; [~ 2:] Classe régulière de fonctions; intégration: 169–71; [~ 3:] Représentation par des intégrales: 288f.; [~ 4:] Remarques sur la pseudo-topologie et sur les fonctionnelles linéaires: 863–65. – Sur la clôture faible des ensembles convexes dans l'espace réel linéaire où aucune topologie n'est admise: **234** ('52) 1727f. – Sur les clôtures faible et forte des ensembles convexes dans les espaces linéaires réels abstraits: 1831–33. – Sur les ensembles convexes dans les espaces linéaires réels abstraits où aucune topologie n'est admise (Corps convexes), 1[1]): **235** ('52) 1005–07; ∼ 2[1]): 1096f. – Sur les opérateurs normaux maximaux dans l'espace hilbertien séparable et complet [,1]: Notion de "lieu" et ses propriétés: **238** ('54) 1373–75; ∼ 2: Représentation canonique: 1467–69. – Sur l'extension des corps algébriques abstraits par le procédé généralisé de Cantor, basé sur les suites générales de Moore-Smith qui contiennent une chaîne confinale: **241** ('55) 1249f. – Sur l'extension d'une mesure non archimédienne, simplement additive sur une tribu de Boole simplement additive, à une autre tribu, plus étendue, 1: Les "bouts" dans une chaîne: 1439f.; ∼ 2: "Agrégats" et leur norme: 1544–46; ∼ 3: Extension de mesure 1695f.; ∼ 4: Extension de mesure dans le cas général: **242** ('56) 864–66. – Sur la mesure non archimédienne effective sur une tribu de Boole arbitraire: **251** ('60) 2113–15.

Fundamenta Math. [Warszawa] Sur une classe de fonctions considérée dans l'étude du problème de Dirichlet: **21** ('33) 128–50.

J. Math. pures et appl. Sur un théorème de M. S. Zaremba concernant les fonctions harmoniques: (9) **12** ('33) 95–108. – Contribution à la théorie des opérateurs normaux, maximaux dans l'espace de Hilbert-Hermite séparable et complet [,1]: **36** ('57) 129–46. – A study in algebraic extensions of linearly ordered non Archimedean fields: **38** ('59) 61–96. – Canonical representation of maximal normal operators in the separable and complete Hilbert-Hermite space: **43** ('64) 99–148. – [Summation of fields of numbers in Boolean tribes, 2:] On upper and lower (DARS)-summation of fields of real numbers in Boolean tribes in the absence of atoms, and on (DARS)-summation of fields of numbers admitting two values only: 225–73; [∼ 3:] Some basic theorems on (DARS)-summation of fields of numbers in Boolean tribes in the absence of atoms: **44** ('65) 343–410.

J. reine u. angew. Math. On extension of a given finitely additive field-valued measure on a finitely additive Boolean tribe to another one more ample: **199** ('58) 35–52. – Contribution to the theory of maximal, normal operators in a separable and complete Hilbert-Hermite space, 2: An item of operational calculus and its application to the resolvent and spectrum: **203** ('60) 90–109. – Summation of fields of numbers in Boolean tribes, 4: Upper and lower summation in the genera casel; complete admissibility; square summability; equivalence of fields of numbers: **214/215** ('64) 84–136. – A study in the Lagrange's variational problem considered in the large: **251** ('71) 20–31.

Mathematica [Cluj] Sur le principe du minimum: **9** ('35) 110–28.

Mathesis polska Über zwei Methoden des Mathematikunterrichts in der höheren Schule: **7** ('32) 90–94 [poln.].

Mémoires, Acad. roy. Belgique, Cl. Sci., Collect. in-8° Sur la mesure vectorielle parfaitement additive dans un corps abstrait de Boole: **17** ('38) Nr. 7, 40 S. – Sur l'existence d'une mesure parfaitement additive et non séparable: Nr. 8, 29 S.

Monatsh. Math. u. Physik Sur les familles bornées de fonctions parfaitement additives d'ensemble abstrait: **40** ('33) 418–26. – Sur les suites convergentes de fonctions parfaitement additives d'ensemble abstrait: 427–32.

Ohio J. Sci. Criteria for the continuity of linear functionals in real linear spaces: **52** ('52) 305–13.

Proc. nation. Acad. Sci. USA Remarks on the Lebesgue's measure extension device for finitely additive Boolean lattices: **37** ('51) 533–37.

Rend. Circolo mat. Palermo A study of convex sets in abstract linear spaces where no topology is supposed, 4: On transfinite iterations of the weak linear closure of convex sets in linear spaces, A: Two notions of linear closure: (2) **2** ('53) 85–105; ∼ B: An existence theorem in weak linear closure: **3** ('54) 5–75. – Summation of fields of numbers in Boolean tribes, 1: Auxiliary notions and theorems: **9** ('60) 169–225.

Rend. Semin. mat. (R.) Univ. Padova Quelques observations sur les intégrales générales des équations différentielles: **6** ('35) 21–43. – Limit-representation of linear, even discontinuous, linear functionals in Hilbert spaces: **23** ('54) 290–98. – On convex sets in abstract linear spaces where no topology is assumed (Hamel bodies and linear boundedness)[2]): 357–65. – A theorem on infinite sequences of finitely additive real valued measures: **24** ('55) 265–86. – On extension of a given finitely additive field-valued, non negative measure, on a finitely additive Boolean tribe, to another tribe more ample: **26** ('56) 232–327. – Critical remarks on some basic notions in Boolean lattices, 2: **27** ('57) 193–217. – Summation of quasi-vectors on Boolean tribes and its application to quantum theories, 1: Mathematically precise theory of P.A.M. Dirac's delta function: **29** ('59) 1–214. – Studies of some items of the lattice theory in relation to the Hilbert-Hermite space: **42** ('69) 27–122.

Ferner ein Lehrbuch über Differentialgleichungen [poln.] und einige weitere Veröffentlichungen.

Mit: [1]) W. D. Berg; [2]) D. T. Finkbeiner; [3]) S. Nikodym.

VI **NILSSON,** Nils Ragnar. Biochem., Mikrobiol. — 1925–30 Assist., '30 Fil. Dr., '30–37 Privatdoz., '33–36 Laborator, Stockholms Högskola; '37–40 Doz., '40–69 Prof. u. Dir. d. Inst. f. Mikrobiol., '42 Prorektor, '43–58 Rektor, Kungl. Lantbrukshögskolan och Statens Lantbruksförsök, Uppsala; Dir. mehrerer landwirtsch. Institutionen.

*1903, Apr. 4, Åsebyfors, Värmland.

S. Chemie der Enzyme (H. v. Euler) II. Teil, 3. Abschnitt: Die Katalasen und die Enzyme der Oxydation und Reduktion (München '34) 447–89: Oxydo-Reduktionsvorgänge beim glykolytischen Kohlehydratabbau. — Die Methoden der Fermentforschung (E. Bamann, K. Myrbäck) **2** (Leipzig '41) 1285–302: Hefe und Hefepräparate; **3** ('41) 2150–72: Normale Gärung durch lebende Hefe und Zymasepräparate; 2214–23: Hemmungserscheinungen bei der alkoholischen Gärung. — The Svedberg 1884 30/8 1944 (A. Tiselius, K. O. Pedersen) (Stockholm–Uppsala '44) 484–89: Penicillium notatum als Ausgangsmaterial bei der Darstellung von Vitamin D_2 [19])[18]). — Proc. 8th International grassland congress, Reading, Engl., 1960 (Reading '61) 493–97: The effect of malt enzymes on the biochemical changes occurring during ensilage[21]). — Civibus et rei publicae. Festskrift till Georg Andrén på sjuttioårsdagen 10 december 1960 (Stockholm '60) (Acta Academiae Regiae Scientiarum Upsaliensis, 8) 289–93: On the effect of malt enzymes on the biochemical changes occurring during ensilage[21]). — Global impacts of applied microbiology (M. P. Starr) (Stockholm–NewYork '64): Fermentation as a means of preserving organic matter[21]). — Festskrift til Hans Lauritz Jensen (Vejle '68): Full-scale silage making, using malt and cereal meal as an addition[28])[21]). — Evaluation of novel protein products; Proc. of the symposium, Stockholm 1968 (Oxford–NewYork–Braunschweig '70) (Wenner-Gren Center international symposium series, 14): Preventing the deterioration of protein sources and products.

Acta chem. scand. On the role of adenylpyrophosphatase in alcoholic fermentation and on the occurrence of trehalose during fermentation with maceration juice[1]): **3** ('49) 213–30. — Fermentation as a means of preserving organic materials[21]): **17**, Suppl. 1 ('63) S174–S179.

Angewandte Chem. Neue Gesichtspunkte auf dem Gebiet des biologischen Kohlenhydratabbaus: **46** ('33) 647–50.

Archiv Mikrobiol. Zur Kenntnis des Stoffwechselmechanismus in Azotobacter chroococcum, 1: Variabilität des Oxydoreduktionssystems bei Züchtung auf verschiedenen Nährböden: **7** ('36) 598–612. — Über den Gärungsmechanismus in der lebenden Hefezelle: **8** ('37) 353–78. — Über die Bedeutung der Zellstruktur für den harmonischen Verlauf des Stoffwechsels in der Zelle: **12** ('41/42) 63–90. — Mangan als Vertreter für Magnesium im Betriebsstoffwechsel und im Baustoffwechsel der Zelle[1])[5]): 353–76. — Silage studies, 1: Studies on fermentation processes in silage: The role of temperature[26])[21]): **23** ('55/56) 366–75 [m. deutscher Zusammenfassg.]; ∼ 2: ≈: The effect of various carbohydrates as supplements[21])[26]): 376–84 [∼]; ∼ 6: ≈: Comparison of different types of forage crops[26])[21]): **25** ('56/57) 208–18 [∼]. — Studies concerning Swedish ropy milk. The antibiotic qualities of ropy milk[17]): **31** ('58/59) 191–97. — Development of lactic acid bacteria during early stages of fermentation in fish silage[27])[20])[25]): **82** ('72) 95–100.

Biochemische Z. Einige Betrachtungen über den glykolytischen Kohlenhydratabbau: **258** ('33) 198–206. — Zur Kenntnis der alkoholischen Gärung in dem intakten Fermentsystem der Hefezelle und in desorganisierten Zymasesystemen, 1 [1]): **286** ('36) 254–78; ∼ 2 [1]): 373–91; ∼ 3: Die Bedeutung der Zellstruktur für den harmonischen Gärverlauf[1]): **304** ('39/40) 285–317; ∼ 4 [23]): **308** ('40/41) 255–65; ∼ 5 [6]): **309** ('41) 51–60.

Elementa [Stockholm] Der Nobelpreis in Chemie 1944 und 1945: **29** ('46) [schwed.].

Enzymologia A new method of ensiling foodstuffs and feedstuffs of vegetable and animal origin[21]): **29** ('65) 126–42 [m. deutscher Zusammenfassg.].

Försök och Forskning Getreidemehl bei der Ensilage[21]): **1960**, Nr. 9 [schwed.].

Hoppe-Seyler's Z. physiol. Chem. Co-Zymase und Adenosintriphosphat[10]): **204** ('32) 204–10. — Adenosintriphosphorsäure und Co-Zymase[10]): **208** ('32) 173–81. — Über die Loslösung des Zymasesystems aus der Hefezelle durch Autolyse[1]): **239** ('36) 179–87.

Hushållningssällskapens Tidskr. Malzenzyme bei der Ensilage[21]): **1960**, Nr. 1 [schwed.].

IVA Über die Voraussetzung für eine technische Nutzbarmachung von Azotobacter chroococcum[7])[13]): **1941**, 79–84 [schwed.]. — Mikrobielle Fettsynthese durch Lufthefezüchtung von Rhodotorula-Arten[7])[6])[2])[13])[15]): **1944**, 252–67 [∼].

TVF Biotechnische Aspekte der Eiweiß- und Fetternährung[8])[14]): **31** ('60) 30–45 [schwed.].

Kungl. Lantbruksakad. Tidskr. Proteindarstellung unter Verwendung freien atmosphärischen Stickstoffs als Stickstoffquelle: **81**

MARIO PETRICH

Lectures in Semigroups

In englischer Sprache

(Math. Lehrbücher u. Monographien, Abt. I/Bd. 29)

1977. VIII, 168 Seiten – 14 Abb. – gr. 8° – Leinen M 33,–
Bestell-Nr. 762 359 8 (6333)

In diesem Band werden einige allgemeine Gesichtspunkte und Methoden der Halbgruppentheorie bereitgestellt. Solche Methoden sind vor allem: verschiedene Konstruktionen zur Dekomposition (bzw. zum Aufbau) einer Halbgruppe in (bzw. aus) einfachere(n) Halbgruppen (Matrix-Dekomposition, Halbverbands-Dekomposition, Band-Dekomposition, subdirekte Zerlegung in subdirekt irreduzible Halbgruppen), Reessche Quotienten-Halbgruppen, Reesscher Struktursatz für vollständig einfache Halbgruppen. Im Mittelpunkt dieses Werkes steht die Theorie der Bänder (d. h. idempotenten Halbgruppen). Dazu werden Resultate aus Originalarbeiten, Dissertationen und anderen zum Teil schwer zugänglichen Quellen unter vereinheitlichenden Gesichtspunkten verarbeitet. Das Werk ist als Textbuch für einen fortgeschrittenen Kursus in der Theorie der Halbgruppen konzipiert. Es enthält zahlreiche Übungsaufgaben, in denen auch bekannte Resultate der Gruppentheorie diskutiert werden.

Bestellungen durch eine Buchhandlung erbeten

AKADEMIE-VERLAG
DDR-108 Berlin, Leipziger Str. 3–4

FSC
www.fsc.org
MIX
Papier | Fördert gute Waldnutzung
FSC® C083411

Kolibri 360 GmbH
Ferdinand-Jühlke-Straße 7
99095 Erfurt, Deutschland
produktsicherheit@kolibri360.de